"十二五"普通高等教育本科国家级规划教材

电工电子技术

（第4版）

（第二分册）

——数字与电气控制技术基础

太原理工大学电工基础教学部　编

系列教材主编　乔记平　田慕琴

第二分册主编　王跃龙　陶晋宜

中国教育出版传媒集团

高等教育出版社·北京

内容简介

本书是在"十二五"普通高等教育本科国家级规划教材《电工电子技术》（第3版）第二分册的基础上，根据教育部工科基础课程教学指导委员会电工电子基础课程教学指导分委员会修订的"电工学课程教学基本要求"，结合太原理工大学近年来对电工电子技术课程的改革与实践，对第3版教材进一步改写、补充和修订而成的。本书共9章内容，主要内容包括数字电路基础、组合逻辑电路、时序逻辑电路及脉冲波形的产生与整形、可编程逻辑器件、传感器与检测技术基础、磁路与变压器、电动机、继电接触器控制系统、可编程序控制器。

本书体系完整、内容丰富、论述详尽，将部分讲义、视频、习题解答等以二维码数字资源的形式，供读者扫描学习，同时本书配套Abook数字课程网站，并提供教学课件，既方便教师授课，也方便学生线下学习。本书可作为普通高等教育非电类专业电工电子系列课程的教材，也可作为高职、高专及成人教育相关专业的参考用书。

图书在版编目（CIP）数据

电工电子技术. 第二分册,数字与电气控制技术基础 / 太原理工大学电工基础教学部编；乔记平，田慕琴系列教材主编；王跃龙，陶晋宜第二分册主编. -- 4版. -- 北京 ：高等教育出版社，2023.2

ISBN 978-7-04-058832-3

Ⅰ.①电… Ⅱ.①太… ②乔… ③田… ④王… ⑤陶… Ⅲ.①电工技术-高等学校-教材②电子技术-高等学校-教材 Ⅳ.①TM②TN

中国版本图书馆CIP数据核字(2022)第109715号

Diangong Dianzi Jishu(Di-er Fence)——Shuzi yu Dianqi Kongzhi Jishu Jichu

策划编辑 杨 晨　　责任编辑 张江漫　　封面设计 李卫青　　版式设计 杜微言
责任绘图 于 博　　责任校对 高 歌　　责任印制 刘思涵

出版发行	高等教育出版社	网　址	http://www.hep.edu.cn
社　址	北京市西城区德外大街4号		http://www.hep.com.cn
邮政编码	100120	网上订购	http://www.hepmall.com.cn
印　刷	唐山市润丰印务有限公司		http://www.hepmall.com
开　本	787mm×1092mm 1/16		http://www.hepmall.cn
印　张	20.25	版　次	2003年2月第1版
字　数	420千字		2023年2月第4版
购书热线	010-58581118	印　次	2023年2月第1次印刷
咨询电话	400-810-0598	定　价	42.00元

本书如有缺页、倒页、脱页等质量问题，请到所购图书销售部门联系调换

物 料 号　58832-00

电工电子技术
(第4版)
(第二分册)
——数字与电气控制技术基础

太原理工大学电工基础教学部　编

系列教材主编

乔记平　田慕琴

第二分册主编

王跃龙　陶晋宜

1 计算机访问http://abook.hep.com.cn/12350119，或手机扫描二维码、下载并安装Abook应用。

2 注册并登录，进入"我的课程"。

3 输入封底数字课程账号（20位密码，刮开涂层可见），或通过Abook应用扫描封底数字课程账号二维码，完成课程绑定。

4 单击"进入课程"按钮，开始本数字课程的学习。

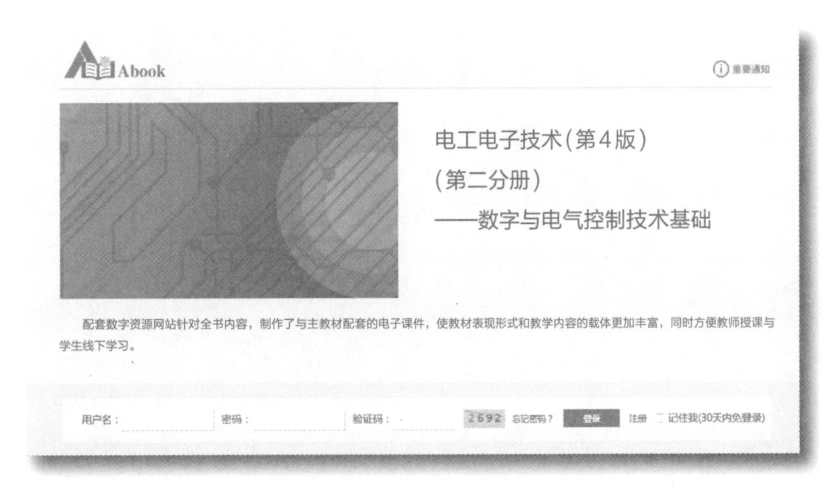

课程绑定后一年为数字课程使用有效期。受硬件限制，部分内容无法在手机端显示，请按提示通过计算机访问学习。

如有使用问题，请发邮件至abook@hep.com.cn。

http://abook.hep.com.cn/12350119

第4版前言

本套教材根据教育部高等学校电工电子基础课程教学指导分委员会修订的“电工学课程教学基本要求”和“教育部关于一流本科课程建设的实施意见”,分析了高等教育发展的新趋势以及电工电子基础课程教学模式的变革,本着以学生全面发展为中心的原则,结合近年多位教师在一线教学中积累的教学实践经验,在第3版教材体系的基础上对教材进行全方位的调整、精选、补充、修订、改编而成。本套教材第2版、第3版先后被评为普通高等教育“十一五”国家级规划教材和“十二五”普通高等教育本科国家级规划教材。

本套教材包括三个分册:第一分册“电路与模拟电子技术基础”,第二分册“数字与电气控制技术基础”,第三分册“实验与仿真教程”,并配套有习题解答电子书。此次编写的主要特点如下:

(1) 注重经典知识与前沿技术的结合,体现教材的前瞻性。在传承第3版教材体系的同时,体现少、精、宽的原则;在内容编排和结构设计上进行较大调整,删除过时、不适用的内容;注重基础知识的同时,引入新知识、新技术,增加了前沿性和实用性的教学内容,对参考内容的章节用“*”标记。

(2) 加强理论与实践融合共进,强化教材的实践性。在教材内容中增加实际工程案例,借助实验和EDA仿真,引导学生熟悉先进的设计方法,使学生在获得电工电子技术必要的基本理论、基本知识和基本技能的基础上,拓宽学生的视野,培养学生深度分析、勇于创新的精神和应用先进科学技术解决复杂工程问题的能力。

(3) 借助信息技术与教学的深度融合,拓宽教材的广域性。将纸质教材和数字资源相结合,以二维码为载体,将视频、讲义、习题选解、拓展内容等数字资源嵌入教材,实现了教材、课堂、教学资源的融合。本套教材同时配有Abook数字资源网站,内容为与主教材配套的电子课件,使教材表现形式和教学内容的载体更加丰富,激发学生探求知识的潜能,更加适应人才的培养和提高本科教学质量的要求。

(4) 在知识点中融入思政元素,体现教材在科学与人文教育方面的统一性。在教材编写中,结合相关知识点,将一般的知识原理与价值意蕴有机契合,着力培养学生的创新意识、坚韧不拔的品格和奉献精神,增强学生的社会责任感,实现知识、技能、品质的共同提升。

本分册为“数字与电气控制技术基础”,主要包括数字电子技术、传感器与检测技术基础、变压器与电动机、电气控制技术等内容,具体修订如下:

(1) 删除第3版中只读存储器与随机存储器的细节内容,保留近几年集成电路中发展最快的可编程逻辑器件CPLD/FPGA的部分内容,增加对其开发与设计方面的介绍。

(2) 为适应信息技术与工业化深度融合背景下非电类专业的知识体系需求,本分册将第3版的"常用传感器及其应用""数模与模数转换技术"及"工业网络介绍"三章进行精选、补充,并增加了检测技术概述、信号转换与调理、数据通信方式等内容,旨在为非电类工科学生建立从信号检测、处理到传输的整体知识框架。

(3) 电气控制技术部分在结构上由第3版的一章拆分为"继电接触器控制系统"和"可编程序控制器"两章进行介绍,将可编程序控制器的机型由三菱FX2N PLC改为德国SIEMENS公司的S7-1200 PLC,在编写上保留经典基础理论的同时,增加了实际工程案例。

本套教材由太原理工大学乔记平、田慕琴主编,共设三个分册。本分册"数字与电气控制技术基础"共9章,由王跃龙、陶晋宜担任主编,其中陶晋宜编写第9章,陈惠英编写第10章,李凤霞编写第11章,田慕琴编写第12章,乔记平编写第13章,白伟编写第14、15章,高妍编写第16章,王跃龙编写第17章及附录,全书由王跃龙完成统稿。

本分册由天津大学路志英教授主审,她对书稿进行了全面认真的审阅,提出了诸多中肯的意见和修改建议,提高了本版教材的质量。在此,谨向路志英教授表示衷心的感谢!

本套教材先后得到了许多读者的关怀,他们提出了许多建设性意见;同时也得到渠云田教授和相关部门的关心和支持,特别感谢高等教育出版社和国内同行们给予的支持和帮助,在此一并致以诚挚的谢意。

本套教材是根据"新工科"的建设思路以及新形势下的教学要求,结合一线教师长期积累的教学经验和非电类专业教学改革与实践的成果编写而成。由于学识和实践经验所限,书中难免有疏漏和不妥之处,恳请使用本书的教师和同学,以及广大读者不吝指教,来函请发至qiao-jiping@163.com。

田慕琴　乔记平

2022年5月

第3版前言

随着科学技术的发展,电工电子技术已形成一门理论基础比较完善的技术科学,在国民经济和社会进步中起着举足轻重的作用。近年来,电工电子技术在吸收其他新兴学科成就的同时也促进了自身不断发展。

本教材第2版为普通高等教育“十一五”国家级规划教材。第二分册“数字与电气控制技术基础”自2008年4月出版以来,得到了许多专家、教师和学生的关注,根据大家所提的宝贵意见及相互之间的交流研讨,对本教材作了修订。借再版之机,编者全面认真地检查了上版教材,对其中的疏漏逐一进行了核实、修正、补充和完善。并结合现代电工电子技术的发展现状,对一些关键问题作了增补和修改,主要反映在:①强化了课后练习与思考内容,提高课后学生的学习思考能力。②对于实际应用较多的知识点进行了内容补充。③对于一些逐渐被取代的技术进行合理删减。④一些近年来发展起来的热门技术予以一定篇幅阐述。⑤对附录中的软件说明采用最新版本等,使本书与时代更加贴近,内容与体系更加合理。

本分册共分9章,即第10章~第18章,其中陈惠英编写第10章,吴申编写第11章,崔建明编写第12章,田慕琴编写第13章,苏斌编写14章,王跃龙编写第15章及中英文名词术语对照,王建平编写第16章,靳宝全编写第17章和附录,赵晋明编写第18章,本分册由渠云田教授进行统稿。

本分册主要特点有:

(1) 在每节内容之后增加了练习与思考,促进学生每堂课后的知识消化,对巩固所学知识起到强化作用。同时每章尽可能增加实物图以增加学生的感性认识。

(2) 删减了部分难度偏大的习题,注重基础知识学习。

(3) 数模和模数转换技术一章对发展前景好的$\Sigma-\Delta$A/D转换器增加了学习内容。

(4) 存储器与可编程逻辑器件一章是随技术发展变化变动最多的一章,根据非电类专业的特点及实际应用要求做了大幅修订,根据近几年来的技术发展变化重新进行分类介绍,注重与单片机的接口并采用了最新器件型号。

(5) 变压器和电动机一章针对授课及学习中出现的问题,丰富了电磁铁的分析及计算内容。

(6) 可编程序控制器一章采用三菱最新版的编程软件GX Developer8.86。

(7) 第18章更改为工业网络介绍,增加了工业以太网内容,以拓宽学生学习知识面。

对于书末所附参考文献的作者表示衷心的感谢。由于编者水平和实践经验有限，书中难免有缺点和错误，敬请读者批评指正。

编者

2012年6月

第2版前言

21世纪知识日新月异，为适应时代的要求，培养具有竞争力和创新能力的优秀人才，根据教育部面向21世纪电工电子技术课程教改要求，在第一版的基础上，借鉴国内外同类有影响力的教材，重新对教材进行修订编写、调整补充，使之更适应非电类专业、计算机专业等电工电子技术的教学要求。

本教材由太原理工大学电工基础教学部组织编写。全套教材共有六个分册：第一分册，电路与模拟电子技术基础（分册主编李晓明、李凤霞），本分册主要介绍电路分析基础、电路的瞬态分析、正弦交流电路、常用半导体器件与基本放大电路、集成运算放大器、直流稳压电源、现代电力电子器件及其应用和常用传感器及其应用；第二分册，数字与电气控制技术基础（分册主编王建平、靳宝全），本分册主要介绍数字电路基础、组合逻辑电路、触发器与时序逻辑电路、脉冲波形的产生与整形、数模和模数转换技术、存储器与可编程逻辑器件、变压器和电动机、可编程控制器、总线、接口与互连技术等；第三分册，利用 Multisim 2001 的 EDA 仿真技术（分册主编高妍、申红燕），本分册主要介绍 Multisim 2001 软件的特点、分析方法及其使用方法，然后列举大量例题说明该软件在直流、交流、模拟、数字等电路分析与设计中的应用；第四分册，电工电子技术实践教程（分册主编陈惠英），本分册主要介绍电工电子实验基础知识、常用电工电子仪器仪表，详细介绍了38个电路基础、模拟电子技术、数字电子技术和电机与控制实验以及 Protel 2004 原理图与 PCB 设计内容；第五分册，电工电子技术学习指导（分册主编田慕琴），本分册紧密配合主教材内容，提出每章的基本要求和阅读指导，有重点内容、重点题目的讲解与分析，列举了一些概念性强、综合分析能力强并有一定难度的例题；第六分册，基于 EWB 的 EDA 仿真技术（分册主编崔建明、陶晋宜、任鸿秋），本分册主要介绍 EWB 5.0 软件的特点、各种元器件和虚拟仪器、分析方法，并对典型的直流、瞬态、交流、模拟和数字电路进行了仿真。系列教材由太原理工大学渠云田教授主编和统稿。本教材第一分册、第二分册由北京理工大学刘蕴陶教授审阅；第三分册、第六分册由太原理工大学夏路易教授审阅；第四分册、第五分册由山西大学薛太林副教授审阅。

本教材第二分册“数字与电气控制技术基础”，是由陈惠英编写第9章，吴申编写第10、12章，渠云田编写第11章，苏斌编写第13章，夏路易编写第14章，王建平编写第15章，靳宝全编写第16章，赵晋明编写第17章，王跃龙编写中英对照等，全书由王建平教授进行统稿。

第二分册“数字与电气控制技术基础”是按照教育部颁布的“电工技术”（电工学）和“电子技术”（电工学）两门课的教学基本要求，在第一版下册的基础上总结提高，修订编写的，在内容处理上做了精选、改写、调整和补充，更适应教学要求和非电类专业、计算机专业及其他相关专业的教学需要。该书具有如下特点：

(1) 将“数字电路基础”“组合逻辑电路”“触发器与时序逻辑电路”“脉冲波形的产生与整形”“数模和模数转换技术”“变压器和电动机”等 6 章，以及分立元件门电路、TTL 集成逻辑门电路、CMOS 逻辑门电路、边沿触发器、模数(A/D)转换技术、变压器、异步电动机等内容做了改写，或加强了基础性、应用性和先进性，或叙述更为简洁，符合认识规律。

(2) 第 16 章将继电接触器控制和可编程序控制器(PLC)放在一起介绍，并将 PLC 的机型由欧姆龙改为三菱最新推出的 FX_{1N} 小型机，适当削弱了传统的继电接触器控制方面的内容，以可编程控制器为主，并介绍了相应的编程与仿真软件及使用。先进的教材内容有利于开阔读者视野，激发学习兴趣。

(3) 第 14 章主要介绍各种非易失存储器和易失存储器的结构、工作原理与几种实际的存储器，还介绍了可编程门阵列与复杂可编程逻辑器件的结构、工作原理，实际的可编程逻辑器件与实际可编程逻辑器件的开发过程。

(4) 第 17 章为新增内容，主要介绍工业局域网络通信所涉及的一些基础知识，通过对 I/O 总线与系统总线的学习，熟悉工业局域网组网技术，了解工业局域网组网过程中现场总线的一些基础知识，目的是扩大学生的知识面。

(5) 删去了或压缩了部分内容，如：主从触发器、权电阻数模转换、小型变压器设计、三相异步电动机转矩公式推导等内容和一些偏难的例题和习题，较好地体现了“少而精”和“必需”“够用”的原则，更适应非电类专业的要求。

本教材由各位主审提出了宝贵意见和修改建议，并且得到了太原理工大学电工基础教学部老师和广大读者的关怀，他们提出大量建设性意见，在此深表感谢。

同时，编写本教材过程中，编者也曾参考了部分优秀教材，在此，谨对这些参考书的作者表示感谢。

限于编者水平，书中错误疏漏之处难免，恳请读者，特别是使用本教材的教师和学生积极提出批评和改进意见，以便今后修订提高。

编者

2007 年 10 月

第1版前言

21世纪是科学技术飞速发展的时代，也是竞争激烈的时代。为了新一代大学生能适应这个高科技和竞争激烈的时代，根据教育部面向21世纪电工电子技术课程教改要求，结合我校电工电子系列课程建设以及山西省教育厅重点教改项目——“21世纪初非电类专业电工学课程模块教学的改革与实践”，在我们已经使用数年的电工电子技术系列讲义的基础上，经过多次使用与反复修改，将以教材形式面诸于世。

本书是理工科非电类专业与计算机专业本、专科适用的电工电子系列教材之一；也是我们教改项目中的第一模块教材，即计算机专业与机械、机电类专业实用教材；同时也是兄弟院校理工类相应专业择用的教材之一；也可作为高职高专和职业技术学院相应专业的择用教材。参考学时为110~130学时。

本教材的基本特点是：精练，删减传统内容力度较大；结构顺序变动较大；集成电路与数字电路技术部分内容大大加强；电气控制技术部分系统性增强；电工电子新技术内容与现代分析手段大量引入；突出电气技能与素质培养方面的内容及其在工业企业中的应用范例明显增多；基本概念、分析与计算、EDA仿真等各类习题分明。

本教材在突出电气技能与素质培养方面增设了不少电工电子技术应用电路及设计内容。如调光、调速电路、测控技术电路、小型变压器设计与绕制、电动机定子绕组的排布、常用集成运放芯片与数字逻辑芯片介绍及其典型应用电路、世界各主要厂家的PLC性能简介、使用isp-DesignExpert软件开发ispLSI器件等新技术应用内容。

依据电工电子技术的发展趋势及其在机械、机电类专业的应用特点，并兼顾计算机专业的教学需求，此教材的上册为“电路与模拟电子技术基础”，下册为“数字与电气控制技术基础”。

为了有效减少课堂教学时数，增加课内信息量，提高教学效率，并以提高学生技能素质与新技术、新手段的应用能力为目标，适用本教材应建立EDA基辅分析教学平台，结合教学方法及教学手段，并与实践教学环节相配合，方能更有效地发挥其效能。

本教材由太原理工大学电工基础教学部组织编写。上册由李晓明任主编，王建平、渠云田任副主编，下册有渠云田任主编，王建平、李晓明任副主编。王建平编写第1、2、4、5、8章，李晓明编写第3、6、15章，渠云田编写第9、10、11、12、13、14章，陶晋宜编写第16章，太原理工大学信息学院夏路易教授编写第7章与下册的附录1，太原师范学院周全寿副教授参与了本书附录与部分节次的编写。渠云田、李晓明、王建平三人对全书作了仔细的修改，并最后定稿。

本教材上册由北京理工大学刘蕴陶教授主审，下册由北京理工大学庄效桓教授主审。两位教授对本书稿进行了详细地审阅，并提出许多宝贵的意见和修改建议。我们根据提出的意见和建议进行了认真的修改。在本教材编写和出版过程中，大连理工大学唐介教授、太原理工大学信息学院夏路易教授、太原师范大学周全寿副教授以及太原理工大学电工基础教学部使用过本讲义的所有老师，给予了极大的关心和支持，在此一并对他们表示衷心的感谢。

同时，编写本教材过程中，我们也曾参考了部分优秀教材，在此，谨对这些参考书的作者表示感谢。

由于我们水平有限，书中缺陷和疏漏在所难免，恳请使用本教材的教师和读者批评指正，为提高电工电子技术教材的质量而共同努力。

编者

2002 年 10 月

目录

第9章　数字电路基础

本章主要介绍数字电路的基础知识。重点讲述数字电路的特点及研究对象，从数制及其转换，常用的BCD编码、格雷码和字符的编码等知识点出发，讲述各种数制及带符号二进制数的原码、反码和补码的表示与运算，逻辑代数基础和可实现逻辑运算的门电路。

9.1　概述

讲义：数字信号与信息表示

世界已经进入信息时代，人们的工作、学习、生活大量地利用互联网、电视、广播，可以在任何地点、任何时间通过使用通信设备获得所需的信息。那么互联网、各种电气设备内部的电路是什么结构？信号又是什么形状？如何表示？如何计数？信号如何传输？几进制数？与十进制数之间又是什么关系？通过数字电路的学习这些问题将会找到答案。

9.1.1　模拟信号和数字信号

在自然界中，存在各种不同的物理量，按其变化规律可分为连续量和离散量。所谓连续量是指那些在时间及数值上连续变化的信号，如常见的温度、湿度、压力、声音等转换成的电信号。以温度为例，因为在任何时刻温度都不可能突然跳变，所以温度信号在时间及数值上都是连续的。人们将这种连续量称为模拟量，表示模拟量的信号称为模拟信号。

所谓数字信号，就是指那些在时间上和数值上都不连续或者说离散的信号，其数量的大小和增减变化都是某个最小单位的整数倍，一般小于最小单位的数值的物理意义不存在。如钟表上显示的时间，学生的成绩记录，工厂产品的数量统计等。这类物理量的变化可以用数值反应，所以称为数字量。表示数字量的信号称为数字信号。图9-1所示为数字信号的波形。

图9-1　数字信号的波形

9.1.2　模拟电路和数字电路

在前面模拟电路的学习中，介绍的基本放大电路、多级放大电路、放大电路中的反馈、集成运算放大电路及正弦波振荡电路等，均是针对模拟信号的产生、放大、处理、传输的电路，称为模拟电路。

数字电路是一种用来处理数字信号的电子线路。数字电路的基本工作信号是数字信号,即电路采用只有**0**,**1**两种取值状态的信号。两种数值表现为电路中电压的“高”或“低”、开关的“接通”或“断开”、晶体管的“导通”或“截止”两种稳定的物理状态。由于数字电路的各种功能是通过逻辑运算来实现的,所以数字电路又称为逻辑电路或者数字逻辑电路。数字电路的发展经历了由电子管、半导体分立元件到集成电路作为基本元器件的过程。由数字电路构成的数字系统具有工作速度快、精度高、功能强、可靠性好等优点,所以其应用十分广泛。

在模拟电路中晶体管工作在放大状态,而在数字电路中,晶体管工作在饱和状态和截止状态。在设计电路时,数字电路与模拟电路对元器件参数的要求不同。模拟电路要求晶体管工作在放大状态且有合适的静态工作点;而设计数字电路时,要求在输入信号的作用下,晶体管工作在截止状态和饱和状态,并且要求可靠截止和饱和。数字信号只有两个状态,传输数字信号的电路也只有两个状态,中间状态是无意义的。所以数字电路对元器件参数精确度要求不高,而模拟电路则恰恰相反。由于数字电路只有两个状态,具有开关特性,因此数字电路又称为开关电路。数字电路对电路参数精确度要求较低,结构简单,便于大规模集成。

9.1.3 数字电路的特点

1. 具有算数运算和逻辑运算功能

数字电路以二进制为基础,是既能进行算数运算,又能进行逻辑运算的电路,可进行运算、比较、存储、传输控制的应用。

2. 实现电路简单,系统可靠

因为数字电路采用二进制,实现电路相对简单,电源电压的小波动对其几乎没有影响,温度和工艺偏差对其可靠性影响比模拟电路小得多。

3. 集成度高,功能实现容易

集成度高,体积小,功耗低,电路的设计、维修、维护灵活方便。

【练习与思考】

9-1-1 数字信号的基本特性是什么?

9-1-2 数字电路与模拟电路的区别是什么?

9-1-3 数字系统中为什么要采用二进制?

9.2 数制和编码

9.2.1 几种常用的进位计数制

数制是人们对数量计算的一种统计规律。在日常生活中,人们最熟悉的是十进制,而在数字电路和数字系统中广泛使用的是二进制、八进制和十六进制。

1. 十进制

十进制的数每一位有0、1、2、3、4、5、6、7、8、9共十个数码,即基数为10,它的进位规律是“逢十进一”。

十进制数 1234.56 可表示成多项式形式

$$(1234.56)_{10}=1\times10^{3}+2\times10^{2}+3\times10^{1}+4\times10^{0}+5\times10^{-1}+6\times10^{-2}$$

任意一个十进制数可表示为

$$(N)_{10}=\sum_{i=-m}^{n-1}a_i\times10^{i}$$

式中 a_i 是第 i 位的系数，它可能是 0~9 中的任意数码，n 表示整数部分的位数，m 表示小数部分的位数，10^{i} 表示数码在不同位置的大小，称为位权。

2. 二进制

在数字电路中，数字以电路的状态来表示。找一个具有十种状态的电子器件比较难，而找一个具有两种状态的器件很容易，故在数字电路中广泛使用二进制。

二进制的数每一位只有 **0** 和 **1** 两个数码，即基数为 2，它的进位规律是“逢二进一”，即“**1+1=10**”。

二进制数 **1011.01** 可以表示成多项式形式

$$(\mathbf{1011.01})_{2}=\mathbf{1}\times2^{3}+\mathbf{0}\times2^{2}+\mathbf{1}\times2^{1}+\mathbf{1}\times2^{0}+\mathbf{0}\times2^{-1}+\mathbf{1}\times2^{-2}$$

任意一个二进制数可表示为

$$(N)_{2}=\sum_{i=-m}^{n-1}a_i\times2^{i}$$

式中 a_i 是第 i 位的系数，它可能是 **0**、**1** 中的任意数码，n 表示整数部分的位数，m 表示小数部分的位数，2^{i} 表示数码在不同位置的大小，称为位权。

3. 八进制和十六进制

用二进制表示一个较大数值时，它的位数太多。在数字系统中采用八进制和十六进制作为二进制的缩写形式。

八进制的数码是:0、1、2、3、4、5、6、7，即基数是 8，它的进位规律是“逢八进一”，即“1+7=10”。十六进制的数码是:0、1、2、3、4、5、6、7、8、9、A、B、C、D、E、F，即基数是 16，它的进位规律是“逢十六进一”，即“1+F=10”。不管是八进制还是十六进制都可以像十进制和二进制那样用多项式的形式来表示。表 9-1 给出了十进制、二进制、八进制、十六进制数的对应关系。

表 9-1　十进制、二进制、八进制、十六进制的对应关系

十进制数	二进制数	八进制数	十六进制数
0	**0000**	0	0
1	**0001**	1	1
2	**0010**	2	2
3	**0011**	3	3
4	**0100**	4	4
5	**0101**	5	5

续表

十进制数	二进制数	八进制数	十六进制数
6	**0110**	6	6
7	**0111**	7	7
8	**1000**	10	8
9	**1001**	11	9
10	**1010**	12	A
11	**1011**	13	B
12	**1100**	14	C
13	**1101**	15	D
14	**1110**	16	E
15	**1111**	17	F

9.2.2　不同数制间的转换

计算机中存储数据和对数据进行运算采用的是二进制数，当把数据输入到计算机中或者从计算机中输出数据时，主要采用的是十进制数，而人们在编写程序时为方便起见又常用到八进制数或十六进制数，因此，不同数制间的转换是必不可少的。

1. 非十进制数到十进制数的转换

非十进制数转换成十进制数一般采用的方法是按权相加，这种方法是按照十进制数的运算规则，将非十进制数各位的数码乘以对应的权再累加起来。

例 9-1　将$(\mathbf{1101.101})_2$和$(6E.4)_{16}$转换成十进制数。

解：$(\mathbf{1101.101})_2=\mathbf{1}\times2^3+\mathbf{1}\times2^2+\mathbf{0}\times2^1+\mathbf{1}\times2^0+\mathbf{1}\times2^{-1}+\mathbf{0}\times2^{-2}+\mathbf{1}\times2^{-3}=(13.625)_{10}$

$(6E.4)_{16}=6\times16^1+14\times16^0+4\times16^{-1}=(110.25)_{10}$

在二进制数到十进制数的转换过程中，要频繁地计算 2 的整次幂。表 9-2 给出了常用的 2 的整次幂和十进制数的对应关系。

表 9-2　常用的 2 的整次幂和十进制数的对应关系

n	-4	-3	-2	-1	0	1	2	3	4	5	6	7	8	9	10
2^n	0.0625	0.125	0.25	0.5	1	2	4	8	16	32	64	128	256	512	1024

2. 十进制数到非十进制数的转换

将十进制数转换成非十进制数时，必须对整数部分和小数部分分别进行转换。整数部分的转换一般采用“除基取余”法，小数部分的转换一般采用“乘基取整”法。

(1) 十进制整数转换成非十进制整数

例 9-2　将$(41)_{10}$转换成二进制数和八进制数。

解:$41/2=20$………… 余数为 1，最低位 $a_0=\mathbf{1}$

$20/2=10$………… 余数为 0，　$a_1=\mathbf{0}$

$10/2=5$ ………… 余数为 0，　$a_2=\mathbf{0}$

$5/2=2$ ………… 余数为 1，　$a_3=\mathbf{1}$

$2/2=1$ ………… 余数为 0，　$a_4=\mathbf{0}$

$1/2=0$ ………… 余数为 1，最高位 $a_5=\mathbf{1}$

所以，$(41)_{10}=(a_5a_4a_3a_2a_1a_0)_2=(\mathbf{101001})_2$

$41/8=5$………… 余数为 1，最低位 $a_0=1$

$5/8=0$ ………… 余数为 5，最高位 $a_1=5$

所以，$(41)_{10}=(a_1a_0)_8=(51)_8$

(2) 十进制小数转换成非十进制小数

例 9-3　将$(0.625)_{10}$转换成二进制数。

解:　$0.625\times2=1+0.25$　　$a_{-1}=\mathbf{1}$

$0.25\times2=0+0.5$　　$a_{-2}=\mathbf{0}$

$0.5\times2=1+0$　　$a_{-3}=\mathbf{1}$

所以，$(0.625)_{10}=(0.a_{-1}a_{-2}a_{-3})_2=(\mathbf{0.101})_2$

由于不是所有的十进制小数都能用有限位 R 进制小数来表示，因此，在转换过程中可根据精度要求取一定的位数即可。若要求误差小于 R^{-n}，则转换时取小数点后 n 位就能满足要求。

例 9-4　将$(0.7)_{10}$转换成二进制数，要求误差小于 2^{-6}。

解:　$0.7\times2=1+0.4$　　$a_{-1}=\mathbf{1}$

$0.4\times2=0+0.8$　　$a_{-2}=\mathbf{0}$

$0.8\times2=1+0.6$　　$a_{-3}=\mathbf{1}$

$0.6\times2=1+0.2$　　$a_{-4}=\mathbf{1}$

$0.2\times2=0+0.4$　　$a_{-5}=\mathbf{0}$

$0.4\times2=0+0.8$　　$a_{-6}=\mathbf{0}$

所以，$(0.7)_{10}\approx(0.a_{-1}a_{-2}a_{-3}a_{-4}a_{-5}a_{-6})_2\approx(\mathbf{0.101100})_2$

最后剩下的未转换部分就是误差，由于它在转换过程中扩大了 2^6，所以真正的误差应该是 0.8×2^{-6}，其值小于 2^{-6}，满足精度要求。

3. 非十进制数之间的转换

(1) 二进制数和八进制数之间的转换

二进制数的基数是 2，八进制数的基数是 8，正好有 $2^3=8$，因此，任意 1 位八进制数可以转换成 3 位二进制数，当要把一个八进制数转换成二进制数时，可以直接将每位八进制数转换成 3 位二进制数。而二进制数到八进制数的转换可按相反的过程进行，转换时，从小数点开始向两边分别将整数和小数每三位划分成一组，整数部分的最高一组不够 3 位时，在高位补 0，小数部分的最后一组不足 3 位时，在末位补 0，然后将每组的 3 位二进制数转换成 1 位八进制数即可。

例 9-5　将$(354.76)_8$转换成二进制数，$(\mathbf{1010110.0111})_2$转换成八进制数。

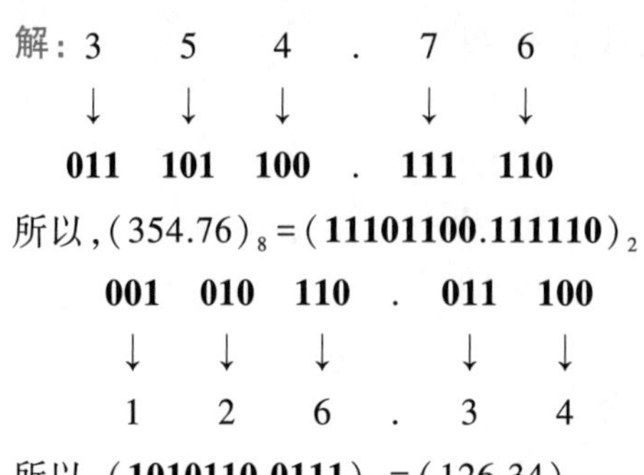

所以，$(354.76)_8=(\mathbf{11101100.111110})_2$

所以，$(\mathbf{1010110.0111})_2=(126.34)_8$

（2）二进制数和十六进制数之间的转换

二进制数的基数是 2，十六进制数的基数是 16，正好有 $2^4=16$。因此，任意 1 位十六进制数可以转换成 4 位二进制数。当要把一个十六进制数转换成二进制数时，可以直接将每位十六进制数码转换成 4 位二进制数码。对二进制数到十六进制数的转换可按相反的过程进行，转换时，从小数点开始向两边分别将整数和小数每 4 位划分成一组，整数部分的最高一组不够 4 位时，在高位补 0，小数部分的最后一组不足 4 位时，在末位补 0，然后将每组的 4 位二进制数转换成 1 位十六进制数即可。

例 9-6　将 $(8E.5A)_{16}$ 转换成二进制数，$(\mathbf{1001111.1011011})_2$ 转换成十六进制数。

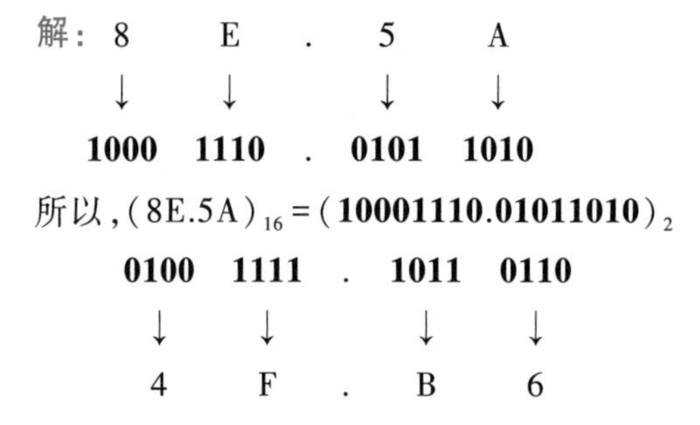

所以，$(8E.5A)_{16}=(\mathbf{10001110.01011010})_2$

所以，$(\mathbf{1001111.1011011})_2=(4F.B6)_{16}$

（3）八进制数和十六进制数之间的转换

八进制数和十六进制数之间的转换，直接进行比较困难，可用二进制数作为转换中介，即先转换成二进制数，再进行转换就比较容易了。

例 9-7　将 $(345.27)_8$ 转换成十六进制数，$(2B.A6)_{16}$ 转换成八进制数。

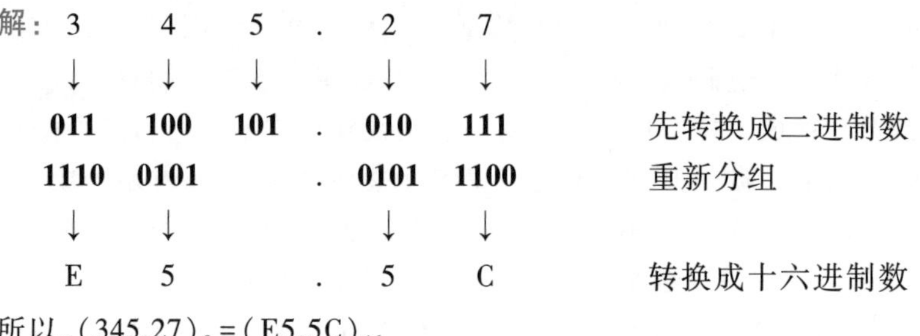

所以，$(345.27)_8=(E5.5C)_{16}$

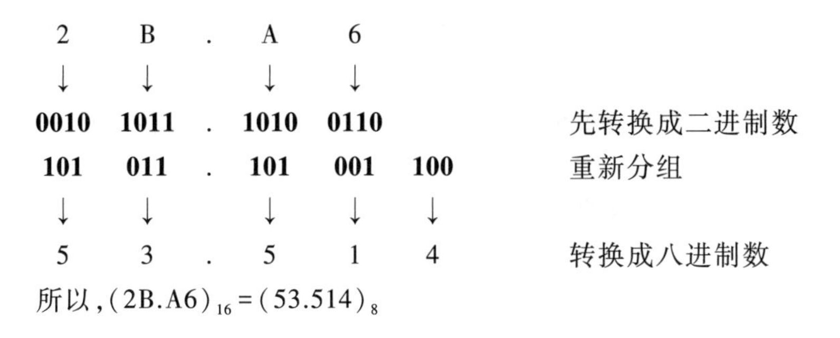

```
  2      B    .   A      6
  ↓      ↓        ↓      ↓
0010   1011   .  1010   0110            先转换成二进制数
 101    011   .   101    001    100     重新分组
  ↓      ↓        ↓      ↓      ↓
  5      3    .   5      1      4       转换成八进制数
```

所以，$(2B.A6)_{16}=(53.514)_8$

9.2.3 二进制数的算术运算

算术运算：当两个二进制数码分别表示两个数量大小时，它们可以进行数量间的加、减、乘、除的运算。

1. 二进制算术运算的特点

二进制的加减运算的特点为逢二进一，借一当二。二进制的乘法运算可以通过若干次的“被乘数(或0)左移1位”和“被乘数(或0)与部分积相加”这两种操作完成。二进制数的除法运算是通过若干次的“除数右移1位”和“从被除数或余数中减去除数”这两种操作完成。

例 9-8 根据二进制运算规则完成下列四则运算。

(1) $(\mathbf{1101.01})_2+(\mathbf{1001.11})_2$； (2) $(\mathbf{1101.01})_2-(\mathbf{1001.11})_2$；

(3) $(\mathbf{1101})_2\times(\mathbf{110})_2$； (4) $(\mathbf{11011})_2\div(\mathbf{101})_2$

解：(1) 加法运算

```
   1101.01
+  1001.11
----------
  10111.00
```

(2) 减法运算

```
   1101.01
-  1001.11
----------
   0011.10
```

(3) 乘法运算

```
      1101
     ×110
---------
      0000
     1101
+   1101
---------
   1001110
```

(4) 除法运算

```
       101.....商
101 ) 11011
     -101
     ------
        111
      - 101
     ------
         10.....余数
```

2. 原码、反码和补码

为了标记数的正负，人们通常在数的前面用“+”号表示正数，用“-”号表示负数。在数字系统中，符号和数值都是用 **0** 和 **1** 来表示的，一般将数的最高位作为符号位，用 **0** 表示正，用 **1** 表示负。通常将符号和数值一起表示的二进制数称为机器数或机器码，而把用“+”“-”表示正、负的二进制数称为带符号数。

(1) 原码

二进制数的正、负表示方法是在二进制数的前面增加一位符号位。这种形式的数值称为原码。符号位位于最高位，**0** 表示这个数是正数，**1** 表示这个数是负数，其余各位表示数值。

(2) 反码

正数的反码与原码相同，负数的反码是符号位不变，其余各位按位求反。

(3) 补码

正数的补码等于原码，负数的补码是符号位不变，其余各位按位取反，加1。

例9-9　写出以下8位带符号位二进制数的原码、反码和补码。

00011010(+26)，**10101101**(−45)。

解：	原码	反码	补码
	00011010	**00011010**	**00011010**
	10101101	**11010010**	**11010011**

3. 原码、反码和补码运算

原码的优点是简单明了，求取方便。但在做减法运算时，如果两个数是用原码表示的，则首先需要比较两个数绝对值的大小，然后以绝对值大的一个作为被减数、绝对值小的一个作为减数，求出差值，并以绝对值大的一个数的符号作为差值的符号。这个操作过程比较麻烦，而且需要使用数值比较电路和减法运算电路。

如果用两个数的补码相加代替减法运算，则计算过程中就无需使用数值比较电路和减法运算电路，只需加法电路就可以实现减法运算，从而使运算器的电路结构大为简化。

例9-10　在字长为8位的二进制系统中，求$X=(80)_{10}-(13)_{10}$。

解：先分别求出补码，再按补码运算。

$X=(80)_{10}-(13)_{10}=(+80)_{10}+(-13)_{10}$

$(+80)_{10}=(\mathbf{01010000})_{原码}\rightarrow(\mathbf{01010000})_{反码}\rightarrow(\mathbf{01010000})_{补码}$

$(-13)_{10}=(\mathbf{10001101})_{原码}\rightarrow(\mathbf{11110010})_{反码}\rightarrow(\mathbf{11110011})_{补码}$

$$\begin{array}{r} \mathbf{01010000} \\ +\quad \mathbf{11110011} \\ \hline [\mathbf{1}]\ \mathbf{01000011} \end{array}$$

二进制系统中的位数只有8位，最高位的1不显示，最终计算结果$(\mathbf{01000011})_{补码}$。相加后的结果是补码，因最高位为0，是正数，正数的补码与原码相同，$X=+67$。

例9-11　在字长为8位的二进制系统中，求$X=(13)_{10}-(80)_{10}$。

解：$X=(13)_{10}-(80)_{10}=(+13)_{10}+(-80)_{10}$

$(+13)_{10}\rightarrow(\mathbf{00001101})_{原码}\rightarrow(\mathbf{00001101})_{反码}\rightarrow(\mathbf{00001101})_{补码}$

$(-80)_{10}\rightarrow(\mathbf{11010000})_{原码}\rightarrow(\mathbf{10101111})_{反码}\rightarrow(\mathbf{10110000})_{补码}$

$$\begin{array}{r} \mathbf{00001101} \\ +\quad \mathbf{10110000} \\ \hline \mathbf{10111101} \end{array}$$

注意：

在两个同符号数相加时，它们的绝对值之和不可超过二进制有效数字位所能表示的最大值，否则会得出错误的计算结果。

最终计算结果$(\mathbf{10111101})_{补码}$，最高位为1，是负数，要转换为原码输出。补码再求补码一次即可得到原码。$(\mathbf{10111101})_{补码}\rightarrow(\mathbf{11000011})_{原码}$ $X=-67$。

9.2.4 编码

在数字电路及计算机中，用二进制数码表示十进制数或其他特殊信息如字母、符号等的过程称为编码。编码在数字系统中经常使用，例如通过计算机键盘将命令、数据等输入后，首先将它们转换为二进制码，然后才能进行信息处理。

1. 二-十进制编码（BCD 码）

用 4 位二进制数码表示 1 位十进制数的编码叫做二-十进制编码（binary coded decimal），也称为 BCD 码。4 位二进制数码有 $2^4=16$ 种不同的组合，因而，从 16 种组合状态中选出其中 10 种组合状态来表示 1 位十进制数的编码方法很多，表 9-3 是几种常用的 BCD 码。

表 9-3　几种常用的 BCD 码

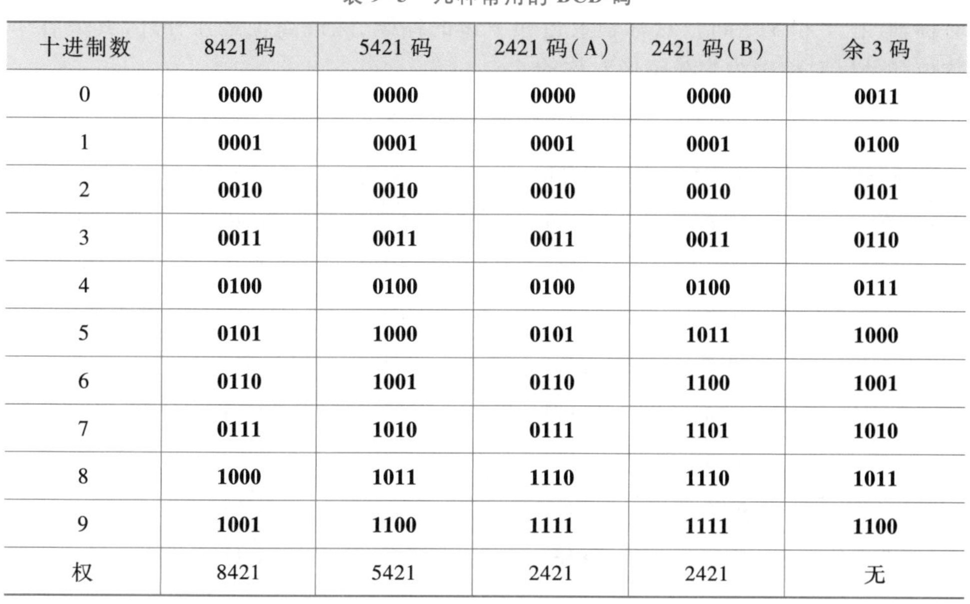

十进制数	8421 码	5421 码	2421 码（A）	2421 码（B）	余 3 码
0	**0000**	**0000**	**0000**	**0000**	**0011**
1	**0001**	**0001**	**0001**	**0001**	**0100**
2	**0010**	**0010**	**0010**	**0010**	**0101**
3	**0011**	**0011**	**0011**	**0011**	**0110**
4	**0100**	**0100**	**0100**	**0100**	**0111**
5	**0101**	**1000**	**0101**	**1011**	**1000**
6	**0110**	**1001**	**0110**	**1100**	**1001**
7	**0111**	**1010**	**0111**	**1101**	**1010**
8	**1000**	**1011**	**1110**	**1110**	**1011**
9	**1001**	**1100**	**1111**	**1111**	**1100**
权	8421	5421	2421	2421	无

（1）8421BCD 码

8421BCD 码是用 4 位二进制数 **0000** 到 **1001** 来表示十进制数的 0~9。它的每一位都有固定的权，从高位到低位的权值分别为 2^3、2^2、2^1、2^0，即 8、4、2、1。由于具有自然二进制数的特点，容易识别，转换方便，所以是最常用的一种二-十进制编码。

例 9-12　将十进制数 947.35 转换成 8421BCD 码。

解：$(947.35)_{10}=(\mathbf{1001\ 0100\ 0111.0011\ 0101})_{8421BCD}$

（2）余 3 码

余 3 码也是用 4 位二进制数表示一位十进制数，但对于同样的十进制数，比 8421BCD 码多 **0011**，所以叫余 3 码。余 3 码用 **0011** 到 **1100** 这十种编码表示十进制数的 0~9，是一种无权码。由表 9-3 可以看出：0 和 9、1 和 8、2 和 7、3 和 6、4 和 5 这 5 对代码互为反码。

2. 可靠性编码

表示信息的代码在形成、存储和传送的过程中,由于某些原因可能会出现错误。为了提高信息的可靠性,需要采用可靠性编码。可靠性编码具有某种特征或能力,使得代码在形成过程中不容易出错。循环码是常用的可靠性编码。

循环码又称为格雷码(Gray 码),具有多种编码形式,但都有一个共同的特点,就是任意两个相邻的循环码仅有 1 位不同。例如,4 位二进制计数器,在从 **0101** 变成 **0110** 时,最低两位都要发生变化。当两位不是同时变化时,如最低位先变,次低位后变,就会出现一个短暂的误码 **0100**。采用循环码表示时,因为只有一位发生变化,就可以避免出现这类错误。

循环码是一种无权码,每 1 位都按一定的规律循环。表 9-4 给出了一种 4 位循环码的编码方案。可以看出,任意两个相邻的编码仅有 1 位不同,而且存在一个对称轴(在 7 和 8 之间),对称轴上边和下边的编码,除最高位是互补外,其余各个数位都是以对称轴为中线镜像对称的。

表 9-4　4 位循环码的编码方案

十进制数	二进制数	循环码	十进制数	二进制数	循环码
0	**0000**	**0000**	8	**1000**	**1100**
1	**0001**	**0001**	9	**1001**	**1101**
2	**0010**	**0011**	10	**1010**	**1111**
3	**0011**	**0010**	11	**1011**	**1110**
4	**0100**	**0110**	12	**1100**	**1010**
5	**0101**	**0111**	13	**1101**	**1011**
6	**0110**	**0101**	14	**1110**	**1001**
7	**0111**	**0100**	15	**1111**	**1000**

【练习与思考】

9-2-1　数制是什么？它包括哪两个基本因素？

9-2-2　简述 8421BCD 码的特点。BCD 码与二进制数的区别是什么？

9-2-3　机器数中引入反码和补码的目的是什么？

9.3　逻辑代数基础

讲义：科学家乔治・布尔、克劳德・香农简介

逻辑代数是英国数学家乔治・布尔(George Boole)在 19 世纪中期研究思维规律时首先提出来的,因此又称为布尔代数。1938 年布尔代数首次用于电话继电器开关电路的设计,所以又称它为开关代数。目前逻辑代数已成为数字系统分析和设计的重要工具。

9.3.1 逻辑代数的特点和基本运算

逻辑代数是研究因果关系的一种代数,和普通代数类似,可以写成下面的表达形式

$$Y=F(A,B,C,D)$$

逻辑变量 A、B、C、D 称为自变量,Y 称为因变量,描述因变量和自变量之间的关系称为逻辑函数。但它与普通代数有两个不同的特点:

第一,不管是变量还是函数的值只有 **0** 和 **1** 两个,且这两个值不表示数值的大小,而用来表示两种相反的逻辑状态,如电平的高和低、电流的有和无、开关的闭合和断开等。

在逻辑电路中,通常规定 **1** 代表高电平,**0** 代表低电平,为正逻辑。如果规定 **0** 代表高电平,**1** 代表低电平,则为负逻辑。在以后如不专门声明时,指的都是正逻辑。

第二,基本的逻辑关系有**与**逻辑、**或**逻辑和**非**逻辑三种,与之对应的逻辑运算为**与**运算、**或**运算和**非**运算。其他任何复杂的逻辑运算都可以用这三种基本逻辑运算来实现。

1. 与运算

只有当决定一件事情的条件全部具备之后,这件事情才会发生,把这种因果关系称为**与**逻辑。实际生活中**与**逻辑问题很多,举例如下:

(1) 如图 9-2 所示的串联开关电路,灯 F 亮的条件是开关 A 和 B 都必须接通。如果开关闭合用 **1** 表示,开关断开用 **0** 表示;灯亮用 **1** 表示,灯灭用 **0** 表示。则灯和开关之间的逻辑关系可表示为 $F=A\cdot B$ 或 $F=AB$,读作 A **与** B。

(2) 为了安全,保险柜上安装了指纹识别系统,当甲、乙两人同时触摸保险柜的铁门时,铁门将自动打开。铁门被打开与甲、乙两人之间就构成了**与**逻辑问题。做表格 9-5(a)描述如下,当然亦可以用字母 A、B、F 分别表示条件“甲、乙”两人和结果“保险柜开”,又可以做真值表 9-5(b)。

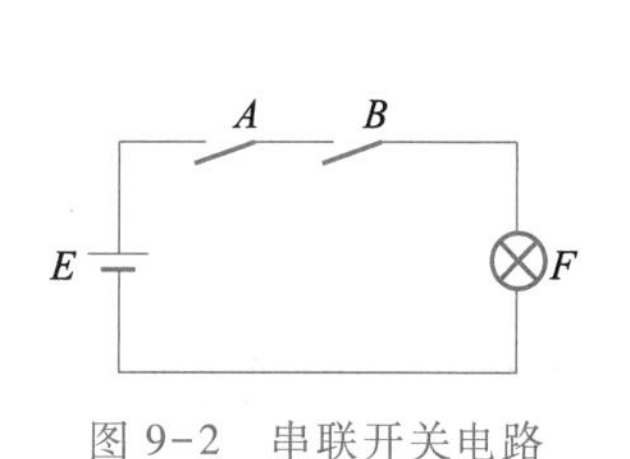

图 9-2 串联开关电路

表 9-5 与运算真值表

(a)			(b)		
甲	乙	保险柜	A	B	F
假	假	闭	**0**	**0**	**0**
假	真	闭	**0**	**1**	**0**
真	假	闭	**1**	**0**	**0**
真	真	开	**1**	**1**	**1**

2. 或运算

当决定一件事情的几个条件中,只要有一个条件具备,这件事情就会发生,把

这种因果关系称为**或**逻辑。变量的**或**运算规则可用表 9-6 说明。如图 9-3 所示的并联开关电路,灯 F 亮的条件是只要有一个开关或一个以上的开关接通就可以。灯和开关之间的逻辑关系可表示为 $F=A+B$,读作 A 或 B。

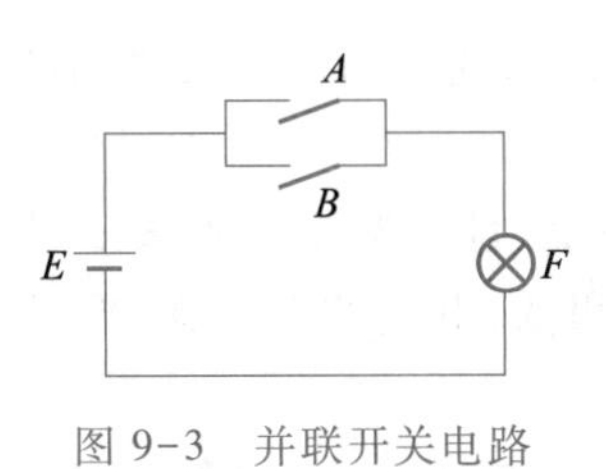

图 9-3　并联开关电路

表 9-6　或运算真值表

A	B	F
0	0	0
0	1	1
1	0	1
1	1	1

3. 非运算

某事情发生与否,仅取决于一个条件,而且是对该条件的否定。即条件具备时事情不发生;条件不具备时事情才发生。分析如图 9-4 所示的开关与灯并联的电路,可知灯 F 的状态和开关 A 的状态之间满足表 9-7 **非**运算关系。如果闭合开关,灯不亮;如果断开开关,灯则亮。逻辑表达式为 $F=\overline{A}$,$\overline{A}$读作 A **非**,又称作逻辑"反"。

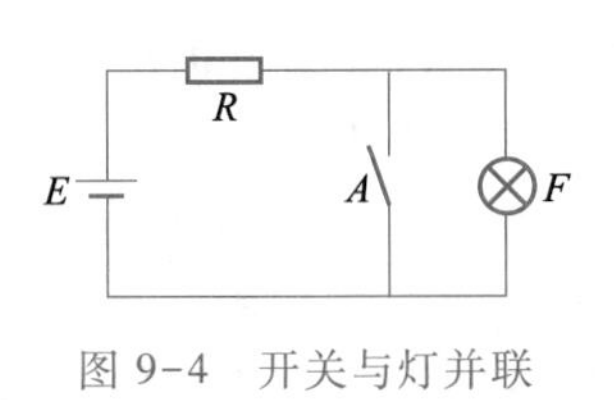

图 9-4　开关与灯并联

表 9-7　非运算真值表

A	F
0	1
1	0

9.3.2　逻辑代数的基本公式和规则

逻辑代数的基本公式对于逻辑函数的化简是非常有用的。大部分逻辑代数的基本定律的正确性是显而易见的,以下仅对不太直观的公式加以证明。

1. 基本公式

基本公式包括 10 个定律,如表 9-8 所示。其中有的定律与普通代数相似,有的定律与普通代数不同,使用时切勿混淆。

表 9-8　逻辑代数的基本公式

名称	公式 1	公式 2
0-1 律	$A\cdot 0=0$	$A+1=1$
自等律	$A\cdot 1=A$	$A+0=A$

续表

名称	公式 1	公式 2
互补律	$A\overline{A}=\mathbf{0}$	$A+\overline{A}=\mathbf{1}$
重叠律	$AA=A$	$A+A=A$
交换律	$AB=BA$	$A+B=B+A$
结合律	$A(BC)=(AB)C$	$A+(B+C)=(A+B)+C$
分配律	$A(B+C)=AB+AC$	$A+BC=(A+B)(A+C)$
反演律	$\overline{AB}=\overline{A}+\overline{B}$	$\overline{A+B}=\overline{A}\ \overline{B}$
吸收律	$A(A+B)=A$ $A(\overline{A}+B)=AB$ $(A+B)(\overline{A}+C)(B+C)=(A+B)(\overline{A}+C)$	$A+AB=A$ $A+\overline{A}B=A+B$ $AB+\overline{A}C+BC=AB+\overline{A}C$
还原律	$\overline{\overline{A}}=A$	

例 9-13 证明吸收律 $A+\overline{A}B=A+B$

证：$A+\overline{A}B=A(B+\overline{B})+\overline{A}B=AB+A\overline{B}+\overline{A}B=AB+AB+A\overline{B}+\overline{A}B$

$=A(B+\overline{B})+B(A+\overline{A})=A+B$

表中的公式还可以用真值表来证明，即检验等式两边函数的真值表是否一致。

例 9-14 用真值表证明反演律$\overline{AB}=\overline{A}+\overline{B}$和$\overline{A+B}=\overline{A}\ \overline{B}$

证：分别列出两公式等号两边函数的真值表即可得证，见表 9-9 和表 9-10。

表 9-9 $\overline{A\cdot B}=\overline{A}+\overline{B}$的证明

A	B	$\overline{A\cdot B}$	$\overline{A}+\overline{B}$
0	0	1	1
0	1	1	1
1	0	1	1
1	1	0	0

表 9-10 $\overline{A+B}=\overline{A}\cdot\overline{B}$的证明

A	B	$\overline{A+B}$	$\overline{A}\cdot\overline{B}$
0	0	1	1
0	1	0	0
1	0	0	0
1	1	0	0

2. 运算规则

逻辑代数有三个重要的运算规则，即代入规则、反演规则和对偶规则，这三个规则在逻辑函数的化简和变换中是十分有用的。

(1) 代入规则

代入规则是指将逻辑等式中的一个逻辑变量用一个逻辑函数代替，而逻辑等式仍然成立。利用代入规则可以方便地扩展公式的应用范围。例如在反演律$\overline{AB}=$

$\overline{A}+\overline{B}$中用 BC 去代替等式中的 B,则新的等式仍成立:$\overline{ABC}=\overline{A}+\overline{BC}=\overline{A}+\overline{B}+\overline{C}$

(2) 对偶规则

将一个逻辑函数 F 进行下列变换:

$$\cdot \rightarrow +, + \rightarrow \cdot \quad ; \mathbf{0} \rightarrow \mathbf{1}, \mathbf{1} \rightarrow \mathbf{0}$$

所得新函数表达式叫做 F 的对偶式,记为 F'。对偶规则的意义在于:如果两个逻辑函数相等,则它们的对偶函数也相等。利用对偶规则可以使要证明及要记忆的公式数目减少一半。表 9-8 中公式 1 与公式 2 互为对偶式。

(3) 反演规则

将一个逻辑函数 F 进行下列变换:

$$\cdot \rightarrow +, + \rightarrow \cdot \ ; \mathbf{0} \rightarrow \mathbf{1}, \mathbf{1} \rightarrow \mathbf{0};$$

原变量→反变量,反变量→原变量。

所得新函数表达式叫做 F 的反函数,用 $\overline{F}$ 表示。

利用反演规则可以很容易地写出一个逻辑函数的反函数。利用对偶规则和反演规则时应注意:不属于单个变量上的**非**号要保持不变;遵守先算括号,再算**与**,最后算**或**的运算顺序。

例 9-15　求逻辑函数 $F_1=\overline{A}B+A\overline{B}$,$F_2=A+\overline{\overline{B}C+D}$的反函数。

解:根据反演规则有:$\overline{F}_1=(A+\overline{B})\cdot(\overline{A}+B)=\overline{A}\,\overline{B}+AB$

$\overline{F}_2=\overline{A}\cdot\overline{(B+\overline{C})\cdot\overline{D}}=\overline{A}\cdot(\overline{B}\cdot C+D)=\overline{A}\,\overline{B}C+\overline{A}D$

9.3.3　逻辑函数的标准与或表达式

一个逻辑函数的表达式不是唯一的,可以有多种形式,并且能互相转换。常见的逻辑式主要有 5 种形式,例如:

$F=\overline{A}B+AC$	**与或**表达式
$=(A+B)(\overline{A}+C)$	**或与**表达式
$=\overline{\overline{\overline{A}B}\cdot\overline{AC}}$	**与非与非**表达式
$=\overline{\overline{A+B}+\overline{\overline{A}+C}}$	**或非或非**表达式
$=\overline{\overline{A}\,\overline{B}+A\,\overline{C}}$	**与或非**表达式

在上述多种表达式中,**与或**表达式是逻辑函数的最基本表达形式。因此,在化简逻辑函数时,通常是将逻辑式化简成最简**与或**表达式,然后再根据需要转换成其他形式。

1. 最小项

如果一个具有 n 个变量的逻辑函数的**与**项包含全部 n 个变量,每个变量以原变量或反变量的形式出现,且仅出现一次,则这种**与**项被称为最小项。对 n 个变量来说,可以构成 2^n 个最小项,例如三个变量 A、B、C,可构成 8 个最小项:

$\overline{A}\,\overline{B}\,\overline{C}$、$\overline{A}\,\overline{B}C$、$\overline{A}B\overline{C}$、$\overline{A}BC$、$A\overline{B}\,\overline{C}$、$A\overline{B}C$、$AB\overline{C}$、$ABC$。

为了叙述和书写方便，通常用符号 m_i 表示最小项，其中下标 i 是最小项的编号，是一个十进制数。确定 i 的方法是：首先将最小项中的变量按顺序如 A、B、C、… 排列好，然后将最小项中的原变量用 **1** 表示，反变量用 **0** 表示，这时最小项表示的二进制数对应的十进制数就是该最小项的编号。

2. 逻辑函数的标准与或表达式

如果一个逻辑函数表达式是由最小项构成的**与或**式，则这种表达式称为逻辑函数的最小项表达式，也叫标准**与或**式。例如：

$F=\overline{A}BC\overline{D}+ABC\overline{D}+ABCD$ 是一个四变量的最小项表达式。

对一个最小项表达式可以采用简写的方式，例如：

$$F(A,B,C)=\overline{A}B\overline{C}+A\overline{B}C+ABC=m_2+m_5+m_7=\sum m(2,\ 5,\ 7)$$

要写出一个逻辑函数的最小项表达式，可以有多种方法，但最简单的方法是先给出逻辑函数的真值表，将真值表中使逻辑函数取值为 **1** 的各个最小项相**或**就可以了。

例 9-16　已知三变量逻辑函数 $F=AB+BC+AC$，试写出 F 的最小项表达式。

解：首先写出 F 的真值表，如表 9-11 所示，将表中能使 F 为 **1** 的最小项相**或**可得下式：

$$F=\overline{A}BC+A\overline{B}C+AB\overline{C}+ABC=\sum m(3,\ 5,\ 6,\ 7)$$

表 9-11　$F=AB+BC+AC$ 的真值表

A	B	C	F
0	0	0	0
0	0	1	0
0	1	0	0
0	1	1	1
1	0	0	0
1	0	1	1
1	1	0	1
1	1	1	1

9.3.4　逻辑函数的化简

由前述可见，同一个逻辑函数可以写成不同的逻辑式，而这些逻辑式的繁简程度又相差甚远。表达式越简单，实现其逻辑功能的电路也越简单。

讲义：逻辑代数化简

在传统的设计方法中，通常以**与或**表达式定义最简表达式，其标准是表达式中的项数最少，每项含的变量也最少。这样用逻辑电路去实现时，用的元器件最少，每个电路的输入端也最少。另外还可提高逻辑电路的可靠性和速度。

在现代设计方法中，多采用可编程的逻辑器件进行逻辑电路的设计。设计并不一定要追求最简单的逻辑函数表达式，而是追求设计简单方便、可靠性好、效率高。但是，逻辑函数的化简仍是需要掌握的基础技能。

逻辑函数的化简方法有多种，最常用的方法是逻辑代数化简法和卡诺图化简法。

1. 逻辑代数化简法

逻辑代数化简法就是利用逻辑代数的基本公式和规则对给定的逻辑函数表达式进行化简。常用的逻辑代数化简法有吸收法、消去法、并项法、配项法。

（1）利用公式：$A+AB=A$，吸收多余的**与**项进行化简。例如：

$$F=\overline{A}+\overline{A}BC+\overline{A}BD+\overline{A}E=\overline{A}\cdot(\mathbf{1}+BC+BD+E)=\overline{A}$$

（2）利用公式：$A+\overline{A}B=A+B$，消去**与**项中多余的因子进行化简。例如：

$$F=A+\overline{A}B+\overline{B}C+\overline{C}D=A+B+\overline{B}C+\overline{C}D=A+B+C+\overline{C}D=A+B+C+D$$

（3）利用公式：$A+\overline{A}=\mathbf{1}$，把两项并成一项进行化简。例如：

$$F=A\overline{BC}+AB+A\cdot(\overline{\overline{BC}+B})=A\cdot(\overline{BC}+B+\overline{\overline{BC}+B})=A$$

（4）利用公式：$A+\overline{A}=\mathbf{1}$，把一个**与**项变成两项再和其他项合并进行化简。例如：

$$F=\overline{A}B+\overline{B}C+B\overline{C}+A\overline{B}=\overline{A}B\cdot(C+\overline{C})+\overline{B}C\cdot(A+\overline{A})+B\overline{C}+A\overline{B}$$

$$=\overline{A}BC+\overline{A}B\overline{C}+A\overline{B}C+\overline{A}\,\overline{B}C+B\overline{C}+A\overline{B}$$

$$=A\overline{B}\cdot(C+\mathbf{1})+\overline{A}C\cdot(B+\overline{B})+B\overline{C}\cdot(\overline{A}+\mathbf{1})=A\overline{B}+\overline{A}C+B\overline{C}$$

有时对逻辑函数表达式进行化简，可以几种方法并用，综合考虑。例如：

$$F=\overline{A}BC+AB\overline{C}+A\overline{B}C+ABC$$

$$=\overline{A}BC+ABC+AB\overline{C}+ABC+A\overline{B}C+ABC$$

$$=AB\cdot(C+\overline{C})+AC\cdot(B+\overline{B})+BC\cdot(A+\overline{A})=AB+AC+BC$$

在这个例子中就使用了配项法和并项法两种方法。

2. 卡诺图化简法

采用逻辑代数法化简，不仅要求熟练掌握逻辑代数的公式，且需具有较强的化简技巧。卡诺图化简法简单、直观、有规律可循，当变量较少时，用来化简逻辑函数是十分方便的。

（1）卡诺图的构成

卡诺图实质是真值表的一种特殊排列形式，二至四变量的卡诺图如图9-5(a)、(b)、(c)所示。n个变量的逻辑函数有2^n个最小项，每个最小项对应一个小方格，所以，n个变量的卡诺图由2^n个小方格构成，这些小方格按一定的规则排列。

在卡诺图的上边线，用来表示小方格的列，在卡诺图的左边线，用来表示小方格的行。图9-5(a)第一列小方格表示$\overline{B}$，第二列小方格表示B；第一行小方格表示

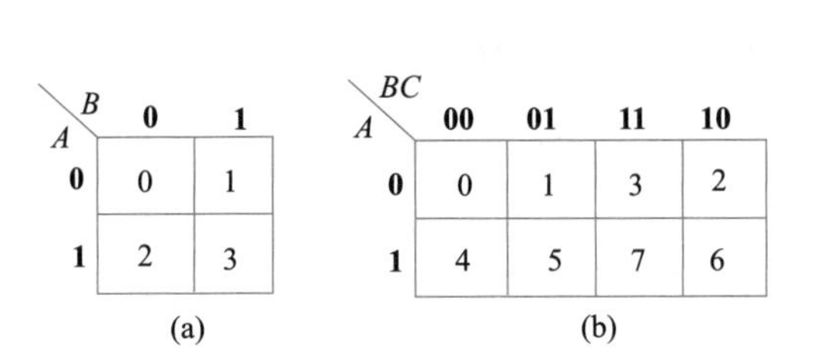

AB \ CD	00	01	11	10
00	0	1	3	2
01	4	5	7	6
11	12	13	15	14
10	8	9	11	10

(c)

图 9-5　二至四变量的卡诺图

$\overline{A}$,第二行小方格表示 A。如果原变量用 **1** 表示,反变量用 **0** 表示,在卡诺图上行和列的交叉处的小方格就是输入变量取值对应的最小项。每个最小项可用符号表示,也可以简写成编号,图 9-5 的卡诺图就是用编号表示的。从图 9-5 中可看出它有以下三个特点:① 相邻小方格和轴对称小方格中的最小项只有一个因子不同,这种最小项称为逻辑相邻最小项;② 两个逻辑相邻的小方格可以合并成一项,消去不同因子,保留公共因子,用一个圈将逻辑相邻的最小项圈起来,称为卡诺圈;③ 合并 2^k 个逻辑相邻最小项,可以消去 k 个逻辑变量。

(2) 用卡诺图化简逻辑函数

卡诺图化简逻辑函数可分三步进行:

第一步将逻辑函数表达式化为最小项之和的形式;

第二步将逻辑函数表达式中所含的最小项填入卡诺图对应的小方格中,用 **1** 表示;

第三步合并卡诺图中那些填 **1** 的小方格,将填 **1** 的逻辑相邻小方格圈起来,写出最简的逻辑表达式。合并的一般规则为:若卡诺圈中有 2^k 个最小项可以合并为一项,消去 k 个因子,合并的结果中仅包含这些最小项的公共因子。

如图 9-6 所示,为最小项相邻的几种情况。(a)中为两个最小项相邻的情况,(b)中为四个最小项相邻的情况,(c)中为八个最小项相邻的情况。以(b)中四个最小项为例,根据合并规则,(m_5),(m_7),(m_{13}),(m_{15})相邻,消去两个变量,得到 BD。以(c)中八个最小项为例(m_1),(m_3),(m_5),(m_7)(m_9),(m_{11}),(m_{13}),(m_{15})相邻,消去三个变量,得到 D。

画卡诺圈时应注意以下几点:

① 卡诺圈内填 **1** 的逻辑相邻小方格应是 2^k 个。

② 填 **1** 的小方格可以用在多个卡诺圈中,但每个卡诺圈中至少要有一个填 **1** 的小方格在其他卡诺圈中没有出现过。

③ 为了保证能写出最简单的**与或**表达式,首先应保证卡诺圈的个数最少(表达式中的**与**项最少),其次是每个卡诺圈中填 **1** 的小方格最多(**与**项中的变量最少)。由于卡诺圈的画法在某些情况下不是唯一的,因此写出的最简逻辑表达式也不是唯一的。

④ 如果一个填 **1** 的小方格不和任何其他填 **1** 的小方格相邻,这个小方格也要

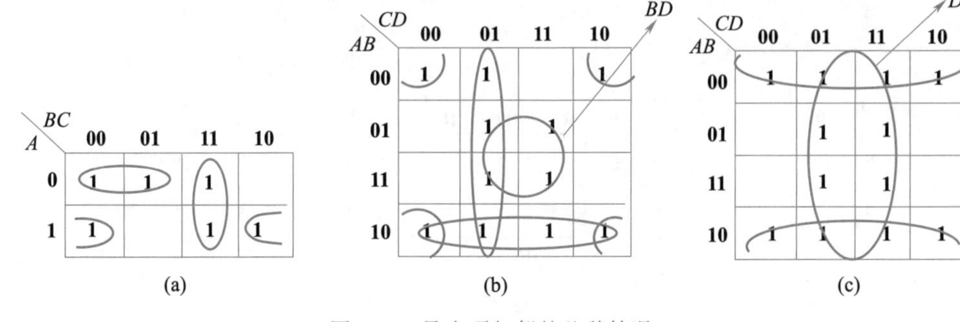

图 9-6　最小项相邻的几种情况

用一个**与**项表示,最后将所有的**与**项**或**起来就是化简后的逻辑表达式。

例 9-17　已知逻辑函数的真值表如表 9-12 所示,写出逻辑函数的最简**与或**表达式。

表 9-12　例 9-17 的真值表

A	B	C	F
0	0	0	0
0	0	1	1
0	1	0	0
0	1	1	0
1	0	0	1
1	0	1	1
1	1	0	1
1	1	1	0

解:首先根据真值表画出卡诺图,将填有 **1** 并具有相邻关系的小方格圈起来,如图 9-7 所示,根据卡诺图可写出最简**与或**表达式为 $F=A\overline{C}+\overline{B}C$。

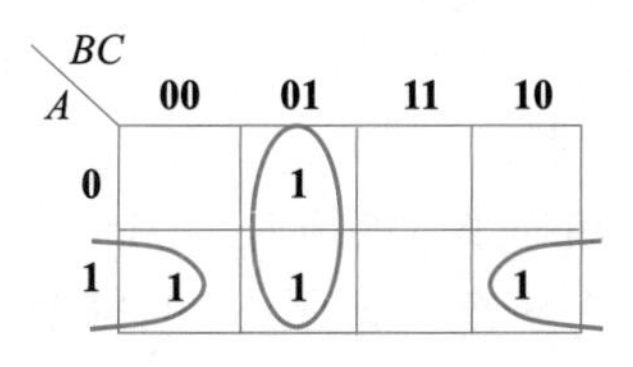

图 9-7　例 9-17 的卡诺图

例 9-18　化简四变量逻辑函数 $F=\overline{A}\,\overline{B}C+A\overline{B}C+B\overline{C}\,\overline{D}+ABC$ 为最简**与或**表达式。

解:首先根据逻辑表达式画出 F 的卡诺图,将填有 **1** 并具有相邻关系的小方格圈起来,如图 9-8 所示,根据卡诺图可写出最简**与或**表达式为 $F=AC+\overline{B}C+B\overline{C}\,\overline{D}$

以上举例都是求出最简**与或**式,如要求出最简**或与**式,可以在卡诺图上将填 **0**

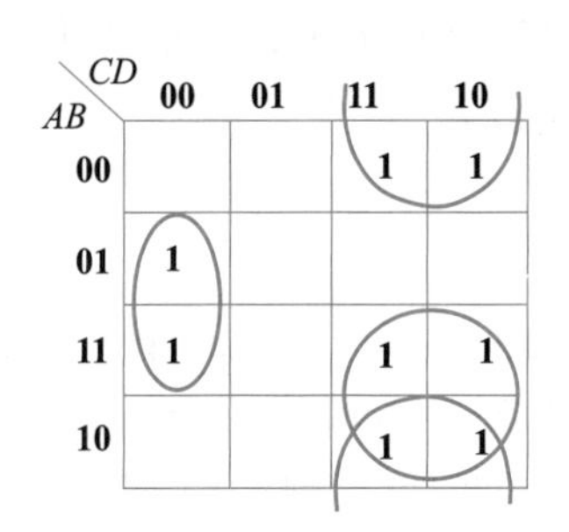

图 9-8 例 9-18 的卡诺图

的小方格圈起来进行合并，然后写出每一卡诺圈表示的**或**项，最后将所得**或**项相**与**就可得到最简**或与**式。但变量取值为 **0** 时要写原变量，变量取值为 **1** 时要写反变量。有时按**或与**式写出最简逻辑表达式可能会更容易一些。

（3）包含无关项的逻辑函数的化简

对一个逻辑函数来说，如果针对逻辑变量的每一组取值，逻辑函数都有一个确定的值相对应，则这类逻辑函数称为完全描述逻辑函数。但是，从某些实际问题归纳出的逻辑函数，输入变量的某些取值对应的最小项不会出现或不允许出现，也就是说，这些输入变量之间存在一定的约束条件。那么，这些不会出现或不允许出现的最小项称为约束项，其值恒为 **0**。还有一些最小项，无论取值 **0** 还是取值 **1**，对逻辑函数代表的功能都不会产生影响。那么，这些取值任意的最小项称为任意项。约束项和任意项统称为无关项，包含无关项的逻辑函数称为非完全描述逻辑函数。无关最小项在逻辑表达式中用 $\sum d(\cdots)$ 表示，在卡诺图上用"$\boldsymbol{\Phi}$"或"×"表示，化简时既可代表 **0**，也可代表 **1**。

在化简包含无关项的逻辑函数时，由于无关项可以加进去，也可以去掉，都不会对逻辑函数的功能产生影响，因此利用无关项就可能进一步化简逻辑函数。

例 9-19 某逻辑函数输入是 8421BCD 码（即不可能出现 **1010～1111** 这 6 种输入组合），其逻辑表达式为 $F(A,B,C,D)=\sum m(1,4,5,6,7,9)+\sum d(10,11,12,13,14,15)$，用卡诺图法化简该逻辑函数。

解：首先根据逻辑表达式画出 F 的卡诺图，如图 9-9 所示。如果按不包含无关项化简，如图 9-9（a）所示，最简表达式为 $F=\overline{A}B+\overline{B}\,\overline{C}D$

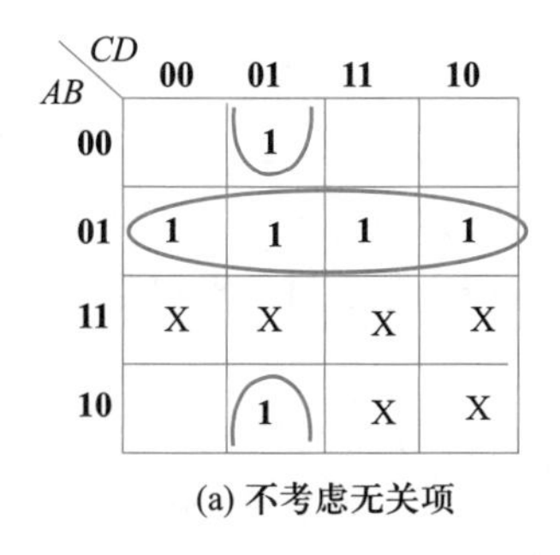

(a) 不考虑无关项

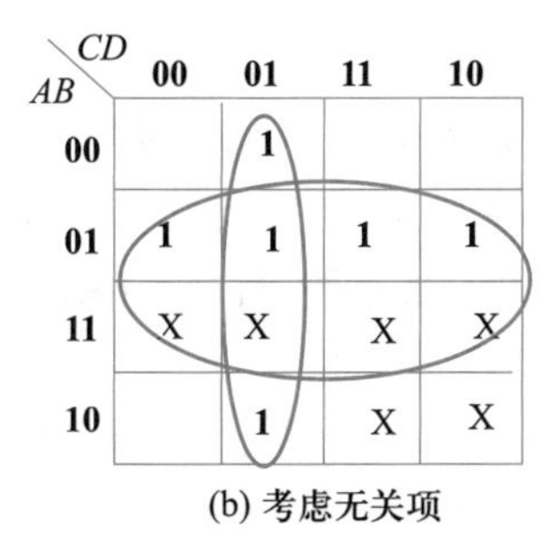

(b) 考虑无关项

图 9-9 例 9-19 的卡诺图

当有选择地加入无关项后，可扩大卡诺圈的范围，使表达式更简练，如图 9-9(b)所示，最简表达式为 $F=B+\overline{C}D$。

【练习与思考】

9-3-1　说明 1+1=2、**1+1=10** 和 **1+1=1** 的含义有什么不同。

9-3-2　说明反演规则与对偶规则的相同点与不同点。

9-3-3　为什么要对逻辑函数式进行化简和变换？

9-3-4　能否将 $AB=AC$，$A+B=A+C$ 这两个逻辑式化简为 $B=C$？

9-3-5　用卡诺图化简逻辑函数，如何才能保证写出最简单的逻辑表达式？

9.4　分立元件门电路

用以实现各种逻辑关系的电子电路称为门电路。最基本的逻辑门是**与**门、**或**门和**非**门，用这些基本逻辑门电路可以构成复杂的逻辑电路，完成任何逻辑运算功能，这些基本逻辑门电路是构成计算机及其他数字系统的重要基础。

9.4.1　基本逻辑门电路

与门、**或**门和**非**门电路是最基本的逻辑门电路，可分别完成**与**、**或**、**非**逻辑运算。

1. 二极管与门

图 9-10(a)所示为二极管**与**门电路及逻辑符号。输入 A、B 中只要有一个为低电平，则必有一个二极管导通，使输出 F 为低电平；只有输入 A、B 同时为高电平，输出 F 才为高电平。显然，F 与 A、B 是**与**逻辑，即 $F=A\cdot B$。图 9-10(b)为**与**门的逻辑符号，依次为国内曾用符号、国外流行符号和新国标符号(以下类似，不再赘述)。

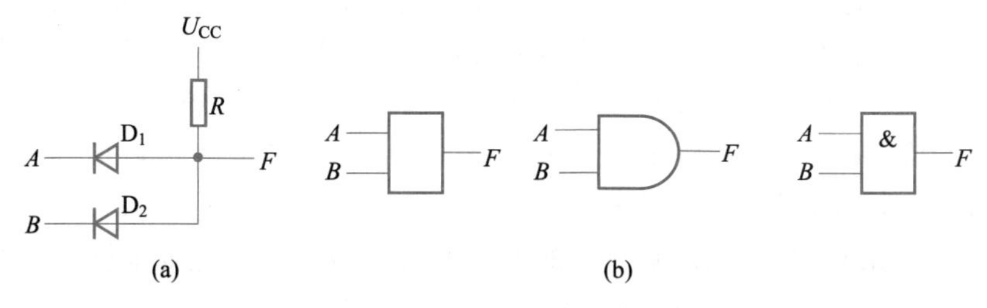

图 9-10　二极管**与**门电路及逻辑符号

2. 二极管或门电路

图 9-11(a)所示为二极管**或**门电路及逻辑符号。输入 A、B 中只要有一个为高电平，输出 F 便为高电平；只有当输入 A、B 同时为低电平时，输出 F 才为低电平。显然，F 与 A、B 是**或**逻辑，即 $F=A+B$。图 9-11(b)为**或**门逻辑符号。

3. 晶体管非门

图 9-12(a)所示为晶体管**非**门电路及逻辑符号。当输入 A 为低电平时，晶体管截止，输出 F 为高电平；当输入 A 为高电平时，合理选择 R_1 和 R_2，使晶体管工作在饱和状态，输出 F 为低电平。**非**门的逻辑表达式为 $F=\overline{A}$，图 9-12(b)为其逻辑符

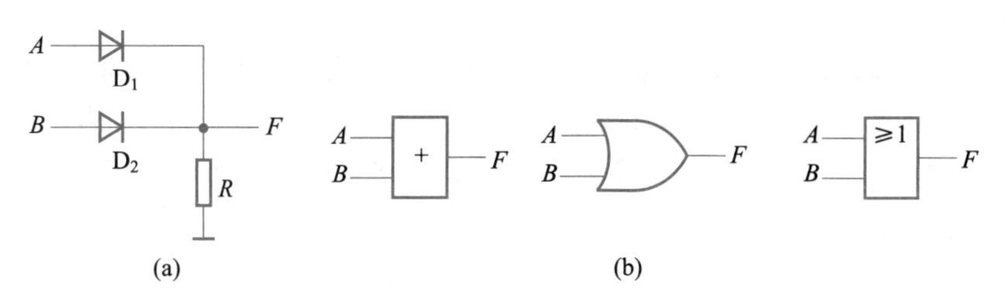

图 9-11　二极管**或**门电路及逻辑符号

号。由于**非**门的输出信号与输入反相，故**非**门又称为反相器。

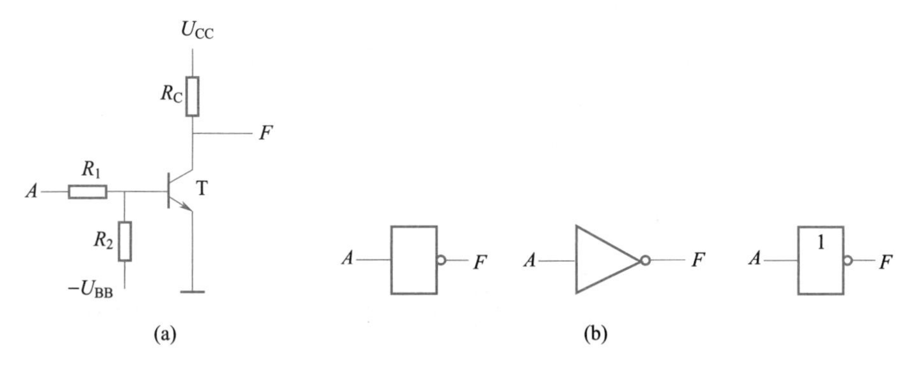

图 9-12　晶体管**非**门电路及逻辑符号

9.4.2　复合逻辑门电路

在实际应用中，利用**与**门、**或**门和**非**门之间的不同组合可构成复合逻辑门电路，完成复合逻辑运算。常见的复合逻辑门电路有**与非**门、**或非**门、**与或非**门、**异或**门和**同或**门电路。

1. 与非门电路

在二极管**与**门的输出端级联一个**非**门便可组成**与非**电路。**与非**门的真值表如表 9-13 所示，由该表可以看出：输入 A、B 中只要有低电平，输出 F 便为高电平；只有当输入 A、B 同时为高电平时，输出 F 才为低电平。**与非**门的逻辑符号如图 9-13 所示，逻辑表达式为 $F=\overline{AB}$。

表 9-13　**与非**门的真值表

A	B	F
0	0	1
0	1	1
1	0	1
1	1	0

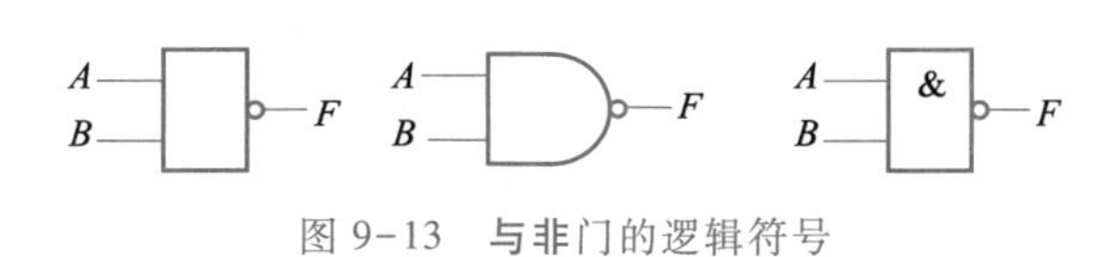

图 9-13　**与非**门的逻辑符号

2. 或非门电路

在二极管**或**门的输出端级联一个**非**门便可组成**或非**门电路。**或非**门的真值表如表 9-14 所示，由该表可以看出：当输入 A、B 中有高电平时，输出 F 为低电平；只有当输入 A、B 同时为低电平时，输出 F 才为高电平。**或非**门的逻辑符号如图 9-14 所示，逻辑表达式为 $F=\overline{A+B}$。

3. 异或门电路

异或门电路可以完成逻辑**异或**运算，**异或**运算的逻辑表达式为：$F=\overline{A}B+A\overline{B}$，也记作 $F=A\oplus B$，读作 F 等于 A **异或** B。**异或**门的逻辑符号如图 9-15 所示，表 9-15 为**异或**门的真值表，由此可见：当两个输入变量取值相同时，运算结果为 **0**；当两个输入变量取值不同时，运算结果为 **1**。如推广到多个变量**异或**时，当变量中 **1** 的个数为偶数时，运算结果为 **0**；**1** 的个数为奇数时，运算结果为 **1**。

表 9-14　或非门的真值表

A	B	F
0	**0**	**1**
0	**1**	**0**
1	**0**	**0**
1	**1**	**0**

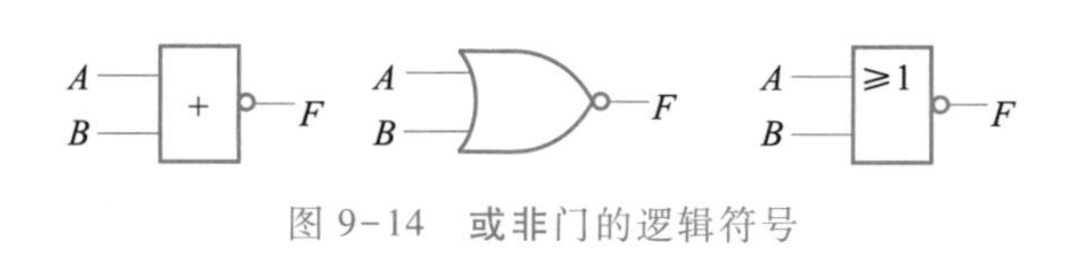

图 9-14　或非门的逻辑符号

表 9-15　异或门的真值表

A	B	F
0	**0**	**0**
0	**1**	**1**
1	**0**	**1**
1	**1**	**0**

图 9-15　异或门的逻辑符号

4. 同或门电路

同或门电路可以完成逻辑**同或**运算，**同或**运算的逻辑表达式为：$F=\overline{A}\,\overline{B}+AB=A\odot B$，读作 F 等于 A **同或** B。**同或**门的逻辑符号如图 9-16 所示，可以证明，**同或**运算的规则正好和**异或**运算相反。

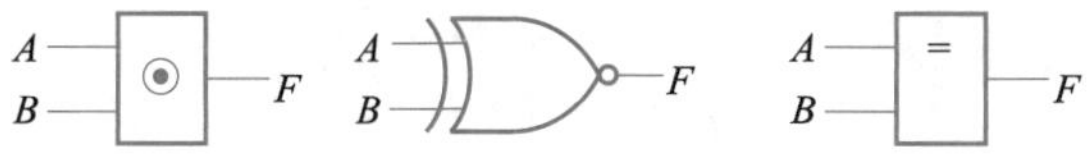

图 9-16　同或门的逻辑符号

5. 与或非门电路

与或非门电路相当于两个**与**门、一个**或**门和一个**非**门的组合，四输入**与或非**门的逻辑符号如图 9-17 所示。其逻辑表达式 $F=\overline{AB+CD}$。对**与或非**门完成的运算分析可知，**与或非**门的功能是将两个**与**门的输出**或**起来后变反输出。**与或非**门电路也可以由多个**与**门和一个**或**门、一个**非**门组合而成，从而具有更强的逻辑运算功能。

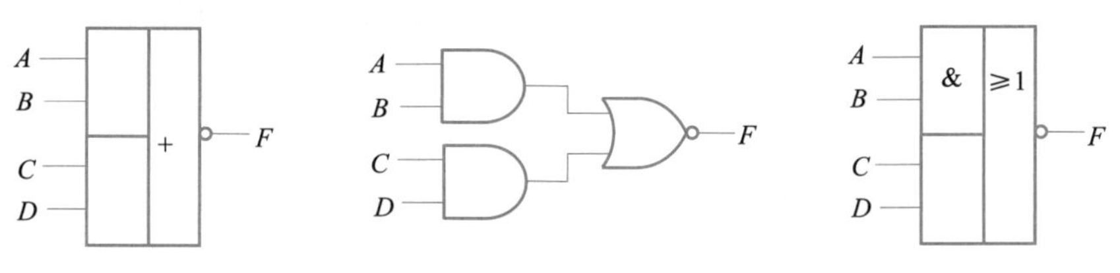

图 9-17 四输入与或非门的逻辑符号

【练习与思考】

9-4-1 列举日常生活中具有逻辑**与**、逻辑**或**、逻辑**非**关系的实例。

9-4-2 试说出几个常用的复合门。

9-4-3 **同或**门和**异或**门的功能是什么？二者有联系吗？

9.5 TTL 集成逻辑门电路

TTL 集成逻辑门电路，因其输入端和输出端都由晶体管构成，称为晶体管-晶体管逻辑门电路，简称 TTL(transistor-transistor logic)。TTL 电路是目前双极型数字集成电路中用得最多的一种。在门电路的定型产品中除了**非**门以外，还有**与**门、**或**门、**与非**门、**或非**门和**异或**门等几种常见的类型。尽管它们逻辑功能各异，但输入端、输出端的电路结构形式、特性及参数和**非**门基本相同，所以本节以 TTL **非**门为例，介绍集成门电路的特性和参数，然后介绍三态门和集电极开路门。

9.5.1 TTL 非门

1. 工作原理

非门是 TTL 门电路中电路结构最简单的一种。图 9-18 中给出了 74 系列 TTL **非**门的典型电路，该电路由三部分组成：T_1、R_1 和 D_1 组成输入级，T_2、R_2 和 R_3 组成中间级，T_4、T_5、D_2 和 R_4 组成输出级。

电源电压 $U_{CC}=5$ V，二极管正向压降为 0.7 V。当 $u_I<0.6$ V 时，T_1 导通，$V_{B1}<1.3$ V，T_2 和 T_5 截止而 T_4 导通，$u_O=(5-U_{R2}-0.7-0.7)$ V ≈ 3.6 V。$u_I>0.6$ V，但低于 1.3 V 时，T_2 导通而 T_5 依旧截止。这时 T_2 工作在放大区，随着 u_I 的升高，V_{C2} 和 u_O 线性地下降。当 $u_I>1.3$ V 后，V_{B1} 约为 2.1 V，这时 T_2 和 T_5 将同时导通，输出电位急剧地下降为低电平。此后输入电压 u_I 继续升高时必然使 T_2 和 T_5 饱和导通，T_4 截止，$u_O=0.3$ V 不再变化。从而输出和输入之间在稳定状态下具有反相关系，即 $F=$

$\overline{A}$。如果把图 9-18 非门电路输出电压随输入电压的变化用曲线描绘出来，就得到了图 9-19 所示的电压传输特性。

由以上分析可知，图 9-18 电路在稳定状态下 T_4 和 T_5 总是一个导通而另一个截止，因而使这一支路中的电流很小，有效地降低了输出级的静态功耗并提高了驱动负载的能力。为确保 T_5 饱和导通时 T_4 可靠地截止，又在 T_4 的发射极串联了二极管 D_2。D_1 是输入端“钳位”二极管，它既可以抑制输入端可能出现的负极性干扰脉冲，又可以防止输入电压为负时 T_1 的发射极电流过大，起到保护作用。

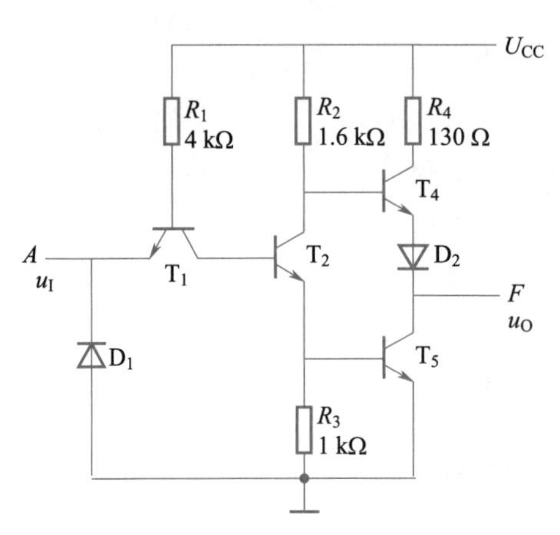

图 9-18　74 系列 TTL 非门的典型电路

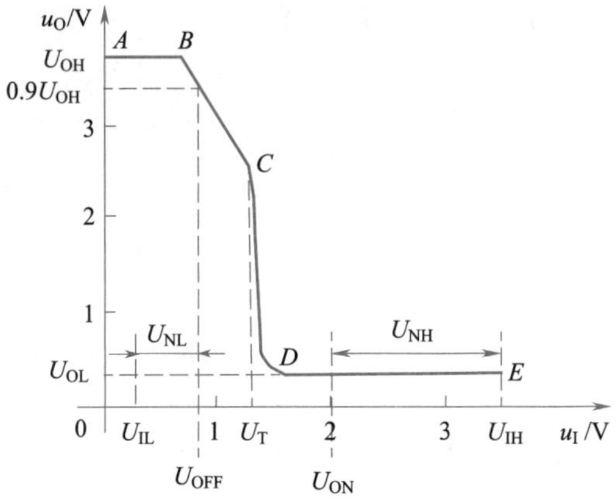

图 9-19　TTL 非门的电压传输特性

2. 主要参数

(1) 输入端噪声容限

从电压传输特性上可以看出，当输入信号偏离正常的低电平(0.3 V)升高时，输出的高电平并不立刻改变。同样，当输入信号偏离正常高电平(3.6 V)降低时，输出的低电平也不会马上改变。因此，允许输入的高、低电平信号各有一个波动范围。在保证输出高、低电平基本不变(或者说变化的大小不超过允许限度)的条件下，输入电平的允许波动范围称为噪声容限。门电路的噪声容限反映它的抗干扰能力，其值越大则抗干扰能力越强。

与输入端噪声容限有关的电压参数：

输出高电平 U_{OH}：典型值是 3.6 V，最小值 $U_{OH(min)}$ 为 2.4 V。

输出低电平 U_{OL}：典型值是 0.3 V，最大值 $U_{OL(max)}$ 为 0.4 V。

开门电平 U_{ON}：保证输出为低电平时的最小输入高电平，其值为 2 V。

关门电平 U_{OFF}：保证输出为高电平时的最大输入低电平，其值为 0.8 V。

将许多门电路互相连接组成系统时，前一级门电路的输出就是后一级门电路的输入。

输入为高电平的噪声容限为 $U_{NH}=U_{IH}-U_{ON}=U_{OH(min)}-U_{ON}=(2.4-2)\ V=0.4\ V$

输入为低电平的噪声容限为 $U_{NL}=U_{OFF}-U_{IL}=U_{OFF}-U_{OL(max)}=(0.8-0.4)\ V=0.4\ V$

上式中 U_{IH} 为输入高电平，U_{IL} 为输入低电平。

(2) 负载能力

扇出系数 N 是指一个门电路能驱动同类型门的最大数目，它表示门电路的带负载能力。如果驱动门和负载门的类型不相同时就需具体计算。

计算负载能力的原则是驱动门的输出电流要大于等于负载门的输入电流。由于门电路输出高、低电平时的电流大不相同，故下式计算取其小者。

$$N_1 = I_{OL}/I_{IL}, \quad N_2 = I_{OH}/I_{IH}$$

上式中 I_{OL}、I_{OH} 为驱动门的输出低电平电流和输出高电平电流，I_{IL}、I_{IH} 为负载门的输入低电平电流和输入高电平电流。

(3) 输入端负载特性

在具体使用门电路时，有时需要在输入端与地之间或者在输入端与信号的低电平之间接入电阻 R_P，如 9-20(a)图所示。因为输入电流流过 R_P，这就必然会在 R_P 上产生压降从而形成输入端电压 u_I。u_I 随 R_P 变化的规律，即输入端负载特性可表示为

$$u_I = \frac{R_P}{R_1 + R_P}(U_{CC} - U_{BE1})$$

上式表明，在 $R_P << R_1$ 的条件下，u_I 几乎与 R_P 成正比，但是当 u_I 上升到 1.4 V 以后，T_2 和 T_5 的发射结同时导通，将 V_{B1} 钳位在 2.1 V 左右，所以，即使 R_P 再增大，u_I 也不会再升高了，这时的特性曲线趋近于 $u_I = 1.4$ V 的一条水平线。输入端负载特性曲线如图 9-20(b)所示。

由以上分析可见，输入电阻的大小会影响非门的输出状态。在保证输出为低电平时，允许的最小电阻称为开门电阻，用 R_{ON} 表示。由输入负载特性曲线可以看到 R_{ON} 大约为 2 kΩ。保证输出为高电平时，允许的最大电阻称为关门电阻，用 R_{OFF} 表示。由输入负载特性曲线可以看到对应的 u_I 为 0.8 V 时的 R_{OFF} 为 700～800 Ω。从而可看到若输入端悬空，R_P 相当于无穷大，即相当于输入高电平。

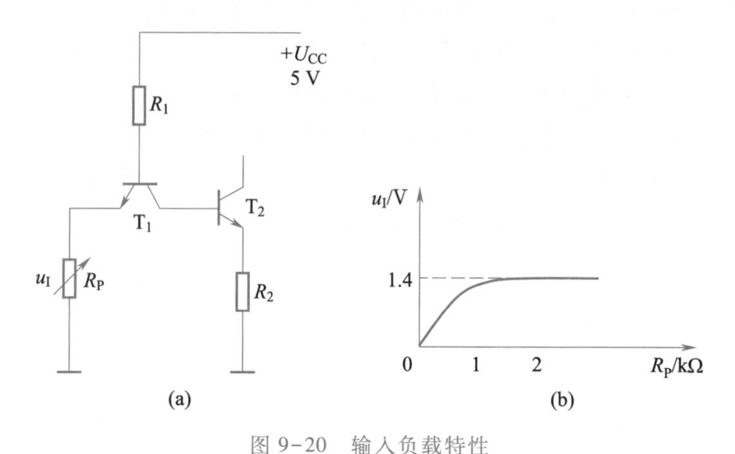

图 9-20 输入负载特性

(4) 平均传输延迟时间 t_{pd}

理论上，门的输入和输出波形均应为矩形波，但实际波形如图 9-21 所示。在

开门和关门时均有延迟，其中 t_{pd1} 称为上升延迟时间，t_{pd2} 称为下降延迟时间，两者的平均值为

$$t_{pt}=\frac{1}{2}(t_{pd1}+t_{pd2})$$

称为平均传输延迟时间，一般在几十纳秒(ns)以下。

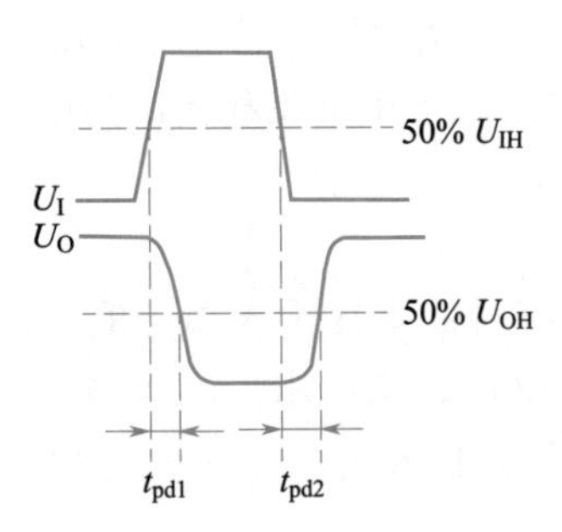

图 9-21　表示延迟时间的输入输出电压波形

3. TTL 门电路的系列

TTL 集成电路有 54 系列和 74 系列两种，它们具有完全相同的电路结构和电气性能参数，74 系列的工作温度为 0 ℃～70 ℃，电源电压的工作范围为(1±5%)5 V；54 系列的工作温度为-55 ℃～+125 ℃，电源电压的工作范围为(1±10%)5 V。

54 系列和 74 系列又有以下区分：

(1) 74/54 系列：基本型；

(2) 74H/54H 系列：高速型(HTTL)；

(3) 74S/54S 系列：典型肖特基型(STTL)；

(4) 74LS/54LS 系列：低功耗肖特基型(LSTTL)；

(5) 74AS/54AS 系列：先进肖特基型(ASTTL)；

(6) 74ALS/54ALS 系列：先进低功耗肖特基型(ALSTTL)。

性能比较理想的门电路应该是工作速度快，功耗小。然而缩短传输延迟时间和降低功耗对电路提出的要求往往是矛盾的，因此，采用传输延迟时间和功耗的乘积(delay-power product，简称延迟-功耗积，或 DP 积)才能全面评价门电路的性能的优劣。延迟-功耗积越小，电路的综合性能越好。现将不同系列 TTL 门电路的延迟时间、功耗和延迟-功耗积(DP 积)列于表 9-16。

注意：

普通 TTL 门电路的输出端不能直接连接，否则输出高电平门的 T_4 管将被输出低电平门的 T_5 管短路，以致 T_4 管被烧坏。下面介绍两种输出端可直接连接的 TTL 门电路。

表 9-16　不同系列 TTL 门电路的主要性能比较

	74/54	74H/54H	74S/54S	74LS/54LS	74AS/54AS	74ALS/54ALS
t_{pd}/ns	10	6	4	10	1.5	4
P/(每门/mW)	10	22.5	20	2	20	1
DP 积/(ns · mW)	100	135	80	20	30	4

9.5.2　TTL 三态输出门（TSL 门）

讲义:三态门

普通门电路的输出只有两种状态:高电平或低电平;而三态门的输出不仅有高电平、低电平,还有一种高阻状态,也叫悬浮态。TTL 三态门是在普通门的基础上,加上使能控制端(也称使能端)和控制电路构成的。TSL 门是 three state logic gate 的缩写,是一种计算机中广泛使用的特殊门电路。以下介绍三态非门。

1. 工作原理

图 9-22(a)给出了控制端高电平有效的三态输出非门电路和逻辑符号,它与图 9-18 非门电路的区别在于输入端 T_1 改成了多发射极晶体管,其中 E 端是作为控制信号。当 E 为高电平时,二极管 D 截止,电路处于工作状态,实现非逻辑功能,即 $F=\overline{A}$;当 E 为低电平时,T_1、T_4 的基极电位都约为 1 V,致使 T_2、T_5 以及 T_4 都截止。不管输入端 A 的状态如何,输出端相当于开路而处于高阻状态。其真值表如表 9-17 所示,逻辑符号如图 9-22(b)所示。

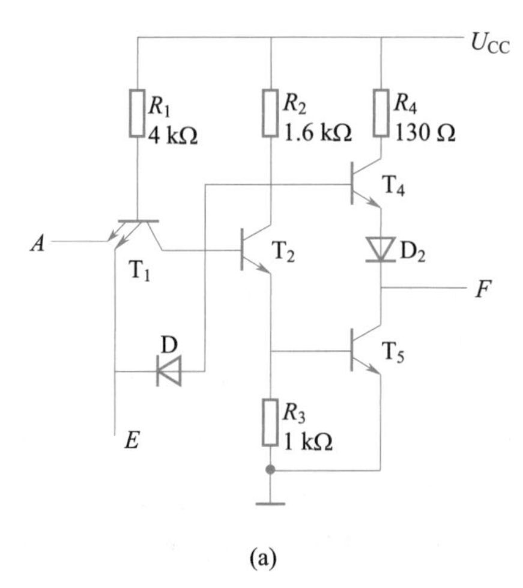

(a)

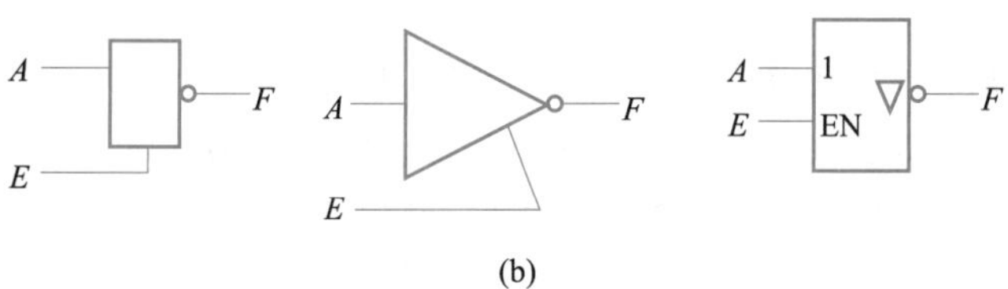

(b)

图 9-22　控制端高电平有效的三态输出非门电路和逻辑符号

表 9-17　三态输出非门真值表

E	F
0	高阻
1	$\overline{A}$

2. 三态门的应用

三态门主要应用于总线传送,它可进行单向数据传送,也可进行双向数据传送。

用三态非门构成的单向总线如图 9-23 所示,在任何时刻,只允许一个三态门的控制端加使能信号,实现其对总线的数据传送。

用三态非门构成的双向总线如图 9-24 所示,图中 G_2 为低电平使能的三态非门。当控制输入信号 E 为 **1** 时，G_1 工作而 G_2 为高阻状态，数据 D_1 经 G_1 反相后送到数据总线；当控制输入信号 E 为 **0** 时，G_2 工作而 G_1 为高阻状态，来自数据总线的数据经 G_2 反相后由 $\overline{D_2}$ 送出。这样就可以通过改变控制信号 E 的状态，实现分时数据双向传送。

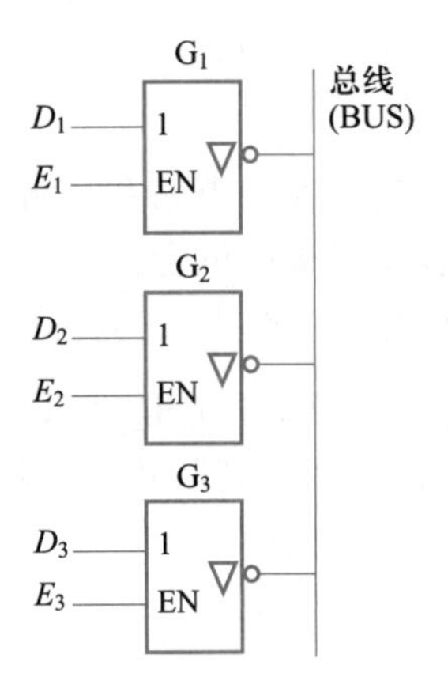

图 9-23　用三态非门构成的单向总线

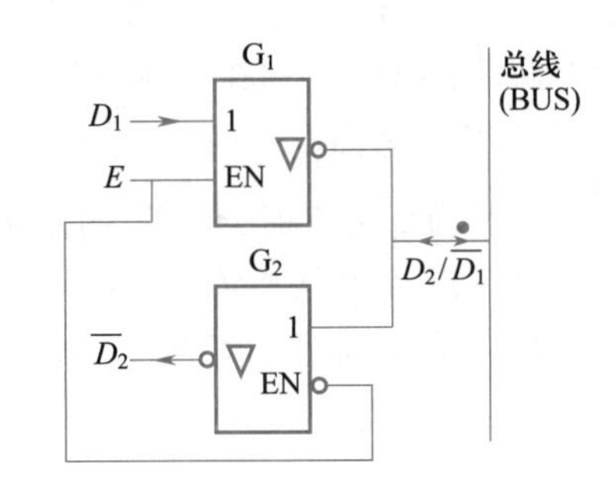

图 9-24　用三态非门构成的双向总线

9.5.3　TTL 集电极开路门（OC 门）

OC 门是 open collector gate 的缩写，它也是一种计算机常用的特殊门。

1. 工作原理

对于图 9-22(a)所示的 TTL 三态输入**非**门电路，如果去掉 T_2 集电极与 E 之间的二极管 D，电路为普通的**与非**门。如果再将 R_4、D_2、T_4 去掉，形成输出为集电极开路的结构，就变成了“集电极开路”门。在使用时，为了使电路具有高电平输出，必须在 OC 门输出端外加负载电阻 R_L 和电源 U，如图 9-25(a)所示，集电极开路**与非**门的逻辑符号如图 9-25(b)所示。

在图 9-25(a)中，输入 A、B 同时为高电平时，T_2、T_5 均处于饱和导通，输出 F 为低电平 0.3 V；当输入 A、B 中有低电平 0.3 V 时，T_2、T_5 均截止，输出 F 为高电平$+U$。因此，它的输出、输入电平关系是**与非**关系，故称为集电极开路**与非**门。

用同样的方法，可以做成集电极开路**与**门、**或**门、**或非**门等各种 OC 门。

2. OC 门的应用

OC 门在计算机中的应用很广，它可实现**线与**逻辑、逻辑电平的转换等，下面分别介绍。

（1）实现**线与**逻辑

用导线将两个或两个以上的 OC 门输出端连接在一起，其总的输出为各个 OC 门输出的逻辑**与**，这种用导线连接而实现的逻辑**与**称为**线与**。图 9-26 所示为两个 OC **与非**门用导线连接，实现**线与**逻辑的电路图。由图可知：只有两个门的输出全为高电平时，F 才为高电平，即总的输出为两个 OC 门单独输出的**与**。

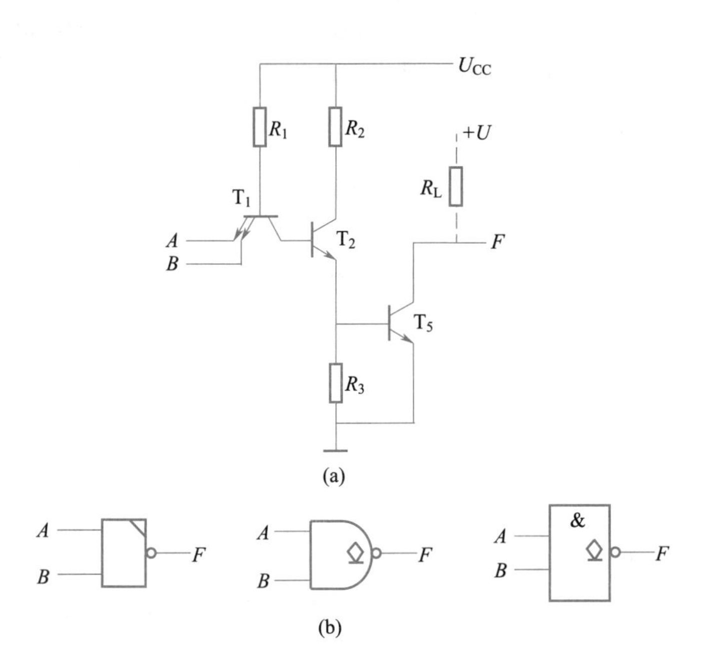

图 9-25 OC 门电路和逻辑符号

$$F=F_1 \cdot F_2=\overline{AB} \cdot \overline{CD}=\overline{AB+CD}$$

实际上整个电路完成的是**与或非**逻辑关系。

(2) 实现逻辑电平的转换

在数字逻辑系统中,可能会用到不同逻辑电平的电路,如 TTL 逻辑电平(U_H=3.6 V;U_L=0.3 V)就和后面将要介绍到的 CMOS 逻辑电平(U_H=10 V,U_L=0 V)不同,如果信号在不同逻辑电平的电路之间传输,就会不匹配,因此中间必须加上接口电路,OC 门就可以用来做这种接口电路。

如图 9-27 所示就是用 OC 门作为 TTL 门和 CMOS 门的电平转换的接口电路,TTL 的逻辑高电平 U_H=3.6 V,输入 OC 门后,经 OC 门变换的输出低电平 U_L=0.3 V,

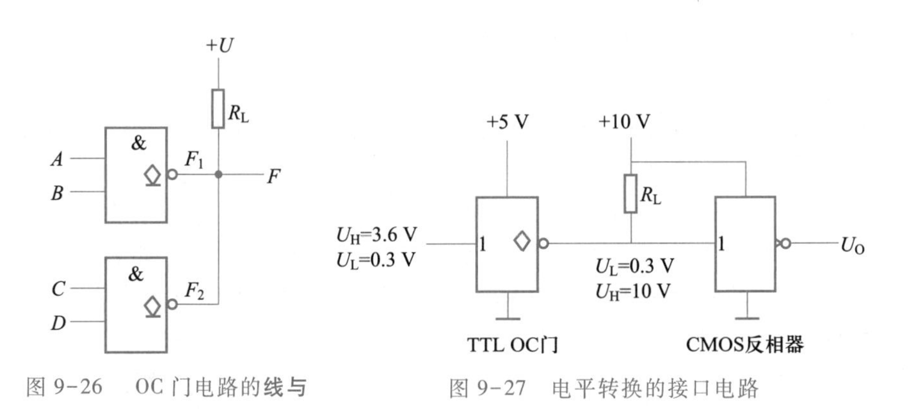

图 9-26 OC 门电路的**线与**　　图 9-27 电平转换的接口电路

TTL 的逻辑低电平 $U_L=0.3$ V，输入 OC 门后，经 OC 门变换，输出的高电平为外接电源电平，即 $U_H=10$ V，这就是 CMOS 所允许的逻辑电平值。

【练习与思考】

9-5-1　TTL 非门电路的传输特性曲线上可反映出它的哪些主要参数？

9-5-2　OC 门、三态门有什么主要特点？它们各自有什么重要作用？

9-5-3　什么是门电路的负载能力？计算负载能力的原则是什么？

9.6　CMOS 逻辑门电路

9.6.1　CMOS 门电路

1. 增强型 MOS 管的特点与其逻辑行为符号

增强型 NMOS 管的符号如图 9-28(a)所示。当它的栅极和源极之间的电压 U_{GS}为零时，管子不导通，漏源之间的电阻 R_{DS}可达 10^6 Ω。当 U_{GS}大于 0 达到开启电压时，管子导通，此后 R_{DS}随 U_{GS}的增大而减小，当 U_{GS}足够大时，R_{DS}可以小到 10 Ω 以下。

增强型 PMOS 管的符号如图 9-28(b)所示。PMOS 管的栅极与源极之间的电压 U_{GS}也可以控制漏极和源极之间的电阻 R_{DS}，但是在正常使用中源极电压高于漏极电压，所以增强型 PMOS 管的 U_{GS}电压正常值是零或是负值。当 $U_{GS}=0$ 时，R_{DS}电阻很大，至少有 10^6 Ω。当 U_{GS}减小到足够小，R_{DS}可以很小，小到 10 Ω 以下。

综上所述，MOS 场效应晶体管可以视为可变电阻，如图 9-28(c)所示。输入电压可以控制电阻 R_{DS}的阻值不是很大(off)就是很小(on)。

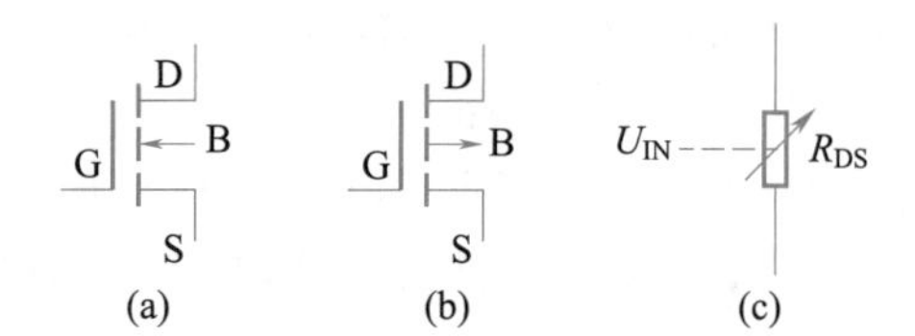

图 9-28　增强型 MOS 管的符号和模型

2. CMOS 非门电路

由 NMOS 管和 PMOS 管组成的门电路称为 CMOS 逻辑门。图 9-29 所示为 CMOS 非门电路。其电源电压范围 U_{DD}为 2～6 V，为与 TTL 电路电压匹配，选择 $U_{DD}=5$ V。NMOS 管的开启电压为+1.5 V，PMOS 管的开启电压为−1.5 V。

在理想情况下，该非门的工作情况可以分为两种工作情况，如表 9-18 所示。当 $U_{IN}=0$V 时，NMOS 管的 $U_{GS}=0$ V，所以 T_1 截止；而 PMOS 管由于 $U_{GS}=-5$ V，所以 T_2 导通。此时由于 PMOS 管的 U_{GS}的绝对值远大于开启电压的绝对值，故导通后的 T_2 管呈现很小的电阻，使输出 $U_{OUT}\approx U_{DD}=5$ V。当 $U_{IN}=5$ V 时，PMOS 管由于 $U_{GS}=0$ V，所以 T_2 截止，而 NMOS 管的 $U_{GS}=5$ V，其值远大于开启电压，所以 T_1 导通，导通后的 T_1 管呈现很小的电阻，使输出 $U_{OUT}\approx 0$ V。由此可见图 9-29 所示电路具有非逻辑的功能。

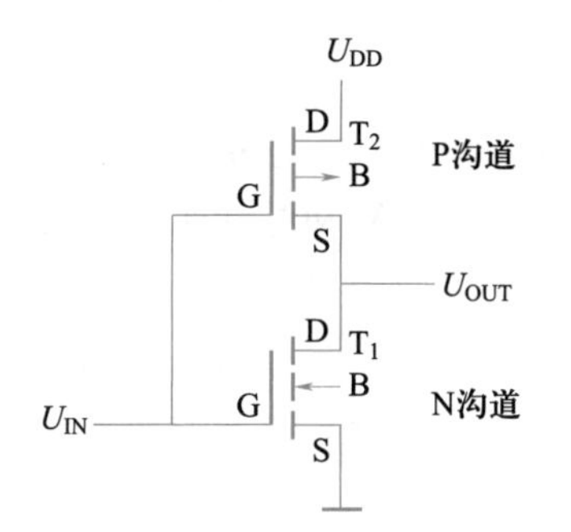

图 9-29　CMOS 非门电路

表 9-18　CMOS 非门功能表

U_{IN}/V	T_1	T_2	U_{OUT}/V
0(L)	off	on	5(H)
5(H)	on	off	0(L)

3. 其他类型的 CMOS 门电路

CMOS **与非**门电路如图 9-30 所示。假设 A 为低电平，则可以知道 T_1 断，T_2 通；B 为低电平，可以知道 T_3 断，T_4 通，最终结果是 F 为高电平。将两个输入 A 和 B 的所有组合都分析完，可知该电路实现**与非**逻辑功能。CMOS **或非**门电路如图 9-31 所示。

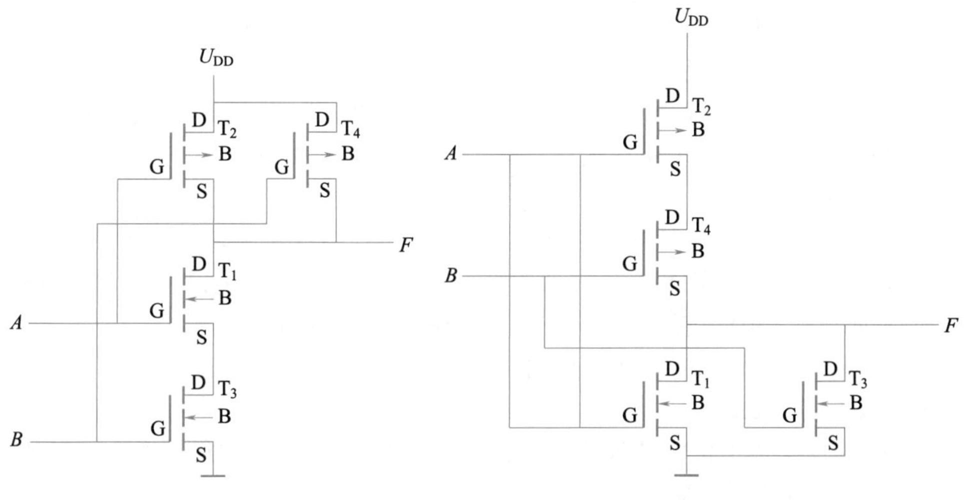

图 9-30　CMOS 与非门电路　　图 9-31　CMOS 或非门电路

将 N 沟道和 P 沟道场效应晶体管按照图 9-32 所示的电路连接起来，就形成了逻辑控制开关，习惯称为 CMOS 传输门。传输门由控制端$\overline{EN}$和 EN 控制，$\overline{EN}$和 EN 是互补信号，当$\overline{EN}$为低电平，EN 为高电平时，传输门导通，A、B 之间呈现很小的电阻(2~5 Ω)，相当于导通，当$\overline{EN}$为高电平，EN 为低电平时，传输门不导通，A、B 之间呈现很大的电阻。

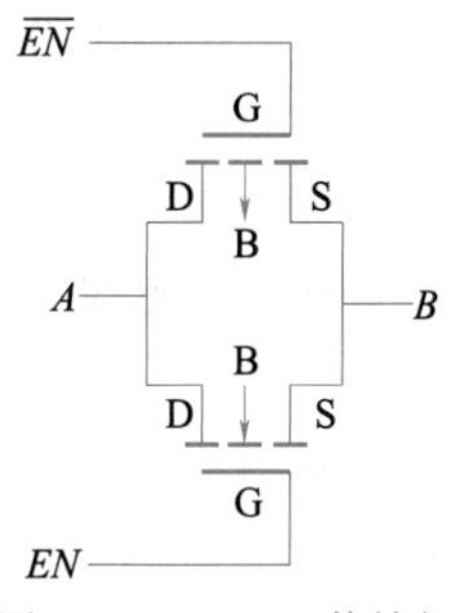

图 9-32　CMOS 传输门

9.6.2　CMOS 门电路系列介绍

1. CMOS 逻辑门系列

第一个商业上成功的 CMOS 系列是 4000 系列，虽然 4000 系列的功耗低，电源范围宽（如 CD4000B 的电源电压为 3～18 V），但是它具有速度慢和与 TTL 系列不容易接口的缺点。目前，由于制造工艺的改进，CMOS 门电路 74HC/54HC 系列在工作速度上已与 TTL 电路不相上下，而在低功耗方面远远优于 TTL 门电路。此外还有与 TTL 兼容的 74HCT/54HCT 系列等。几种 CMOS 集成门电路的主要性能比较如表 9-19 所示。

表 9-19　几种 CMOS 集成门电路的主要性能比较

型号	4000	74HC/54HC	74HCT/54HCT
t_{pd}/ns	45	10	13
P/MW	0.005	0.001	0.001

2. CMOS 逻辑门电路的特点

（1）功耗小：由前述门电路分析可知，CMOS 电路工作时，P 沟道和 N 沟道场效应管总有一个处于截止状态，因此它的静态工作电流很小，一般为 1μA 以下，即使考虑动态功耗，其总功耗也不到 1mW。

（2）电源电压取值范围大：U_{DD}可在 3～15 V 范围内取值，甚至可高达 18 V。

（3）抗干扰能力强：CMOS 电路的噪声容限最低为 1.25 V（当 U_{DD} = 5 V 时），大大高于 TTL 电路。

（4）工作速度高：原 CMOS 制造工艺只能将平均传输延迟时间 t_{pd}做到 100 ns 左右，如 CC 系列。后来，由于工艺的改进，已可将 t_{pd}减少到 9 ns，几乎与高速 TTL 的相当，如高速 CMOS 产品 74HC 系列，可代替 TTL7400 系列。

（5）负载能力强：CMOS 电路的扇出系数最大为 50，使用时也至少为 20，可见其带负载能力比较强。

（6）集成度高：CMOS 电路的功耗小，电路简单，从而使它的集成度大大提高。在大规模以及超大规模集成电路中大都为 CMOS 电路。

3. 门电路多余输入端的处理

因为 CMOS 电路的输入端具有高的输入阻抗，非常容易受到各种噪声的干扰，所以不需要的输入端不能悬空，而要根据门电路的逻辑功能连接到适当的电平。

只要前级门电路的扇出能力足够大，可以将不使用的输入端与其他使用的输入端连接在一起使用，当然两个或多个输入连接在一起会增加前级门的负载电容量。

若是**与**门、**与非**门，可以将不使用的输入端连接高电平，方法是将不使用的输入端通过电阻接电源。若是**或**门、**或非**门，可以将不使用的输入端连接低电平，方法是将不使用的输入端通过电阻接地线。

在通过上拉电阻连接电源，或是通过下拉电阻连接地线的方法中，电阻的阻值在 1～10 kΩ 之间，而且一个电阻可以将多个不使用的输入端连接到适当的电平。当然将不使用的输入端直接接电源或是地线也是可取的。

顺便指出 TTL 门电路不使用输入端的处理与 CMOS 门电路不使用输入端的处理类似，尽管 TTL 门电路的输入端悬空就相当于加高电平，但最好还是在不用的输入端如需要加高电平处理时，加高电平而不悬空。

【练习与思考】

9-6-1　TTL 或 CMOS **与非**门如有多余的输入端能不能将它接地？为什么？

9-6-2　简述 CMOS 逻辑门电路的特点。

习题

9.2.1　将下列十进制数转换成二进制数、八进制数和十六进制数：

（1）185　　（2）0.625　　（3）8.5

9.2.2　将下列二进制数转换成十进制数、八进制数和十六进制数：

（1）**101001**　　（2）**0.011**　　（3）**1001.11**

9.2.3　将下列十进制数用 8421 码和余 3 码表示：

（1）1987　　（2）0.785　　（3）78.24

9.2.4　完成下列代码转换。

（1）$(\mathbf{0011\ 1001\ 0101})_{8421BCD}=(\qquad\qquad)_{2421BCD(A)}$

（2）$(\mathbf{1001\ 0111\ 1010})_{余3码}=(\qquad\qquad)_{8421BCD}$

9.2.5　写出下列各数的原、反码和补码

（1）+65　　（2）−103　　（3）−78

9.2.6　已知$[N]_{补}=\mathbf{110011}$，求$[N]_{原}$、$[N]_{反}$和 N。

9.3.1　用逻辑代数的方法证明下列等式：

（1）$\overline{AB+AC}=\overline{A}+\overline{B}\,\overline{C}$　　（2）$AB+\overline{A}C+\overline{B}D+\overline{C}D=AB+\overline{A}C+D$

（3）$\overline{A}\oplus\overline{B}=A\oplus B$

9.3.2　写出下列逻辑函数的对偶函数：

（1）$F=\overline{A}\,\overline{B}+AB+CD$　　（2）$F=A\cdot(\overline{B}+C\overline{D}+E)$

（3）$F=A+\overline{B+\overline{C}+\overline{D+E}}$

9.3.3　写出下列逻辑函数的反函数：

（1）$F=AB+C\overline{D}+AC$　　（2）$F=\overline{A}\,\overline{B}C+\overline{A}B\,\overline{C}+A\,\overline{B}\,\overline{C}+ABC$

（3）$F=\overline{(A+B)\cdot\overline{C}}+\overline{D}$

9.3.4　将下列逻辑函数展开为最小项表达式。

（1）$F(A,B,C)=AB+AC$　　（2）$F(A,B,C)=\overline{A}(\overline{B+\overline{C}})$

（3）$F(A,B,C,D)=AD+BC\overline{D}+\overline{A}\,\overline{B}C$

9.3.5　试列出逻辑函数 $Y=A\overline{B}+B\overline{C}+C\overline{A}$的真值表。

9.3.6　用逻辑代数法化简下列函数：

(1) $F(A,B)=(A+B)(A+C)$

(2) $F(A,B,C)=\bar{A}\,\bar{B}\,\bar{C}+\bar{A}B\bar{C}+A\bar{B}\,\bar{C}+\bar{A}\,\bar{B}C$

(3) $F(A,B,C,D)=A\bar{C}+ABC+AC\bar{D}+CD$

9.3.7　用卡诺图化简下列逻辑函数为最简**与或**式：

(1) $F(A,B,C)=\sum m(0,2,5,6,7)$

(2) $F(A,B,C,D)=\sum m(1,3,5,7,8,13,15)$

(3) $F(A,B,C,D)=\bar{A}B\bar{D}+AB\bar{C}+\bar{B}\bar{C}D+ABC\bar{D}$

9.3.8　用卡诺图化简下列包含无关项的逻辑函数为最简**与或**式：

(1) $F(A,B,C)=\sum m(2,4)+\sum d(3,5,6,7)$

(2) $F(A,B,C,D)=\sum m(4,6,10,13,15)+\sum d(0,1,2,5,7,8)$

(3) $F=\bar{A}\,\bar{B}\,\bar{C}+\bar{A}\,\bar{B}\,C$，无关项为 $A\bar{C}+A\bar{B}=0$

9.5.1　分析题 9.5.1 图所示各门的输出电平值，这里的门都为标准 TTL74 系列。

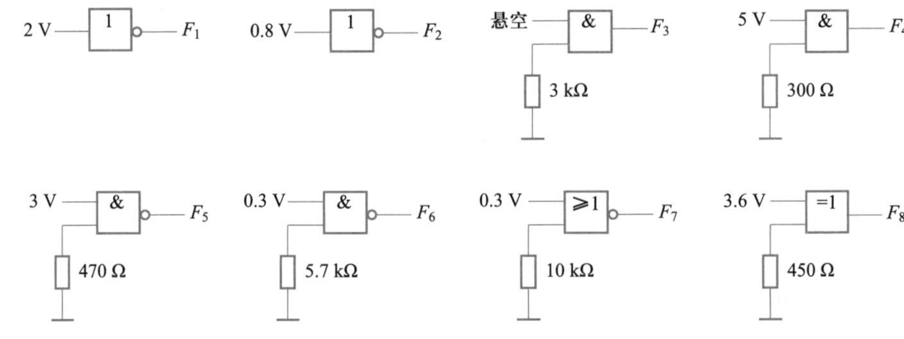

题 9.5.1 图

扫描二维码，购买第 9 章习题解答电子版

注：

扫描本书封面后勒口处二维码，可优惠购买全书习题解答促销包。

9.5.2　现有低功耗**与非**门 74L10，高电平输出电流的最大值和低电平输出电流的最大值分别为：

$I_{OH(max)}=-200\ \mu A$，$I_{OL(max)}=3.6\ mA$；而它的高电平输入电流的最大值和低电平输入电流的最大值分别为：$I_{IH(max)}=10\ \mu A$，$I_{IL(max)}=-0.18\ mA$。现有标准型**与非**门 7410，高电平输出电流的最大值和低电平输出电流的最大值分别为：$I_{OH(max)}=-400\ \mu A$，$I_{OL(max)}=16\ mA$；而它的高电平输入电流的最大值和低电平输入电流的最大值分别为：$I_{IH(max)}=40\ \mu A$，$I_{IL(max)}=-1.6\ mA$。试计算：(1) 74L10 和7410 的扇出系数；(2) 74L10 驱动 7410 的能力。

第 10 章　组合逻辑电路

数字电路按逻辑功能的不同可分为组合逻辑电路和时序逻辑电路。组合逻辑电路的特点是输出逻辑状态完全由当前输入状态决定,而与过去的输出状态无关。本章介绍组合逻辑电路的分析方法及简单组合逻辑电路的设计,并介绍译码器、编码器、多路选择器等常用组合逻辑电路的基本知识,及组合逻辑电路中的竞争-冒险问题。

10.1　组合逻辑电路的分析与设计

组合逻辑电路的分析就是根据已知的逻辑电路图写出该电路从输入到输出的逻辑表达式和真值表等,求出该逻辑电路的输出与输入之间的逻辑功能。通过分析可以了解给定逻辑电路的功能,吸取某些逻辑电路好的设计思想,改进和完善不合理的设计方案。组合逻辑电路的设计就是根据目标要求的逻辑功能,利用现有的逻辑器件,设计出实现要求的逻辑电路。可见组合逻辑电路的设计是其分析的逆过程。

10.1.1　组合逻辑电路的分析

讲义:组合逻辑电路分析

组合逻辑电路的分析步骤:

(1) 依据逻辑电路推导其输出函数的逻辑表达式并化简。

推导逻辑电路的输出函数时,需要将逻辑图中各个逻辑门的输出都标上编号,然后从输入级开始,根据各个门电路的逻辑关系,逐级向后推导得出整个电路的逻辑表达式,并尽量化简成最简表达式作为电路的输出函数。

(2) 由逻辑表达式建立真值表。

列真值表的方法是首先将输入信号的所有组合列表,然后将列表数值依次代入输出函数得到输出信号值,填入真值表中。

(3) 分析真值表,判断逻辑电路的功能。

例 10-1　试分析图 10-1 所示的逻辑电路图的功能。

解:(1) 根据给出的逻辑图可以写出 Y 与 A、B 之间的逻辑函数式,先标出 Y_1、Y_2:

$$Y_1=\overline{\overline{A}\cdot\overline{B}}\qquad Y_2=\overline{A\cdot B}\qquad Y=\overline{Y_1\cdot Y_2}$$

$$Y=\overline{\overline{\overline{A}\cdot\overline{B}}\cdot\overline{AB}}=\overline{A}\cdot\overline{B}+AB$$

(2) 列真值表如表 10-1。

表 10-1　真　值　表

A	B	Y
0	**0**	**1**
0	**1**	**0**
1	**0**	**0**
1	**1**	**1**

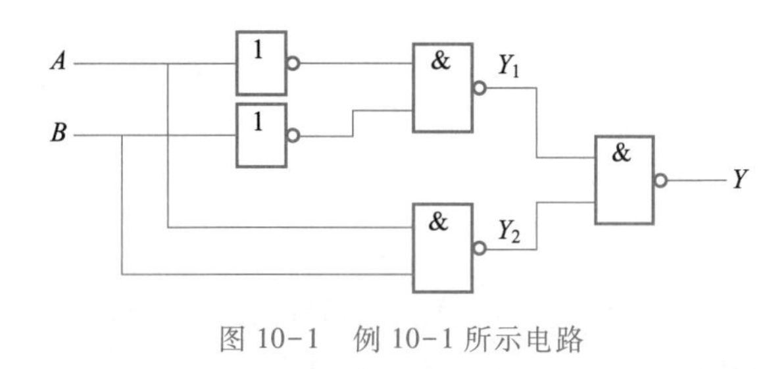

图 10-1　例 10-1 所示电路

(3) 分析逻辑功能

由真值表可知，A、B 相同时 $Y=\mathbf{1}$，A、B 不相同时 $Y=\mathbf{0}$，所以该电路是**同或**逻辑电路。

例 10-2　试分析图 10-2 所示的逻辑电路图的功能。

解：(1) 根据给出的逻辑图可以写出 Y_1、Y_2、Y_3 与 A、B 之间的逻辑函数式：

$$Y_1=\overline{\overline{A}B+A\overline{B}}=\overline{A}\ \overline{B}+AB \qquad Y_2=A\overline{B} \qquad Y_3=\overline{A}B$$

(2) 列真值表如表 10-2 所示。

表 10-2　真　值　表

A	B	Y_1	Y_2	Y_3
0	**0**	**1**	**0**	**0**
0	**1**	**0**	**0**	**1**
1	**0**	**0**	**1**	**0**
1	**1**	**1**	**0**	**0**

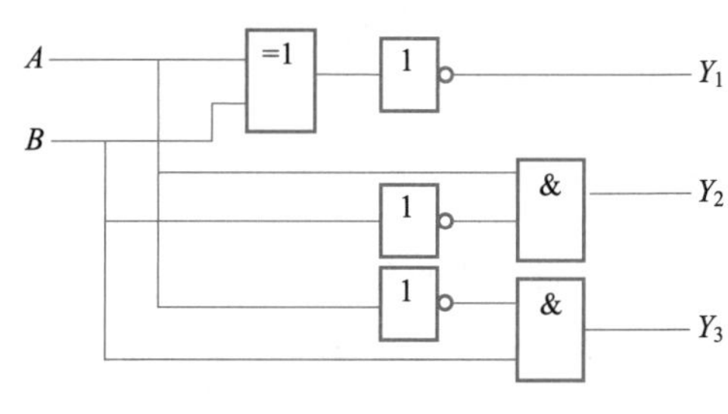

图 10-2　例 10-2 所示电路

(3) 分析逻辑功能

观察真值表中 Y_1、Y_2 和 Y_3 为 **1** 的情况，可知 $A=B$ 时 $Y_1=\mathbf{1}$，$(A=\mathbf{1})>(B=\mathbf{0})$ 时 $Y_2=\mathbf{1}$，$(A=\mathbf{0})<(B=\mathbf{1})$ 时 $Y_3=\mathbf{1}$，所以，此电路是一位二进制数比较电路，输出结果为

$$Y_3=\mathbf{1} \quad A<B$$

$$Y_2=\mathbf{1} \quad A>B$$

$$Y_1=\mathbf{1} \quad A=B$$

10.1.2　组合逻辑电路的设计

组合逻辑电路的设计步骤如下：

(1) 确定输入输出变量，定义变量逻辑状态含义（确定逻辑状态 **0** 和 **1** 的实际意义）。

(2) 将实际逻辑问题根据其输入输出相互关系,列出所有可能出现的组合得出真值表,可根据输入变量的数量,计算输入组合状态数,若变量数为 n,则输入组合状态总数为 2^n。

(3) 根据真值表写出逻辑表达式,并化简成最简**与或**表达式;也可以是其他类型的表达式,如只包含**与非**关系的逻辑式。

(4) 根据表达式画出逻辑图。

例 10-3　设有甲、乙、丙三台电机,它们运转时必须满足这样的条件,即任何时间必须有而且仅有一台电机运行,如不满足该条件,就输出报警信号。试设计报警电路。

解:(1) 取甲、乙、丙三台电机的运行状态为输入变量,分别用 A、B 和 C 表示,并且规定电机运转为 **1**,停转为 **0**,取报警信号为输出变量,以 Y 表示,$Y=\mathbf{0}$ 表示正常状态,$Y=\mathbf{1}$ 为报警状态。

(2) 根据题意可列出表 10-3 所示真值表,三个输入变量,组合数应为 2^3 共 8 种。

(3) 写逻辑表达式,方法有两种,其一为选取真值表中 $Y=\mathbf{1}$ 的情况列写;其二为选取 $Y=\mathbf{0}$ 的情况列写,求出结果后再对 Y **非**求反,由于需要进行二次计算,故只适用于 $Y=\mathbf{0}$ 项少得多的情况。以下是选取 $Y=\mathbf{1}$ 的情况列写出的是最小项表达式:

$$Y=\overline{A}\,\overline{B}\,\overline{C}+\overline{A}BC+A\overline{B}C+AB\overline{C}+ABC$$

化简后得到:

$$Y=\overline{A}\,\overline{B}\,\overline{C}+AC+AB+BC$$

(4) 由逻辑表达式可画出图 10-3 所示的逻辑电路图

表 10-3　真　值　表

A	B	C	Y
0	**0**	**0**	**1**
0	**0**	**1**	**0**
0	**1**	**0**	**0**
0	**1**	**1**	**1**
1	**0**	**0**	**0**
1	**0**	**1**	**1**
1	**1**	**0**	**1**
1	**1**	**1**	**1**

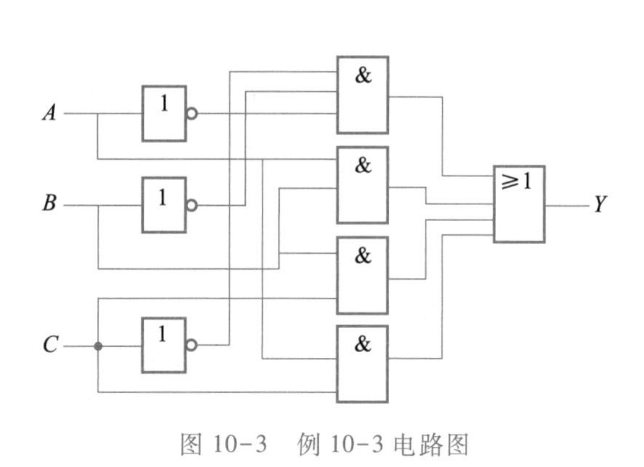

图 10-3　例 10-3 电路图

按 $Y=\mathbf{0}$ 的情况列写时:

$$\overline{Y}=\overline{A}\,\overline{B}C+\overline{A}B\overline{C}+A\overline{B}\,\overline{C},\quad Y=\overline{\overline{A}\,\overline{B}C+\overline{A}B\overline{C}+A\overline{B}\,\overline{C}}$$

例 10-4 一台电机可以用三个开关中任何一个开关进行起动与关闭，另有温度传感器，当温度超过某设定值时关闭电机并报警，此时禁止各个开关再起动电机。试设计组合逻辑电路实现所述功能。

解：首先确定逻辑变量，设 A、B、C 为控制电机的三个开关，开关的两个位置都能起动和关闭电机。设 D 为温度信号，$D=\mathbf{0}$ 表示超温。设报警灯信号为 Y_1，$Y_1=\mathbf{0}$ 表示报警灯亮。用 Y_2 表示电机，$Y_2=\mathbf{0}$ 表示电机关闭，Y_0 为中间变量表示开关状态。

（1）根据以上分析列出表 10-4 所示真值表。

表 10-4 真 值 表

开关			Y_0	温度	电机	报警
A	B	C	Y_0	D	Y_2	Y_1
0	0	0	0	0	0	0
0	0	1	1	0	0	0
0	1	0	1	0	0	0
0	1	1	0	0	0	0
1	0	0	1	0	0	0
1	0	1	0	0	0	0
1	1	0	0	0	0	0
1	1	1	1	0	0	0
0	0	0	0	1	0	1
0	0	1	1	1	1	1
0	1	0	1	1	1	1
0	1	1	0	1	0	1
1	0	0	1	1	1	1
1	0	1	0	1	0	1
1	1	0	0	1	0	1
1	1	1	1	1	1	1

（2）真值表对应电机起动的项有四个，令：

$$Y_0(A,B,C)=\sum m(1,2,4,7)$$

$$=\bar{A}\,\bar{B}C+\bar{A}B\bar{C}+A\bar{B}\,\bar{C}+ABC$$

$$=A\oplus B\oplus C$$

对电机有

$$Y_2=Y_0\cdot D$$

对报警有

$$Y_1 = D$$

（3）根据逻辑表达式画逻辑图如图 10-4 所示。

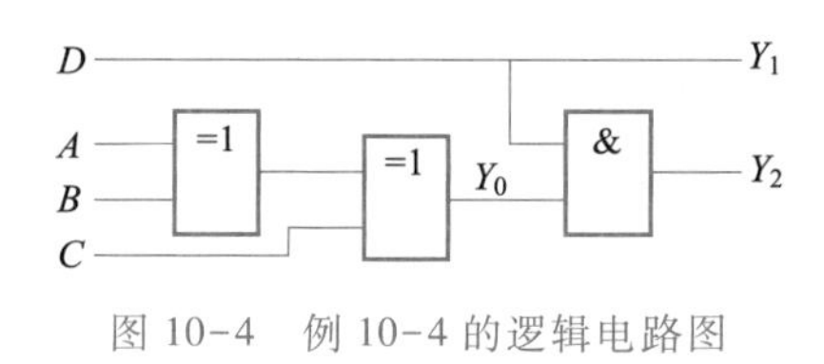

图 10-4 例 10-4 的逻辑电路图

10.1.3 组合逻辑电路设计中的几个实际问题

在化简逻辑图的过程中，还要考虑如下问题：

1. 组合逻辑电路的规模

组合逻辑电路的设计过程是针对小规模集成电路而言，如果采用中规模集成电路设计，只要写出逻辑函数标准式即可，其他工作由计算机辅助完成。

2. 输入引脚数的限制

为方便进行工业化生产，提高设备的利用率，降低生产成本，希望芯片进行标准化生产。对于已知逻辑要求的应用，直接根据其逻辑表达式，制造相应的专用器件是最理想的。但是由于大千世界的多样性、复杂性，若每种应用都采用专用电路，其制造成本很高，备件种类多，有时也是不可实现的，也是很不经济的。因此在集成逻辑门电路应用中为减少模块的封装类型，模块封装种类是有限的，对于每一个具体的集成电路型号来说，它的输入输出引脚数是固定的。而对于功能简单的门电路，为了充分利用模块资源，往往将几个同类门电路做在一个集成电路模块内。所以在逻辑函数化简时，一定要根据所使用集成电路的类型，本着集成电路块数最少、集成电路种类最少的原则进行。按照这个原则并不一定是逻辑表达式越简单越好。而是化简到所用集成电路块数最少、所用集成电路种类最少就可以。

因为在一个封装中可能有多个逻辑门，若在应用中没有全部使用，则这些多余的逻辑门的输入端必须进行处理，一般将其输入引脚接到固定电平上。若一个芯片的输入引脚不够用，可以接扩展器，或将表达式变量分组，使用多个芯片组成的电路来完成。

3. 输出能力不够

模块输出能力不够，即灌电流负载或拉电流负载的电流过大，这时要增加缓冲器或选用驱动能力大的门电路。74LS 系列电路输出端的灌电流能力比拉电流能力大。而 74HC 系列电路的灌电流能力和拉电流能力一样，例如 74HC 系列输出低电平的带负载能力和输出高电平的带负载能力都是 10 个标准 74 系列门，而 74LS 系列的带负载能力为它的一半。

【练习与思考】

10-1-1 组合逻辑电路的设计和组合逻辑电路的分析两者的差别是什么？

10-1-2　如何用**与非**门构成**或**门？

10.2　译码器

译码器(decoder)是把一个用一组数字或电平组合来表示的信号或对象“翻译”出来，并变换成对应的输出信号或另一种数字代码的逻辑电路。译码器一般可分为变量译码器、码制变换译码器和显示译码器等。

10.2.1　变量译码器

变量译码器也称为二进制译码器，它是把 n 位以二进制方式表示的信号组合状态翻译成对应的 2^n 个最小项输出，对应每一组输入信号译码器只有一个输出是有效电平，其他输出是无效电平。采用逻辑门电路构建的 2 线-4 线译码器原理见图 10-5，在该电路中 A、B 为输入的二进制数，Y_0、Y_1、Y_2、Y_3 为由 AB 值确定的输出，低电平为有效信号。

常用的集成变量译码器有 2 线-4 线译码器 74139，3 线-8 线译码器 74138，4 线-16 线译码器 74154 等。以下介绍 3 线-8 线译码器 74138。

74138 是 TTL 系列中的 3 线-8 线译码器，它的逻辑符号及输入输出信号见图 10-6，其中 A、B 和 C 是二进制代码输入，$\overline{Y}_0,\overline{Y}_1,\cdots,\overline{Y}_7$ 是输出，低电平有效，G_1，$\overline{G}_{2A}$，$\overline{G}_{2B}$是控制信号，每一个输出端的输出函数为

$$\overline{Y}_i=\overline{m}_i(G_1\ \overline{\overline{G}_{2A}}\ \overline{\overline{G}_{2B}})$$

其中 m_i 为输入 C、B、A 的最小项。

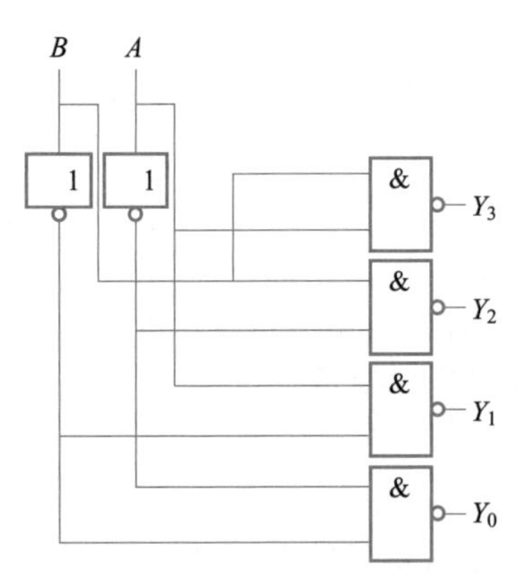

图 10-5　2 线-4 线译码器原理图

图 10-6　3 线-8 线译码器的逻辑符号及输入输出信号

从表 10-5 的真值表可以看出当 $G_1\cdot\overline{\overline{G}_{2A}}\ \overline{\overline{G}_{2B}}=\mathbf{1}$ 时，该译码器处于工作状态$\overline{Y}_i=\overline{m}_i$，否则输出被禁止，输出全为高电平。这三个控制端又称为片选端，利用它们可以将多片 74138 组合起来，从而实现扩展译码器输出端的功能。

表 10-5　74138 的真值表

片选			通道选择			输出							
G_1	$\overline{G}_{2A}$	$\overline{G}_{2B}$	C	B	A	$\overline{Y}_0$	$\overline{Y}_1$	$\overline{Y}_2$	$\overline{Y}_3$	$\overline{Y}_4$	$\overline{Y}_5$	$\overline{Y}_6$	$\overline{Y}_7$
0	×	×	×	×	×	**1**	**1**	**1**	**1**	**1**	**1**	**1**	**1**
×	**1**	×	×	×	×	**1**	**1**	**1**	**1**	**1**	**1**	**1**	**1**
×	×	**1**	×	×	×	**1**	**1**	**1**	**1**	**1**	**1**	**1**	**1**
1	**0**	**0**	**0**	**0**	**0**	**0**	**1**	**1**	**1**	**1**	**1**	**1**	**1**
1	**0**	**0**	**0**	**0**	**1**	**1**	**0**	**1**	**1**	**1**	**1**	**1**	**1**
1	**0**	**0**	**0**	**1**	**0**	**1**	**1**	**0**	**1**	**1**	**1**	**1**	**1**
1	**0**	**0**	**0**	**1**	**1**	**1**	**1**	**1**	**0**	**1**	**1**	**1**	**1**
1	**0**	**0**	**1**	**0**	**0**	**1**	**1**	**1**	**1**	**0**	**1**	**1**	**1**
1	**0**	**0**	**1**	**0**	**1**	**1**	**1**	**1**	**1**	**1**	**0**	**1**	**1**
1	**0**	**0**	**1**	**1**	**0**	**1**	**1**	**1**	**1**	**1**	**1**	**0**	**1**
1	**0**	**0**	**1**	**1**	**1**	**1**	**1**	**1**	**1**	**1**	**1**	**1**	**0**

用两个 3 线-8 线译码器可组成 4 线-16 线译码器，见图 10-7，将 C、B、A 信号连接到 U_1 和 U_2 的 C、B、A 端，将 U_1 的控制$\overline{G}_{2A}$和 U_2 的 G_1 端连接到 D，当 D=**0** 时，

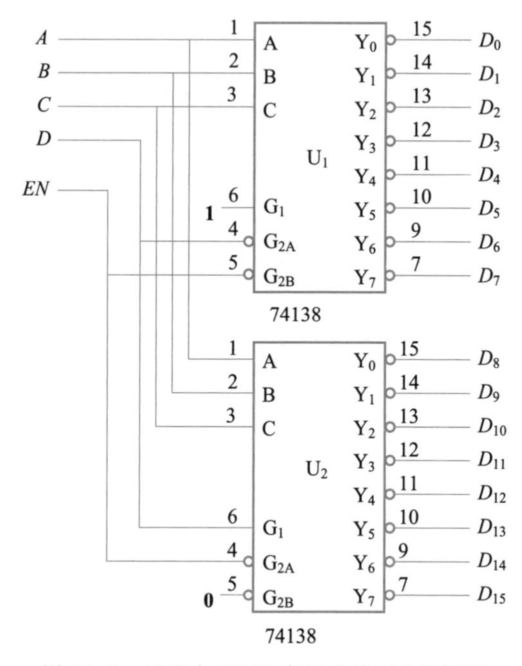

图 10-7　用两个 74138 实现 4 线-16 线译码

选中 U_1，否则选中 U_2，将 U_1 的 $\overline{G}_{2B}$ 和 U_2 的 $\overline{G}_{2A}$ 端连接到使能信号 EN，当 $EN=\mathbf{0}$ 时，译码器正常工作，当 $EN=\mathbf{1}$ 时，译码器被禁止。

例 10-5　十字路口红绿灯控制，要求路口先直行后转弯，直行绿灯亮 30 s，再左转弯绿灯亮 30 s，一分钟一个方向交替进行，两分钟一个循环，绿灯点亮时，其他方向应亮红灯。当有特种车辆需要通过路口时，各个方向的红灯都应点亮，以限制普通车辆通行，空出路口，方便特种车辆通过。试用 2 线-4 线译码器 74139 实现。74139 的真值表见表 10-6。

表 10-6　74139 的真值表

片选	通道选择		输出			
$\overline{G}$	B	A	$\overline{Y}_0$	$\overline{Y}_1$	$\overline{Y}_2$	$\overline{Y}_3$
1	×	×	**1**	**1**	**1**	**1**
0	**0**	**0**	**0**	**1**	**1**	**1**
0	**0**	**1**	**1**	**0**	**1**	**1**
0	**1**	**0**	**1**	**1**	**0**	**1**
0	**1**	**1**	**1**	**1**	**1**	**0**

讲义：用译码器 74139 实现十字路口红绿灯控制

解：根据题意，每个路口主要是控制绿灯的点亮时间，每个循环直行和左转弯各 30 s，两个方向，一个循环共计四次。设绿灯亮为 **0**，绿灯灭为 **1**。逻辑电路输入量：30 s 计时器，有两个输入线 A、B，满足二进制关系，可组成四种组合，特种车辆通行控制开关 G，$G=\mathbf{1}$，表示有特种车辆需要通过。输出量：四个绿灯控制信号 $\overline{Y}_0$、$\overline{Y}_1$、$\overline{Y}_2$、$\overline{Y}_3$，红灯在绿灯熄灭时点亮，即红灯和绿灯为非关系。依此可列出真值表，见表 10-7。

$$Y_0=\overline{G}\,\overline{A}\,\overline{B}\quad Y_1=\overline{G}A\overline{B}\quad Y_2=\overline{G}\,\overline{A}\,B\quad Y_3=\overline{G}AB$$

表 10-7　绿灯点亮关系真值表

灯光控制			绿灯亮			
$\overline{G}$	B	A	$\overline{Y}_0$	$\overline{Y}_1$	$\overline{Y}_2$	$\overline{Y}_3$
1	×	×	**1**	**1**	**1**	**1**
0	**0**	**0**	**0**	**1**	**1**	**1**
0	**0**	**1**	**1**	**0**	**1**	**1**
0	**1**	**0**	**1**	**1**	**0**	**1**
0	**1**	**1**	**1**	**1**	**1**	**0**

实际上，一片 74139 集成电路中含有两个功能相同的电路，结合 74139 的真值表，实现上述功能只要半块该集成电路即可。该电路也可由 74138 来完成，只需选

择其部分功能即可,同学们可自行设计完成。

用 74LS139 实现红绿灯控制的电路逻辑图主要部分如图 10-8 所示,控制红绿灯亮用同一个信号完成。$\overline{Y}_0$、$\overline{Y}_1$、$\overline{Y}_2$、$\overline{Y}_3$ 低电平绿灯亮,高电平红灯亮。X_0、X_1、X_2、X_3 控制信号和 Y 信号相反,两者选其一。A、B 接 30 s 计时器的两个输出端作为 74139 的通道选择信号,B 为高位,A 为低位,G 接特种车辆通过控制开关,G 为 **1** 时,各方向红灯都亮,便于特种车辆快速通过。30 s 计时器可以用我们在上册中学到的方波发生器来提供。

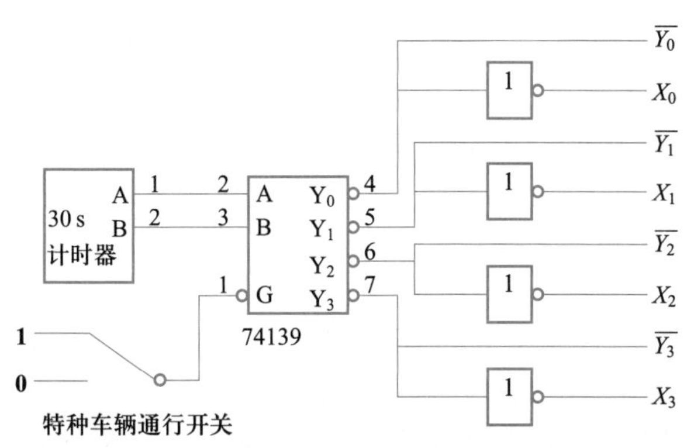

图 10-8　用 74139 实现红绿灯控制的电路逻辑图主要部分

用译码器**与**门电路配合可实现逻辑函数。见例 10-6。

例 10-6　试用译码器实现逻辑函数 $F(A,B,C)=\sum m(0,2,4,5)$。

解:$F(A,B,C)=m_0+m_2+m_4+m_5=\overline{\overline{m_0+m_2+m_4+m_5}}=\overline{\overline{m_0}\cdot\overline{m_2}\cdot\overline{m_4}\cdot\overline{m_5}}=\overline{\overline{Y}_0\cdot\overline{Y}_2\cdot\overline{Y}_4\cdot\overline{Y}_5}$。该函数包含四个最小项,每个最小项之间为**或**关系,由于 74138 输出为低电平有效,故需要用**与非**门来实现最小项的逻辑和。题中选择译码器 74138 和一个四输入**与非**门 7420 实现该逻辑函数。其中:C、B、A 为译码器的三个通道地址选择端。外接四输入**与非**门输出高电平,如图 10-9 所示。

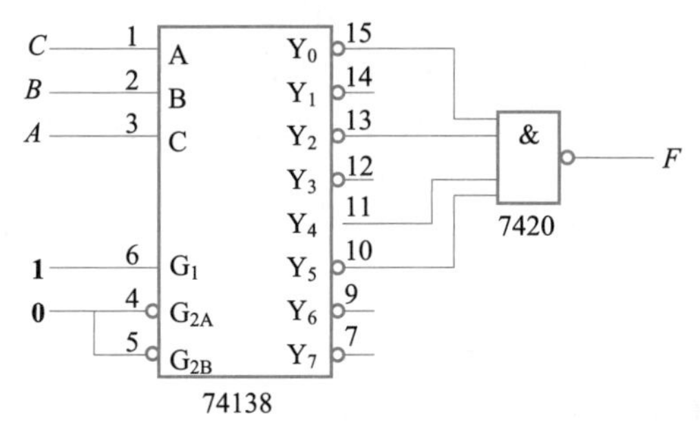

图 10-9　74138 实现逻辑函数

10.2.2　二-十进制译码器

十进制是大家非常熟悉的数制,二-十进制译码器就是将计算机内部的二进制数转换为十进制数的码制变换译码器,它是将一个四位的二进制数 8421BCD 码译成十个独立输出的高电平或低电平信号。常用的有 4 线-10 线 BCD 译码器 74HC42,符号见图 10-10,输入为四位二进制数码,输出为十个独立的信号线 0~9,低电平有效。该芯片常与发光二极管连接,用二极管是否发光来显示 BCD 数据。也可控制十个开关,用于每次只能打开一个开关的场合。

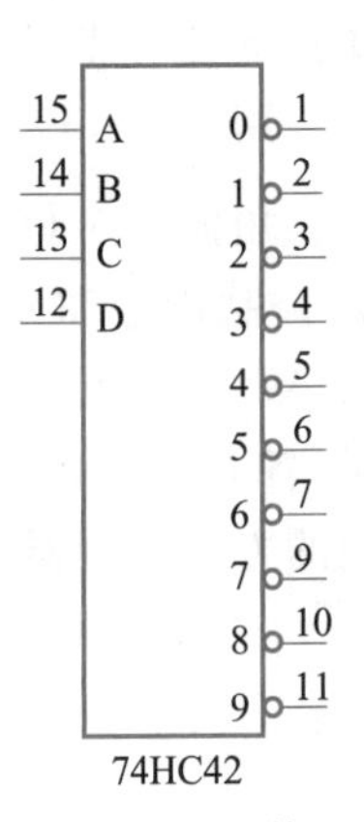

图 10-10　4 线-10 线 BCD 译码器

该芯片只有在输入端为 8421BCD 码,即二进制数 **0000**~**1001** 时,输出端相应信号线才变为低电平,对非 8421BCD 码的二进制数 **1010**~**1111**,输出端维持高电平。

CD4028 也是具有和 74HC42 相同逻辑功能的 CMOS 型 4 线-10 线译码器。

10.2.3　显示译码器

在计算机内部,数据的计算、分析、保存是二进制数形式。但人们日常使用的是十进制数,故计算机中的数据在显示时需要将二进制数以人们熟悉的十进制数方式显示。常用的显示器种类有点阵图形显示、段位显示及固定字模三种,点阵图形可显示各种内容,但使用资源多,显示技术复杂;段位式可以组合显示一些数字及字母,占用资源少,技术简单;固定字模显示单一,一般仅使用在固定内容的标牌上。段位显示一般使用 LCD(liquid crystal display)、LED(light emitting diode)器件。LCD 功耗低,但制作复杂,亮度也低;LED 功耗比 LCD 大一些,但制作简单,亮度高,故在一些简单应用中,大量使用段式 LED 显示器。这类显示译码电路可分为三部分,译码、驱动和显示。不同种类的段式显示器,需要不同的驱动电路以及译码电路。

按构成译码电路的部件可分为智能通用译码和专用显示译码两大类。

智能通用译码电路采用单片机等智能芯片,依靠编制程序完成代码转换,驱动电路将译码输出信号放大,驱动显示器显示内容。优点:可显示字符和符号种类多,灵活多样,适应面广,对不同的显示器,可方便地通过编程适应,驱动电路结构简单、通用,节省硬件投资。更改显示内容很方便,只要重新编程即可,产品升级快,成本低。

专用显示译码芯片,显示内容单一,适用显示器件少,适应面窄。优点:对只需显示简单内容的大批量器件,可设计特殊电路,一次性投入大,但批量生产成本低。

目前有可对 4 位二进制数译码并推动数码显示器工作的集成电路模块,根据数码显示器的结构不同,有用于共阳极数码管的译码电路 7446/47,以及用于共阴极数码管的译码电路 7448。以下先介绍常用的 LED 显示器,然后介绍专用显示译码器。

(1) 七段数码管(LED)

该 LED 数码管由发光二极管组成,LED 数码管按发光强度有一般亮度和高亮度之分，按字符大小有 0.5 英寸、1 英寸等多种不同的尺寸。小尺寸数码管的每个笔画用一个发光二极管组成，如计算器上的数字，而大尺寸的数码管的每个笔画由两个或多个发光二极管组成，如十字路口的信号灯。一般情况下，单个发光二极管的管压降为 1.8～2.5 V，驱动电流一般不超过 30 mA。为方便进行生产和应用，减少数码管的引脚数量，把一个数码管上所有笔画的阳极连接到一起的称为共阳数码管，若将一个数码管上所有笔画的阴极都连接到一起的称为共阴数码管。

图 10-11 是七段数码管（LED）的实物外形。

图 10-11　七段数码管（LED）的实物外形

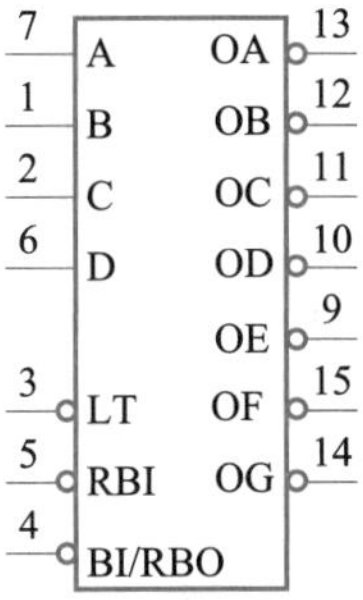

图 10-12　共阳数码管的译码电路的符号

常用 LED 数码管可显示的数字和字符是 0、1、2、3、4、5、6、7、8、9、A、B、C、D、E、F。也可用来显示其他的特殊符号，如“┌”“-”等。

（2）通用译码电路

实现二进制数到七段 LED 相应段位显示的译码，可以使用专用 LED 译码集成电路 7446/47 进行，但可显示的字符少，只能显示 0～9。目前电子设备中大量采用单片机等智能芯片，在这类设备中完全可以不用专用集成电路，直接利用单片机的资源，利用软件编程来实现译码，使用简单的通用驱动电路进行功率驱动即可。采用单片机软件进行译码时，译码方法灵活多样，可显示的字符和符号多。驱动电路一般由锁存器和达林顿晶体管构成。锁存器暂存要显示的数据，晶体管实现电流放大。

（3）用于共阳极数码管的译码电路 7446/47

该电路采用集电极开路输出，低电平有效。具有试灯输入、前/后沿灭灯控制和有效低电平输出，驱动输出最大电压，7446A、74L46 为 30 V，47A、47、LS47 为 15 V；吸收电流 7446A、74L46 为 40 mA，47 A、L47 为 30 mA，LS47 为 24 mA；46 与 246，47 与 247 区别在于字型不同，其他相同，可以互换。共阳极数码管的译码电路的符号见图 10-12，真值表见表 10-8。

表 10-8　7446 的真值表

十进制	控制		输入					输出							
	$\overline{LT}$	$\overline{RBI}$	D	C	B	A	$\overline{BI}$	OA	OB	OC	OD	OE	OF	OG	$\overline{RBO}$
0	**1**	**1**	**0**	**0**	**0**	**0**	**1**	**0**	**0**	**0**	**0**	**0**	**0**	**1**	**1**
1	**1**	×	**0**	**0**	**0**	**1**	**1**	**1**	**0**	**0**	**1**	**1**	**1**	**1**	**1**
2	**1**	×	**0**	**0**	**1**	**0**	**1**	**0**	**0**	**1**	**0**	**0**	**1**	**0**	**1**
3	**1**	×	**0**	**0**	**1**	**1**	**1**	**0**	**0**	**0**	**0**	**1**	**1**	**0**	**1**
4	**1**	×	**0**	**1**	**0**	**0**	**1**	**1**	**0**	**0**	**1**	**1**	**0**	**0**	**1**
5	**1**	×	**0**	**1**	**0**	**1**	**1**	**0**	**1**	**0**	**0**	**1**	**0**	**0**	**1**
6	**1**	×	**0**	**1**	**1**	**0**	**1**	**1**	**1**	**0**	**0**	**0**	**0**	**0**	**1**
7	**1**	×	**0**	**1**	**1**	**1**	**1**	**0**	**0**	**0**	**1**	**1**	**1**	**1**	**1**
8	**1**	×	**1**	**0**	**0**	**0**	**1**	**0**	**0**	**0**	**0**	**0**	**0**	**0**	**1**
9	**1**	×	**1**	**0**	**0**	**1**	**1**	**0**	**0**	**0**	**1**	**1**	**0**	**0**	**1**
10	**1**	×	**1**	**0**	**1**	**0**	**1**	**1**	**1**	**1**	**0**	**0**	**1**	**0**	**1**
11	**1**	×	**1**	**0**	**1**	**1**	**1**	**1**	**1**	**0**	**0**	**1**	**1**	**0**	**1**
12	**1**	×	**1**	**1**	**0**	**0**	**1**	**1**	**0**	**1**	**1**	**1**	**0**	**0**	**1**
13	**1**	×	**1**	**1**	**0**	**1**	**1**	**0**	**1**	**1**	**0**	**1**	**0**	**0**	**1**
12	**1**	×	**1**	**1**	**1**	**0**	**1**	**1**	**1**	**1**	**0**	**0**	**0**	**0**	**1**
15	**1**	×	**1**	**1**	**1**	**1**	**1**	**1**	**1**	**1**	**1**	**1**	**1**	**1**	**1**
$\overline{BI}$	×	×	×	×	×	×	**0**	**1**	**1**	**1**	**1**	**1**	**1**	**1**	×
$\overline{RBI}$	**1**	**0**	**0**	**0**	**0**	**0**	×	**1**	**1**	**1**	**1**	**1**	**1**	**1**	**0**
$\overline{LT}$	**0**	×	×	×	×	×	**1**	**0**	**0**	**0**	**0**	**0**	**0**	**0**	**1**

该译码器有 4 个控制信号：

灯测试端$\overline{LT}$，$\overline{LT}$=**0** 数码管各段都亮，一般只在试灯时使用，正常工作时$\overline{LT}$=**1**。

动态灭零输入端$\overline{RBI}$，当$\overline{RBI}$=**0**，同时 $ABCD$ 信号为 **0**，而$\overline{LT}$=**1** 时，所有各段都灭，同时$\overline{RBO}$输出 **0**，该功能是灭 **0**。用于消隐高位有效数字前面的 **0**，以符合人们的阅读习惯。

灭灯输入/动态灭灯输出端$\overline{BI}/\overline{RBO}$，当$\overline{BI}/\overline{RBO}$作为输入端使用时，若$\overline{BI}$=**0**，则不管其他输入信号，输出各段都灭。当$\overline{BI}/\overline{RBO}$作为输出使用时，若$\overline{RBO}$输出 **0**，表示各段已经熄灭。

7446 与共阳极数码管的连接见图 10-13。图中电阻为限流电阻，具体阻值视数码管的工作电流大小而定。7446 是 OC 输出，电源电压可以达到 30 V，吸收电流为 40 mA,可以满足一般 LED 的驱动需求,但是若数码管太大,就需要更高的电压和更大的电流,这就需要在译码器与数码管之间增加高电压、大电流驱动器。例如达林顿驱动电路 DS2001/2/3/4,该电路由 7 个高增益的达林顿对管组成,集电极-发射极间电压可达到 50 V,集电极电流达 350 mA,输入与 TTL、CMOS 兼容,输出高电压为 50 V,输出低电压为 1.6 V。

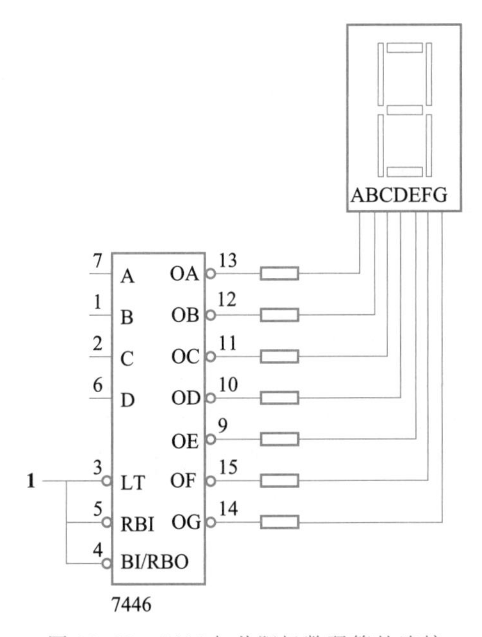

图 10-13　7446 与共阳极数码管的连接

(4) 用于共阴极数码管译码电路 7448

7448 和 7446 相比,功能相同,只是 7446 输出为低电平有效,而 7448 输出为高电平有效。

用于共阴极数码管的译码电路 7448 内部有限流电阻,故后接数码管时不需外接限流电阻。由于 7448 拉电流能力小(2 mA),灌电流能力大(6.4 mA),所以一般都要外接电阻推动数码管,7448 译码器的典型使用电路见图 10-14。

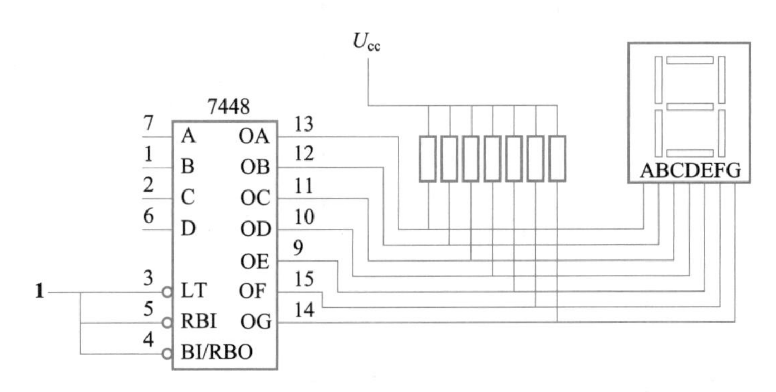

图 10-14　7448 译码器的典型使用电路

【练习与思考】

10-2-1　变量译码器和二-十进制译码器有什么差别？

10-2-2　74138 译码器输出端信号有意义的前提是哪几个信号必须有效？

10.3　编码器

编码器(encoder)是将某一特定信息用一组二进制码来表示的特殊电路。常用的编码器有普通编码器和优先编码器两类，普通编码器要求任何时刻只能有一个有效输入信号，否则编码器将不能正确输出，优先编码器可以避免这个缺点，可以同时有多个有效输入信号输入，但是只输出其中优先级别最高的输入编码信号。编码器又可分为二进制编码器和二-十进制编码器。

10.3.1　10 线-4 线优先编码器 74147

讲义：编码电路

10 线-4 线优先编码器 74147 为二-十进制编码器。它的符号如图 10-15 所示。编码见表 10-9 所示的真值表。该编码器的特点是可以对输入线进行优先编码，以保证只输出编码位权最高的输入线编码数据，该编码器输入线为 9 个电平信号，输出是 BCD 码，输入信号中没有 **0**，即输入只有 9 条输入线，输入与输出都是低电平有效。输出是输入线编码二进制数的反码。

表 10-9　74147 的真值表

输入									输出			
1	2	3	4	5	6	7	8	9	D	C	B	A
1	**1**	**1**	**1**	**1**	**1**	**1**	**1**	**1**	**1**	**1**	**1**	**1**
×	×	×	×	×	×	×	×	**0**	**0**	**1**	**1**	**0**
×	×	×	×	×	×	×	**0**	**1**	**0**	**1**	**1**	**1**
×	×	×	×	×	×	**0**	**1**	**1**	**1**	**0**	**0**	**0**
×	×	×	×	×	**0**	**1**	**1**	**1**	**1**	**0**	**0**	**1**
×	×	×	×	**0**	**1**	**1**	**1**	**1**	**1**	**0**	**1**	**0**
×	×	×	**0**	**1**	**1**	**1**	**1**	**1**	**1**	**0**	**1**	**1**
×	×	**0**	**1**	**1**	**1**	**1**	**1**	**1**	**1**	**1**	**0**	**0**
×	**0**	**1**	**1**	**1**	**1**	**1**	**1**	**1**	**1**	**1**	**0**	**1**
0	**1**	**1**	**1**	**1**	**1**	**1**	**1**	**1**	**1**	**1**	**1**	**0**

10.3.2　8 线-3 线优先编码器 74148

8 线-3 线优先编码器 74148 的符号如图 10-16 所示。该编码器的输入与输出都是低电平有效。从表 10-10 可以看出，输入端 EI 是片选端，当 $\overline{EI}=\mathbf{0}$ 时，编码器正常工作,否则编码器输出全为高电平。输出信号 $GS=0$ 表示编码器工作正常,表明编码器正在输出编码信号。输出信号 $EO=0$ 表示编码器正常工作但是没有编码输出,它常用于多个编码器的级连工作。

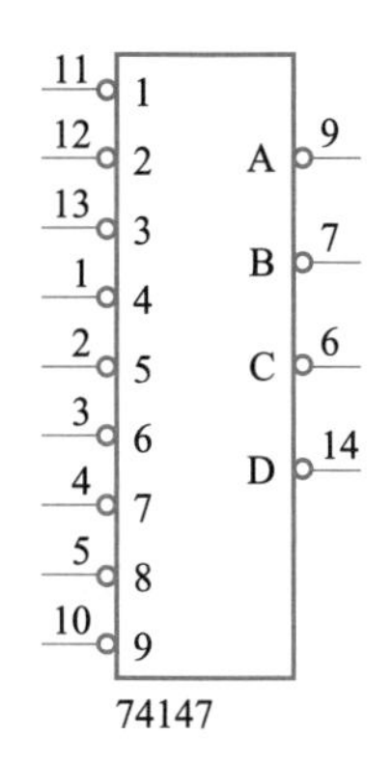

图 10-15　74147 优先编码器的符号

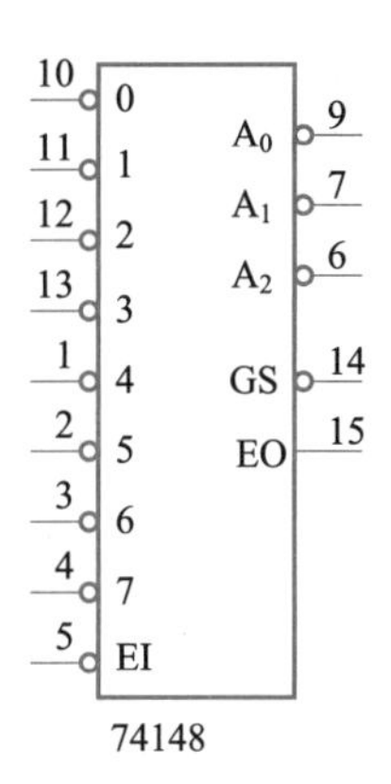

图 10-16　74148 优先编码器的符号

表 10-10　74148 的真值表

输入									输出				
$\overline{EI}$	0	1	2	3	4	5	6	7	GS	EO	A_2	A_1	A_0
1	×	×	×	×	×	×	×	×	1	1	1	1	1
0	1	1	1	1	1	1	1	1	1	0	1	1	1
0	×	×	×	×	×	×	×	0	0	1	0	0	0
0	×	×	×	×	×	×	0	1	0	1	0	0	1
0	×	×	×	×	×	0	1	1	0	1	0	1	0
0	×	×	×	×	0	1	1	1	0	1	0	1	1
0	×	×	×	0	1	1	1	1	0	1	1	0	0
0	×	×	0	1	1	1	1	1	0	1	1	0	1
0	×	0	1	1	1	1	1	1	0	1	1	1	0
0	0	1	1	1	1	1	1	1	0	1	1	1	1

例 10-7　某医院一楼有 8 个病房和一个护班室,每个病房有一个呼叫按钮,在护班室中有病人呼叫电路,该电路可以用数码管显示病房的编码。每个病房编码的位权是不同的,其编码代表该病房的病人病情的严重程度,在病人按呼叫按钮后,护士依照需护理病人的病情紧急程度,优先对病情严重的病人进行护理。在本例中使用 8 线-3 线优先编码器。假设 8 号病房中按钮的位权最高,7 号病房的按钮次之,依次类推,1 号病房的按钮位权最低。

解:根据题意,选择优先编码器 74148,对病房进行编码,然后用译码器 7446 对编码进行译码，由于 74148 输出低电平有效，而 7446 的输入高电平有效，所以两个芯片之间串联反相器，当有按钮按下时 74148 的 *GS* 端输出低电平，经过反相器推动晶体管使蜂鸣器发声，以提醒护士有病人按下了按钮。具体电路见图 10-17。

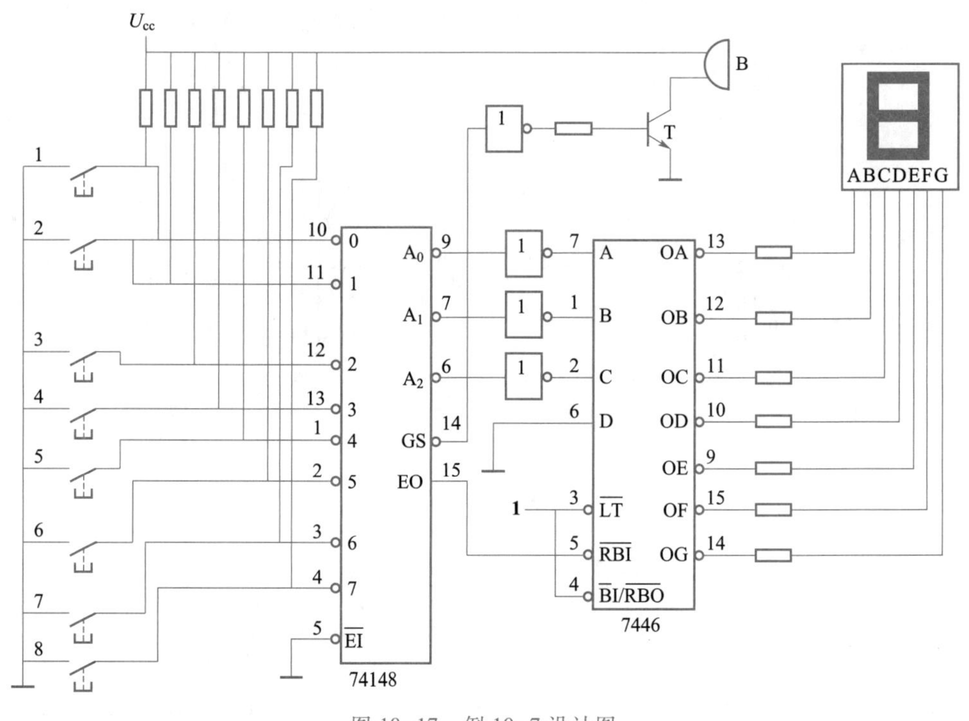

图 10-17　例 10-7 设计图

10.4　数据选择器

从多个输入信号中选择其中一个作为输出，称为数据选择器。

图 10-18 是 4 选 1 数据选择器逻辑电路原理，由图示电路可以得到输出 *Y* 的

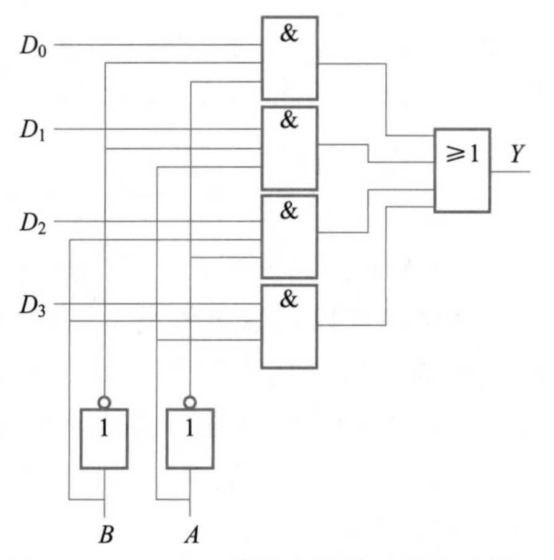

图 10-18　4 选 1 数据选择器逻辑电路原理

表达式为

$$Y=\sum_{i=0}^{3} m_i D_i=(\overline{B}\,\overline{A})D_0+(\overline{B}A)D_1+(B\overline{A})D_2+(BA)D_3$$

从表达式可以看出，当选择信号 $B=\mathbf{1}$、$A=\mathbf{0}$ 时 $Y=D_2$，这就相当于将 D_2 信号连接到了输出端 Y。

10.4.1 集成多路选择器 74151

集成多路选择器 74151 具有八个输入信号 $D_0 \sim D_7$，一对互补输出信号 Y 和 W，三个数据通道选择信号 C、B、A 和输出使能信号 G。符号见图 10-19，真值表见表 10-11。

讲义：多路选择器

图 10-19 多路选择器 74151 的符号

表 10-11 多路选择器 74151 的真值表

选择			使能	输出	
C	B	A	G	Y	W
×	×	×	**1**	**0**	**1**
0	**0**	**0**	**0**	D_0	$\overline{D}_0$
0	**0**	**1**	**0**	D_1	$\overline{D}_1$
0	**1**	**0**	**0**	D_2	$\overline{D}_2$
0	**1**	**1**	**0**	D_3	$\overline{D}_3$
1	**0**	**0**	**0**	D_4	$\overline{D}_4$
1	**0**	**1**	**0**	D_5	$\overline{D}_5$
1	**1**	**0**	**0**	D_6	$\overline{D}_6$
1	**1**	**1**	**0**	D_7	$\overline{D}_7$

由真值表 10-11 得到该选择器的输出信号为

$$Y=\left(\sum_{i=0}^{7} m_i D_i\right)\overline{(G)}$$

这里 Y 是输出信号，W 是 Y 的**非**信号，m_i 是选择信号的最小项，D_i 是对应的输入信号，G 是使能信号。若 $G=\mathbf{0}$，多路选择器被选通，正常工作，Y 端输出值由 C、B、A 编码确定通道的信号电平决定，若 $G=\mathbf{1}$，多路选择器未被选通，Y 端输出低电平。

74153 是双 4 选 1 多路选择器，74157 是四 2 选 1 数据选择器。

10.4.2　用数据选择器实现逻辑函数

从数据选择器的功能可以看出，它实际是由选择信号 C、B、A 确定输出与 D_0~D_7 哪个输入通道连接；输出端反映输入的信号，也可理解成选择信号 C、B、A 与输入数据信号（可视为 D）组成的最小项之和，即将输入数据看成是一个二进制信号，则该芯片构成一个 4 变量逻辑门，即可用 74151 来实现 4 变量逻辑函数。

例 10-8　用多路选择器 74151 实现函数 $F(C,B,A)=\sum m(0,2,3,5)$

解：函数中输出为 **1** 的项有四项，将数据输入端看成一个变量 D，根据数据选择器的功能可以列出真值表 10-12。

表 10-12　例 10-8 的真值表

选择信号			输出	数据信号
C	B	A	$F(A,B,C)$	D
0	**0**	**0**	**1**	$D_0=\mathbf{1}$
0	**0**	**1**	**0**	$D_1=\mathbf{0}$
0	**1**	**0**	**1**	$D_2=\mathbf{1}$
0	**1**	**1**	**1**	$D_3=\mathbf{1}$
1	**0**	**0**	**0**	$D_4=\mathbf{0}$
1	**0**	**1**	**1**	$D_5=\mathbf{1}$
1	**1**	**0**	**0**	$D_6=\mathbf{0}$
1	**1**	**1**	**0**	$D_7=\mathbf{0}$

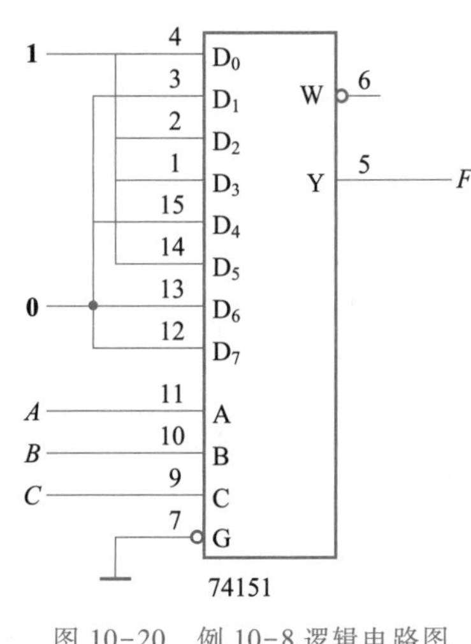

图 10-20　例 10-8 逻辑电路图

由真值表 10-12，结合 74151 的功能，可以得到逻辑电路图 10-20。片选信号接地，输出有效，Y 值由选择端 C、B、A 最小项组合所确定的信号通道输入端电平决定，将对应选择的四项输入端接高电平 **1**，其他四个输入端接低电平。

例 10-9　用多路选择器 74151 实现函数：$F(A,B,C,D)=\sum m(0,1,2,3,4,9,13,14,15)$。

解：使用 74151 的 3 个数据选择端作为输入变量 A、B 和 C，将数据端作为输入变量 D，但并不是所有数据端都接 D，只有输出互补结果的数据端才连接到 D。当输入端与 D 端无关时，可直接将端子按要求接高电平 **1** 或低电平 **0**，下面先根据题意列出真值表 10-13。

由真值表可看出，D_2、D_4 和 D_6 项与 D 有关，且 D_2 项和 $\overline{D}$ 相关，D_0、D_1、D_7 取值 **1**，而 D_3、D_5 取 **0** 值，由此可得到用 74151 实现该函数的逻辑电路图，见图 10-21。

表 10-13　例 10-9 的真值表

	C	B	A		输出	数据端	
m_i	A	B	C	D	F		
0	**0**	**0**	**0**	**0**	**1**		
	0	**0**	**0**	**1**	**1**	$D_0=\mathbf{1}$	
1	**0**	**0**	**1**	**0**	**1**		
	0	**0**	**1**	**1**	**1**	$D_1=\mathbf{1}$	
2	**0**	**1**	**0**	**0**	**1**		D_2 与 D
	0	**1**	**0**	**1**	**0**	$D_2=\overline{D}$	状态相反
3	**0**	**1**	**1**	**0**	**0**		
	0	**1**	**1**	**1**	**0**	$D_3=\mathbf{0}$	
4	**1**	**0**	**0**	**0**	**0**	$D_4=D$	D_4 与 D
	1	**0**	**0**	**1**	**1**		状态相同
5	**1**	**0**	**1**	**0**	**0**		
	1	**0**	**1**	**1**	**0**	$D_5=\mathbf{0}$	
6	**1**	**1**	**0**	**0**	**0**		D_6 与 D
	1	**1**	**0**	**1**	**1**	$D_6=D$	状态相同
7	**1**	**1**	**1**	**0**	**1**		
	1	**1**	**1**	**1**	**1**	$D_7=\mathbf{1}$	

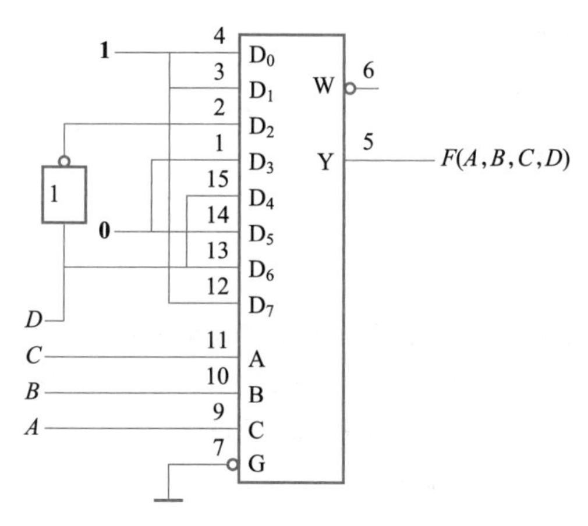

图 10-21　例 10-9 的逻辑电路

【练习与思考】

10-4-1　数据选择器的输出有几种状态？输出可取值是什么？

10-4-2　怎样确定数据选择器的输出数据来自哪个通道？

10.5　加法器

在数字系统中对二进制数进行加、减、乘、除运算时，由于目前电路技术的限制，最终都是利用编制程序将乘除法转化成加法来进行运算，所以运行加法运算的加法器是构成运算电路的基本单元，是计算机中的重要部件。

10.5.1　一位加法器

讲义：加法器

1. 半加器

能对两个一位二进制数进行相加，得到这两个数相加的和及其进位的电路称为半加器。按照二进制运算规则，可列出表 10-14 所示半加器的真值表，其中 A、B 是两个一位的二进制加数，S 是和，C 是进位。

由真值表可以得到如下逻辑表达式：

$$S=\overline{A}B+A\overline{B}=A\oplus B$$

$$C=AB$$

由表达式可以得到半加器逻辑电路图 10-22。

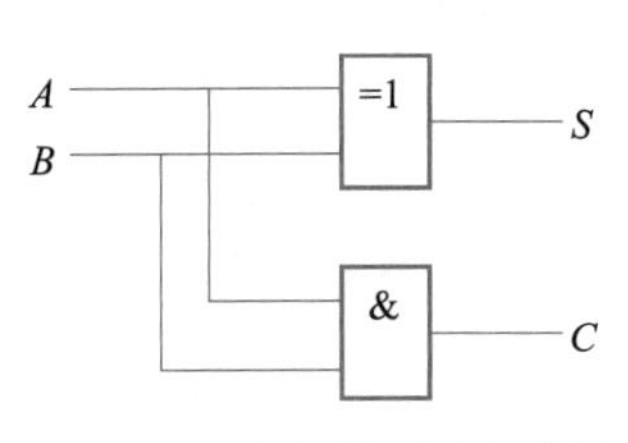

图 10-22　半加器逻辑电路图

表 10-14　半加器的真值表

输入		输出	
A	B	S	C
0	0	0	0
0	1	1	0
1	0	1	0
1	1	0	1

2. 全加器

能对两个一位二进制数进行相加并考虑低位的进位，得到这两个数相加的和及进位的逻辑电路称为全加器。全加器的真值表如表 10-15 所示，表中 C_I 为低位来的进位，A、B 是两个加数，S 是全加和，C_O 是进位。

从真值表可得到如下表达式：

$$S=\sum m(1,2,4,7)$$

$$C_O=\sum m(3,5,6,7)$$

化简后：

$$S=A\oplus B\oplus C_I$$

$$C_O=AB+AC_I+BC_I$$

由逻辑表达式可画出全加器逻辑电路图 10-23。

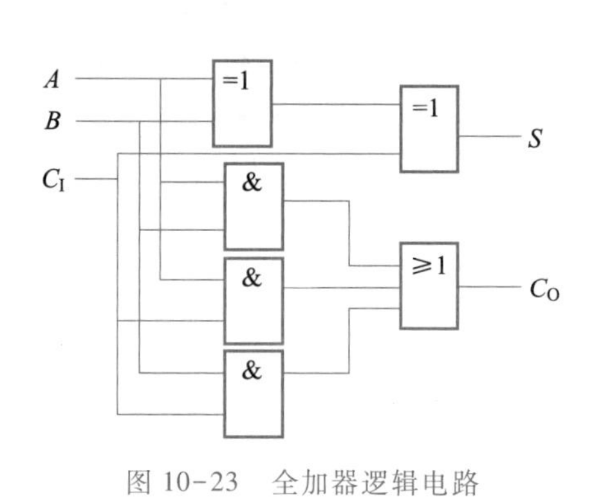

图 10-23 全加器逻辑电路

表 10-15 全加器的真值表

输入			输出	
C_I	A	B	S	C_O
0	0	0	0	0
0	0	1	1	0
0	1	0	1	0
0	1	1	0	1
1	0	0	1	0
1	0	1	0	1
1	1	0	0	1
1	1	1	1	1

3. 集成一位全加器

74183 是集成双一位全加器，输入信号为低位进位 C_I 和两个加数 A、B，输出为全加和 S 与本级进位 C_O，在一个芯片封装中有两个一位全加器，可用来构成一个两位二进制加法器。

10.5.2 多位加法器

1. 串行进位加法器

由 n 个一位全加器的串联可构成 n 位加法器，每个全加器各表示一位二进制数据，构成方法是依次将低位全加器的进位 C_O 输出端连接到高位全加器的进位输入端 C_I。使用 2 个 74183 可构成一个 4 位加法器。

这种加法器的每一位相加结果都必须等到低一位的进位产生之后才能稳定，即进位在各级之间是串联关系，所以称为串行进位加法器。

由于必须等待低 1 级进位才能形成正确的本级的进位和全加和，所以当进行 n 位二进制数运算时，总运算速度是一位全加器运算速度的 n 分之一，参与运算的位数越多，运算速度越慢，且 n 位运算结果的输出值在没有全部进位运算完成前有数据闪烁现象，需要增加锁存器以消除其影响。该种形式的加法器结构简单，可用在不要求运算速度的设备中。

2. 先行进位加法器

为了提高运算速度，必须设法减小由于逐级进位引起的时间延迟，方法就是事先根据参加运算的两个加数直接构成加法器所需要的进位。集成加法器 7483 就是一个先行进位加法器。这种加法器内部电路要比串行进位加法器复杂得多。

7483 可执行两个 4 位二进制数加法，有 4 位和输出，最后的进位 C_4 由第 4 位提供，产生进位的时间一般为 22 ns。

3. 使用加法器实现减法

在计算机中，二进制数的减法操作可以通过补码加法运算实现。

二进制数的补码的求法为反码加 **1**。例如求 **1101** 的补码，首先对 **1101** 求反，得到反码 **0010**，然后再对得到的反码进行加 **1** 运算，即可得到补码 **0011**。

图 10-24 是用 7483 组成的减法电路，利用反相器实现求反，在加法器最低位的 C_0 端，接到 **1** 电平上，代表加 **1** 运算，完成反码加 **1** 求补码的运算。图中用反相器对减数求反，然后使低位的进位端为 **1**，两个数经过加法器运算后，进位端输出 **1** 信号，代表不够减，即为借位信号。

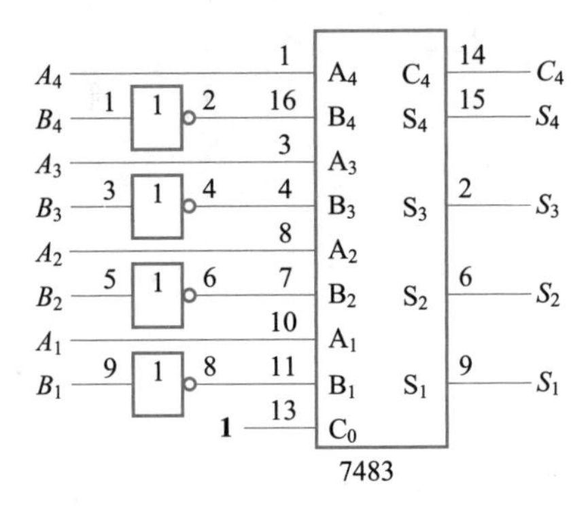

图 10-24　用 7483 组成的减法电路

图 10-25 是采用 7483 和**异或**门组成的加减法电路，T 为加减法控制端，当 $T=$ **1** 为减法运算，$T=\mathbf{0}$ 为加法运算。**异或**门可实现数据的可控求反，即在 $F=B\overline{T}+\overline{B}T$ 中，将 T 作为求反控制信号，当 $T=\mathbf{0}$ 时，$F=B$，当 $T=\mathbf{1}$ 时，$F=\overline{B}$，从而实现可控加减法。图中 $A_4A_3A_2A_1$ 为四位二进制被加数（被减数），$B_4B_3B_2B_1$ 为四位加数（减数），C_0 接 T 端，加法时，$C_0=T=\mathbf{0}$，不影响和以及进位 C_4，当进行减法时，$C_0=T=\mathbf{1}$，$B_4B_3B_2B_1$ 先变 $\overline{B}_4\ \overline{B}_3\ \overline{B}_2\ \overline{B}_1$ 后再与 $A_4A_3A_2A_1$ 相加，再加上低位的进位 C_0，正好是将其变成补码后相加。

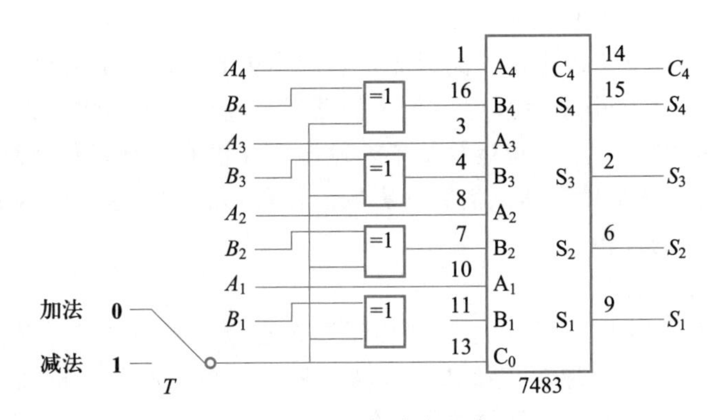

图 10-25　加减法电路

4. BCD 加法器

8421BCD 码是用四位二进制数表示一位十进制数的编码数，而四位二进制数一共有 16 个状态，这里只用了其中的 10 个状态，还有 6 个无关状态没有使用，所以，进行 BCD 码数相加后还应该在结果中去掉这些无关状态，才能得到正确的 BCD 码数。两个 BCD 码数相加，结果可能分为三种情况。

（1）结果小于 9，还是 8421BCD 码，例如 **0011**+**0101**=**1000**，而 8421BCD 码应为 **1000**。

（2）结果大于 9，不是 8421BCD 码，例如 **0110**+**0101**=**1011**，而 8421BCD 的结果应为 **0001 0001**。

（3）结果有进位，不是正确的 8421BCD 码，例如 **1000**+**1001**=**10001**，而正确的 8421BCD 码应为 **0001 0111**。

为使相加结果是准确的 8421BCD 码，需要对（2）、（3）两种情况进行修正。对于（2）、（3）两种情况需要将二进制的和再加上 **0110**，即在和的基础上再加上 6。

为判断何时需要加 **0110** 修正，需要对和进行判断，当和为 **1010**、**1011**、**1100**、**1101**、**1110** 和 **1111** 时就进行加 **0110** 操作，所以判断电路的表达式为 $S_3S_4+S_2S_4+C_4$，这里 S_4、S_3、S_2 和 S_1 是加法器的输出和。当最高位有进位时 $C_4=1$，也需要加 **0110** 进行修正。

BCD 码加法器电路如图 10-26 所示，其中第一个 7483 用于两个 BCD 数相加，第二个 7483 用于结果加 **0110** 修正。

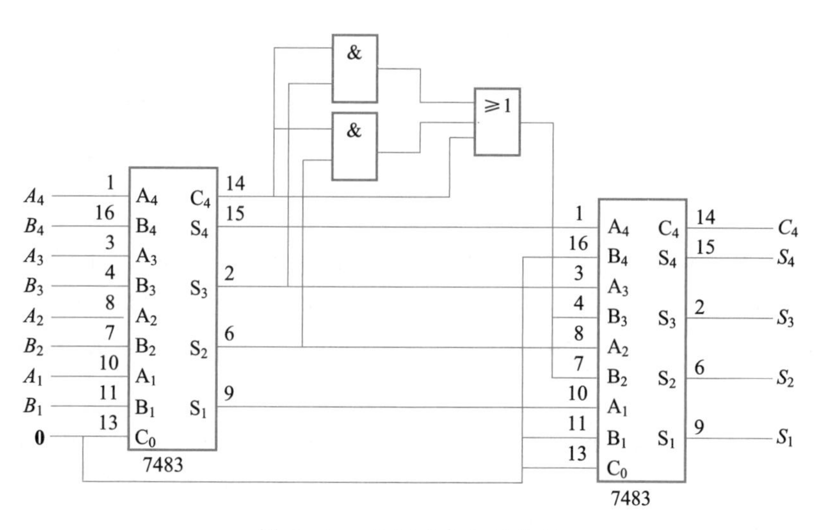

图 10-26　BCD 码加法器电路

【练习与思考】

10-5-1　BCD 码加法和二进制加法都是在二进制数基础上实现的运算，两者有什么区别？

10-5-2　BCD 码加法和二进制加法在采用相同器件的情况下，哪个的运算速度快？

10-5-3　两位十进制数 BCD 码加法应如何实现？

10.6　组合逻辑电路的竞争-冒险

通常把一个门电路出现互补输入信号的现象定义为竞争，因为这种情况下输入信号的 **0** 和 **1** 要争先恐后地对输出信号产生作用。

由于竞争的出现，使输出信号产生尖峰脉冲的现象称为竞争-冒险。

10.6.1　竞争-冒险现象

在图 10-27(a)所示的**与**门电路中，$Y=AB$，无论 $A=\mathbf{1}$、$B=\mathbf{0}$ 或是 $A=\mathbf{0}$、$B=\mathbf{1}$，输出 Y 都应该是 **0**。但是若是 B 信号由于时间延迟在 $A=\mathbf{1}$ 一段时间以后才变为 **0**，就会在输出端产生尖峰脉冲。正常情况下图 10-27(c)所示的**或**门电路中，$Y=A+B$，无论 $A=\mathbf{1}$、$B=\mathbf{0}$ 或是 $A=\mathbf{0}$、$B=\mathbf{1}$，输出 Y 都应该是 **1**，但是若是 A 信号由于时间延迟在 $B=\mathbf{0}$ 之后一段时间以后变为 **1**，也会在输出端产生尖峰脉冲。

有竞争现象不一定产生冒险，例如在与门电路中 B 信号在 $A=\mathbf{1}$ 之前变为 **0**，如图 10-27(b)所示，或者是**或**门电路中 A 信号在 $B=\mathbf{0}$ 之前变为 **1** 都不会出现冒险。

由以上分析可知，出现竞争-冒险现象的原因首先是在一个门电路中出现互补输入信号，然后是互补信号的到达时间延迟使输出端出现尖峰脉冲。

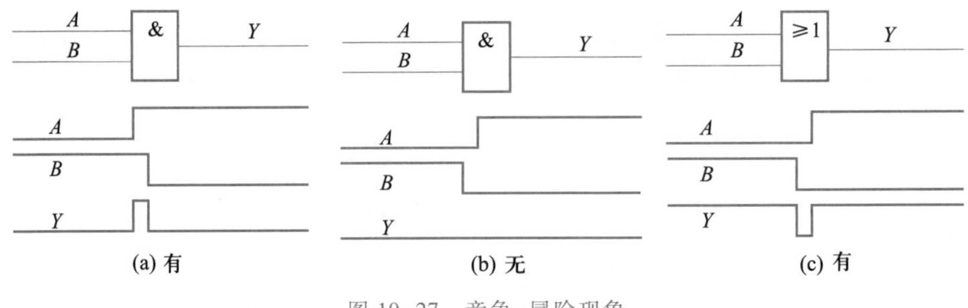

(a) 有　(b) 无　(c) 有

图 10-27　竞争-冒险现象

判断一个电路是否出现竞争-冒险现象的简单方法是判断一个门电路是否存在互补输入信号，只要输出函数中出现互补信号，就存在竞争-冒险的可能性。

例如输出函数 $Y=AB+\overline{A}C$，当 $B=C=\mathbf{1}$ 时，$Y=A+\overline{A}$，则可以认定有竞争，并有冒险的可能性。

若逻辑电路级数多、输入变量多，则判断竞争-冒险现象是非常复杂的事情。随着计算机仿真技术和测量技术的发展，目前广泛采用的方法是计算机仿真和实际测量逻辑电路，观察是否出现竞争-冒险现象。

10.6.2　竞争-冒险现象的消除

1. 接入滤波电容

由于竞争-冒险产生的尖峰脉冲时间都很短，所以在逻辑电路的输出端并接一个小容量电容，就可以把尖峰脉冲消去。

该方法虽然简单，但使输出波形变坏，只能用于对波形和延迟时间要求不严格的情况。

2. 引入选通信号

在输入信号到达时间不一致，有可能出现竞争-冒险现象时，用一个选通信号将输出门封锁，等到所有输入信号都变为稳态后，再打开输出门，输出信号。

该方法的难度是如何得到所需的选通信号。

3. 更改逻辑设计

适当在逻辑表达式中增加一些冗余项，它们的增加不改变逻辑功能，但是可以消除互补信号产生的竞争-冒险现象。

例如在表达式 $Y=AB+\overline{A}C$ 中，当 $B=C=\mathbf{1}$ 时，有竞争冒险现象，增加冗余项 BC，使 $Y=AB+\overline{A}C+BC$ 就可以消除竞争-冒险，因为当 $B=C=\mathbf{1}$ 时，无论 A 如何变化，输出都是 $\mathbf{1}$。

习题

10.1.1　分析题 10.1.1 图所示的电路，写出 Y 的逻辑表达式。

10.1.2　分析题 10.1.2 图所示的电路，写出 Y 的逻辑表达式。

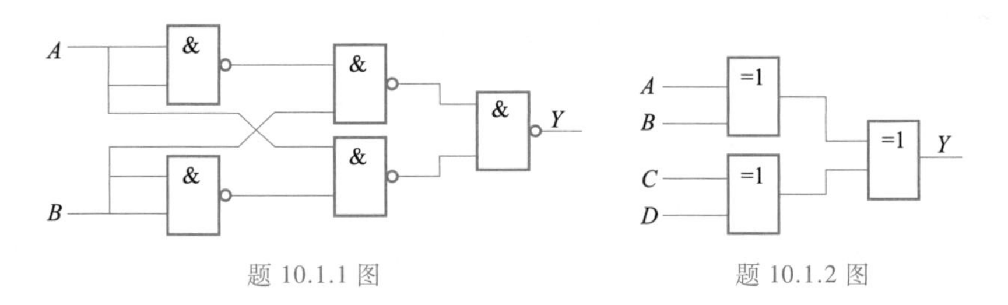

题 10.1.1 图　　题 10.1.2 图

10.1.3　试设计一个电灯的多处控制电路，要求用 3 个开关控制一个电灯的电路，要求扳动任何一个开关都能控制该电灯的亮灭。

10.1.4　试用门电路实现 8421 码转换成余 3 码。

10.2.1　一个由 3 线-8 线译码器和**与非**门组成的电路如题 10.2.1 图所示，试写出当片选信号有效时，Y_1 和 Y_2 的逻辑表达式。

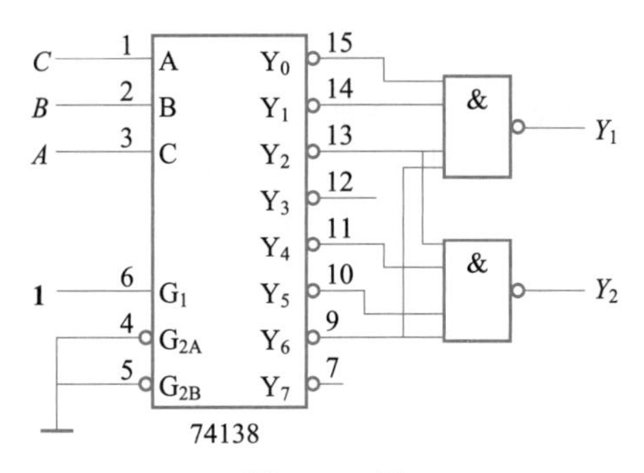

题 10.2.1 图

10.2.2　试画出用 3 线-8 线译码器 74138 和门电路产生如下多输出函数的逻辑图。

$$Y_1=AC$$

$$Y_2=\overline{A}\,\overline{B}C+A\overline{B}\,\overline{C}+BC$$

$$Y_3=\overline{B}\,\overline{C}+AB\overline{C}$$

10.2.3　画出利用 4 线-16 线译码器 74154 和门电路实现如下逻辑函数的电路图。

$$Y=\overline{A}BCD+A\overline{B}CD+AB\overline{C}D+ABC\overline{D}$$

10.3.1　某医院有 7 间病房，各个房间按病人病情严重程度不同进行分类，1 号房间病人病情最重，7 号房间病情最轻。试设计一个病人呼叫装置，该装置按病人的病情严重程度呼叫大夫，就是若两个或两个以上的病人同时呼叫大夫，则只显示病情严重的病人的呼叫。

10.4.1　8 选 1 数据选择器电路如题 10.4.1 图所示，其中 ABC 为地址，$D_0 \sim D_7$ 为数据输入，试写出输出 Y 的逻辑表达式。

10.4.2　试用集成多路选择器 74151 设计四变量的多数表决电路，当输入变量 A、B、C、D 中有 3 个或 3 个以上为 **1** 时输出为 **1**。

10.4.3　画出利用 8 选 1 数据选择器 74151 实现逻辑函数的电路图。

$$Y=A\overline{C}D+\overline{A}\,\overline{B}CD+BC+B\overline{C}\,\overline{D}$$

10.4.4　利用 8 选 1 数据选择器接成的多功能组合逻辑电路如题 10.4.4 图所示，其中 G_1、G_0 为功能输入选择信号，X、Z 为输入逻辑变量，Y 为输出信号。试分析该电路在不同的选择信号时，可获得哪几种逻辑功能。

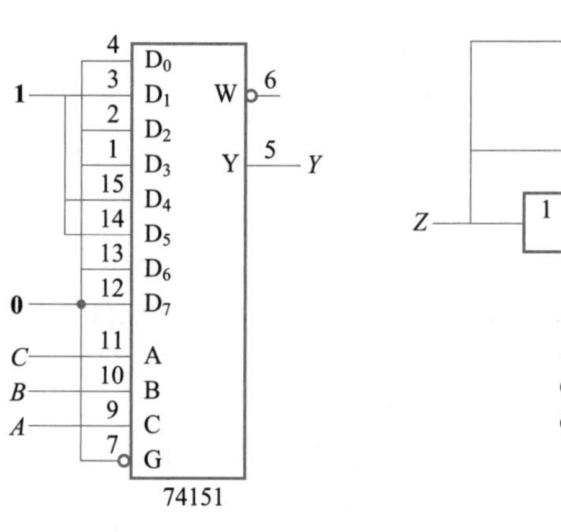

题 10.4.1 图

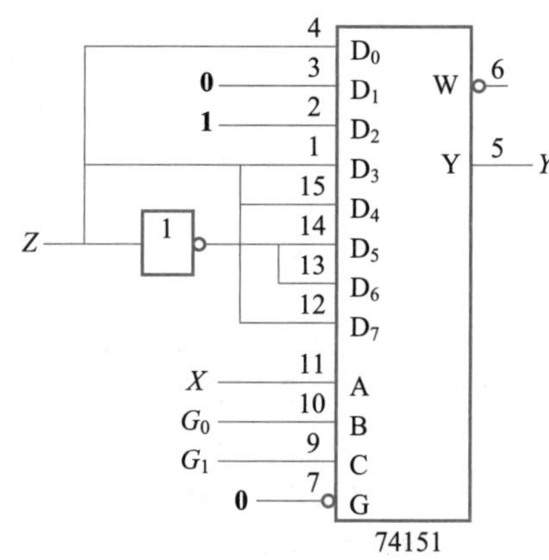

题 10.4.4 图

10.5.1　试用译码器 74138 设计一个全加器。

10.5.2　试用多路选择器 74151 设计一个全减器。

第 11 章 时序逻辑电路及脉冲波形的产生与整形

时序逻辑电路是不同于组合逻辑电路的另一类逻辑电路。组合逻辑电路的输出仅取决于当时的输入信号，而时序逻辑电路（简称时序电路）的输出不仅仅取决于当时的输入信号，还与电路原来的状态有关。因此，时序逻辑电路必须具有记忆功能，以便保存过去的输入信息。构成时序电路的基本单元是触发器（flip-flop）。

本章首先介绍触发器，然后介绍时序电路的分析，计数器、寄存器等常用集成时序电路。再以中规模集成电路 555 定时器为主要器件，介绍矩形脉冲信号的产生和整形电路。脉冲整形电路包括施密特触发器和单稳态触发器，脉冲产生电路有多谐振荡器。

11.1 触发器

触发器是能够存储 1 位二值信号的基本单元电路，它有两个基本特点：第一，具有两个能自行保持的稳定状态，可用来表示逻辑状态 **0** 和 **1**，或二进制数码 **0** 和 **1**。第二，根据不同的输入信号可以置 **0** 或置 **1**。触发器按其逻辑功能可分为 *RS* 触发器、*D* 触发器、*JK* 触发器、*T* 触发器等几种类型。

11.1.1 基本 *RS* 触发器

基本 *RS* 触发器是组成其他触发器的基础，一般由**与非**门或者**或非**门构成，下面介绍**与非**门构成的基本 *RS* 触发器。

1. 电路结构与符号

用**与非**门构成的基本 *RS* 触发器及逻辑符号如图 11-1 所示。图中 $\overline{S}$ 为置 **1** 输入端，$\overline{R}$为置 **0** 输入端，都是低电平有效，Q、$\overline{Q}$为互补输出端，以 Q 的状态作为触发器的状态。

表 11-1 基本 *RS* 触发器的真值表

$\overline{R}$	$\overline{S}$	Q^{n+1}	$\overline{Q}^{n+1}$	功能
0	**1**	**0**	**1**	置 **0**
1	**0**	**1**	**0**	置 **1**
1	**1**	Q^n	$\overline{Q}^n$	保持
0	**0**	**1**	**1**	禁用

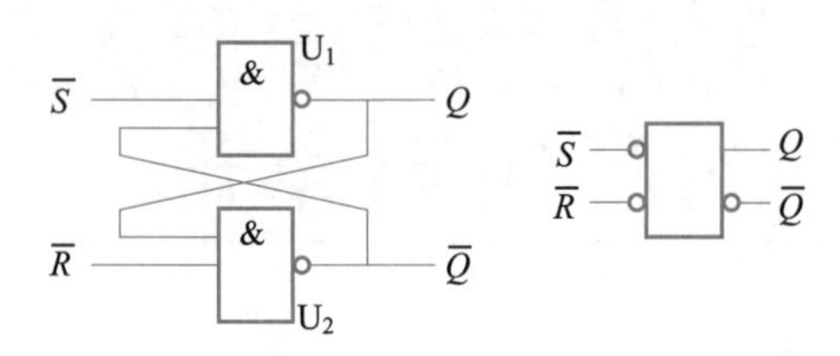

图 11-1　用与非门构成的基本 *RS* 触发器及逻辑符号

2. 工作原理与真值表

（1）当$\overline{R}=\mathbf{0}$,$\overline{S}=\mathbf{1}$时,因$\overline{R}=\mathbf{0}$,U_2门的输出端$\overline{Q}=\mathbf{1}$,U_1门的两输入为$\mathbf{1}$,因此U_1门的输出端$Q=\mathbf{0}$。

（2）当$\overline{R}=\mathbf{1}$,$\overline{S}=\mathbf{0}$时,因$\overline{S}=\mathbf{0}$,U_1门的输出端$Q=\mathbf{1}$,U_2门的两输入为$\mathbf{1}$,因此U_2门的输出端$\overline{Q}=\mathbf{0}$,$Q=\mathbf{1}$。

（3）当$\overline{R}=\mathbf{1}$,$\overline{S}=\mathbf{1}$时,U_1门和U_2门的输出端被它们的原来状态锁定,故输出不变。

（4）当$\overline{R}=\mathbf{0}$,$\overline{S}=\mathbf{0}$时,则有$Q=\overline{Q}=\mathbf{1}$。

由以上分析可得到表 11-1 所示真值表。这里Q^n表示输入信号到来之前Q的状态,称为现态,Q^{n+1}表示输入信号到来之后Q的状态,称为次态。

因为$\overline{S}=\mathbf{0}$,$\overline{R}=\mathbf{0}$时,一方面使Q与$\overline{Q}$不具有互补的关系,另一方面在$\overline{S}=\mathbf{0}$,$\overline{R}=\mathbf{0}$之后同时出现$\overline{S}=\mathbf{1}$,$\overline{R}=\mathbf{1}$,将使输出状态不确定。所以该触发器在实际使用中的约束条件是:$\overline{S}+\overline{R}=\mathbf{1}$,即不允许$\overline{S}=\mathbf{0}$和$\overline{R}=\mathbf{0}$同时出现。

3. 时间图

时间图又称波形图,用时间图可以很好地描述触发器功能,时间图分为理想时间图和实际时间图,理想时间图不考虑门电路的延迟。由与非门组成的基本 *RS* 触发器的理想时间图见图 11-2。

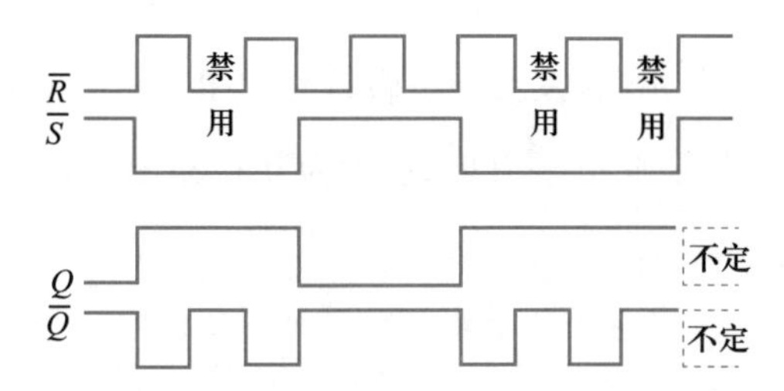

图 11-2　由与非门组成的基本 *RS* 触发器的理想时间图

11.1.2　门控触发器

1. 门控 *RS* 触发器

在数字系统中,要求触发器按一定时间节拍工作,即要求触发器输入信号要受到时钟脉冲(clock pulse,CP)的控制,因此,在触发器的输入端增加了一个时钟控制端,触发器的状态变化由时钟脉冲和输入信号共同决定。在此控制信号的作用下,系统内的各触发器的输出状态可以有序地变化。具有该时钟控制信号的触发器称为门控触发器。

(1) 电路结构与符号

门控 *RS* 触发器及逻辑符号见图 11-3。图中 *CP* 为控制信号,也为时钟脉冲。当 *CP* 为 **1** 时,*RS* 端的输入信号可以通过 U_3、U_4 门,使输出状态改变;当 *CP* 为 **0** 时,*RS* 端的信号被封锁。

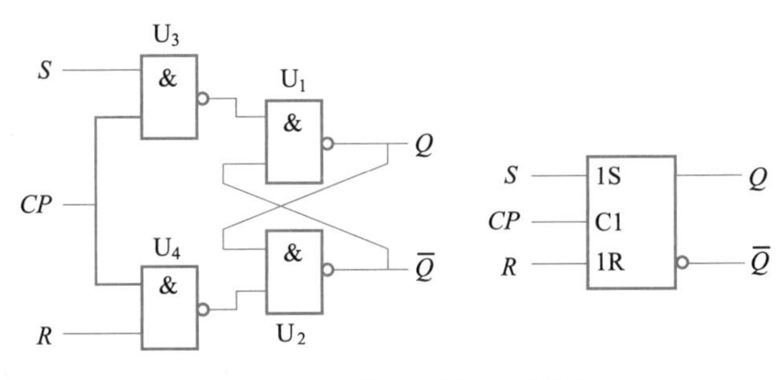

图 11-3 门控 *RS* 触发器及逻辑符号

(2) 真值表

由图 11-3 可见,*CP*=**1** 时 *R*、*S* 的作用正好与基本 *RS* 触发器中的$\overline{R}$、$\overline{S}$的作用相反,由此可得到门控 *RS* 触发器的真值表如表 11-2 所示。其约束条件是:$R \cdot S = \mathbf{0}$。

表 11-2 门控 *RS* 触发器的真值表

R	*S*	Q^{n+1}
0	**0**	Q^n
0	**1**	**1**
1	**0**	**0**
1	**1**	×

(3) 特性表

根据以上分析可见触发器的次态 Q^{n+1} 不仅与触发器的输入 *R*、*S* 有关,也与触发器的现态 Q^n 有关。触发器的次态 Q^{n+1} 与现态 Q^n 以及输入 *R*、*S* 之间的关系表称为特性表。由表 11-2 门控 *RS* 触发器的真值表可得到其特性表,如表 11-3 所示。

表 11-3 门控 *RS* 触发器的特性表

R	*S*	Q^n	Q^{n+1}	功能
0	**0**	**0**	**0**	保持
0	**0**	**1**	**1**	

续表

R	S	Q^n	Q^{n+1}	功能
0	**1**	**0**	**1**	置 **1**
0	**1**	**1**	**1**	
1	**0**	**0**	**0**	置 **0**
1	**0**	**1**	**0**	
1	**1**	**0**	**1**	禁用
1	**1**	**1**	**1**	

（4）特性方程

由特性表可得门控 RS 触发器的特性方程为 $Q^{n+1}=S+\overline{R}Q^n$ 和 $R \cdot S=\mathbf{0}$（约束条件）。

2. 门控 D 触发器

把门控 RS 触发器接成图 11-4 的形式，即构成门控 D 触发器。将 $S=D$、$R=\overline{D}$ 代入门控 RS 触发器的特性方程 $Q^{n+1}=S+\overline{R}Q^n$ 中，可得门控 D 触发器的特性方程为：$Q^{n+1}=D+\overline{\overline{D}}Q^n=D$。$D$ 触发器不需要约束条件。

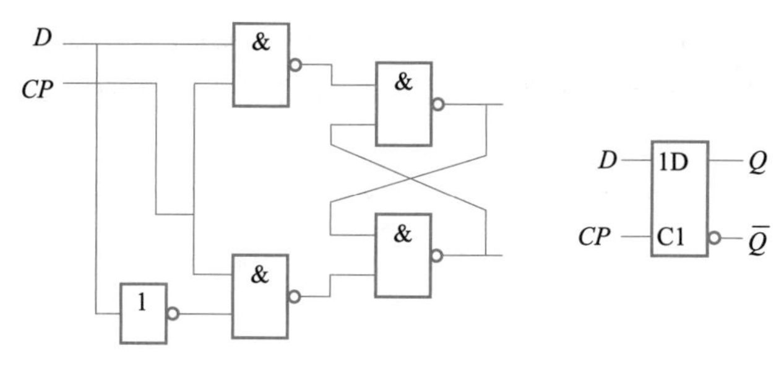

图 11-4　门控 D 触发器及逻辑符号

3. 门控 JK 触发器

门控 JK 触发器的电路如图 11-5 所示，与门控 RS 触发器相比较 $S=J\overline{Q}^n$，$R=$

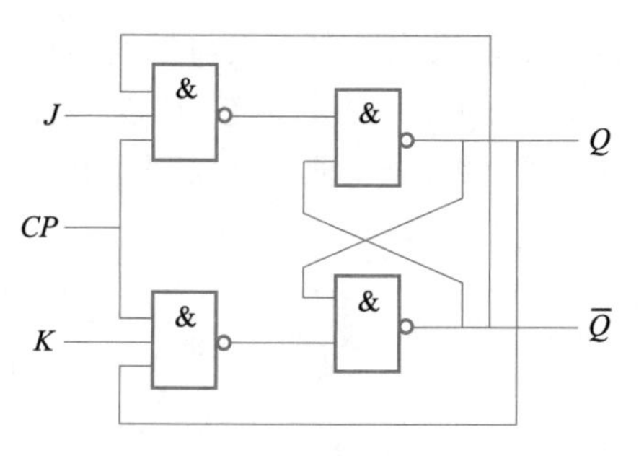

图 11-5　门控 JK 触发器的电路

KQ^n。将 $S=J\overline{Q}^n$ 和 $R=KQ^n$，代入门控 RS 触发器的特性方程后得到门控 JK 触发器的特性方程为：$Q^{n+1}=J\overline{Q}^n+\overline{K}Q^n$。JK 触发器不需要约束条件，它的真值表如表 11-4 所示。

表 11-4 门控 JK 触发器的真值表

R	S	Q^{n+1}	$\overline{Q}^{n+1}$
0	**1**	**1**	**0**
1	**0**	**0**	**1**
0	**0**	Q^n	$\overline{Q}^n$
1	**1**	**1**	**1**

4. 门控 T 触发器

图 11-6 是由门控 JK 触发器组成的门控 T 触发器。令 $J=K=T$，代入 JK 触发器特性方程得到 T 触发器特性方程为：$Q^{n+1}=T\overline{Q}^n+\overline{T}Q^n$

T 触发器的 T 为 **0** 时，触发器状态保持不变。T 为 **1** 时，触发器在 CP 控制信号的作用下不断地翻转，又将此种触发器称为 T' 触发器或计数触发器。

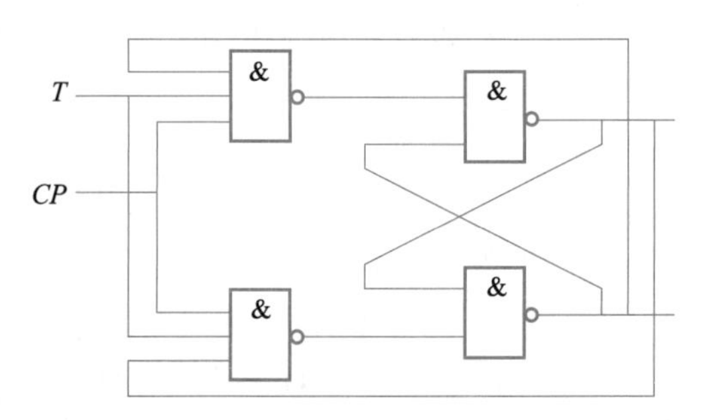

图 11-6 由门控 JK 触发器组成的门控 T 触发器

5. 触发器的触发方式

触发器的触发方式是指触发器在控制脉冲的什么阶段（上升沿、下降沿和高或低电平期间）接收输入信号和改变输出状态。门控触发器是在 CP 脉冲的高电平期间接收输入信号和改变输出状态，故为电平触发方式。电平触发的触发器存在“空翻”现象。所谓空翻就是在一个 CP 脉冲期间触发器发生多于一次的翻转。比如，门控 T 触发器在控制信号为高电平期间不停地翻转。这种触发器是不能构成计数器的。为避免出现空翻现象，计数器电路应该用边沿触发器。

11.1.3 边沿触发器

边沿触发器是在门控脉冲的上升沿或下降沿接收输入信号并改变输出状态，故为边沿触发方式。这种触发器在触发沿到来之前，输入信号要稳定地建立起来，触发沿到来之后仍需保持一定的时间，这也就是触发器的建立时间和保持时间。

边沿触发器可以有效地解决“空翻”问题，而且抗干扰能力强。以下重点介绍实际中常用的边沿 D 触发器和边沿 JK 触发器。

1. 边沿 D 触发器

图 11-7 是边沿 D 触发器的电路及逻辑符号。图中 $\mathrm{U_1}$ 和 $\mathrm{U_2}$ 组成基本 RS 触发器，$\mathrm{U_3}$ 和 $\mathrm{U_4}$ 组成门控电路，$\mathrm{U_5}$ 和 $\mathrm{U_6}$ 组成数据输入电路。

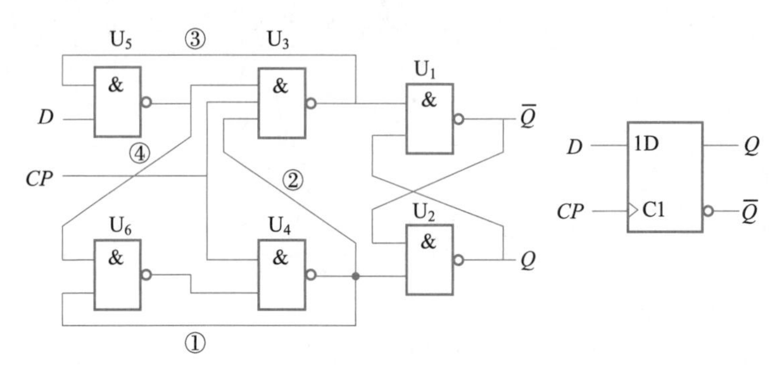

图 11-7　边沿 D 触发器及逻辑符号

在 $CP=\mathbf{0}$ 时，$\mathrm{U_3}$ 和 $\mathrm{U_4}$ 两个门被关闭，它们的输出 $U_{3\mathrm{OUT}}=\mathbf{1}$，$U_{4\mathrm{OUT}}=\mathbf{1}$，所以 D 无论怎样变化，D 触发器输出状态不变，但数据输入电路的 $G_{5\mathrm{OUT}}=\overline{D}$，$G_{6\mathrm{OUT}}=D$。

CP 上升沿时，$\mathrm{U_3}$ 和 $\mathrm{U_4}$ 两个门被打开，它们的输出只与 CP 上升沿瞬间 D 的信号有关 。

当 $D=\mathbf{0}$ 时，使 $U_{5\mathrm{OUT}}=\mathbf{1}$，$U_{6\mathrm{OUT}}=\mathbf{0}$，$U_{3\mathrm{OUT}}=\mathbf{0}$，$U_{4\mathrm{OUT}}=\mathbf{1}$，从而 $Q=\mathbf{0}$。

当 $D=\mathbf{1}$ 时，使 $U_{5\mathrm{OUT}}=\mathbf{0}$，$U_{6\mathrm{OUT}}=\mathbf{1}$，$U_{3\mathrm{OUT}}=\mathbf{1}$，$U_{4\mathrm{OUT}}=\mathbf{0}$，从而 $Q=\mathbf{1}$。

在 $CP=\mathbf{1}$ 期间，若 $Q=\mathbf{0}$，由于③线（称为置 **0** 维持线）的作用，仍使 $U_{3\mathrm{OUT}}=\mathbf{0}$，由于④线（称为置 **1** 阻塞线）的作用，仍使 $U_{4\mathrm{OUT}}=\mathbf{1}$，从而触发器维持不变。

在 $CP=\mathbf{1}$ 期间，若 $Q=\mathbf{1}$，由于①线（称为置 **1** 维持线）的作用，仍使 $U_{4\mathrm{OUT}}=\mathbf{0}$，由于②线（称为置 **0** 阻塞线）的作用，仍使 $U_{3\mathrm{OUT}}=\mathbf{1}$，从而触发器维持不变。

边沿 D 触发器的真值表、特性表和特性方程与门控 D 触发器相同。因为其电路中具有维持线和阻塞线，故也称为维持阻塞 D 触发器。

讲义：边沿触发器

2. 边沿 JK 触发器

利用传输延迟时间的边沿 JK 触发器的原理电路与逻辑符号见图 11-8。图中 $\mathrm{U_7}$ 和 $\mathrm{U_8}$ 门的延迟时间比其他门的延迟时间长。

触发器置 **1** 过程（设触发器初始状态 $Q=\mathbf{0}$，$\overline{Q}=\mathbf{1}$，$J=\mathbf{1}$，$K=\mathbf{0}$。）：

当 $CP=\mathbf{0}$ 时，$U_{7\mathrm{OUT}}=\mathbf{1}$ 和 $U_{8\mathrm{OUT}}=\mathbf{1}$，$U_{3\mathrm{OUT}}=\mathbf{0}$、$U_{6\mathrm{OUT}}=\mathbf{0}$、$U_{4\mathrm{OUT}}=\mathbf{1}$ 和 $U_{5\mathrm{OUT}}=\mathbf{0}$，触发器的输出不变。

当 $CP=\mathbf{1}$ 时，门 $\mathrm{U_3}$ 与 $\mathrm{U_6}$ 解除封锁，接替 $\mathrm{U_4}$ 与 $\mathrm{U_5}$ 门的作用，保持触发器输出不变，经过一段延迟后 $U_{7\mathrm{OUT}}=\mathbf{0}$ 和 $U_{8\mathrm{OUT}}=\mathbf{1}$。

当 CP 下降沿到来时，首先，$U_{3\mathrm{OUT}}=\mathbf{0}$（$U_{6\mathrm{OUT}}$原来就是 **0**），此时 $\mathrm{U_3}$、$\mathrm{U_6}$ 门失去作用，$\mathrm{U_1}$、$\mathrm{U_2}$、$\mathrm{U_4}$、$\mathrm{U_5}$ 门组成基本 RS 触发器，在 $U_{7\mathrm{OUT}}=\mathbf{0}$ 和 $U_{8\mathrm{OUT}}=\mathbf{1}$ 的（$\mathrm{U_7}$ 和 $\mathrm{U_8}$ 存在

延迟时间暂时不会改变)作用下使 $Q=\mathbf{1},\overline{Q}=\mathbf{0}$。

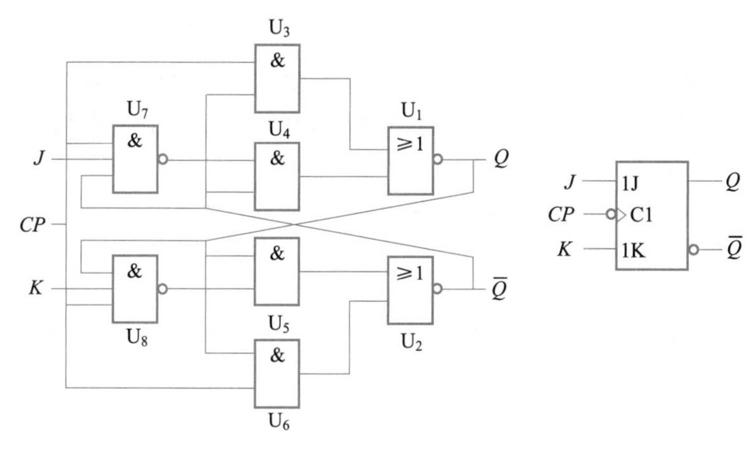

图 11-8 利用传输延迟时间的边沿 *JK* 触发器的原理电路及逻辑符号

其后,由于 $CP=\mathbf{0}$,$U_{7\mathrm{OUT}}=\mathbf{1}$ 和 $U_{8\mathrm{OUT}}=\mathbf{1}$,即使 J 和 K 发生变化,对基本 *RS* 触发器的状态不会影响。

触发器置 **0** 过程同置 **1** 过程类似,读者可以自行分析。

按触发方式讲还有一种主从触发器,它由两个门控触发器组成,接收输入信号的门控触发器称为主触发器,提供输出信号的门控触发器称为从触发器。这种触发器的特点:当 $CP=\mathbf{1}$ 时,主触发器翻转,当 $CP=\mathbf{0}$ 时,从触发器翻转,在一个 *CP* 脉冲的作用下输出只能翻转一次,所以不存在“空翻”的问题。主从触发器在实际中使用得不多,这里就不再赘述。

注意:

同一功能的触发器触发方式不同,即使输入相同输出也不一定相同。

【练习与思考】

11-1-1 触发器按功能分有哪几种?

11-1-2 触发器按触发方式分有哪几种?

11-1-3 试说明 *RS* 触发器在置 **1** 或置 **0** 脉冲消失后,为什么触发器的状态保持不变。

11-1-4 哪种触发器存在“空翻”现象?

11-1-5 试叙述 *RS*、*JK*、*D*、*T* 触发器的逻辑功能,并写出其特性方程、列出状态表。

11.2 时序电路的分析

时序逻辑电路简称为时序电路。在时序电路中,如果所有触发器的时钟信号全部连在一起,这种时序电路称为同步时序电路。若时序电路中各触发器的状态不是在同一时钟信号作用下变化的时序电路称为异步时序电路。时序电路的分析就是从时序电路图,得出状态方程、状态图、时序图、状态表等,进而得到该电路的功能。

11.2.1　同步时序电路的分析

1. 分析步骤

（1）写出各个触发器的驱动方程（又称为激励方程、控制方程或输入方程）；

（2）写出时序电路的状态方程（将驱动方程代入特性方程所得到的方程）；

（3）写出时序电路的输出方程；

（4）由时序电路的状态方程和输出方程列状态表、画状态图；

（5）画时间图（又称时序图）。

2. 分析举例

例 **11-1**　分析图 11-9 所示的同步时序逻辑电路的逻辑功能。设 $Q_2Q_1Q_0$ 的初始状态为 **000**。

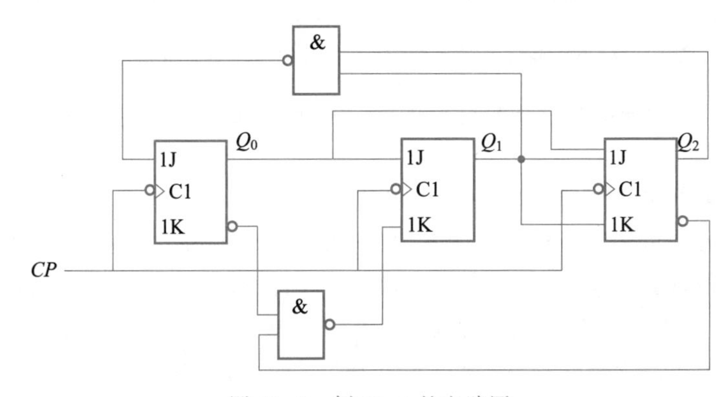

图 11-9　例 11-1 的电路图

解：

（1）驱动方程

$J_0=\overline{Q_2^nQ_1^n}$　　　　$K_0=\mathbf{1}$

$J_1=Q_0^n$　　　　$K_1=\overline{\overline{Q_2^n}\ \overline{Q_0^n}}$

$J_2=Q_1^nQ_0^n$　　　　$K_2=Q_1^n$

（2）状态方程

$$Q_0^{n+1}=J_0\overline{Q_0^n}+\overline{K_0}Q_0^n=\overline{Q_2^nQ_1^n}\ \overline{Q_0^n}$$

$$Q_1^{n+1}=J_1\overline{Q_1^n}+\overline{K_1}Q_1^n=Q_0^n\ \overline{Q_1^n}+\overline{Q_2^n}\ \overline{Q_0^n}Q_1^n$$

$$Q_2^{n+1}=J_2\ \overline{Q_2^n}+\overline{K_2}Q_2^n=Q_1^nQ_0^n\ \overline{Q_2^n}+\overline{Q_1^n}Q_2^n$$

（3）状态表

该表类似组合电路中的真值表。将输入变量、现态变量、次态变量和输出变量纵向排列画成一个表，该表称为状态表，如表 11-5 所示。

表 11-5　例 11-1 的状态表

CP	Q_2^n	Q_1^n	Q_0^n	Q_2^{n+1}	Q_1^{n+1}	Q_0^{n+1}
0				0	0	0
1	0	0	0	0	0	1
2	0	0	1	0	1	0
3	0	1	0	0	1	1
4	0	1	1	1	0	0
5	1	0	0	1	0	1
6	1	0	1	1	1	0
7	1	1	0	0	0	0
0				1	1	1
1	1	1	1	0	0	0

（4）状态图

根据状态表得到状态图，如图 11-10 所示。由状态图可见，该电路是一个能够自起动的同步七进制加法计数器。其中，**111** 为无效状态，另外七个状态为有效状态。在时钟脉冲作用下，能够从无效状态自动进入有效状态的现象称为能自起动，否则称为不能自起动。

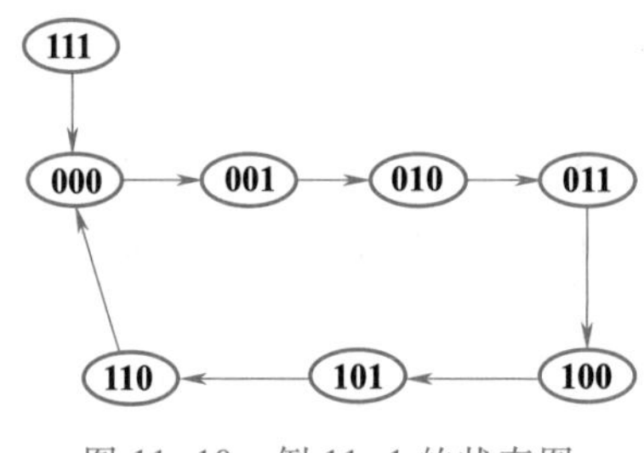

图 11-10　例 11-1 的状态图

11.2.2　异步时序电路的分析

异步时序电路的分析方法与同步时序电路的分析方法基本相同，只是由于异步时序电路中的各个触发器在各自的时钟出现之后才发生翻转，因此分析异步时序电路时，触发器的 CP 脉冲是一个必须考虑的逻辑变量。或者说，列状态方程时，应标出状态方程的有效条件。

下面通过一个例子具体说明异步时序电路的分析方法和步骤。

例 11-2　试分析图 11-11 所示异步时序电路的功能。

解：

（1）驱动方程

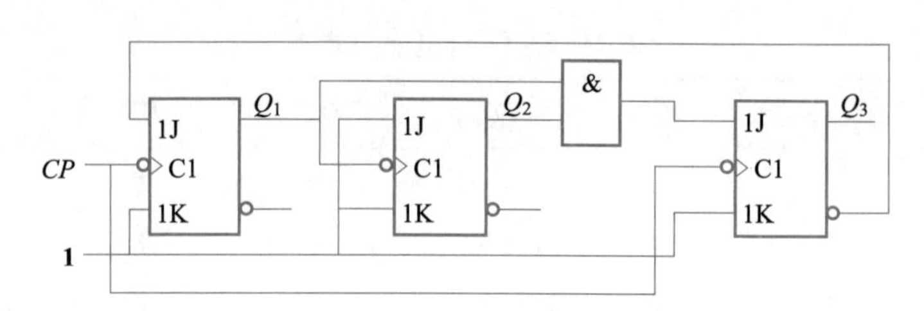

图 11-11　例 11-2 的电路图

$J_1=\overline{Q}_3^n, K_1=\mathbf{1}$

$J_2=K_2=\mathbf{1}$

$J_3=Q_1^nQ_2^n \quad K_3=\mathbf{1}$

（2）状态方程

$Q_1^{n+1}=\overline{Q}_3^n\overline{Q}_1^n \qquad CP\downarrow$

$Q_2^{n+1}=\overline{Q}_2^n \qquad Q_1\downarrow$

$Q_3^{n+1}=Q_1^nQ_2^n\overline{Q}_3^n \qquad CP\downarrow$

（3）状态表

如表 11-6 所示。

表 11-6　例 11-2 的状态表

CP	Q_3^n	Q_2^n	Q_1^n	Q_3^{n+1}	Q_2^{n+1}	Q_1^{n+1}
0				**0**	**0**	**0**
1	**0**	**0**	**0**	**0**	**0**	**1**
2	**0**	**0**	**1**	**0**	**1**	**0**
3	**0**	**1**	**0**	**0**	**1**	**1**
4	**0**	**1**	**1**	**1**	**0**	**0**
5	**1**	**0**	**0**	**0**	**0**	**0**
0				**1**	**0**	**1**
1	**1**	**0**	**1**	**0**	**1**	**0**
0				**1**	**1**	**0**
1	**1**	**1**	**0**	**0**	**1**	**0**
0				**1**	**1**	**1**
1	**1**	**1**	**1**	**0**	**0**	**0**

注意：

本例中 Q_2 的状态方程只在 Q_1 的下降沿时才有效。

（4）状态图

由状态表画状态图，如图 11-12 所示。从状态图可知该电路是能自起动的异步五进制加法计数器。

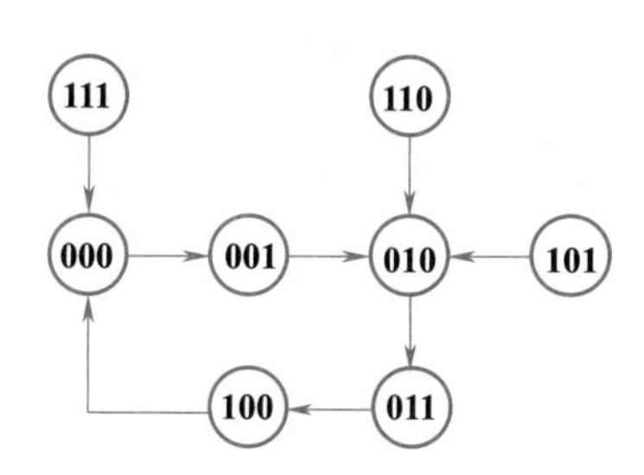

图 11-12 例 11-2 的状态图

【练习与思考】

11-2-1 试说明时序逻辑电路与组合逻辑电路在结构和功能上的特点。

11-2-2 试说明什么是同步时序逻辑电路和异步时序逻辑电路。

11-2-3 分析同步时序逻辑电路和分析异步时序逻辑电路有何不同？

11.3 计数器

计数器是最常见的时序电路，用于计数、分频、定时及产生数字系统的时钟脉冲等，其种类很多，按触发器是否同时翻转分为同步计数器和异步计数器；按计数顺序的增减，分为加计数器、减计数器，计数顺序可增可减称为可逆计数器；按计数容量(M)和构成计数器的触发器的个数(n)之间的关系可分为二进制和非二进制计数器。计数器所能记忆的时钟脉冲个数(M)称为计数器的模。当 $M=2^n$ 时为二进制计数器，否则为非二进制计数器。

11.3.1 二进制计数器

1. 同步二进制加法计数器

表 11-7 是同步三位二进制加法计数器的状态表。由表中可见来一个时钟脉冲时，Q_0 就翻转一次，而 Q_1 要在 Q_0 为 **1** 时翻转，Q_2 要在 Q_1 和 Q_0 都是 **1** 时翻转。若用 JK 触发器组成同步二进制加法计数器，则每一个触发器的翻转的条件是：

$J_n=K_n=Q_{n-1}\cdot Q_{n-2}\cdot\cdots\cdot Q_2\cdot Q_1\cdot Q_0$

由此画出如图 11-13 所示同步三位二进制加法计数器的逻辑图。

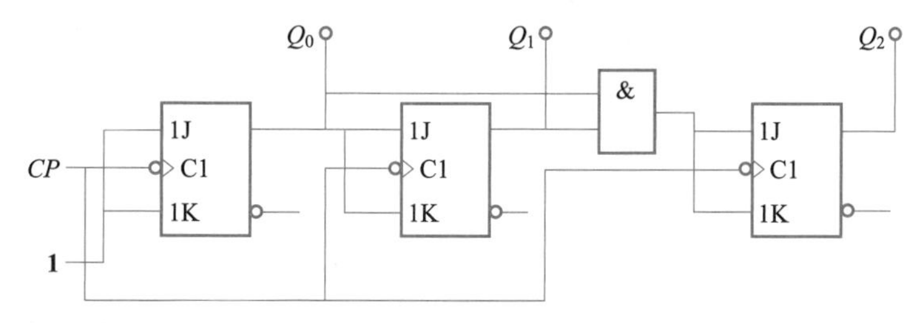

图 11-13 同步三位二进制加法计数器的逻辑图

表 11-7　同步三位二进制加法计数器的状态表

Q_2	Q_1	Q_0	CP
0	**0**	**0**	0
0	**0**	**1**	1
0	**1**	**0**	2
0	**1**	**1**	3
1	**0**	**0**	4
1	**0**	**1**	5
1	**1**	**0**	6
1	**1**	**1**	7
0	**0**	**0**	8

2. 同步二进制减法计数器

将图 11-13 中触发器的翻转的条件换为：$J_n = K_n = \overline{Q}_{n-1} \cdot \overline{Q}_{n-2} \cdot \cdots \cdot \overline{Q}_2 \cdot \overline{Q}_1 \cdot \overline{Q}_0$，就可构成图 11-14 所示同步三位二进制减法计数器，表 11-8 是对应的状态表。

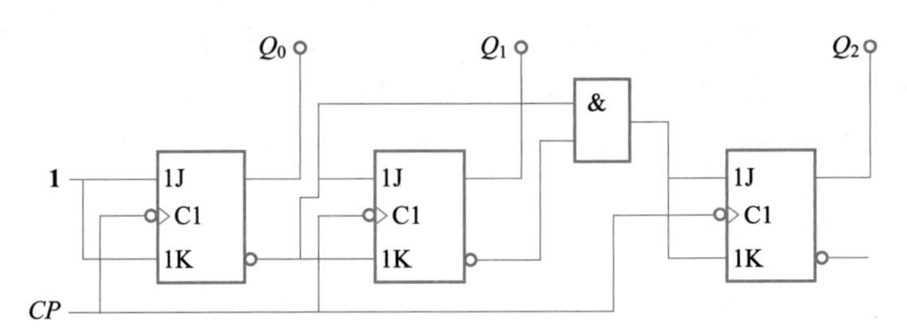

图 11-14　同步三位二进制减法计数器的逻辑图

表 11-8　同步三位二进制减法计数器的状态表

Q_2	Q_1	Q_0	CP
0	**0**	**0**	0
1	**1**	**1**	1
1	**1**	**0**	2
1	**0**	**1**	3
1	**0**	**0**	4
0	**1**	**1**	5
0	**1**	**0**	6
0	**0**	**1**	7
0	**0**	**0**	8

3. 集成同步二进制加法计数器 74161、74163

74161、74163 都是同步四位二进制加法计数器，或者说是同步十六进制加法计数器。表 11-9 是 74161 的功能表，表 11-10 是 74163 的功能表。图 11-15 是 74161 的符号图，图 11-16 是 74163 的符号图。它们都具有预置端$\overline{\text{LOAD}}$、清除端$\overline{\text{CLR}}$、使能端 ENT、ENP 和进位端 RCO，两者都在时钟上升沿时进行预置和计数器操作，所不同的是 74163 在时钟上升沿进行清除操作而 74161 的清除操作与时钟信号无关，这就是同步清除与异步清除的区别，使用时一定要注意。

表 11-9　74161 的功能表

输入					输出
$\overline{\text{CLR}}$	$\overline{\text{LOAD}}$	ENT	ENP	CLK	Q^n
0	×	×	×	×	异步清除
1	0	×	×	↑	同步预置
1	1	1	1	↑	计数
1	1	0	×	×	保持
1	1	×	0	×	保持

表 11-10　74163 的功能表

输入					输出
$\overline{\text{CLR}}$	$\overline{\text{LOAD}}$	ENT	ENP	CLK	Q^n
0	×	×	×	↑	同步清除
1	0	×	×	↑	同步预置
1	1	1	1	↑	计数
1	1	0	×	×	保持
1	1	×	0	×	保持

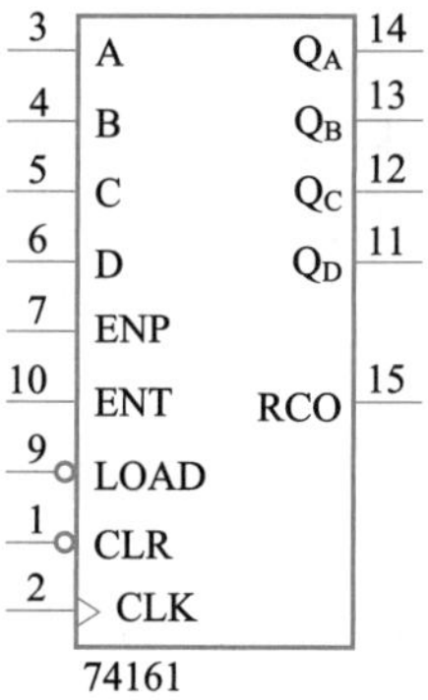

图 11-15　74161 的符号图

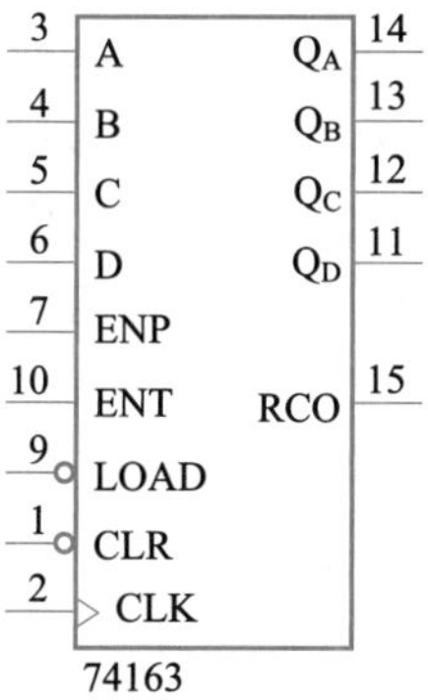

图 11-16　74163 的符号图

4. 异步二进制加法计数器

图 11-17 和表 11-11 是用 *JK* 触发器实现的异步三位二进制加法计数器的电路图和状态表。来一个时钟脉冲 Q_0 就翻一次，而 Q_0 从 **1** 变 **0** 时，Q_1 才发生变化，Q_1 从 **1** 变为 **0** 时，Q_2 才发生变化。

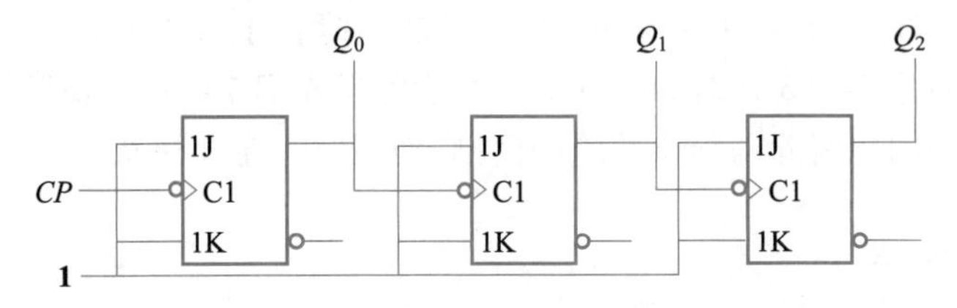

图 11-17　异步三位二进制加法计数器的电路图

表 11-11　异步三位二进制加法计数器的状态表

Q_2	Q_1	Q_0	CP
0	**0**	**0**	0
0	**0**	**1**	1
0	**1**	**0**	2
0	**1**	**1**	3
1	**0**	**0**	4
1	**0**	**1**	5
1	**1**	**0**	6
1	**1**	**1**	7
0	**0**	**0**	8

如果将图 11-17 中后一级的 *CP* 端接到前一级的 $\overline{Q}$ 端，则构成二进制减法计数器。

5. 集成异步二进制加法计数器 74293

74293 是异步四位二进制加法计数器，具有二分频和八分频的能力，其逻辑符号图见图 11-18，74293 的功能表见表 11-12。它是由一个二进制和一个八进制计数器组成，时钟端 CKA 和 Q_A 组成二进制计数器，时钟端 CKB 和 Q_D、Q_C、Q_B 组成八进制计数器，两个计数器具有相同的清除端 R0(1) 和 R0(2)。两个计数器串接可

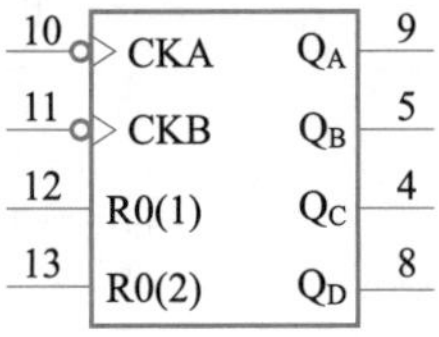

图 11-18　74293 的逻辑符号图

组成十六进制的计数器,使用起来非常灵活。

表 11-12 74293 的功能表

输入				输出				功能
R0(1)	R0(2)	CKA	CKB	Q_D	Q_C	Q_B	Q_A	
1	**1**	×	×	**0**	**0**	**0**	**0**	清 **0**
有 **0**		CP↓	**0**				Q_A	二进制计数
		0	CP↓	Q_D	Q_C	Q_B		八进制计数
		CP↓	Q_A	Q_D	Q_C	Q_B	Q_A	十六进制计数
		Q_D	CP↓	Q_A	Q_D	Q_C	Q_B	十六进制计数

11.3.2 十进制计数器

1. 异步十进制加法计数器

图 11-19 所示的逻辑图为异步十进制加法计数器,图中第一个触发器是一个二进制计数器,后三个触发器是五进制计数器,两者串接便为十进制加法计数器。

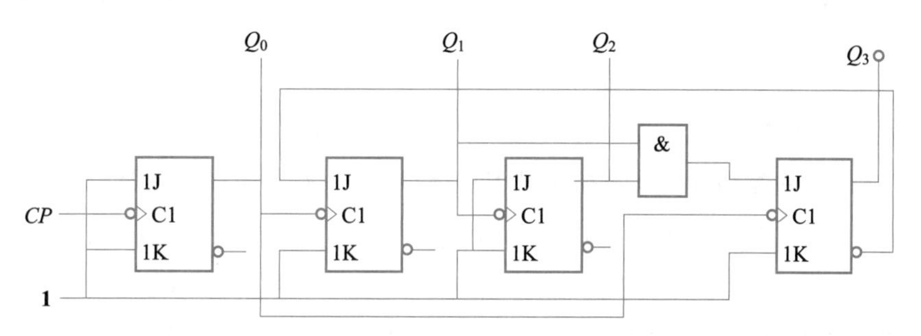

图 11-19 异步十进制加法计数器的逻辑图

74290 就是按上述原理制成的异步十进制加法计数器。该计数器是由一个二进制计数器和一个五进制计数器组成,其中时钟 CKA 和输出 Q_A 组成二进制计数器,时钟 CKB 和输出端 Q_D、Q_C、Q_B 组成五进制计数器。另外这两个计数器还有公共置 0 端 R0(1)和 R0(2)和公共置 9 端 S9(1)和 S9(2)。图 11-20 是 74290 的逻

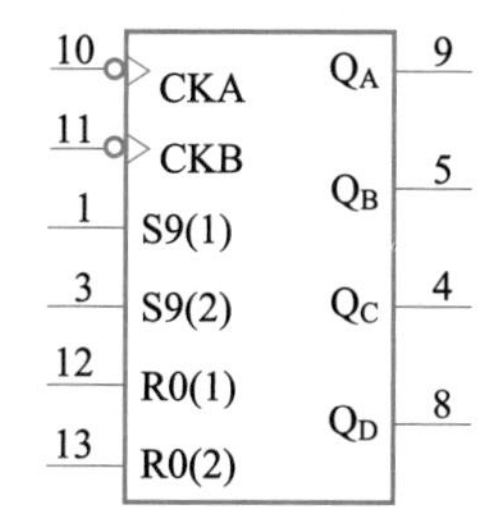

图 11-20 74290 的逻辑符号图

辑符号图。

该计数器之所以分成二、五进制两个计数器，是为了使用灵活，例如它本身就是二、五进制计数器，若将 Q_A 连接到 CKB 就得到十进制计数器。该计数器功能见表 11-13。

表 11-13　74290 功能表

输　入						输　出				功　能
R0(1)	R0(2)	S9(1)	S9(2)	CKA	CKB	Q_D	Q_C	Q_B	Q_A	
1	**1**	**0**	×	×	×	**0**	**0**	**0**	**0**	清 **0**
1	**1**	×	**0**	×	×	**0**	**0**	**0**	**0**	清 **0**
×	×	**1**	**1**	×	×	**1**	**0**	**0**	**1**	置 **9**
有 **0**		有 **0**		CP↓	**0**				Q_A	二进制计数
有 **0**		有 **0**		**0**	CP↓	Q_D	Q_C	Q_B		五进制计数
有 **0**		有 **0**		CP↓	Q_A	Q_D	Q_C	Q_B	Q_A	十进制计数(8421BCD 码)
有 **0**		有 **0**		Q_D	CP↓	Q_A	Q_D	Q_C	Q_B	十进制计数(5421BCD 码)

2. 同步十进制加法计数器

74160 是可预置数十进制同步加法计数器，它具有数据输入端 A、B、C 和 D，置数端 $\overline{LOAD}$，清除端 $\overline{CLR}$ 和计数控制端 ENT 和 ENP。为方便多级相连，设置了输出端 RCO。当置数端 $\overline{LOAD}$ = **0**、$\overline{CLR}$ = **1**、CP 脉冲上升沿时预置数。当 $\overline{CLR}$ = $\overline{LOAD}$ = **1** 而 ENT = ENP = **0** 时，输出数据和进位 RCO 保持。当 ENT = **0** 时计数器保持，但 RCO = **0**。$\overline{LOAD}$ = $\overline{CLR}$ = ENT = ENP = **1**，电路工作在计数状态。详细功能见功能表 11-14。图 11-21 是 74160 的逻辑符号图。

表 11-14　74160 的功能表

输入					输出
$\overline{CLR}$	$\overline{LOAD}$	ENT	ENP	CLK	Q_n
0	×	×	×	×	异步清除
1	**0**	×	×	↑	同步预置
1	**1**	**1**	**1**	↑	计数
1	**1**	**0**	×	×	保持
1	**1**	×	**0**	×	保持

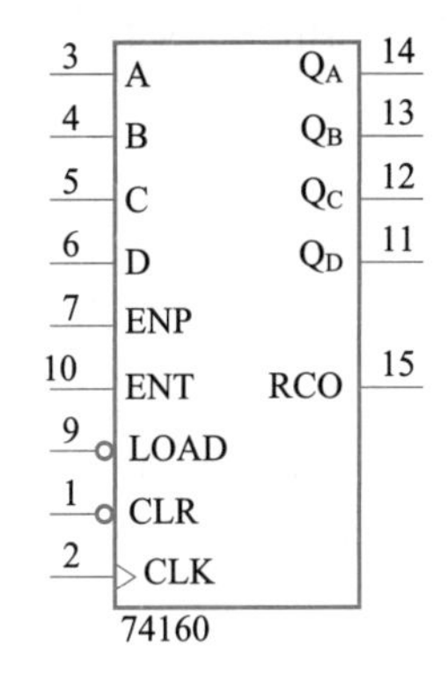

图 11-21 74160 的逻辑符号图

11.3.3 使用集成计数器构成 *M* 进制计数器

集成计数器一般有二进制、十进制等几种，若要构成任意进制计数器，可利用这些计数器，同时增加适当的外电路构成。

1. *M*<*N* 的情况

假定已有 *N* 进制计数器，要得到 *M* 进制计数器，只需要去掉 *N*-*M* 个状态即可，有如下两种方法：

(1) 清零法

清零法就是当计数器计数到 *M* 状态时，将计数器清零。异步清零，在 *M* 状态下将计数器清零；同步清零，在 *M*-1 状态下将计数器清零。

例 11-3 试使用清零法，把四位二进制计数器 74293 接成十三进制计数器。

解：图 11-22 中把 74293 的输出端 Q_A 连接到时钟端 CKB，形成十六进制计数器。因为 74293 是具有异步清零的功能，将输出的 **1101** 状态反馈给异步清零端，使计数器的 **1101** 状态瞬间消失，（跳过 **1110**、**1111** 状态）进入 **0000** 状态，从而构成十三进制计数器，状态图如图 11-23 所示。

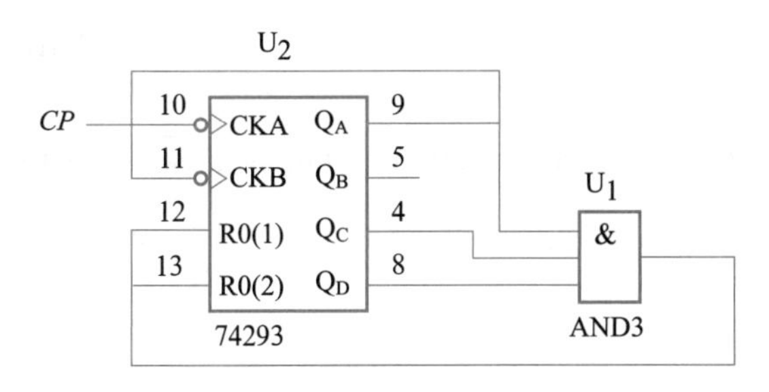

图 11-22 例 11-3 的电路图

例 11-4 试用 74163 组成 *M*=13 计数器。

解：74163 是同步十六进制计数器，具有同步清零端。所以应该在 *M*-1 状态下清零，因为当计数器状态为 **1100** 时，满足清零条件，但是不清零，等待下一个脉冲到来时清零。逻辑电路见图 11-24，状态图如图 11-25 所示。

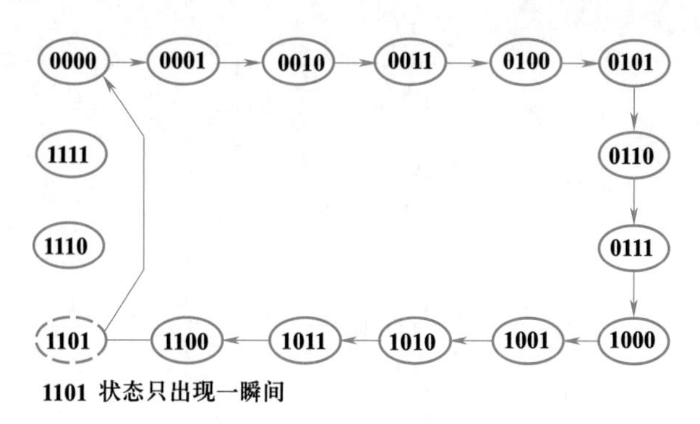

图 11-23　例 12-3 的状态图

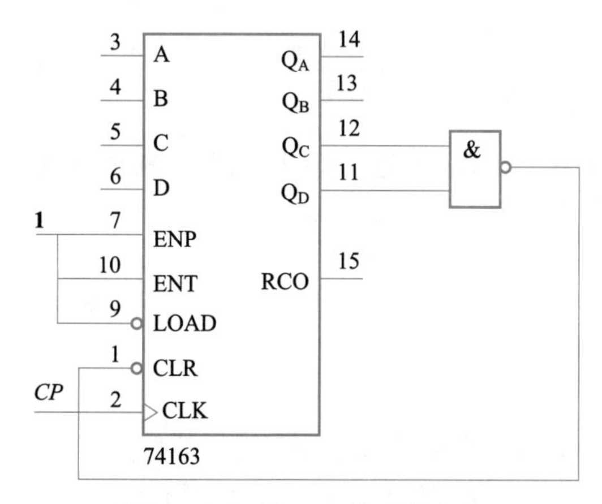

图 11-24　例 11-4 的逻辑电路

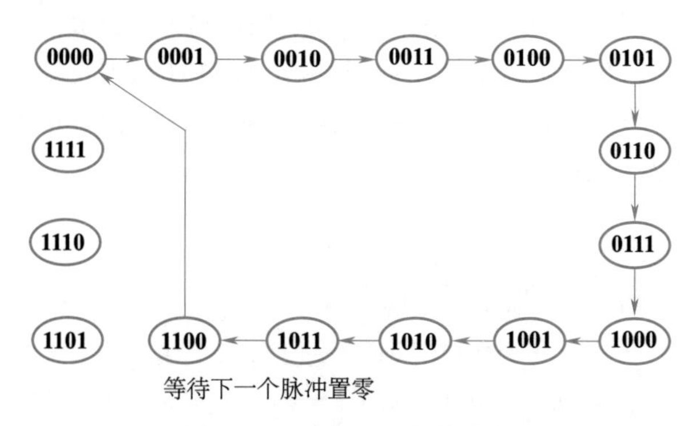

图 11-25　例 11-4 的状态图

（2）预置数法

预置数法是当计数器计数到某个状态时，将计数器预置到某一数值，使计数器减少（N-M）个状态。

例 11-5　试用同步十进制计数器 74160 组成六进制计数器。

解：由于 74160 具有同步预置数功能，所以可以采用同步预置数法。如图 11-26 所示电路。当计数器输出等于 **0101** 状态时，由外加门电路产生 $\overline{LOAD}=\mathbf{0}$ 信号，下一个 CP 到达时将计数器预置到 **0000** 状态，使计数器跳过 **0110**~**1001** 这 4 个状态，得到六进制计数器。状态图如图 11-27 所示。

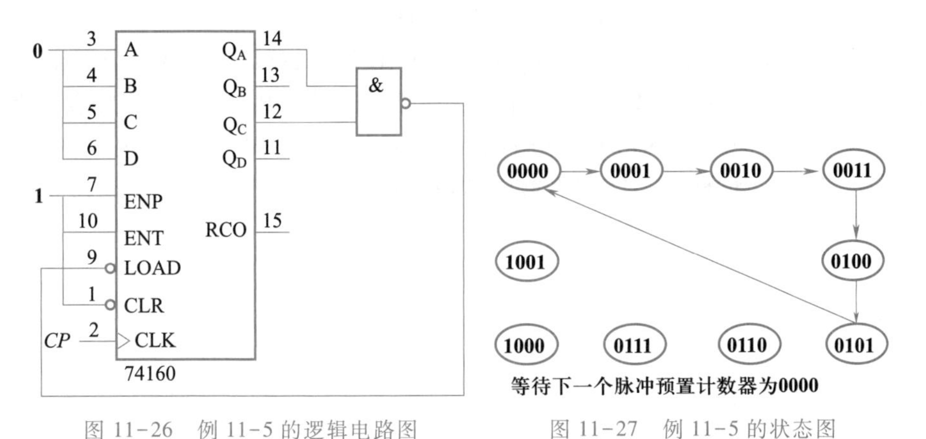

图 11-26　例 11-5 的逻辑电路图　　图 11-27　例 11-5 的状态图

例 **11-6**　用另一种方法实现例 11-5。

解：该方法是当计数器输出 **0100** 时，产生 $\overline{\text{LOAD}}=\mathbf{0}$ 信号，下一个 CP 信号到来时向计数器置入 **1001**。这种方法的好处是能使用原计数器进位端产生进位。逻辑电路见图 11-28。状态图见图 11-29，此法构成的计数器的有效状态为 0→1→2→3→4→9。

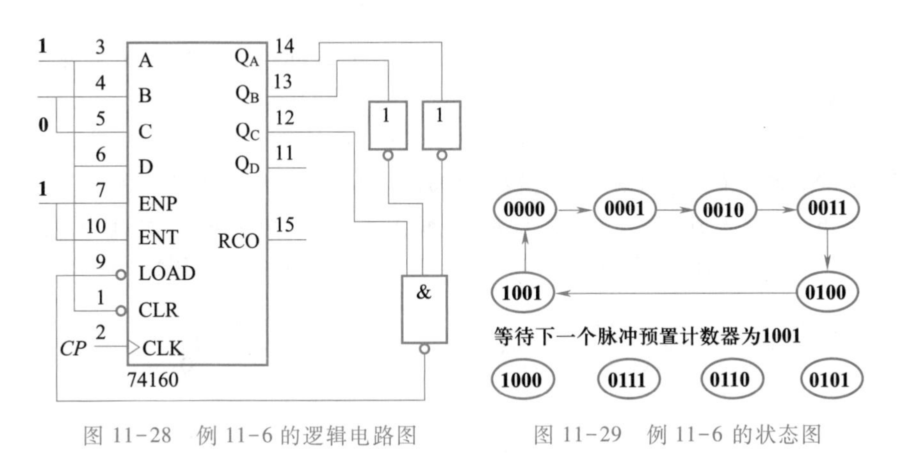

图 11-28　例 11-6 的逻辑电路图　　图 11-29　例 11-6 的状态图

2. $M>N$ **的情况**

由于 $M>N$，所以必须将多片 N 进制计数器组合起来，才能形成 M 进制计数器。

方法一：用多片 N 进制计数器串联起来，使 $N_1N_2\cdots N_n>M$，然后使用整体清零或预置数法，形成 M 进制计数器。

方法二：假如 M 可分解成两个因数相乘，即 $M=N_1\times N_2$ 则可先构成 N_1 和 N_2 进制计数器，再采用同步或异步方式将一个 N_1 进制计数器和一个 N_2进制计数器连接起来，构成 M 进制计数器。

同步方式连接是指两个计数器的时钟端连接到一起，低位进位控制高位的计数使能端。

异步方式连接是指低位计数器的进位信号连接到高位计数器的时钟端。

例 **11-7**　试用两片 74160 组成一百进制计数器。

解：74160 是十进制计数器，将两片 74160 串联起来就可以形成一百进制计数器。采用异步方式连接可以使两片计数器都具有正常计数器功能，因为第一片的进位 RCO 在计数器为 **1001** 时跳到高电平，在下个 *CP* 到来时跳到低电平，所以须通过反相器连接到高位的时钟 CLK，以满足时钟需要上升沿的要求。连接完成的电路见图 11-30。

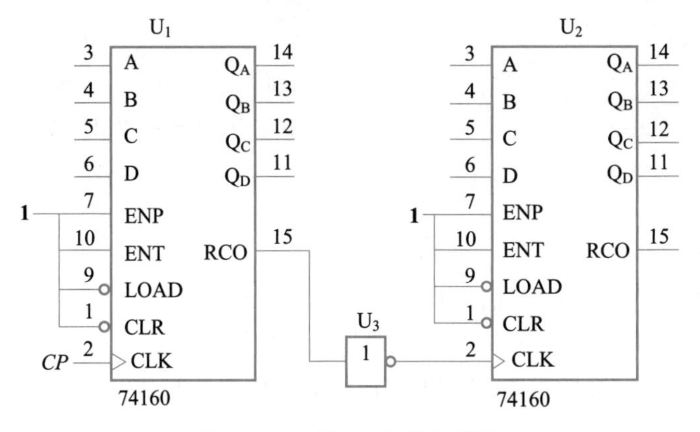

图 11-30　例 11-7 的电路图

例 **11-8**　选用两片同步十进制计数器 74160，以同步连接的方式实现一百进制计数器。

解：两片 74160 具有共同的时钟 *CP*，将第一片的进位 RCO 输出到第二片的 ENT 和 ENP 端，就是每当第一片计数到 **1001** 时，RCO 变为 **1**，为第二片提供了计数条件，当下一个 *CP* 到来后，第二片增加 **1**，而当第一片计数到 **0000** 时，RCO 变为 **0**，第二片计数器停止计数，等待下一个 RCO = **1**。其逻辑电路图见图 11-31 所示。

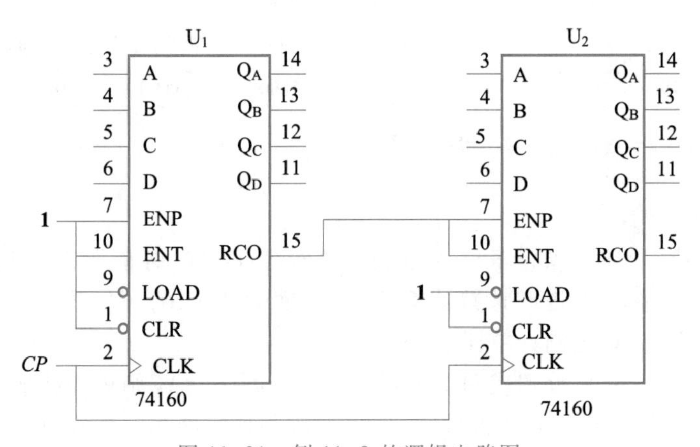

图 11-31　例 11-8 的逻辑电路图

例 11-9　用两片同步十进制计数器 74160，组成六十进制计数器。

解：本例把一片 74160 用预置数法接成六进制计数器，然后两片串联连接，形成六十进制计数器。连接好的六十进制计数器电路见图 11-32 所示。

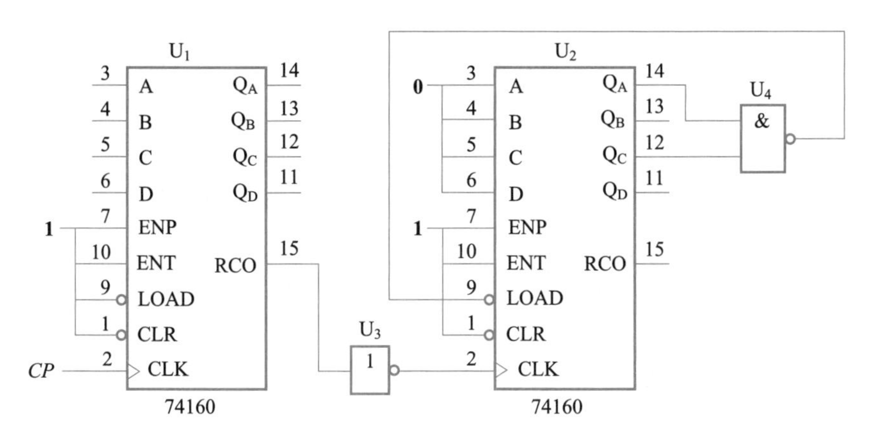

图 11-32　例 11-9 的电路图

例 11-10　试用两片同步十进制计数器 74160 组成四十三进制计数器。

解：因为 43 是素数，所以必须用整体置数法，首先将两片 74160 串联起来，形成一百进制计数器，由于 74160 是同步置数，所以当计数器输出为 **0100**、**0010** 时，给计数器预置数 **0000**、**0000**。四十三进制计数器如图 11-33 所示。

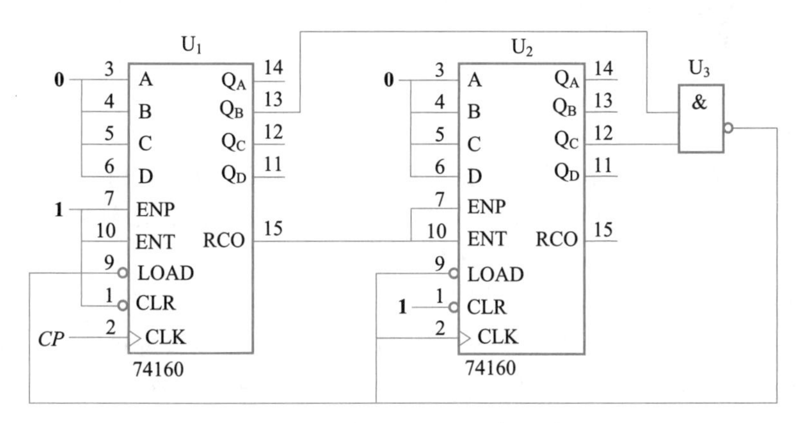

图 11-33　例 11-10 的逻辑电路

例 11-11　试用两片同步十六进制计数器 74161 组成四十一进制计数器。

解：因为 74161 是十六进制计数器，所以首先将两片 74161 串联起来，形成 256 进制计数器，由于 74161 是异步清零，所以当计数器输出为 **00101001** 时，给计数器反馈清零，四十一进制计数器如图 11-34 所示。

讲义：计数器应用（四人抢答电路）

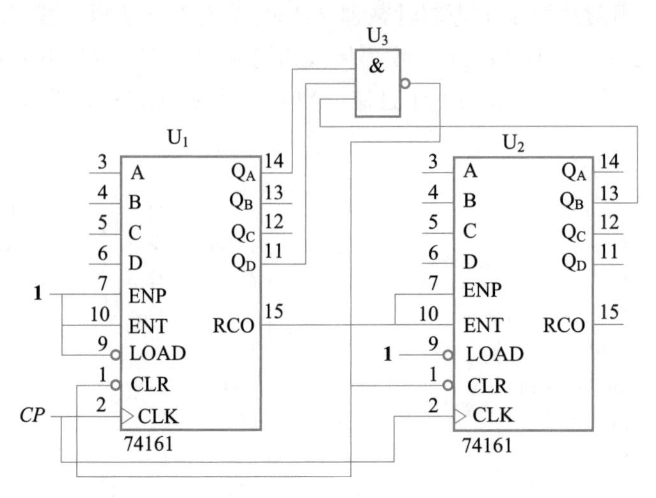

图 11-34　例 11-11 的电路图

【练习与思考】

11-3-1　计数器的类型有哪几种？

11-3-2　什么是同步计数器？什么是异步计数器？两者有什么区别？

11-3-3　什么是清零法？什么是预置数法？

11-3-4　如何用 N 进制集成计数器构成任意进制计数器？

11.4　寄存器与移位寄存器

11.4.1　寄存器

寄存器也称为数码寄存器或数据锁存器，它由触发器加一些门电路组成，用于存储一组二进制信号，是数字系统中常用的器件。以下介绍几种常用的集成寄存器。

1. 4 位 D 型锁存器 7475

7475 是锁存器结构的寄存器，图 11-35 是 7475 内部结构逻辑图，它是用 4 位门控 D 锁存器组成，两个锁存器一组，共用一个时钟信号 C。在时钟信号为高电平

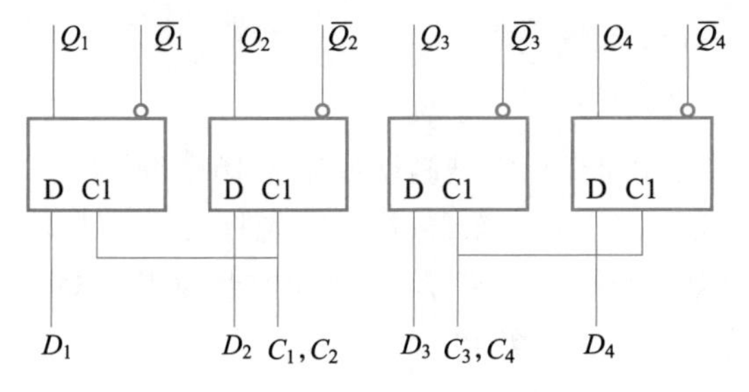

图 11-35　7475 内部结构逻辑图

期间，输出端 Q 的状态随 D 变化；当门控信号 C 变为低电平后，Q 端状态保持不变。

2. 寄存器 74175

74175 是触发器结构的数据寄存器，图 11-36 是 74175 的内部结构逻辑图，它是由 4 位边沿 D 触发器组成，具有 4 个数据输入端，一个公共清零端和一个时钟端，输出具有互补结构。当脉冲上升沿到来时，D 信号被送到 Q 端输出。

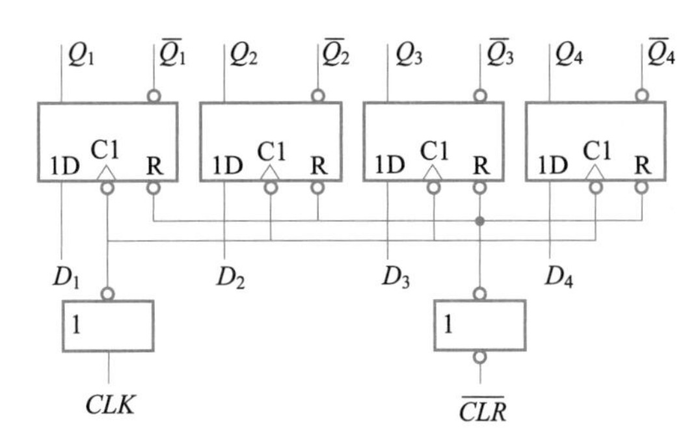

图 11-36　74175 的内部结构逻辑图

注意：

74175 的输出只在时钟脉冲上升沿时刻随输入信号 D 变化，而 7475 只要时钟脉冲为高电平输出状态就随 D 信号的变化而变化。

11.4.2　移位寄存器

1. 移位寄存器的工作原理

移位寄存器除了具有存储数码的功能外，还具有移位的功能。所谓移位功能，是指在时钟信号的控制下，寄存器中所寄存的数据依次向左或向右移位。根据移位方向的不同，有左移寄存器、右移寄存器和双向移位寄存器之分。

由边沿 D 触发器组成的四位移位寄存器电路如图 11-37 所示，其中串行输入的数据在时钟脉冲的作用下一位一位地输入。设四位移位寄存器的初始状态为 **0000**，由串行输入端 D_I 输入 **1011**，在移位脉冲 CP 的作用下 **1011** 由 Q_0 依次向 Q_1、Q_2、Q_3 移动的波形图如图 11-38 所示。这时 $Q_3Q_2Q_1Q_0$ 的数据 **1011** 可以由 $Q_3Q_2Q_1Q_0$ 并行输出，因此在 4 个移位脉冲 CP 的作用下 **1011** 可以由 $Q_3Q_2Q_1Q_0$ 并行输出，若采用串行输出，需要再来 4 个 CP 脉冲。在 8 个移位脉冲 CP 的作用下 **1011** 由 Q_3 串行输出。可见并行输出只需要 4 个脉冲，而串行输出需要 8 个脉冲。因为由串行输入端 D_I 输入的数据 **1011**，在移位脉冲 CP 的作用下自左向右移动，故称之为右移寄存器。

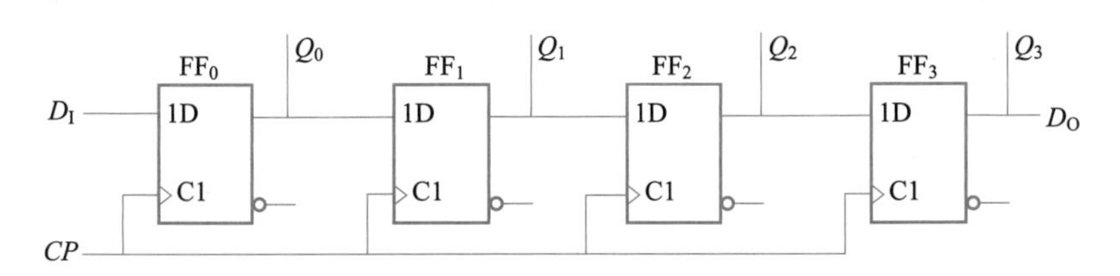

图 11-37　由边沿 D 触发器组成的四位移位寄存器电路

如果将 Q_3 端引入串行输入端 D_I，并令寄存器的初始状态 $Q_0Q_1Q_2Q_3$ 为 **0001**，

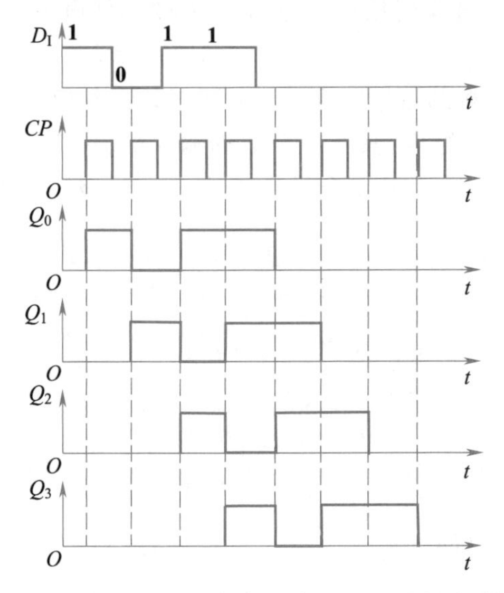

图 11-38　图 11-37 寄存器输入 **1011** 时的波形图

则可构成四进制环形计数器。这种计数器常用来产生序列脉冲。如果将$\overline{Q}_3$引入串行输入端 D_1，并令寄存器的初始状态 $Q_0Q_1Q_2Q_3$ 为 **0000**，则可构成八进制扭环型计数器。

讲义：移位寄存器

2. 移位寄存器 74164

图 11-39 是八位串入并出的移位寄存器 74164 的符号，它由 8 个具有异步清零端的 *RS* 触发器组成，具有时钟端 CLK、清零端 CLR、串行输入端 A 和 B、8 个输出端。输入端 A 和 B 是**与**逻辑关系，当 A 和 B 都是高电平时，相当于串行数据端接高电平，而其中若有一个是低电平就相当于串行数据端接低电平，一般将 A 和 B 端并接在一起使用。74164 的功能见表 11-15。

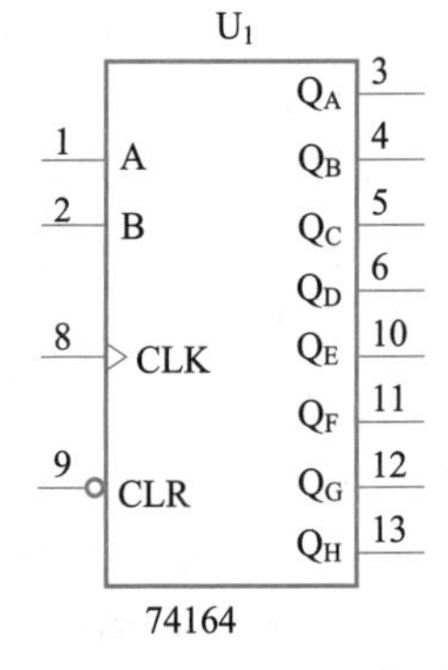

图 11-39　74164 的符号

图 11-40 是使用 74164 的数码管驱动电路，图中 U_1 的串行输入端，用于接收要显示的数据，而时钟端用于将数据移到 74164 中。使用这种方式显示数据，首先要将数据编码。例如，显示数字 3，则移入 74164 的数据应为 **0000110**，各位数据对应于数码管的各段笔画 a、b、c、d、e、f 和 g。

表 11-15　74164 的功能表

输　入				输　出				说明
CLK	CLR	A	B	Q_A	Q_B	…	Q_H	
×	**0**	×	×	**0**	**0**	…	**0**	清 **0**
0	**1**	×	×	Q_{A0}	Q_{B0}	…	Q_{H0}	保持

续表

输 入				输 出				说明
↑	1	1	1	1	Q_{An}	…	Q_{Gn}	移入 1
↑	1	0	×	0	Q_{An}	…	Q_{Gn}	移入 0
↑	1	×	0	0	Q_{An}	…	Q_{Gn}	移入 0

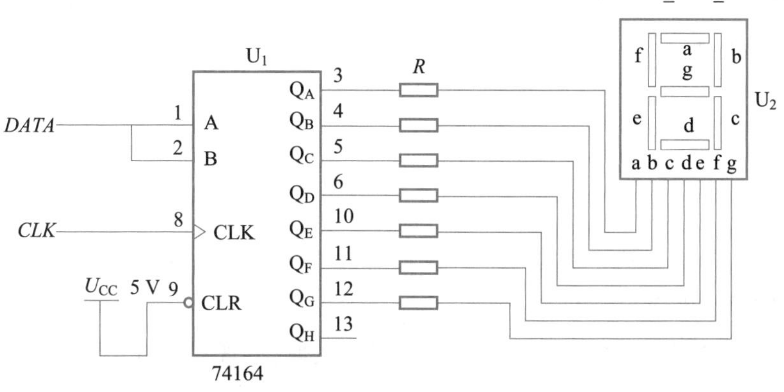

图 11-40 使用 74164 的数码管驱动电路

【练习与思考】

11-4-1 数码寄存器和移位寄存器有何区别？

11-4-2 什么是串行输入、并行输入、串行输出和并行输出？

11-4-3 寄存器在使用中应注意什么问题？

11.5 555 定时电路

555 定时电路是一种多用途的双极型数字-模拟集成电路，只要在外部配上几个适当的电阻、电容元件，就可以方便地接成施密特触发器、单稳态触发器以及多谐振荡器等脉冲的产生与变换电路。该器件的电源电压为 4.5~18 V，驱动电流也较大（$i_{OL}=100\sim200$ mA），并能提供与 TTL、MOS 电路相兼容的逻辑电平。

11.5.1 555 定时电路的组成及其引脚的功能

讲义：555 脉冲计数的构成及功能分析

555 定时器主要由电压比较器、基本 RS 触发器、反相器和电阻组成的分压器等部分构成，其结构图如图 11-41 所示。其中由三个 5 kΩ 的电阻 R_1、R_2 和 R_3 组成分压器，为两个比较器 C_1 和 C_2 提供参考电压，当控制端 U_M 悬空时（为避免干扰 U_M 端与地之间接一个 0.01 μF 左右的电容），$U_A=\frac{2}{3}U_{CC}$，$U_B=\frac{1}{3}U_{CC}$，当控制端加电压 U_M 时，$U_A=U_M$，$U_B=\frac{1}{2}U_M$。

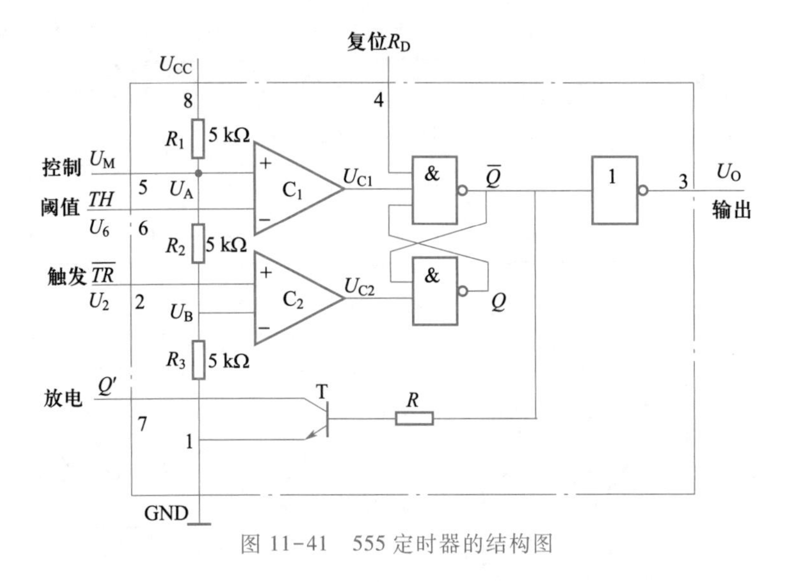

图 11-41　555 定时器的结构图

放电管 T 的输出端 Q'为集电极开路输出，其集电极最大电流可达 50 mA，因此具有较大的带灌电流负载的能力。

$\overline{R}_D$ 是置零输入端，若复位端$\overline{R}_D$ 加低电平或接地，不管其他输入状态如何，均可使输出 U_O 为 **0**。正常工作时必须使$\overline{R}_D$ 处于高电平。

11.5.2　555 定时电路引脚的功能

555 定时器的功能由两个比较器 C_1 和 C_2 的工作状况决定。

由图 11-41 可知，当 $U_6>U_A$、$U_2>U_B$ 时，比较器 C_1 的输出 $U_{C1}=\mathbf{0}$、比较器 C_2 的输出 $U_{C2}=\mathbf{1}$，基本 *RS* 触发器被置 **0**，T 导通，同时输出 U_O 为低电平。

当 $U_6<U_A$、$U_2>U_B$ 时，$U_{C1}=\mathbf{1}$、$U_{C2}=\mathbf{1}$，触发器的状态保持不变，因而 T 和输出 U_O 的状态也维持不变。

当 $U_6<U_A$、$U_2<U_B$ 时，$U_{C1}=\mathbf{1}$、$U_{C2}=\mathbf{0}$，故触发器被置 **1**，输出 U_O 为高电平，同时 T 截止。

由上述分析可以得到 555 定时器的功能表如表 11-16 所示。555 定时器的逻辑符号如图 11-42 所示。

表 11-16　555 定时器的功能表

输　入			输　出	
阈值输入 U_6	触发输入 U_2	复位 $\overline{R}_D$	输出 U_O	放电管状态 T
×	×	**0**	**0**	导通
$<U_A$	$<U_B$	**1**	**1**	截止
$>U_A$	$>U_B$	**1**	**0**	导通
$<U_A$	$>U_B$	**1**	不变	不变

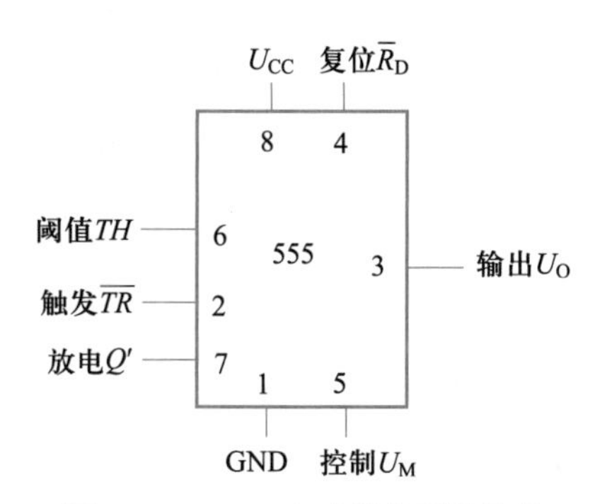

图 11-42　555 定时器的逻辑符号

【练习与思考】

11-5-1　555 定时器由哪几部分组成？各部分的作用是什么？

11-5-2　555 定时器在下列三种情况下的输出状态是什么？

(1) TH 端、$\overline{TR}$端的电平分别大于$\frac{2}{3}U_{CC}$和$\frac{1}{3}U_{CC}$；

(2) TH 端电平小于$\frac{2}{3}U_{CC}$，$\overline{TR}$端的电平大于$\frac{1}{3}U_{CC}$；

(3) TH 端、$\overline{TR}$端的电平分别小于$\frac{2}{3}U_{CC}$和$\frac{1}{3}U_{CC}$。

11.6　555 定时电路的应用

11.6.1　施密特触发器

施密特触发器是一种具有滞回特性的双稳态触发电路，它在性能上有两个重要的特点：

(1) 在输入信号从低电平到高电平的上升过程中，输出状态转换时的输入电平，与输入信号从高电平到低电平的下降过程中，输出状态转换时的输入电平不同，即具有如图 11-43(a)所示的滞后电压传输特性，此特性又称回差特性。

(2) 在电路转换时，通过电路内部的正反馈过程，使输出电压波形的边沿变得很陡峭。施密特触发器常被应用于将边沿缓慢的信号波形整形为边沿陡峭的矩形波，并且将叠加在输入波形上的噪声有效地清除，抗干扰能力较强，在波形整形电路中应用较多。施密特触发器的定性符号如图 11-43(b)所示。

1. 用 555 定时器构成施密特触发器

(1) 电路组成与工作原理

将 555 定时器阈值输入端 TH(6 脚)和触发输入端$\overline{TR}$(2 脚)连接在一起作为信号输入端 U_I，可构成施密特触发器如图 11-44 所示。放电输出端 Q'(7 脚)悬空。

施密特触发器的主要用途是将缓变的输入波形变换为边沿陡峭的矩形波，设

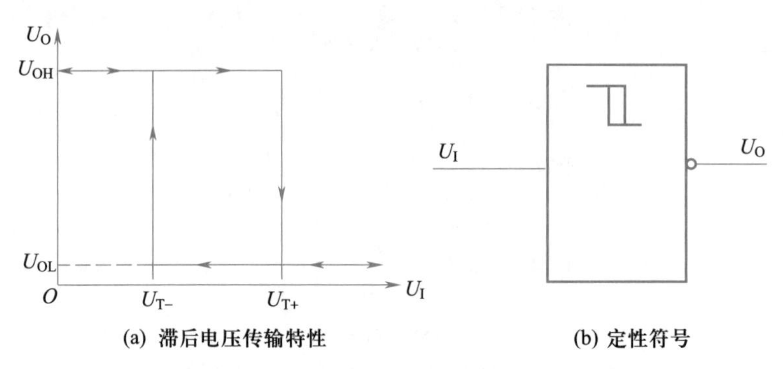

图 11-43　施密特触发器的滞后电压传输特性和定性符号

在输入端 U_I 输入如图 11-45 所示的三角波信号，此电路的工作原理如下：

U_I 由 0 逐渐上升，只要 $U_I<\frac{1}{3}U_{CC}$，C_1 比较器的输出 $U_{C1}=\mathbf{1}$，C_2 比较器的输出 $U_{C2}=\mathbf{0}$，因此基本触发器置 **1**，输出 U_O 为高电平。

U_I 继续上升，当$\frac{1}{3}U_{CC}<U_I<\frac{2}{3}U_{CC}$时，比较器 C_2 输出和比较器 C_1 的输出都为 **1**，因此基本触发器的状态不变，输出 U_O 仍为高电平。

U_I 继续上升，一旦 $U_I\geqslant\frac{2}{3}U_{CC}$以后，比较器 C_1 的输出 U_{C1}为 **0**，此时比较器 C_2 的输出 U_{C2}仍为 **1**，触发器产生跳变，输出 U_O 由高电平跳变为低电平，因此，U_I 由 0V 开始逐渐上升过程中的转换电平为 $U_{T+}=\frac{2}{3}U_{CC}$。

U_I 再增加，基本触发器保持 **0** 状态不变，输出 U_O 保持低电平不变。

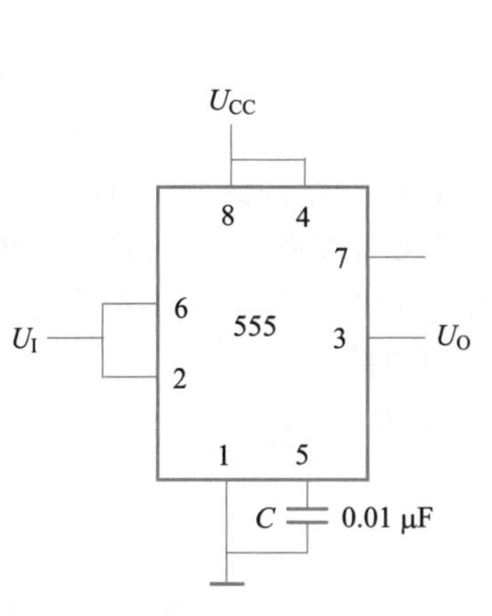

图 11-44　用 555 定时电路构成的施密特触发器

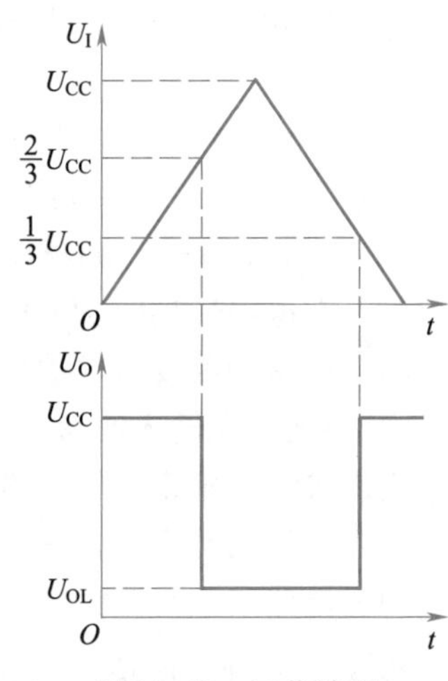

图 11-45　工作波形

U_I 若由 U_{CC}开始下降，只要未降到$\frac{2}{3}U_{CC}$以下，仍使 $U_{C1}=\mathbf{0}$，$U_{C2}=\mathbf{1}$，基本 RS 触

发器仍保持低电平不变，即输出 U_0 仍保持低电平。

U_I 继续下降，当 U_I 下降到$\frac{2}{3}U_{CC}$以下但仍大于$\frac{1}{3}U_{CC}$，两个比较器 C_1 和 C_2 输出都为 **1**，基本 *RS* 触发器保持原状态不变，输出 U_0 也保持低电平不变。

U_I 继续下降，当 $U_I \leqslant \frac{1}{3}U_{CC}$时，比较器 C_1 输出 $U_{C1}=\mathbf{1}$，比较器 C_2 输出 $U_{C2}=\mathbf{0}$，此时基本 *RS* 触发器产生由 **0** 到 **1** 的跳变，输出 U_0 也由低电平跳变至高电平，所以，U_I 由 U_{CC}开始负增长的过程中，转换电平为 $U_{T-}=\frac{1}{3}U_{CC}$。

如果 U_I 再继续下降，基本 *RS* 触发器保持 **1** 状态，输出 U_0 保持高电平不变。输入 U_I 三角波所对应的输出 U_0 波形如图 11-45 所示。

（2）滞回特性（回差特性）

由上述分析可知，从图 11-45 可见，施密特触发器具有滞后电压传输特性。通常把上升时的阈值电压 U_{T+}称为正向阈值电压或称为接通电平，而把下降时的阈值电压 U_{T-}称为负向阈值电压，或称作断开电平，它们之间的差值 $\Delta U=U_{T+}-U_{T-}$，称作滞后电压，或称作回差。

由此可见图 11-44 电路未外接 U_M，上升、下降时的阈值电压分别为 $U_{T+}=\frac{2}{3}U_{CC}$，$U_{T-}=\frac{1}{3}U_{CC}$，回差电压为 $\Delta U=U_{T+}-U_{T-}=\frac{1}{3}U_{CC}$。

若在控制端 U_M（5 脚）外加电压 U_M，上升时的阈值电压 $U_{T+}=U_M$，下降时的阈值电压 $U_{T-}=\frac{1}{2}U_M$，回差为 $\Delta U=\frac{1}{2}U_M$，也就是说，回差 ΔU 是随控制端（5 脚）U_M 的输入电压的变化而变化。

2. 施密特触发器的应用

为了提高 555 定时器的负载能力，常在输出端 3 接一个反相器，以下应用中 U_0 的波形为输出端 3 接反相器后，在反相器输出端输出的波形。

（1）波形变换与整形

利用施密特触发器可将正弦波或三角波变换成矩形波。图 11-46 所示为将变换缓慢的波形 U_I 转换为矩形波形的过程。有些测量装置输出信号经放大后，可能是不规则的波形，如图 11-47 中 U_I 所示，将它接在施密特电路的输入端，如果电路的回差较小，如图 11-47 中所示电路的回差为 $\Delta U=U_{T+}-U_{1T-}$时，输出波形如图 11-47 中的 U_{10}所示。若输入波形顶部的脉动是由干扰造成的，则会产生不良的后果，输出信号就变成了三个脉冲。若适当地增加电路的回差，即 $\Delta U=U_{T+}-U_{2T-}$，输出波形如图 11-47 中的 U_{20}所示，实现了整形作用，因此在这种情况下，适当地增加回差，可以提高电路的抗干扰能力。

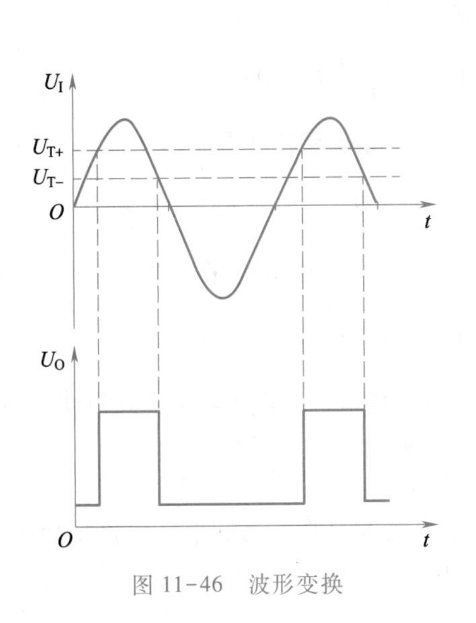

图 11-46　波形变换

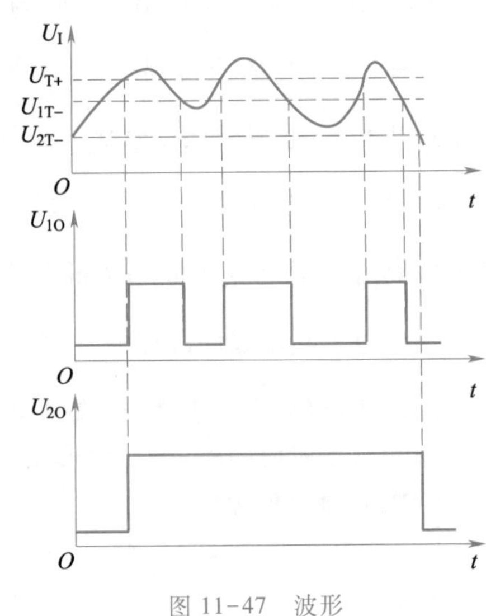

图 11-47　波形

（2）幅度鉴别

有一串幅度不相等的脉冲信号，如果需要剔除其中幅度不够大的脉冲，可利用施密特触发器构成脉冲鉴别器进行处理。

若将如图 11-48 所示一系列幅度各异的串脉冲信号 U_I 加到施密特触发器输入端时，只有那些幅度大于 U_{T+}的脉冲会产生输出信号。这样我们使用施密特触发器能将幅度大于 U_{T+}的脉冲选出，因此施密特触发器具有脉冲鉴幅的能力。

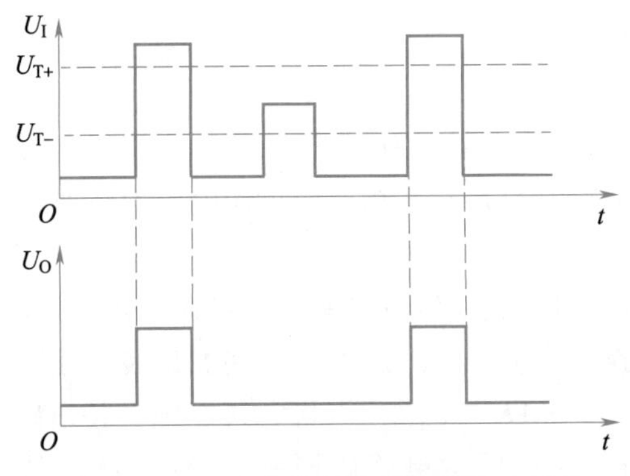

图 11-48　用施密特触发器鉴别脉冲幅度

（3）其他应用

在一些采用开关方式进行控制的场合，使用施密特触发器，可减少动作次数，延长开关寿命，提高可靠性。如将施密特触发器应用在水塔抽水水泵电机的起动停止控制中，当水塔水位低于设定低水位值时，电机起动，带动水泵抽水，当水位升高超过高水位值时，关闭电机。在这种情况下，使用滞环控制，可大大减少电机起、停的次数。

例 11-12　图 11-49 所示是一种用于汽车会车时远、近灯光自动切换的控制电路，图中 2DU 是光电二极管，SCR 为可控硅管，EL_1 为近光灯，EL_2 为远光灯，采用双灯丝是为了提高可靠性，当其中一个灯丝烧断时也能正常工作。S_1 为灯光总开关，S_2 为自动、手动选择开关，S_3 是近光灯手动直接控制开关，S_4 是远光灯手动直接控制开关，试分析该电路中 NE555 构成的是哪种电路，如何实现在会车时自动关闭远光灯。

解：该电路中 NE555 定时器构成的是施密特触发器。

视频：施密特触发器应用实例

在无会车时，光照强度非常弱不足以使光电二极管 2DU 导通，SCR1 无门控信号而关断，近光灯 EL_1 熄灭。这时 U_A 小于$\frac{1}{3}U_{CC}$，使 555 定时器 3 端输出高电平，SCR2 获得门控信号导通，从而使远光灯 EL_2 接通电源而发亮。在会车时，光照强度增大，使光电二极管 2DU 导通，U_A 大于$\frac{2}{3}U_{CC}$，使 NE555 定时器输出为低电平导致 SCR2 关断，从而使 EL_2 自动关闭，同时 SCR1 获得门控信号导通从而使 EL_1 接通电源而发亮。

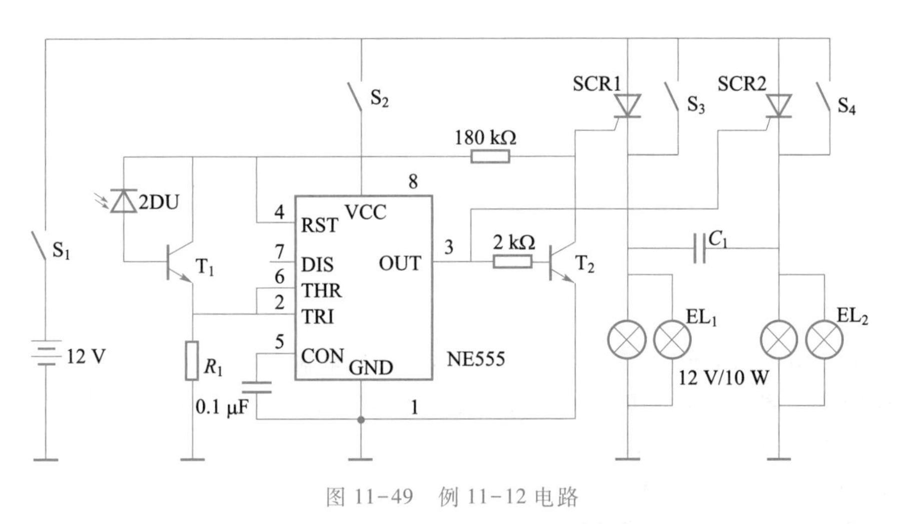

图 11-49　例 11-12 电路

11.6.2　单稳态触发器

单稳态触发器是数字系统中又一种常用的脉冲整形电路。它具有以下特点：

（1）它有稳态和暂稳态两个不同的工作状态。

（2）在外界触发脉冲的作用下，能从稳态翻转到暂稳态，并在暂稳态维持一段时间以后，再自动返回稳态。

（3）暂稳态维持时间的长短取决于电路中电容的充电和放电时间，与触发脉冲的宽度和幅度无关，这个时间是单稳态触发器的输出脉冲宽度 t_{PO}。

单稳态触发器种类很多，下面介绍 555 定时器构成的单稳态触发器。

用 555 定时电路构成的单稳态触发器

(1) 电路的组成和工作原理

图 11-50 为一个由 555 定时器构成的单稳态触发器。电路中 R_i 和 C_i 为输入回路的微分环节,确保 U_2 的负脉冲宽度 $t_{PI}<t_{PO}$,t_{PO} 为单稳态输出脉冲宽度,一般要求 $t_{PI}>5R_iC_i$。R、C 为单稳态触发器的定时元件,其连接点的信号 U_C 加到阈值输入 TH(6 脚)和放电管 T 的集电极 Q'(7 脚)。

复位输入端$\overline{R}_D$(4 脚)接高电平,即不允许其复位;控制端 U_M 通过电容 0.01 μF 接地,以保证 555 定时器上下比较器的参考电压为$\frac{2}{3}U_{CC}$、$\frac{1}{3}U_{CC}$不变。单稳态输出信号为 U_O。

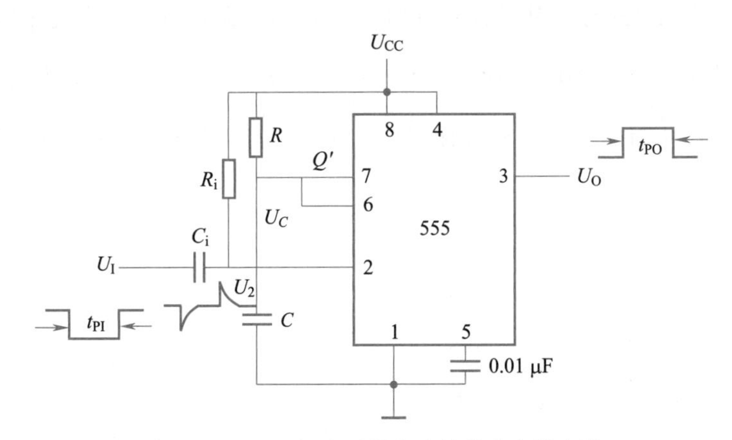

图 11-50　用 555 定时器构成的单稳态触发器

电源接通后,若未加负脉冲,U_I 输入保持高电平,在稳定的状态下 R_i、C_i 微分环节的充、放电已完成,C_i 处于开路状态,因此触发端输入电压 U_2 也为高电平。若基本 RS 触发器的初态为 **0**,$Q'=\mathbf{1}$,放电管 T 饱和导通,定时电容 C 上即使原先有电荷,也会经放电管 T 流失,因此 U_C 为 0.3 V 左右,此时比较器 C_2 输出 $U_{C2}=\mathbf{1}$,比较器 C_1 输出 $U_{C1}=\mathbf{1}$,因此 555 定时器内部 RS 触发器可维持 **0** 状态不变;若电源刚接通时,RS 触发器为 **1**,$Q'=\mathbf{0}$,放电管 T 处于截止状态,电源 U_{CC}经电阻 R 向电容 C 充电,U_C 电压因充电而上升,当 U_C 上升到$\frac{2}{3}U_{CC}$时,比较器 C_1 输出 $U_{C1}=\mathbf{0}$。由于此时 $U_2=U_{CC}$,因此比较器 C_2 的输出 $U_{C2}=\mathbf{1}$,555 定时器内部的触发器就会产生由 **1** 到 **0** 的跳变,其输出也由 **1** 变 **0**,使放电管 T 饱和导通,电容 C 上的电荷会通过 T 释放,U_C 电压逐渐降低最后接近 0 V,于是电路进入稳定状态,输出 U_O 为低电平。

由上述分析可知,按图 11-50 连接的 555 定时器只要一接通电源,不管电路原来处于什么状态,经过一段时间,在没有外界触发信号作用的情况下,它总能处于稳态,使输出 U_O 为低电平。

下面对如图 11-50 所示的 555 定时电路构成的单稳态触发器作具体的分析:

在 U_I 输入为高电平,未加触发脉冲的情况下,U_2 为高电平,基本 RS 触发器处

于 **0** 状态，电容器 C 上电荷已释放完，U_C 及 U_O 均输出低电平。

在 U_I 输入端加负脉冲，触发输入端 $\overline{TR}$ 就得到了输入 U_I 负脉冲的微分信号如图 11-51 所示。在 U_I 负脉冲的下降沿，由于电容 C_i 两端电压不会突变，U_2 也产生同样幅度的下降，其值低于 $\frac{1}{3}U_{CC}$，因此比较器 C_2 的输出 $U_{C2}=\mathbf{0}$，此时 U_C 仍为 0 V，$U_{C1}=\mathbf{1}$，因此基本 RS 触发器由 **0** 翻转为 **1**，输出 U_O 由低电平变高电平。同时放电管 T 截止，电路进入暂稳态，定时开始。在这段时间内基本 RS 触发器为 **1** 状态，输出 U_O 为高电平。因 T 管截止，电容 C 开始充电，电容充电的回路为 $U_{CC}\rightarrow R\rightarrow C\rightarrow$ 地，充电时间常数 $\tau=RC$，U_C 按指数规律上升，趋向 U_{CC} 值。

当电容 C 电压 U_C 上升到 $\frac{2}{3}U_{CC}$ 时，比较器 C_1 输出 $U_{C1}=\mathbf{0}$，而此时 R_i、C_i 微分环节输出信号 U_2 的窄负脉冲已消失，U_2 为高电平，使比较器 C_2 输出 $U_{C2}=\mathbf{1}$，所以 555 内部基本 RS 触发器就会置 **0**，输出 U_O 由高电平变为低电平，放电管 T 饱和导通，定时阶段结束，即暂稳态结束。

最后是恢复阶段，在此阶段开始时，电容 C 上电压 U_C 约为 $\frac{2}{3}U_{CC}$，由于放电管 T 饱和导通，定时电容 C 经 T 管放电，经过 $(3\sim5)\tau_2(\tau_2=R_{CES}C)$，$U_C$ 迅速减小接近 0V，在这个过程结束后电路返回稳态。在此阶段内输出 U_O 始终为低电平。

由上述分析可看出，若输入 U_I 负脉冲宽度 t_{PI} 小于暂稳态时间（即输出正脉冲宽度 t_{PO}），那么不加微分环节 R_i、C_i 电路也可以正常工作。

恢复阶段结束后，当第二个触发信号到来时，又重复上述过程，电路中 U_I、U_2、U_O 和 U_C 的波形如图 11-51 所示。

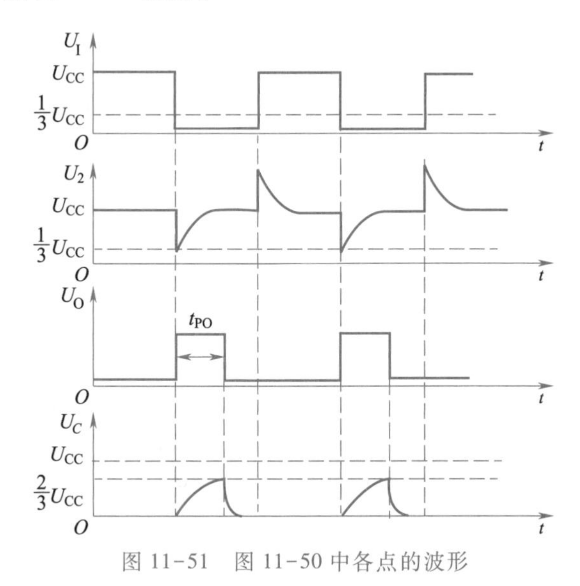

图 11-51　图 11-50 中各点的波形

经验估算公式为：$t_{PO}=RC\ln3\approx1.1RC$ 这种电路产生的脉冲宽度可从几个微秒到数分钟，精度可达 0.1%。

注意：

① 在这个阶段内，U_2 虽因 U_I 正跳变而产生正尖脉冲，但因其电平值比 U_{CC} 还高，比较器 C_2 的输出 U_{C2} 状态不会因其变化而变化，仍维持在 **0** 状态，因此不会影响电路和恢复过程，也就是说 U_2 的正尖脉冲不会触发此单稳电路。

② 由于 T 放电管的饱和电阻 R_{CES} 很小，因此放电时间常数 τ_2 很小。

由 555 定时器构成的单稳态触发器的输出脉冲宽度 t_{PO}，即电路的暂稳态时间，也是用 RC 瞬态过程的计算方法来计算的，但在实际应用中常常用估算法公式先进行估算，然后构成电路再进行调试和修正。

(2) 单稳态触发器的应用

单稳态触发器是常用的基本单元电路,用途很广。可用做脉冲波形的整形、定时和延时。现将其叙述如下:

① 整形

由单稳态触发器的工作原理可知,它一经触发,其输出电平的高低就不再与输入信号电平的高低有关,暂稳态的时间 t_{PO} 也是可以控制的。如图 11-52 所示,将输入信号 U_I 的波形加到一个下降沿触发的单稳态触发器,就可得到相应的定宽、定幅且边沿陡峭的矩形波,起到了对输入信号整形的作用。

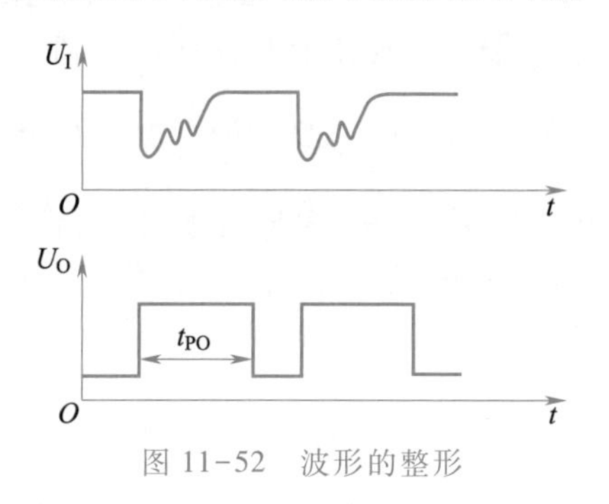

图 11-52　波形的整形

② 定时

由于单稳态触发器能产生一个宽度为 t_{PO} 的矩形输出脉冲,因此可利用它起到定时控制作用。在图 11-53(a)中利用单稳态触发器的正脉冲去控制一个**与**门,在输出脉冲宽度为 t_{PO} 这段时间内能让频率很高的 U_A 脉冲信号通过。否则,U_A 就会被单稳态触发器输出的低电平所禁止。图 11-53(b)所示是单稳态触发器用于定时控制的波形图。

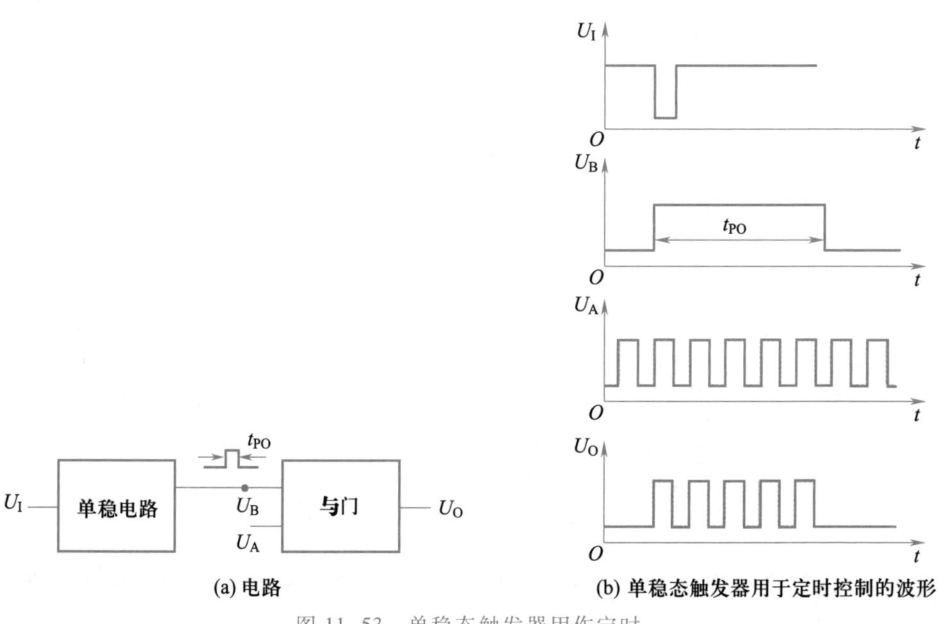

图 11-53　单稳态触发器用作定时

③ 延时

如图 11-53(a)所示,单稳态触发器的输出脉冲宽度 t_{PO} 可视为将输入信号 U_I 延迟了 t_{PO} 时间,该延时时间可用于信号传输的时间配合。

④ 可重复触发的单稳态触发器

在某些场合,需要可重复触发的单稳态触发器,如楼道照明灯节能控制,既要在没有人员走动的时候关闭灯光,又要在来人时自动打开,且在人员未离开楼道前,保持灯光常亮,避免灯光闪烁给行人带来不便,同时可延长照明设备的寿命。不同人员的行走速度不同,人员数量不同,通过楼道的时间也不同,需要使用可重复触发的单稳态触发器电路。

例 11-13　单稳态触发器输出定时时间为 1 s 的正脉冲,$R=27\ \text{k}\Omega$,试确定定时元件 C 的取值。

解:因为 $t_{PO}\approx 1.1RC$

故 $C=\dfrac{t_{PO}}{1.1R}=\dfrac{1}{1.1\times 27\times 10^{3}}\ \text{F}\approx 33.7\ \mu\text{F}$

可取标称值 33 μF。

讲义:单稳态触发器应用实例

11.6.3　多谐振荡器

多谐振荡器是能产生矩形脉冲波的自激振荡器,它产生的矩形波,可以作为时序电路的定时脉冲,由于矩形波具有很陡峭的上升沿和下降沿,波形中除了基波以外,也包括许多高次谐波,因此矩形波也称为多谐波,这类振荡器也被称作多谐振荡器。多谐振荡器一旦振荡起来后,电路没有稳态,只有两个暂稳态,接通电源后它们交替变化,输出矩形波脉冲信号,因此它又被称为无稳态电路。

用 555 定时电路构成的多谐振荡器

(1) 电路的组成和工作原理

用 555 定时器能很方便地构成多谐振荡器,如图 11-54 所示。将施密特触发器的反相输出端经 RC 积分电路接回到它的输入端,就构成了多谐振荡器。在此电

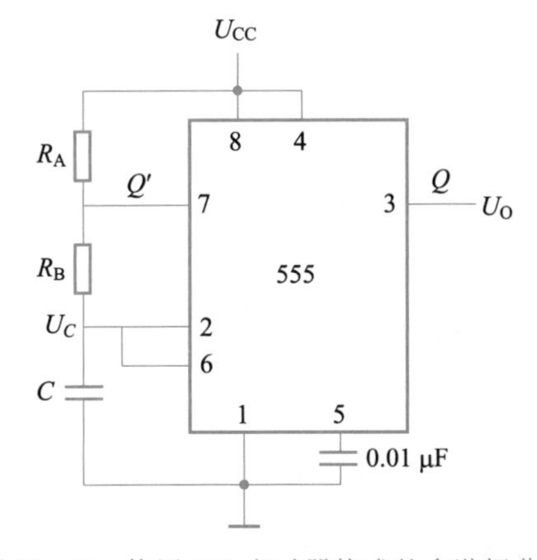

图 11-54　使用 555 定时器构成的多谐振荡器

路中，定时元件除电容 C 外，还有两个电阻 R_A 和 R_B，它们串接在一起，电容 C 和 R_B 的连接点接到两个比较器 C_1 和 C_2 的输入端 TH 和 $\overline{TR}$，R_A 和 R_B 的连接点接到放电管 T 的输出端 Q'。

接通电源的瞬间，电容 C 来不及充电，U_C 为 **0** 电平，此时 $U_{C1}=\mathbf{1}$，$U_{C2}=\mathbf{0}$，触发器置 **1**，输出 U_O 为高电平。同时，由于放电管 T 截止，电容 C 开始充电，进入了暂稳态 I。电容 C 充电所需的时间为

$$t_{ph}=(R_A+R_B)C\ln 2\approx 0.7(R_A+R_B)C \tag{11-1}$$

电容 C 由回路 $U_{CC}\to(R_A+R_B)\to C\to$地充电，$\tau_1=(R_A+R_B)C$ 为充电时间常数，电容 C 上电压 U_C 随时间 t 按指数规律上升，趋向 U_{CC} 值，在此阶段内，输出电压 U_O 暂时稳定在高电平。

当电容上电位 U_C 上升到$\frac{2}{3}U_{CC}$时，由于 $U_{C1}=\mathbf{0}$，$U_{C2}=\mathbf{1}$，使基本 RS 触发器置 **0**。Q 由**1→0**，输出电压 U_O 则由高电平跳转为低电平，电容 C 的充电过程结束。同时，因放电管 T 饱和导通，电容 C 通过回路 $C\to R_B\to$放电管 T→地放电，放电需要时间为

$$t_{pl}=R_BC\ln 2\approx 0.7R_BC \tag{11-2}$$

放电时间常数 $\tau_2=R_BC$（忽略了 T 管饱和电阻 R_{CES}），电容上电位 U_C 按指数规律下降，趋向 0 V，同时使输出 U_O 暂稳在低电平。

当电容上电压 U_C 下降到$\frac{1}{3}U_{CC}$时，$U_{C1}=\mathbf{1}$，$U_{C2}=\mathbf{0}$，使触发器置 **1**。Q 由 **0→1**，输出电压 U_O 由低电平跳转为高电平，电容 C 的放电过程结束。且放电管 T 截止，电容 C 又开始充电，进入暂稳态 I 。以后电路重复上述过程，来回振荡，其工作波形如图 11-55 所示。

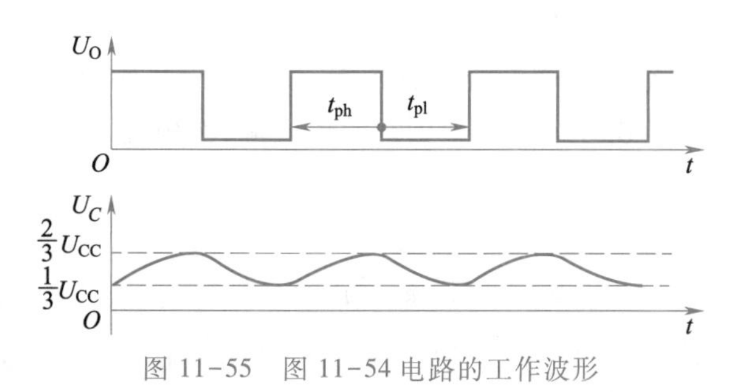

图 11-55　图 11-54 电路的工作波形

因此，输出矩形脉冲的周期为

$$T=t_{ph}+t_{pl}=0.7(R_A+2R_B)C \tag{11-3}$$

输出矩形脉冲的占空比为

$$q=\frac{t_{ph}}{T}=\frac{R_A+R_B}{R_A+2R_B} \tag{11-4}$$

由于 555 内部的比较器灵敏度较高，而且采用差分电路形式，因此它的振荡频率受电源电压和温度变化的影响很小。

图 11-54 所示电路的占空比固定不变。若将该图改为图 11-56，利用二极管 D_1 和 D_2 将电容器 C 的充放电回路分开，再加上电位器的调节就可构成占空比可调的方波发生器。电路中的充电回路是：$U_{CC}\to R_A\to D_1\to C\to$GND，充电时间为

$$t_{ph}=0.7R_AC \tag{11-5}$$

电容器 C 通过 $D_2\to R_B\to$T 放电，放电时间为

$$t_{pl}=0.7R_BC \tag{11-6}$$

因此振荡周期为

$$T=t_{ph}+t_{pl}=0.7(R_A+R_B)C \tag{11-7}$$

可见，这种振荡器输出波形的占空比为

$$q=\frac{R_A}{R_A+R_B} \tag{11-8}$$

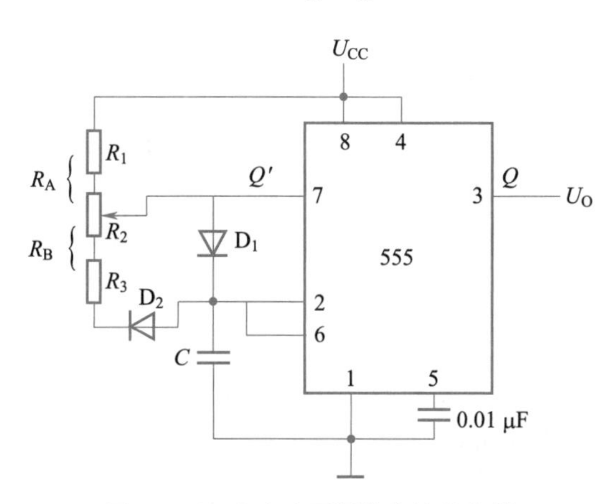

图 11-56 占空比可调的方波发生器

（2）多谐振荡器的应用

视频：多谐振荡器的应用实例

用两个多谐振荡器构成的模拟响声发生器的电路及工作波形如图 11-57 所示。如果调节定时组件 R_{A1}、R_{B1}和 C_1，使第 1 片振荡器的频率为 $f=1$ Hz，调节 R_{A2}、R_{B2}和 C_2 使第 2 片振荡器的频率为 $f=10$ kHz，由于 U_{O1}与第 2 片的复位端$\overline{R}_D$ 相连接，因此，当 $U_{O1}=\mathbf{1}$ 时，允许第 2 片振荡；$U_{O1}=\mathbf{0}$ 时，第 2 片振荡器被复位（$U_{O2}=\mathbf{0}$），停止振荡。

例 11-14 试用 555 定时器设计一个多谐振荡器，要求振荡周期为 1 s，输出脉冲幅度大于 3 V 而小于 5 V，输出脉冲占空比为 $q=\frac{2}{3}$。

解：选用 CB555 芯片，查 CB555 的特性参数可知，在电源电压为 5 V，输出电流 100 mA 的条件下，输出电压的典型值为 3.3 V，可以满足输出脉冲幅度的要求，所以取电源电压为 5 V。要求占空比大于 50%，可以采用图 11-54 所示的电路，由式(11-4)可知

$$q=\frac{R_A+R_B}{R_A+2R_B}=\frac{2}{3}$$

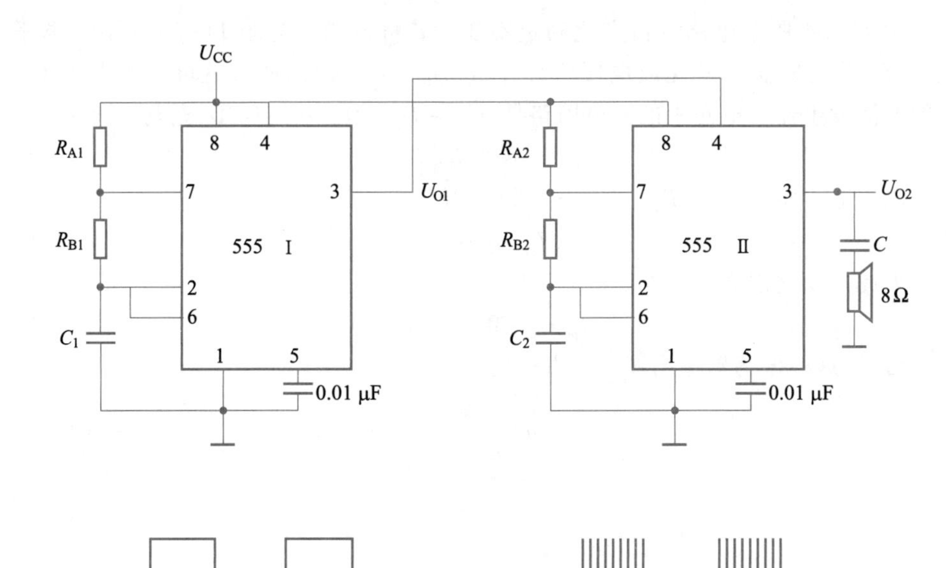

图 11-57　模拟响声发生器的电路及工作波形

得

$$R_A = R_B$$

又由式(11-3)可知

$$T = 0.7(R_A + 2R_B)C = 1$$

取 $C = 10\mu F$,代入上式可得

$$R_A = R_B = \frac{1}{0.7 \times 3 \times 10 \times 10^{-6}}\ \Omega \approx 48\ k\Omega$$

因此,可以选用两只 47 kΩ 的电阻和一个 2 kΩ 的电位器串联作为充放电电阻(电位器的中间头接 7 脚)。

【练习与思考】

11-6-1　施密特触发器主要有哪些用途？其电压传输特性有何特点？

11-6-2　由 555 定时器构成的施密特触发器中,输出脉冲宽度取决于什么？

11-6-3　由 555 定时器构成的单稳态触发器中,输出脉冲宽度取决于什么？

11-6-4　如图 11-50 所示的定时器构成的单稳态触发器中,R_i 和 C_i 是什么环节？它起什么作用？在什么情况下可不用此环节？

11-6-5　多谐振荡器、单稳态触发器、施密特触发器,各有几个暂稳态和几个能够自动保持的稳定状态？

11-6-6　试推导多谐振荡器的输出脉冲宽度和输出脉冲周期。

习题

11.1.1　试画出由**与非**门组成的基本 *RS* 触发器输出端 Q 和 $\overline{Q}$ 的电压波形,输入端 $\overline{S}$、$\overline{R}$ 的电压波形如题 11.1.1 图所示,设 Q 初为 **0** 态。

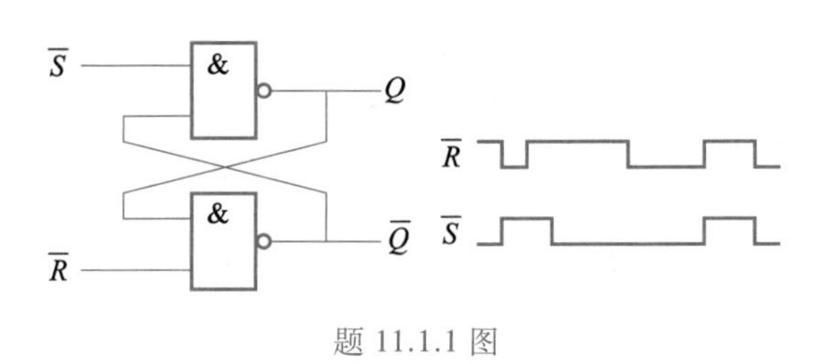

题 11.1.1 图

11.1.2　画出由**或非**门组成的基本 RS 触发器输出端 Q 和 $\overline{Q}$ 的电压波形，输入端 R、S 的电压波形如题 11.1.2 图所示，设 Q 初为 **0** 态。

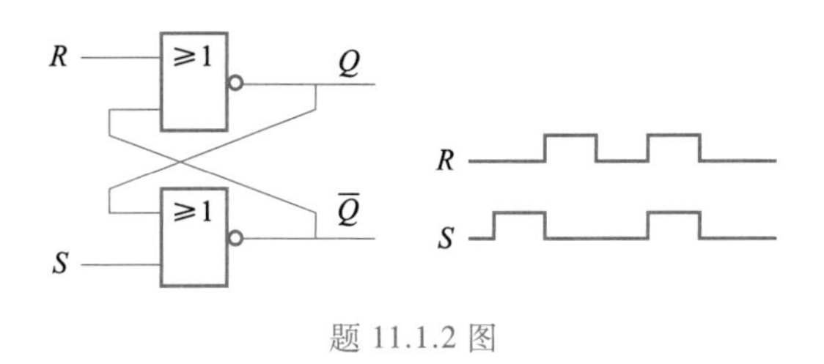

题 11.1.2 图

11.1.3　在题 11.1.3 图示电路中，已知 CP、S、R 的波形，试画出 Q 和 $\overline{Q}$ 端的波形，设 Q 初为 **0** 态。

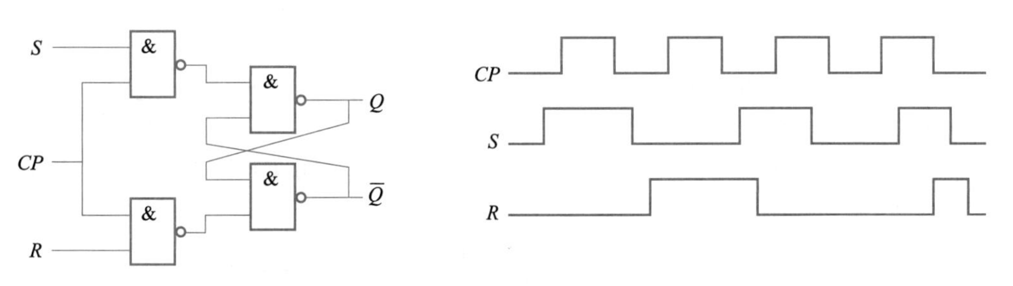

题 11.1.3 图

11.1.4　在题 11.1.4 图示电路中，设触发器初始状态 $Q=\mathbf{0}$，试画出在时钟脉冲 CP 的作用下，Q 端的波形。

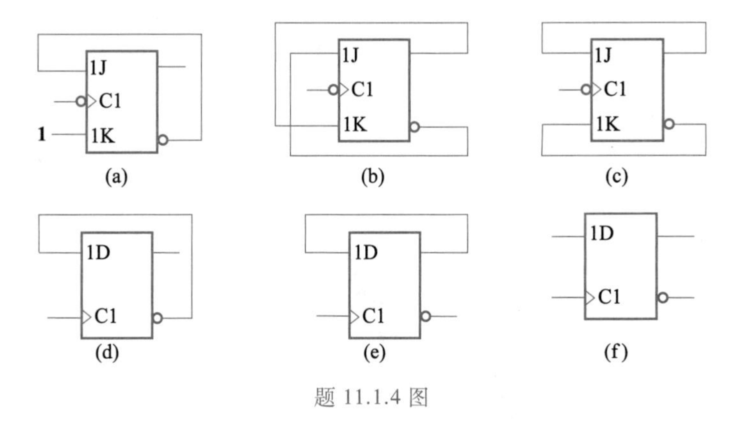

题 11.1.4 图

11.2.1　试画出题 11.2.1 图示触发器电路在 CP 作用下输出 Q_1 和 Q_2 的波形，设 QQ_2 初为

0 态。

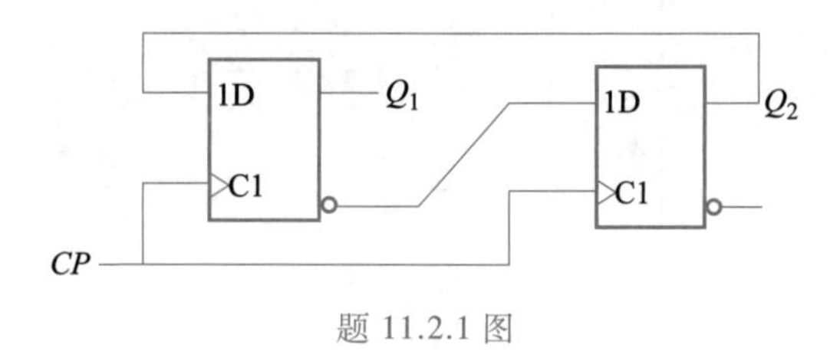

题 11.2.1 图

11.2.2　电路和输入信号波形如题 11.2.2 图所示，试画出触发器输出 Q_1、Q_2 和输出 Y 端的波形。

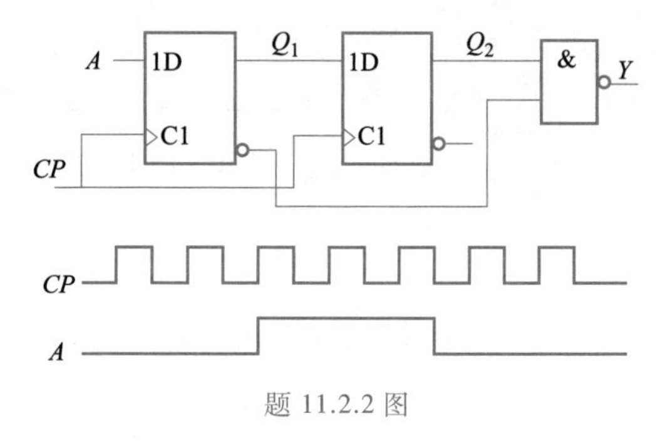

题 11.2.2 图

11.2.3　时序逻辑电路如题 11.2.3 图所示，试写出驱动方程、状态方程，画出状态图、并指出电路是几进制计数器。

11.2.4　时序逻辑电路如题 11.2.4 图所示，试写出驱动方程、状态方程，画出状态图、并指出电路是几进制计数器。

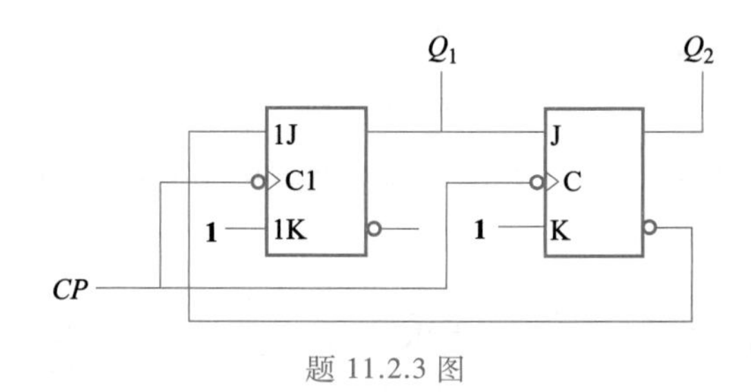

题 11.2.3 图

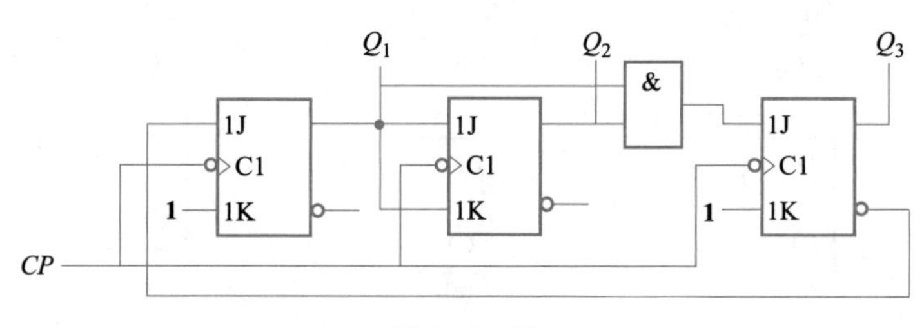

题 11.2.4 图

11.2.5　分析题 11.2.5 图示电路，写出驱动方程、状态方程和输出方程，画出状态图。其中 X 是输入变量。

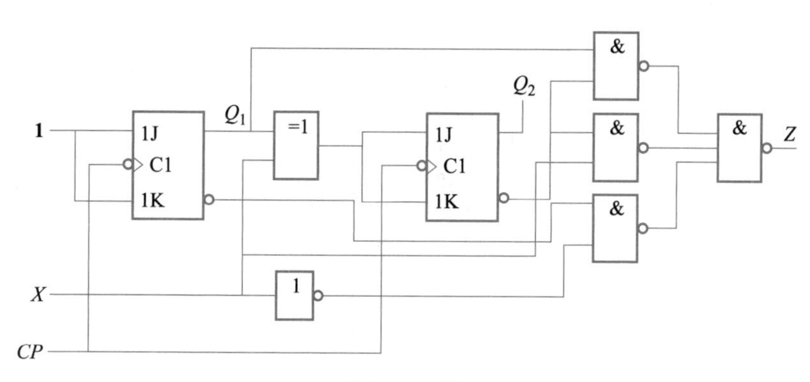

题 11.2.5 图

11.2.6 分析题 11.2.6 图示电路，写出驱动方程、状态方程和输出方程，画出状态图。其中 X 是输入变量，画出 X = **101101** 时的时间图。

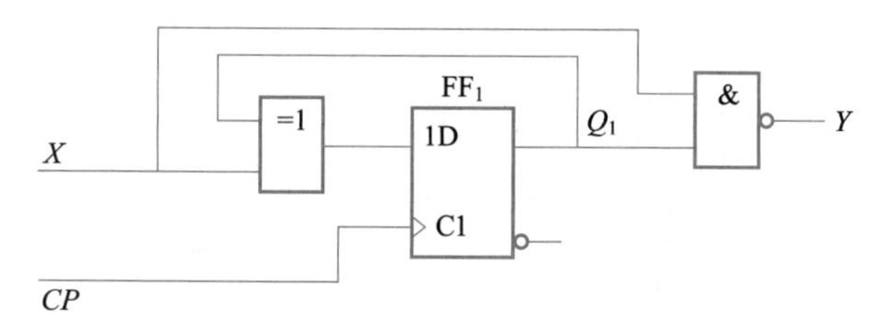

题 11.2.6 图

11.2.7 试用 D 触发器分别构成三位二进制异步加法计数器和减法计数器。

11.3.1 试说明题 11.3.1 图示电路为几进制计数器，并画出状态图。

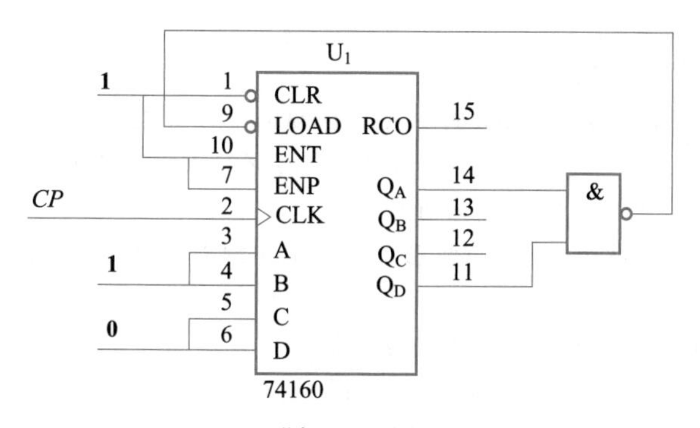

题 11.3.1 图

11.3.2 试说明题 11.3.2 图示电路为几进制计数器，并画出状态图。

11.3.3 试说明题 11.3.3 图示计数器电路，当 A = **0** 或 A = **1** 时各为几进制计数器。

11.3.4 试用 74160 构成七进制、二十四进制计数器，并上机仿真。

11.3.5 试用 74161 构成十二进制、四十八进制计数器，并上机仿真。

11.3.6 试用 74163 构成十进制计数器，要求保留 3-4-5-6-7-8-9-10-11-12 这十个有效状态，并上机仿真。

11.5.1 画出 555 定时器的原理电路图，说明它在脉冲产生、整形电路中的主要用途，并简述

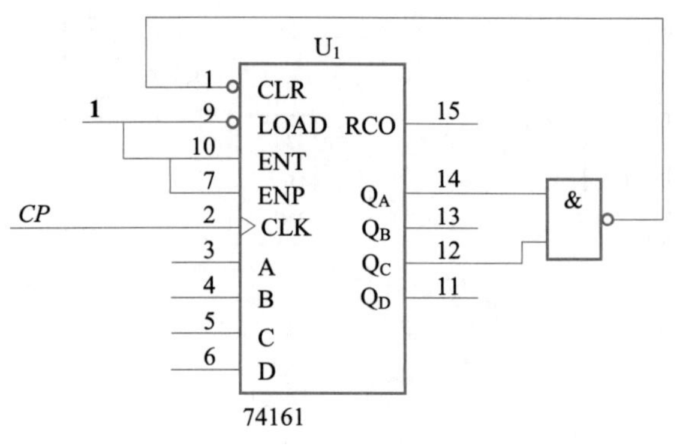

题 11.3.2 图

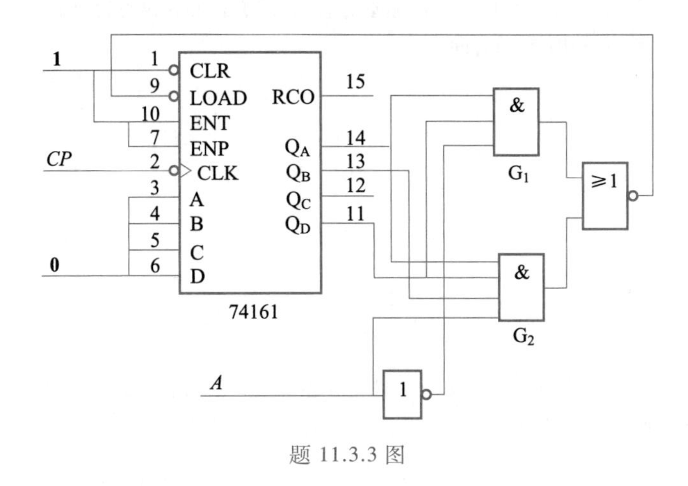

题 11.3.3 图

外接元件的名称及其连接方法。

11.6.1　由 555 定时器构成的施密特触发器中，试问：(1) 若电源 $U_{CC}=12$ V，U_M 不加电压，正、负向阈值电平 U_{T+} 和 U_{T-} 及回差 ΔU 各为何值？(2) 若电源 $U_{CC}=9$ V，U_M 加 5V 电压，正、负向阈值电平 U_{T+} 和 U_{T-} 及回差 ΔU 又各为何值？

11.6.2　由 555 定时器构成的施密特触发器中，若电源 $U_{CC}=12$ V，已知 $u_i=10\sin\omega t$V，试画出输出电压 U_O 的波形。

11.6.3　试推导单稳态触发器的输出脉冲宽度。

11.6.4　555 定时器构成的单稳态触发器如题 11.6.4 图所示，若 $U_{CC}=5$ V，$R_L=16$ kΩ，$R=10$ kΩ，$C=10$ μF，则在图示输入脉冲 U_I 的作用下，其电容上电压 U_C 及输出电压 U_O 的波形是怎样的？请画出波形图，并计算出这个单稳态触发器的输出脉冲宽度 t_{po} 为何值。

11.6.5　试用 555 定时器设计一个单稳态触发器，要求输出脉冲宽度在 1～10 s 的范围内可手动调节。给定 555 定时器的电源为 12 V，取电容 $C=10$ μF，触发信号来自 TTL 电路，高低电平分别为 3.4 V 和 0.3 V。

11.6.6　在图 11-54 用 555 定时器构成的多谐振荡器电路中，若 $R_A=18$ kΩ，$R_B=56$ kΩ，$C=0.022$ μF，电源电压 $U_{CC}=12$ V，试求所产生矩形波的周期 T 和频率 f。

11.6.7　试用 555 定时器设计一个脉冲电路，该电路振动 10 s，停 5 s，如此循环下去。该电路输出脉冲振荡周期 $T=1$ s，占空比为 1/2，取所有电容为 10 μF，画出电路图。

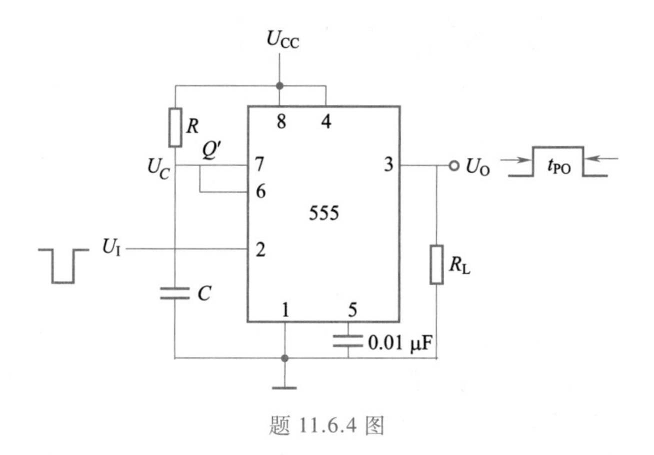

题 11.6.4 图

11.6.8 用 555 定时器组成的光控报警器如题 11.6.8 图所示，试说明其工作原理。设光敏晶体管的饱和压降为 0，已知 $R_1 = 18\ \text{k}\Omega$，$R_2 = 2\ \text{k}\Omega$，电位器 $R_P = 100\ \text{k}\Omega$，$C = 0.01\ \mu\text{F}$。当调节电位器时，求 555 输出脉冲频率的变化范围。

扫描二维码，购买第 11 章习题解答电子版

注：

扫描本书封面后勒口处二维码，可优惠购买全书习题解答促销包。

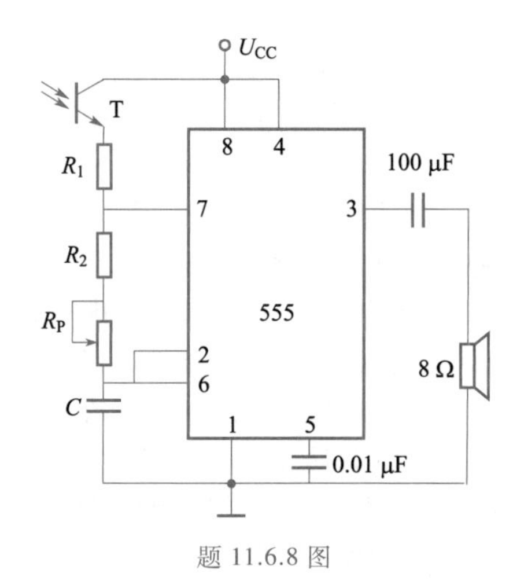

题 11.6.8 图

第12章　可编程逻辑器件

可编程逻辑器件自20世纪70年代出现以来发展很快，其逻辑功能由用户通过编程设定，具有硬件电路的工作速度和软件可编程的灵活性，设计简单、可靠性高。现场可编程门阵列与复杂可编程逻辑器件是目前广泛使用的大规模可编程逻辑器件，在复杂的数字系统实现中有着重要应用。

本章从可编程逻辑器件的发展及分类出发，主要对现场可编程门阵列与复杂可编程逻辑器件的结构和工作原理进行了介绍，对常用的开发软件、设计流程、配置和编程也进行了说明。

12.1　概述

讲义：可编程逻辑器件概述

12.1.1　可编程逻辑器件的发展

随着科学技术的飞速发展，系统向着高速度、低功耗、低电压和网络化、移动化方向发展，各个领域对电路的要求越来越高，当所设计的数字系统越来越复杂时，若再使用通用系列标准的逻辑元器件进行电路设计，则有如下缺点：电路板上的数字电路元件太多；焊接点太多，可靠性降低；电路板面积大，成本高。集成电路制造技术的快速发展，使得一片集成电路实现数字系统成为可能。可编程逻辑器件(programmable logic device，PLD)就属于这类器件，这些大规模集成电路解决了TTL/CMOS通用系列在设计复杂数字系统中遇到的问题，可以方便地通过对逻辑结构的修改和配置，完成对系统和设备的升级。

PLD将逻辑门、触发器、存储器等部分数字电路标准模块都放在一个集成芯片上，用户可以根据不同的应用自行配置内部电路。经过近50年的发展和创新，PLD的产品不断更新和发展。

早期的PLD只有可编程只读存储器(PRQM)、紫外线可擦除只读存储器(EPROM)和电可擦除只读存储器(E^2PROM)三种。由于结构的限制，它们只能完成简单的数字逻辑功能。

随后，出现了能完成中大规模数字逻辑功能的PLD，这一阶段的产品主要有可编程阵列逻辑(programmable array logic，PAL)和通用阵列逻辑(generic array logic，GAL)。这是一类结构上稍复杂的可编程芯片，典型结构是由一个**与**门和一个**或**门阵列组成。我们已经知道，任意一个组合逻辑都可以用**与或**表达式来描述，因此能以乘积和的形式完成大量的组合逻辑功能。

PAL由一个可编程的**与**阵列和一个固定的**或**阵列构成，**或**门的输出可以通过触发器有选择地被置为寄存状态。PAL 器件是现场可编程的，它的实现工艺有反熔丝技术、EPROM 技术和 E^2PROM 技术。还有一类结构更为灵活的逻辑器件是可编程逻辑阵列（programmable logic array，PLA），它也由一个**与**阵列和一个**或**阵列构成，但是这两个阵列的连接关系是可编程的。PLA 器件既有现场可编程的，也有掩模可编程的。GAL 是在 PAL 的基础上发展的一种通用阵列逻辑，它采用 E^2PROM 工艺，实现了电可擦除、电可改写，其输出结构是可编程的逻辑宏单元，具有很强的灵活性，其局限性在于只能实现小规模的逻辑电路设计。

20 世纪 80 年代中期，Altera 和 Xilinx 公司分别推出了类似于 PAL 结构、可完成超大规模数字逻辑功能的复杂可编程逻辑器件（complex programmable logic device，CPLD）和现场可编程门阵列（field programmable gate array，FPGA）。一般来说，把基于乘积项技术、E^2PROM 工艺的可编程逻辑器件称为 CPLD；把基于查找表技术、SRAM 工艺，要外挂配置用 Flash ROM 的可编程逻辑器件称为 FPGA。它们都具有体系结构和逻辑单元灵活、集成度高以及适用范围宽等特点。这两种器件兼容了 PLD 和通用门阵列的优点，编程也很灵活。与门阵列等其他器件相比，它们又具有设计开发周期短、设计制造成本低、开发工具先进、标准产品无需测试、质量稳定以及可实时在线检验等优点，因此被广泛应用于产品的原型设计和小批量（一般在 10000 件以下）产品生产之中。FPGA 与 CPLD 在硬件结构上有一定差异，但它们的设计流程与方法没有太大区别。正因为具有独特的优点，FPGA/CPLD 已经被广泛地应用于家用电器、数码产品、通信行业、工业自动化、汽车电子、医疗器械等领域。

PLD 的应用，实现了设计方法和工具等方面的彻底变革，为数字系统的设计带来了极大的灵活性。我们可以通过软件编程对其硬件结构和工作方式进行重构，从而使得硬件的设计可以如同软件设计那样方便快捷。

目前，PLD 产业正以惊人的速度发展，在逻辑器件市场的份额正在增长。高密度的 FPGA 和 CPLD 作为 PLD 的主流产品，继续向着高密度、高速度、低电压、低功耗的方向发展，并且 PLD 厂商开始注重在 PLD 上集成尽可能多的系统级功能，使 PLD 真正成为片上系统 SOC（system on chip），用于解决更广泛的系统设计问题。

12.1.2 可编程逻辑器件的分类

目前，可编程逻辑器件生产厂家众多、制造工艺和结构各异。目前生产 PLD 的厂家主要有 Xilinx、Intel（Altera）、Lattice、Actel、Quicklog、Atmel、AMD、Cypress、Motorola、TI 等。各厂家又有不同的系列和产品名称，器件结构和分类更是不同。其中 Intel 公司的 FPGA/CPLD 产品品种多、性价比高，具有功能强大的 EDA 软件和丰富的 IP 核支持的特点，是当今 FPGA/CPLD 应用领域的主流产品，也是国内高校 EDA 教学领域应用最广的产品之一。

这里介绍其中几种比较通行的分类方法。

1. 按集成度分类

按集成密度可分为低密度可编程逻辑器件和高密度可编程逻辑器件。通常，

PROM、PLA、PAL 和 GAL 器件属于低密度可编程逻辑器件，而 CPLD 和 FPGA 属于高密度可编程逻辑器件。

2. 按互连结构分类

按互连结构可将 PLD 分为确定型和统计型两类。

(1) 确定型 PLD 是指互连结构每次用相同的连线实现布线，所以线路的时延可以预测，其定时特性可在数据手册上查阅。结构大多为**与或**阵列的器件，能有效实现“积之和”形式的布尔逻辑函数。目前除了 FPGA 器件外，基本上都属于这一类结构。

(2) 统计型结构的典型代表是 FPGA。它是指设计系统每次执行相同功能，都能给出不同的布线模式，一般无法确切地预知线路的时延。所以，设计系统必须允许设计者提出约束条件，如关键路径的时延。统计型结构的 PLD 器件主要通过改变内部连线的布线来编程。

3. 按编程元件分类

(1) 熔丝(fuse)或反熔丝(antifuse)开关

熔丝开关是最早的可编程元件，由熔断丝组成，是一次可编程器件，缺点是占用面积大、要求大电流、难于测试。使用该技术的 PLD 为 PROM、PAL 和 Xilinx 的 XC8000 系列器件等。与熔丝开关相比，反熔丝元件在编程元件的尺寸和性能方面有显著改善，它通过击穿介质达到连通线路的目的，因为编程元件的通断与熔丝正相反，故称为反熔丝。在断电时，存储数据不会丢失。

(2) 浮栅编程技术

包括紫外线擦除、电编程的 EPROM，以及电编程的 E^2PROM 和闪速存储器(flash ROM)。在断电时，存储数据不会丢失。GAL 和大多数 CPLD 都用这种方式编程。

(3) SRAM 配置存储器

使用静态存储器 SRAM 存储配置数据，称配置存储器。具有密度高、可靠性高、抗干扰性很强的特点。目前 Xilinx 公司的 FPGA 主要采用这种编程结构。掉电后配置数据会丢失，每次上电时需要重新进行配置。

4. 按编程结构分类

可分为乘积项结构和查找表结构的 PLD 器件，前者包括 PROM、PLA、PAL、GAL、EPLD、CPLD 等器件，后者主要是指 FPGA 器件。

本章将以 Altera 公司的 MAX Ⅱ 系列 CPLD 和 FLEX10k 系列 FPGA 为例介绍 FPGA 和 CPLD 的基本结构、原理和应用。

【练习与思考】

12-1-1　简述可编程逻辑器件的发展历程。

12-1-2　可编程逻辑器件是如何分类的？

*12.2 复杂可编程逻辑器件(CPLD)

12.2.1 CPLD 的工作原理

讲义:CPLD 的工作原理

复杂可编程逻辑器件(CPLD)由大量的可编程的**与**门阵列和**或**门阵列组成,是目前常用的一种 PLD 器件。所有的 CPLD 中都有可编程阵列,所谓可编程阵列就是横竖交叉的导线,在导线的交叉点有熔丝连接,熔丝可以按照需求烧断或保留连接。

1. 或阵列

或阵列由**或**门和可编程阵列组成,未编程的**或**阵列如图 12-1(a)所示,阵列中的熔丝可以按照选择的输入变量在大电流下烧断,烧断熔丝的**或**阵列如图 12-1(b)所示。对于每一条**或**门的输入线只能保留一条熔丝连接所选的变量。

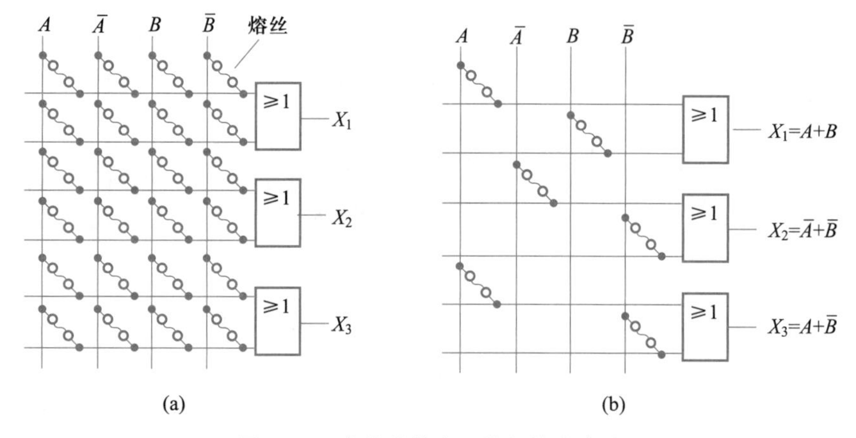

图 12-1 未编程的和已编程的或阵列

2. 与阵列

与阵列由**与**门和可编程阵列组成,未编程的**与**阵列如图 12-2(a)所示,阵列中

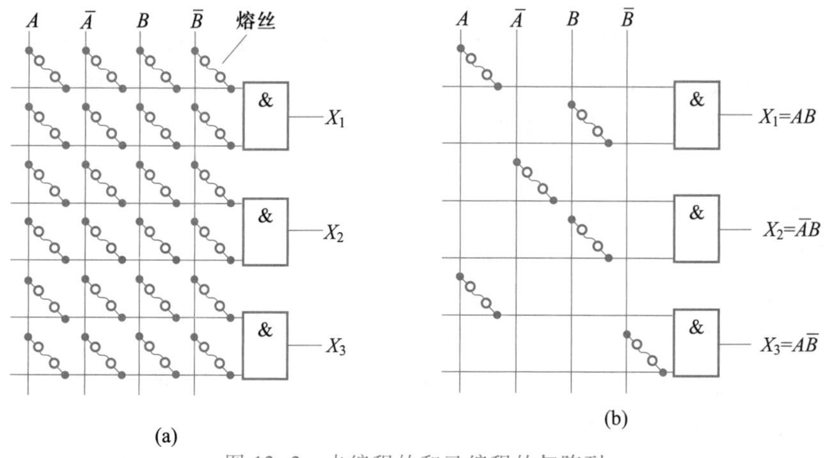

图 12-2 未编程的和已编程的与阵列

的熔丝可以按照所选输入变量在大电流下烧断,烧断熔丝的**与**阵列如图 12-2(b)所示。对于每一条**与**门的输入线只能保留一个熔丝连接所选变量。

实际中,常使用固定的**或**阵列和可编程的**与**阵列组成 CPLD 器件。例如,实现**与或**逻辑表达式 $X=AB+A\overline{B}+\overline{A}\ \overline{B}$的电路如图 12-3 所示。

3. 简化符号

实际的**与或**阵列中有很多**与**门和**或**门,可以实现很复杂的逻辑表达式,若是使用上述带有熔丝的画法,很难画出一个用**与或**阵列实现多输入、输出变量逻辑表达式的逻辑图,所以一般采用简化符号画法,简化符号的**与或**阵列如图 12-4 所示。

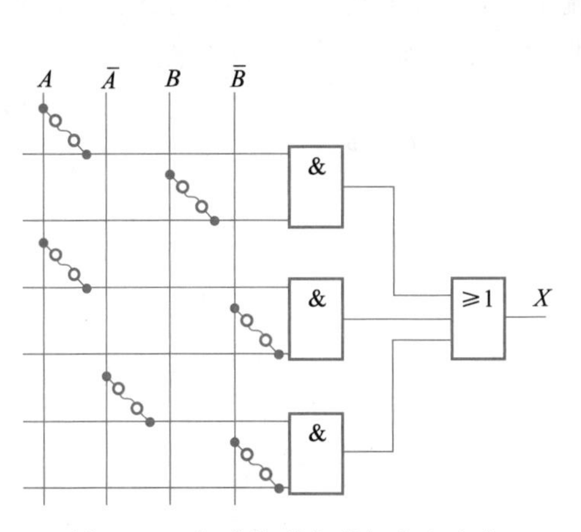

图 12-3　**与或**阵列实现**与或**表达式

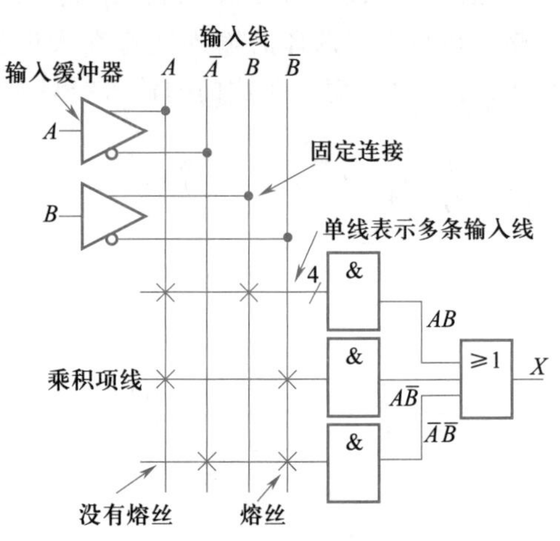

图 12-4　**与或**阵列的简化图

(1) 输入缓冲器

与或阵列中的可编程阵列需要原变量和反变量,同时为防止大量的**与**门输入信号使前级负载过重,在**与**阵列的逻辑变量输入端,都连接可以输出互补逻辑变量的输入缓冲器。

(2) **与**门

与或阵列中的**与**门有大量的输入线,若是都画出来是不可能的,一种简化画法就是只画一条线,该线代表**与**门输入的所有输入线,可以在这条线上画一条短斜线并加上线条数的数字表示输入线数。

(3) 熔丝

熔丝用一个叉表示,**与**门的输入有哪些输入变量,就在该输入变量连线和**与**门输入线的交叉点画一个叉,表示该交叉点有熔丝。

(4) 固定连接

固定连接就是非编程连接,一般用圆点表示。

由于存储器技术的发展,**与**阵列中的熔丝常用带有浮置栅的 E^2CMOS 管代替。也就是说,**与**阵列的每一个交叉点都有一个可以电擦除与编程的浮置栅 MOS 管,通过编程控制 MOS 管的导通与夹断,就像控制熔丝的通断一样可实现逻辑函数。

12.2.2 实际的 CPLD 器件

MAX7000 系列是采用 CMOS 的 E^2PROM 工艺制造的 CPLD 器件,该系列包括 7000A、7000E 和 7000S 三个子系列。现以该系列的 EPM7128S 芯片为例加以说明。

(1) 具有 128 个宏单元,可用门数为 2500,8 个逻辑阵列块。

(2) 具有 PLCC 和 TQFP 封装,最多可用 I/O 引脚数为 100,引脚具有漏极开路选择和输出摆率控制。

(3) 具有 JTAG 接口,可以实现在系统编程。

下面还以 EPM7128S 器件为例,介绍同系列器件的结构与工作原理。

1. 结构

EPM7128S 器件的结构如图 12-5 所示。从结构图可知,EPM7128S 器件的结构是由逻辑阵列块(LAB)、宏单元(macrocell)、可编程连线阵列(PIA)和 I/O 控制块(I/O control block)组成,还具有 4 个专用输入引脚,这些引脚不仅可以作为一般输入引脚,还可以作为每个宏单元的全局时钟、清除和输出使能控制信号。

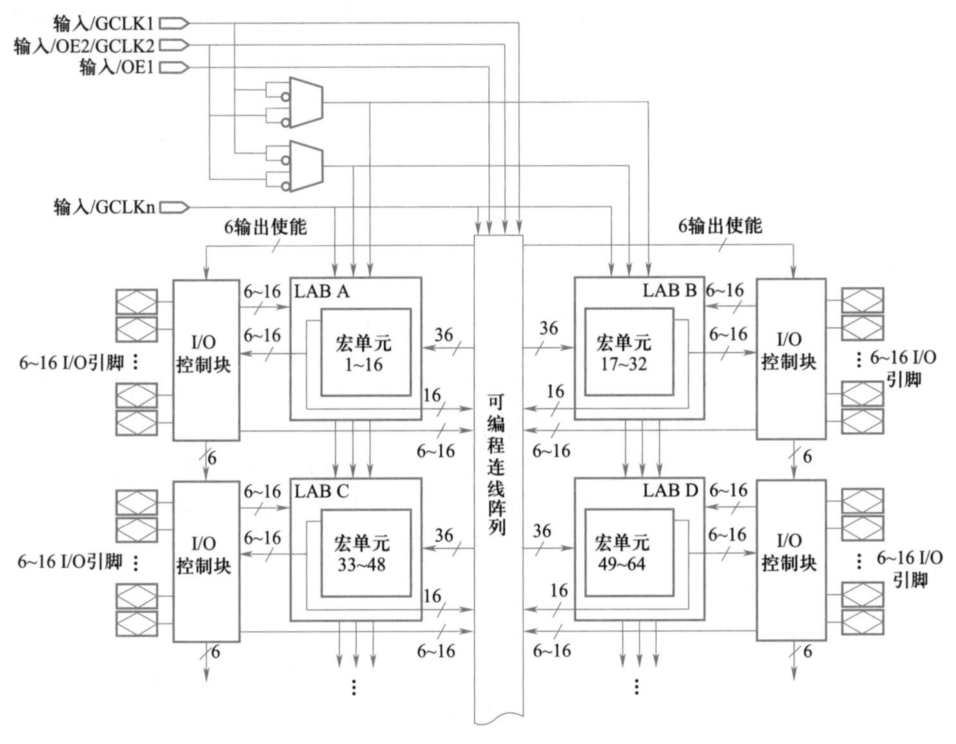

图 12-5　EPM7128S 器件的结构图

(1) 逻辑阵列块

逻辑阵列块(LAB)内包含 16 个宏单元,逻辑阵列块之间通过可编程连线阵列互连,并与输入、输出和全局控制信号(时钟、输出使能)连接。

与 LAB 连接的输入信号包括:来自可编程连线阵列的 36 个输入信号;用于寄存器控制的全局控制信号;从 I/O 引脚到可编程寄存器的直接输入信号。

(2) 逻辑宏单元

逻辑宏单元(macrocell)是实现时序逻辑和组合逻辑的基本单元,每个宏单元由逻辑阵列、乘积项选择矩阵和可编程寄存器组成。宏单元结构图如图 12-6 所示,图中的浮栅场效应晶体管,表示可以编程。

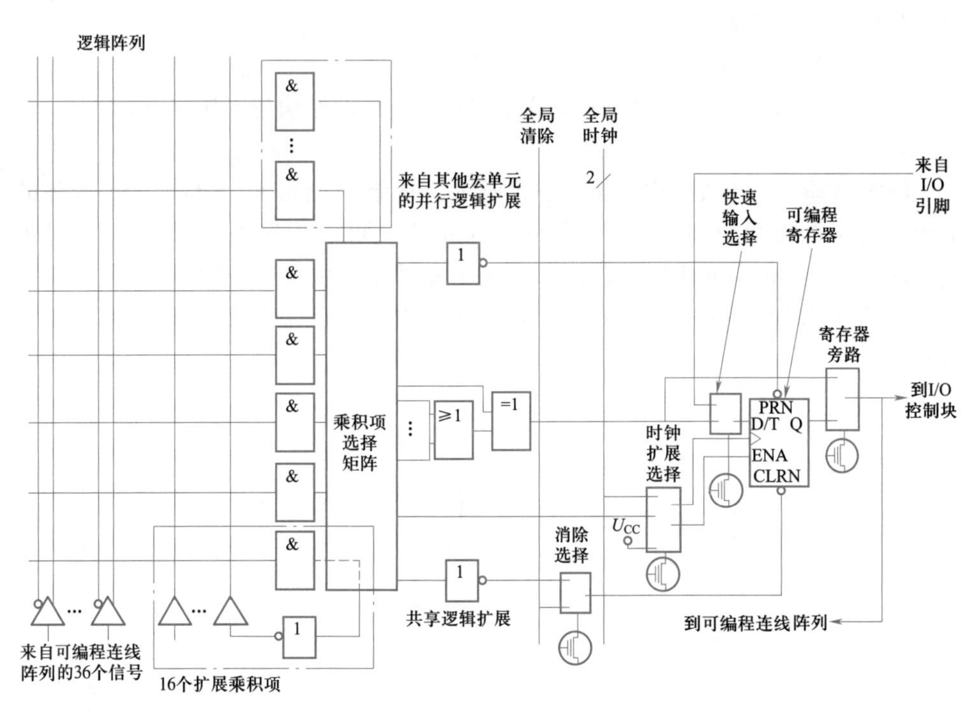

图 12-6　宏单元结构图

蓝色标记矩阵形成 5 个乘积项,每个乘积项可以由 36 个来自可编程连线阵列的信号和 16 个扩展乘积项组成。乘积项选择矩阵对本宏单元生成的乘积项和来自其他宏单元的乘积项进行选择,通过并行逻辑扩展器形成更多乘积项组合,或者通过共享逻辑扩展组合后直接输出,也可以控制可编程寄存器。可编程寄存器可以配置成 *D*、*T*、*JK* 和 *RS* 触发器,可以接收全局时钟(GCLK1、GCLK2)的边沿、电平信号和乘积项时钟的触发,并接收来自乘积项选择矩阵的预置、清零信号或全局清零信号(GCLRn)。

为实现更多乘积项的逻辑,可以采用每个宏单元提供一个共享乘积项的方法扩展,或是采用并联宏单元中未使用乘积项的方法扩展。

(3) 可编程连线阵列

可编程连线阵列(PIA)用于专用输入、I/O 引脚和宏单元的输入、输出之间的互连。所有专用输入、I/O 引脚和宏单元的输出都送到 PIA,然后 PIA 将这些信号送到器件中各个需要这些信号的地方。可编程连线阵列图如图 12-7 所示,浮栅场效应管连接 2 输入**与**门的一个输入端,以控制**与**门的另一个信号与输出之间的连接。

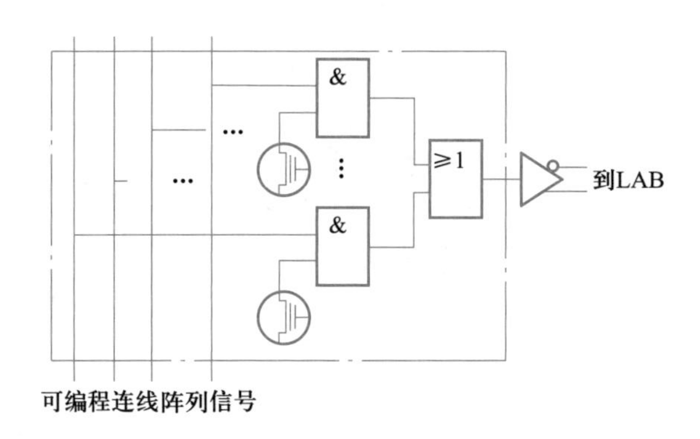

图 12-7 可编程连线阵列图

(4) 输入/输出控制块

输入/输出控制块允许每个引脚配置成输入、输出、双向或是来自 PIA 的 6 个全局信号控制的三态使能输出,还可以对输出引脚进行开漏、摆率控制。输入/输出控制块如图 12-8 所示。

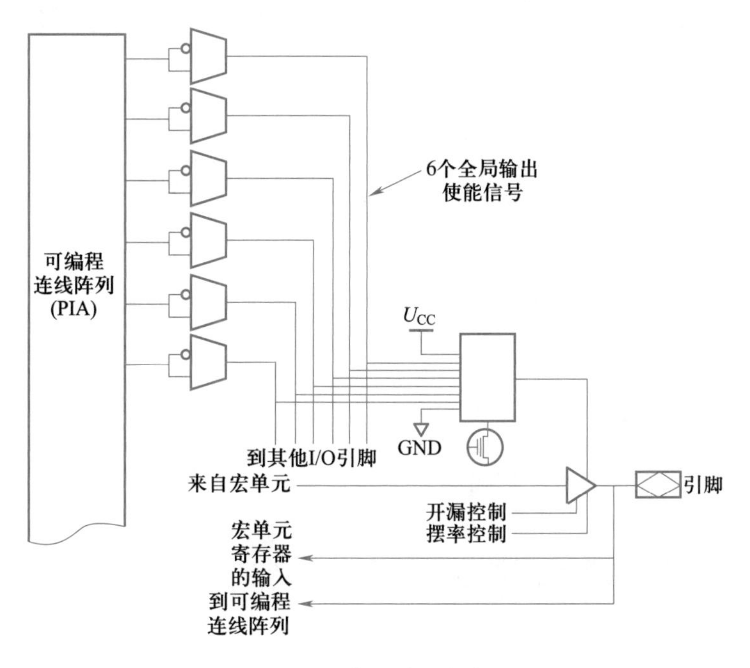

图 12-8 输入/输出控制块

2. EPM7128S 芯片的引脚排列

PLCC 封装的 EPM7128S 芯片的引脚排列如图 12-9 所示。该芯片具有 JTAG 接口,因此可以使用 JTAG 接口电缆实现在系统编程。

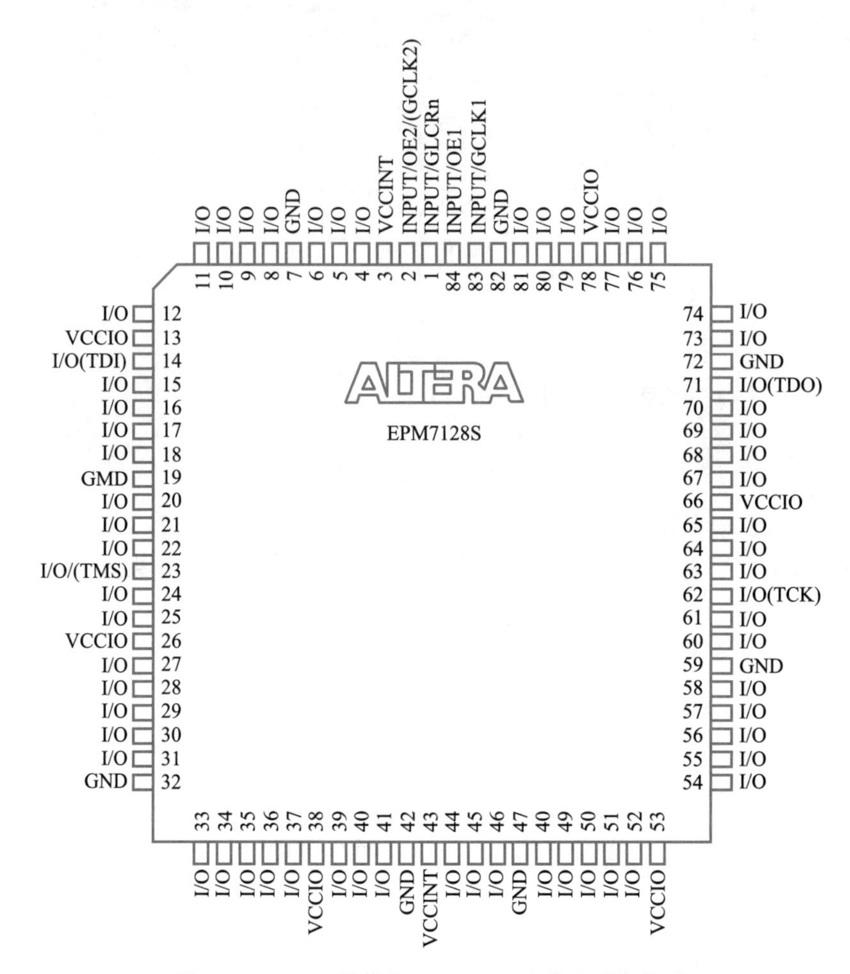

图 12-9　PLCC 封装的 EPM7128S 芯片的引脚排列

【练习与思考】

12-2-1　CPLD 实现逻辑函数的原理是什么？

12-2-2　EPM7128S 由哪几部分组成？

12-2-3　EPM7128S 的特点是什么？

* 12.3　现场可编程门阵列（FPGA）

12.3.1　FPGA 的工作原理

讲义：FPGA 的工作原理

FPGA 是一种使用广泛的、基于 SRAM 工艺的查找表（look-up-table，LUT）结构，通过烧写文件改变查找表内容的方法来实现对 FPGA 的重复配置。

查找表就是利用数据选择器实现逻辑函数。2^N 选 1 的数据选择器，可以实现 N 个输入变量的查找表，也就是可实现具有 N 个变量的逻辑函数。

图 12-10 就是利用数据选择器的查找表结构。由于是 2^4 选 1 的数据选择器，

所以可以直接实现 4 变量逻辑函数。其中的随机存储器 RAM 用于存储 2^4 选 1 数据选择器的数据信号，D、C、B、A 是输入逻辑变量，F 是输出。

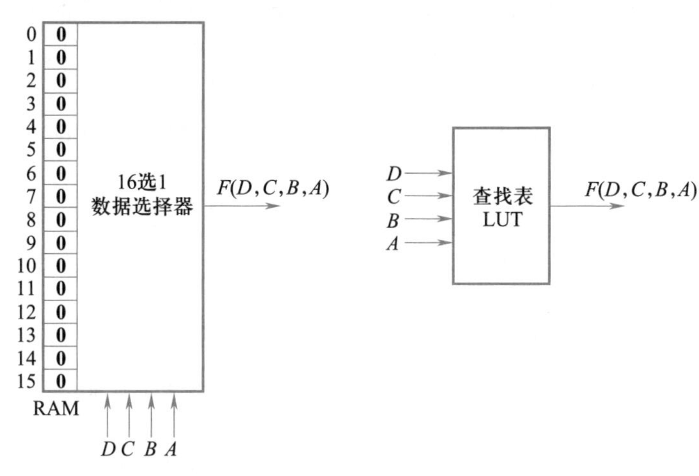

图 12-10　利用数据选择器的查找表结构

例如，如下逻辑函数就可以用图 12-11 所示的查找表实现。

$$F(D,C,B,A)=DC\overline{B}A+D\overline{C}BA+\overline{D}CBA+\overline{D}\,\overline{C}B\overline{A}=\sum(m_2,m_7,m_{11},m_{13})$$

由图 12-11 可以看出，只要在对应逻辑函数式中最小项的位置，使 RAM 存储单元存储 **1**，其他存储单元存储 **0**，就可以用查找表实现该逻辑函数。

对于 N 输入查找表，需要 2^N 个 RAM 存储单元来实现，所以 N 不能很大，否则查找表的利用率就会降低，对于输入变量大于 N 的逻辑函数，需要用多个查找表实现。

查找表也可以实现**或**门，图 12-12 就是实现逻辑函数 $F=D+C+B+A$ 的情况。

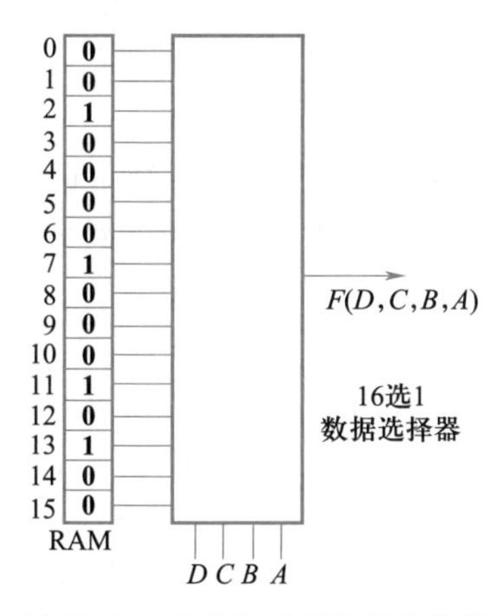

图 12-11　实现与或函数的查找表

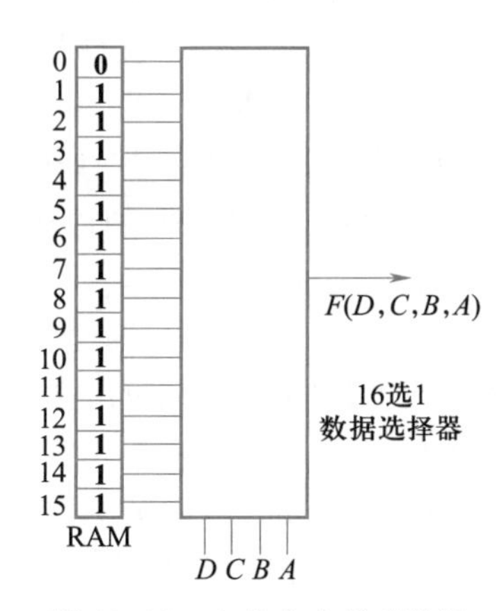

图 12-12　查找表实现或逻辑

12.3.2　实际的 FPGA 器件

实际中有很多型号的可编程门阵列,这里介绍在数字系统产品中得到广泛应用的 FLEX10k 系列器件,该系列器件就是使用查找表实现逻辑功能的。

1. FLEX10k 系列器件 EPF10k10

基于 FPGA 工作原理的 EPF10k10 芯片是广泛使用的一类 FPGA 器件,该器件采用 CMOS SRAM 工艺,主要特点如下:

(1) 高密度:典型门个数为 10000,576 个逻辑单元,全部 RAM 容量为 6144 位。

(2) 内部连接资源丰富:具有快速互连通道、专用进位链、级连链,可以实现快速运算和复杂逻辑。

(3) I/O 引脚:内核电压与 I/O 电压不同,I/O 引脚的电压可以选择 5V 或 3.3V,每个引脚都具有独立的三态使能、开漏输出和电压摆率控制。

(4) 封装:具有多种封装形式,同一封装中的引脚兼容。

(5) 具有 JTAG 接口:可以使用简单 JTAG 接口电缆进行配置。

2. 引脚排列

FLEX10k 系列中所有 TQFP 144 引脚封装的器件具有相同的引脚排列,目的是在不改变封装的情况下,可以调换不同资源的芯片。例如,TQFP144 引脚封装的 EPF10k10 与 EPF10k20 的引脚排列相同,但是 EPF10k20 比 EPF10k10 的资源多。FLEX10k 系列器件的 TQFP144 封装的引脚排列如图 12-13 所示,引脚分类如下:

(1) JTAG 配置接口引脚:TCK、TDO、TMS、TDI。

(2) 被动配置与器件配置接口引脚:DATA0、nSTATUS、nCONFIG、CONF_DONE、DCLK。

(3) 电源引脚:内核电源引脚 VCCINT、GNDINT;I/O 电源引脚 VCCIO、GNDIO。

(4) 时钟引脚:CLK1、CLK2。

(5) 专用输入引脚与 I/O 引脚:INPUT、I/O。

3. FLEX10k 系列器件结构

FLEX10k 系列器件的结构图如图 12-14 所示,该系列器件主要由嵌入式阵列块 EAB、包含逻辑阵列块 LAB 的逻辑阵列、行列互连和 I/O 单元 IOE 组成。下面简单介绍其内部主要模块。

(1) 逻辑单元

逻辑单元 LE(logic element),又称为 LC(logic cell),是 FLEX10k 系列器件实现逻辑的最小单元,每个 LE 包含一个 4 输入查找表 LUT,一个同步触发和使能的可编程寄存器(programmer register),一个级连(cascade)链、一个进位(carry)链和若干个可以编程的数据选择器。LE 的输出可以驱动局部互连和快速通道(fast track)。每个 LAB 中有 8 个 LE,图 12-15 显示的就是 LE 的内部结构图。图中数据选择器输入端和门电路输入端的小圆圈表示可以编程的浮栅场效应晶体管。

其中查找表有 4 个输入、1 个输出,可以实现 4 变量逻辑函数,可编程寄存器可以在查找表的支持下实现 D、T、JK 或 RS 寄存器功能,该寄存器的时钟、置零和置位

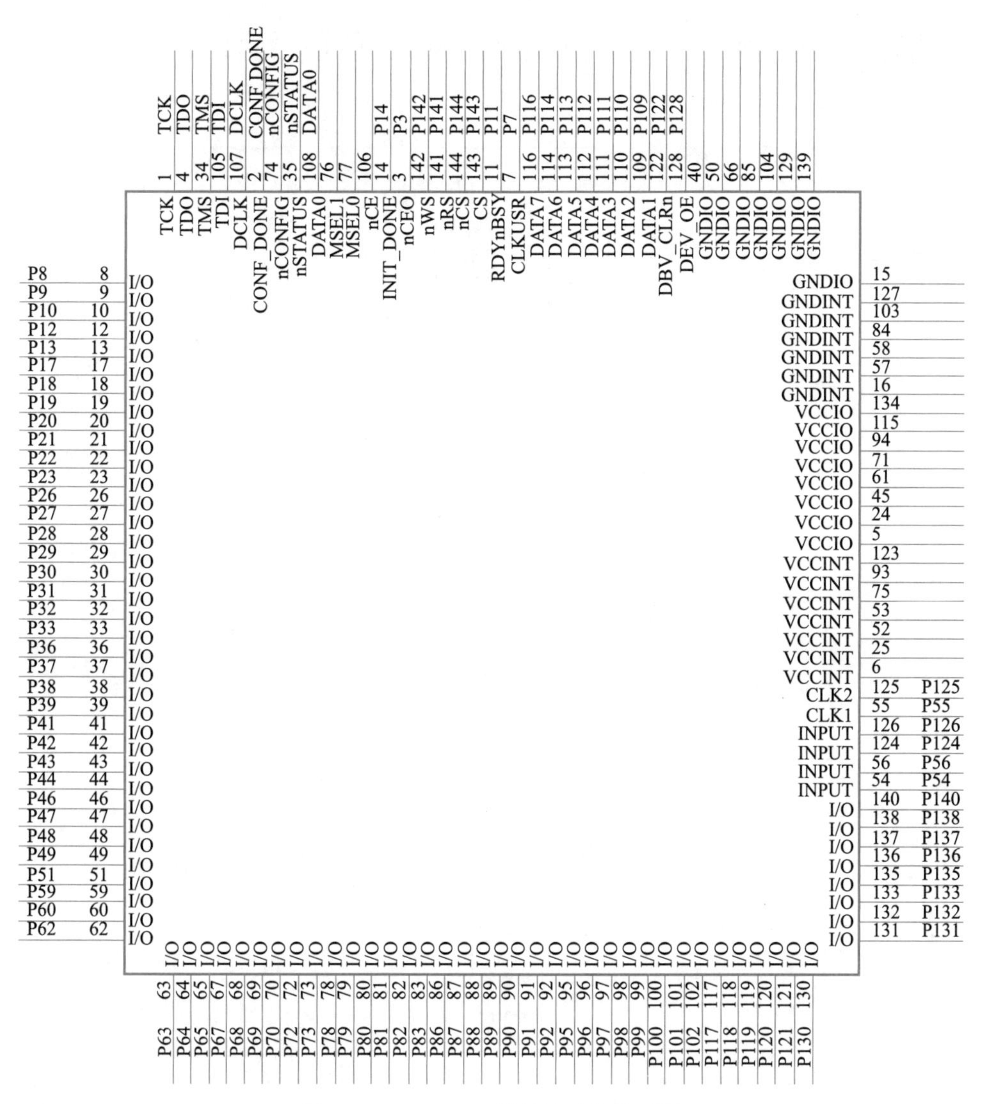

图 12-13 EPF10k 器件的引脚排列图

信号来自全局信号、I/O 引脚或内部逻辑。若是实现组合逻辑,寄存器可以被旁路,查找表的输出直接驱动 LE 的输出。

LE 有一个输出连接 LAB 局部互连通道,还有一个输出连接快速互连通道,两个输出可以单独控制。例如查找表可以连接一个输出,而寄存器可以连接另外一个输出,这样可以改善 LE 的可利用性,因为查找表和寄存器可以各自实现自己的逻辑功能。另外还有两个快速数据通道与相邻的 LE 连接,就是进位链与级连链,进位链支持高速计数器和加法器,级连链用于实现宽输入功能,级连链与进位链连接 LAB 中的所有 LE。

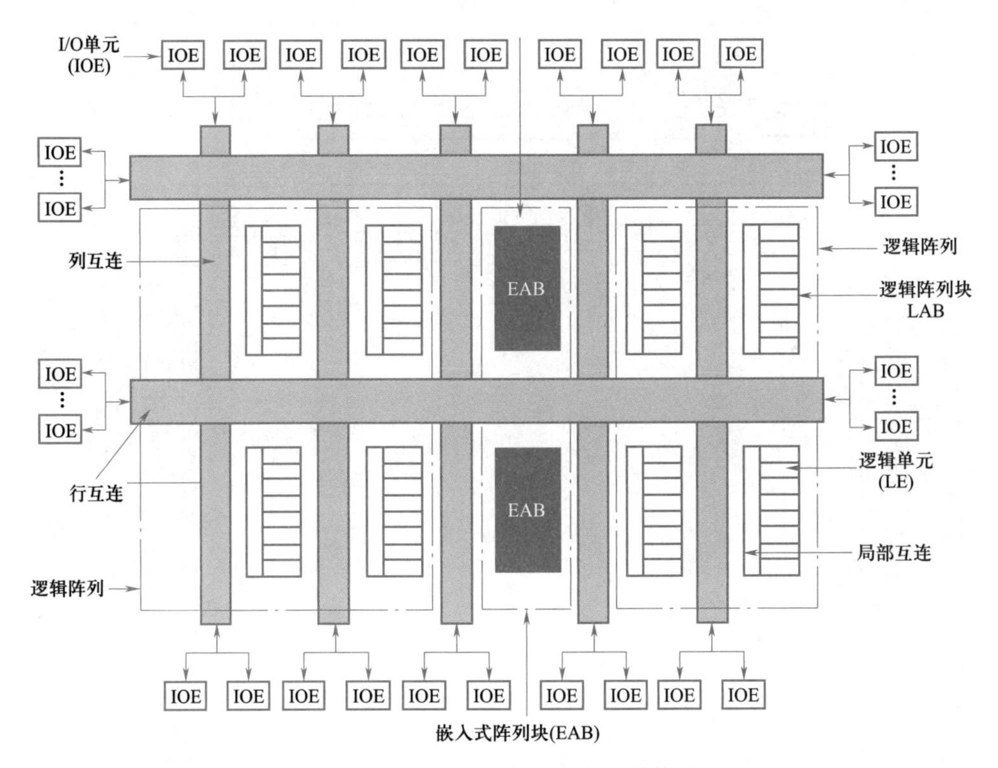

图 12-14　FLEX10k 系列器件的结构图

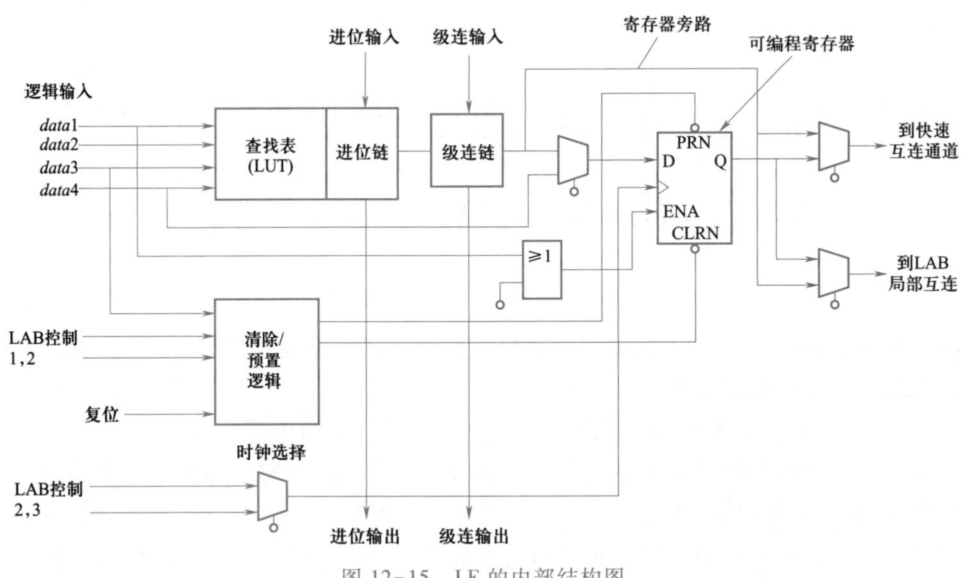

图 12-15　LE 的内部结构图

(2) 逻辑阵列 LAB

如图 12-16 所示，每个 LAB 由 8 个 LE、互连的进位链和级连链、LAB 控制信号和 LAB 局部互连组成。

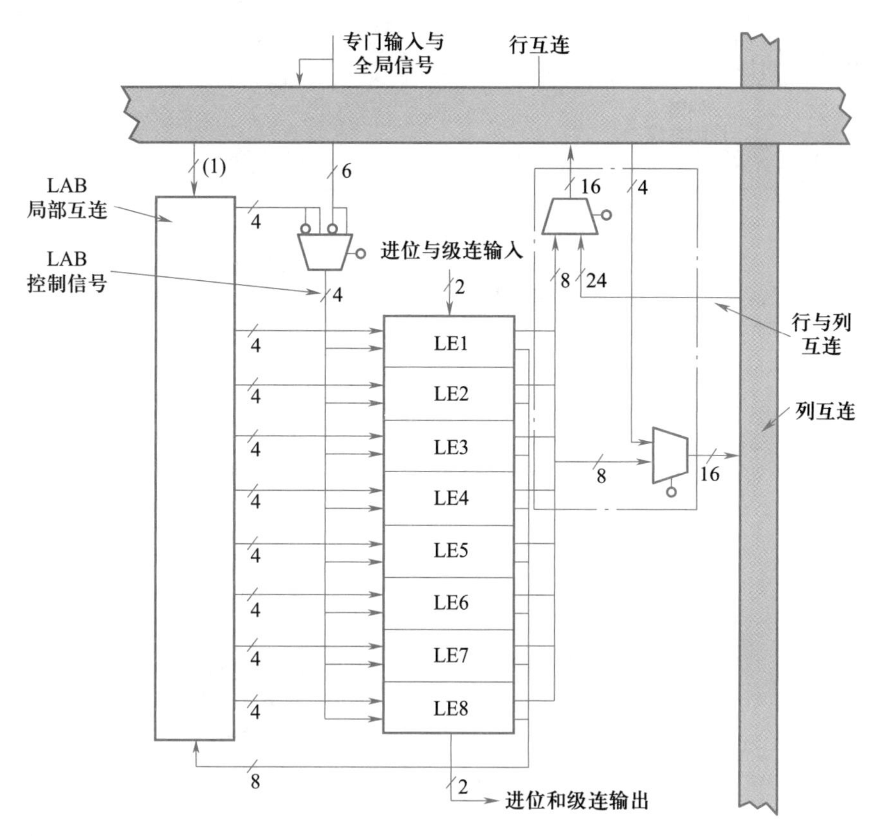

图 12-16 逻辑阵列块 LAB

(3) 行互连与列互连

在 LE 与 I/O 引脚之间有快速互连通道,通道是由一组横穿器件的水平和垂直的走线组成;每个 LAB 有专用的行互连,行互连能够驱动 I/O 引脚,并传送给其他的 LAB;列互连可以使行之间信号互连,也能够驱动 I/O 引脚。

(4) I/O 单元

所有的 I/O 单元(IOE)包含一个双向 I/O 缓冲器和一个双向寄存器,可以实现输入、输出和双向引脚的功能。图 12-17 所示的是 IOE 结构图。

外围控制总线向 IOE 提供时钟、清除、时钟使能和输出使能控制等共 12 个外围控制信号,这些信号可以形成 8 个输出使能信号、6 个时钟使能信号、2 个时钟信号或 2 个清除信号。

另外还有 2 个专用时钟、4 个专门输入信号以及行列互连信号与 IOE 单元连接。

IOE 单元支持如下功能:

① 摆率控制:为降低噪声或实现高速特性,每个 IOE 输出缓冲器的输出摆率可以调整,慢的摆率可以减少系统噪声,但是增加了时间延迟。可以根据实际需要选择摆率,摆率只对信号的下降沿有作用。

② 漏极开路输出:每个 I/O 缓冲器都可以设置成漏极开路,满足外电路对漏级

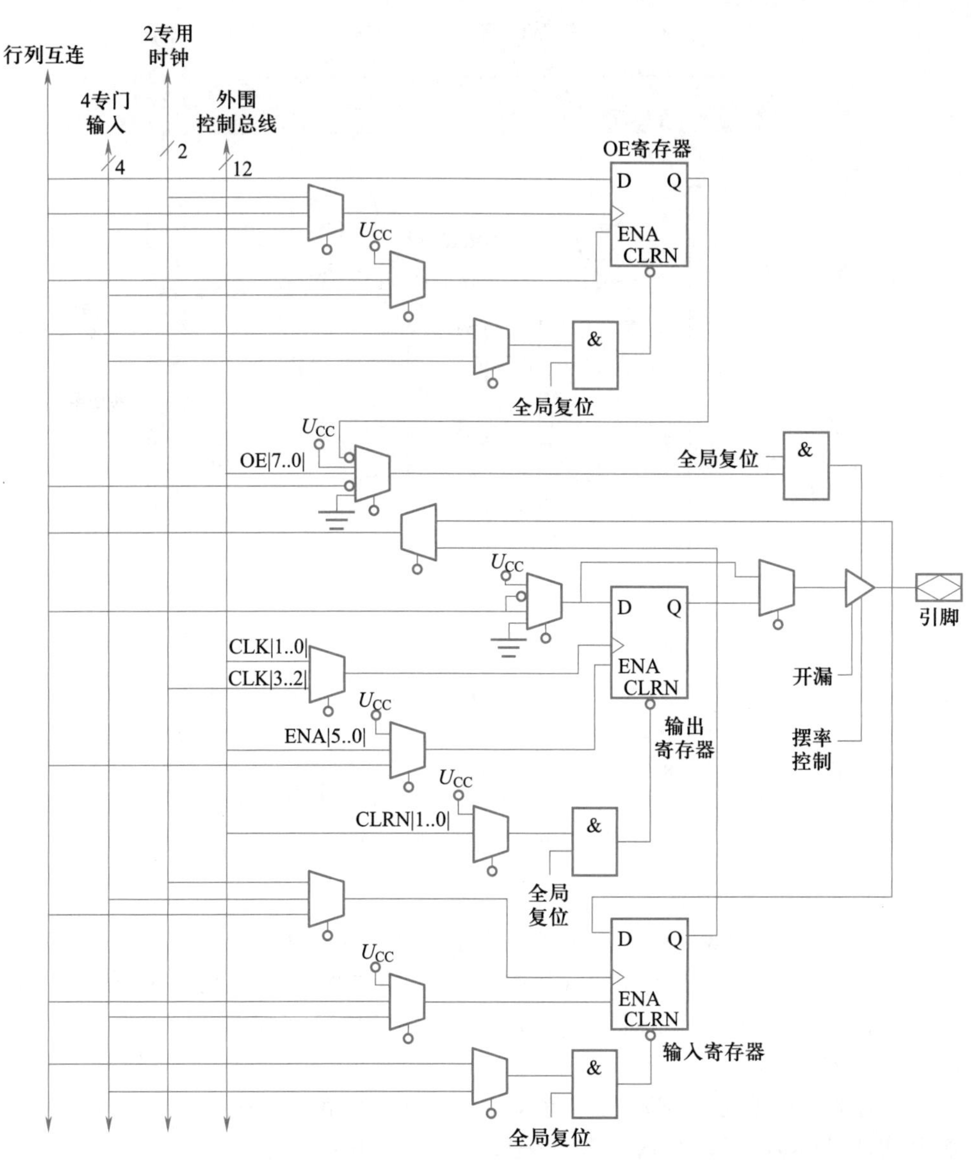

图 12-17　IOE 结构图

开路输出的需求。

③ 多电压接口:IOE 支持多电压,I/O 引脚可以在 5 V 或 3.3 V 电压下工作。

(5) 嵌入式阵列块

嵌入式阵列块(embedded array block,EAB)是在 FPGA 芯片中嵌入的 RAM 存储单元,形成在数据输入/输出口上带有寄存器的 RAM 存储器,这些 RAM 存储器可以方便地实现规模较小的 FIFO、ROM 和双端口 RAM 存储器等功能。每个 EAB 的容量为 2048 位,数据线最大宽度为 8 位,地址线最大宽度为 11 位,因此每个 EAB 可以配置成 256×8、512×4、1024×2 或 2048×1 的存储器,更大的 RAM 可由多个 EAB 组合到一起。EAB 还可以用来实现查找表,以实现组合逻辑。EAB 的结构图如图 12-18 所示。在 FPGA 开发软件中,可以调用 RAM、ROM 宏模块来配置 EAB。

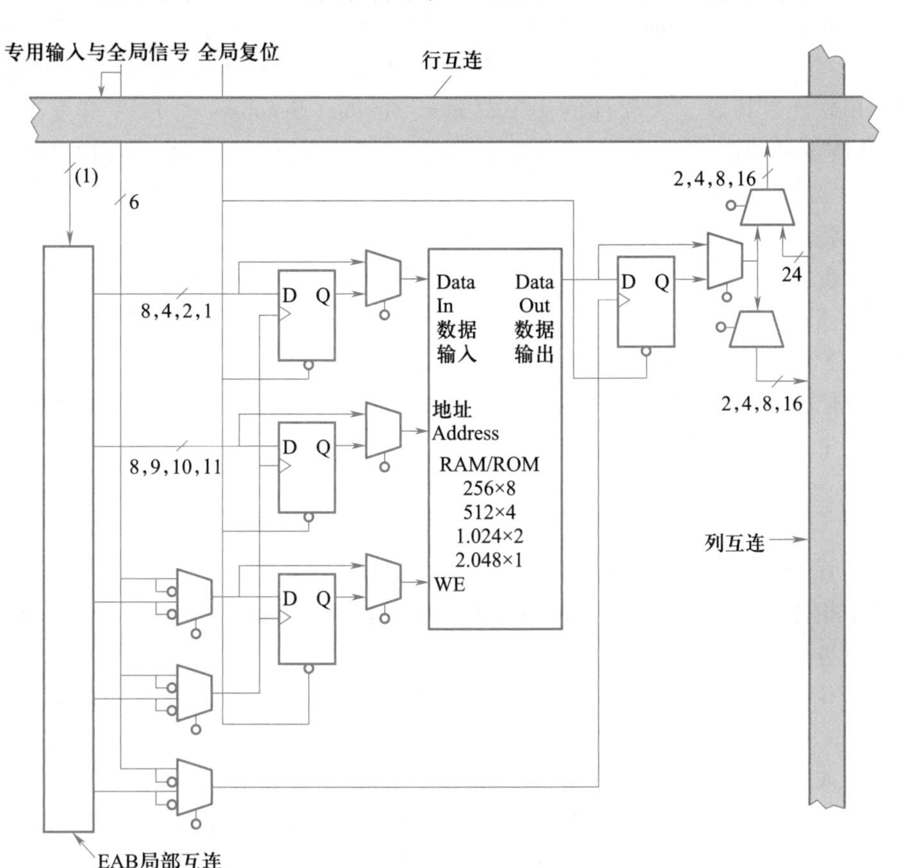

图 12-18　EAB 的结构图

【练习与思考】

12-3-1　什么是现场可编程门阵列?

12-3-2　简述查找表是如何实现逻辑函数的。

12-3-3　FPGA 与 CPLD 实现逻辑函数的原理有什么区别?

12-3-4　EPF10k10 是由哪几部分组成的?

12-3-5　什么是摆率?

*12.4　可编程逻辑器件的开发

12.4.1　CPLD 和 FPGA 器件的开发软件

使用 PLD 设置数字系统需要计算机软件的支持,在这些软件中可以编辑所设计数字系统的源文件,检查文件语法,功能仿真与时间仿真,软件的综合器可以将源文件综合成适合写入 PLD 的下载文件,最后还要在编程软件的支持下将下载文件写入 PLD 中,验证功能正确后,才能完成一个设计。

通常所说的 CPLD/FPGA 开发工具主要是指运行于计算机上的 EDA (electronics design automation)开发工具,或称 EDA 开发平台。EDA 开发工具有两大来源:软件公司开发的通用软件工具和 PLD 制造厂商开发的专用软件工具。其中通用软件工具以三大软件巨头 Cadence、Mentor、Synopsys 的 EDA 开发工具为主,其特点是功能齐全,硬件环境要求高,软件投资大,通用性强,不面向具体公司的 PLD 器件。PLD 制造厂商开发的专用软件工具则具有硬件环境要求低,软件投资小的特点,因此其市场占有率非常大。

以世界上最重要的 PLD 厂商 Xilinx 公司和 Altera 公司为例,Xilinx 公司的开发工具为 Xilinx ISE;Altera 公司的开发工具为 Quartus II。2015 年,Intel 公司收购 Altera 公司后,软件更新升级到 Intel Quartus Prime。通过 CPLD/FPGA 开发工具的不同功能模块,用户可以完成设计输入、综合、仿真、实现和下载,涵盖了 FPGA 开发流程中的所有环节。

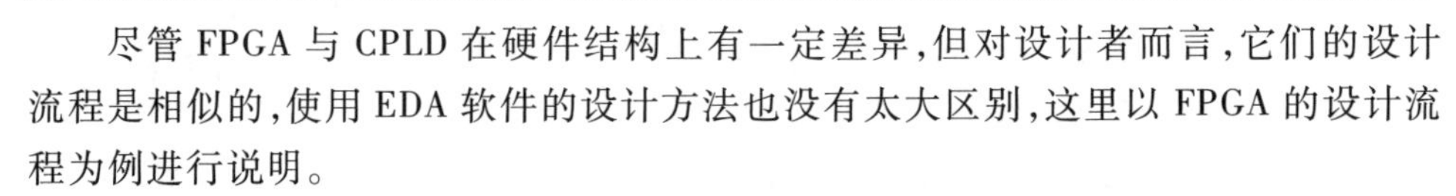

12.4.2　FPGA 设计流程

讲义:FPGA 设计流程

尽管 FPGA 与 CPLD 在硬件结构上有一定差异,但对设计者而言,它们的设计流程是相似的,使用 EDA 软件的设计方法也没有太大区别,这里以 FPGA 的设计流程为例进行说明。

FPGA 的设计流程就是利用 EDA 开发软件和编程工具对 FPGA 芯片进行开发的过程。典型 FPGA 的设计流程一般如图 12-19 所示,包括功能设计及器件选型、设计输入、综合优化、功能仿真、布局布线与实现、时序仿真、芯片编程与调试七个主要步骤。利用集成化 EDA 开发软件可实现 FPGA 开发的全过程,具有代表性的产品就是 Altera 公司的 Quartus II 开发软件和 Xilinx 公司的 ISE 开发软件。

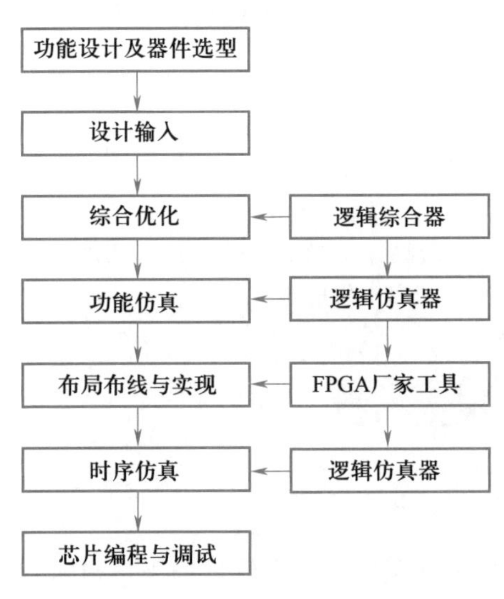

图 12-19　典型 FPGA 的设计流程

(1) 功能设计及器件选型

在 FPGA 系统设计之前,需要进行系统的功能设计、模块划分和方案论证,并根据系统功能和复杂程度,对工作速度、器件资源以及连线的可布性进行评估,从而选择合适的设计方案和器件类型。一般都采用自顶向下的设计方法,层层划分直到可以直接使用 EDA 开发软件的元件库为止。

(2) 设计输入

设计输入是将工程师设计的系统或电路描述给 EDA 开发软件,常用的设计输入方法有硬件描述语言(hardware description language,HDL)与原理图设计输入方法。

原理图输入虽然直接且易于仿真,但是效率极低,可维护性较差,不利于模块建设与重用。而利用 HDL 语言进行设计,不依赖产商和器件,可移植性好,采用自顶向下进行设计时,具有很强的逻辑描述与仿真功能,输入效率极高。常用的 HDL 语言有 Verilog HDL 和 VHDL 两种,其程序结构和描述方法可参考相关书籍。

(3) 综合优化

综合优化是指将设计者在 EDA 平台上编辑输入的 HDL 文本、原理图等设计输入依据给定的硬件结构组件和约束控制条件进行编译、优化、转换和综合,最终获得由**与**门、**或**门、**非**门、RAM、寄存器等基本逻辑单元组成的逻辑连接网表。它的功能就是将软件描述与给定的硬件结构用某种网表文件的方式对应起来,构成相应的映射关系。需要注意,真实具体的门电路需要利用布局布线功能进行实现。

(4) 功能仿真

功能仿真是验证用户所设计的电路功能是否符合设计要求,也称为前仿真。此时的仿真没有延时信息,对于初步功能检测非常方便。仿真前,要先利用波形编辑器和 HDL 等建立波形文件和测试向量(即将所关心的输入信号组合成序列),仿真结果将会生成报告文件和输出信号波形,从中便可以观察到各个节点的信号变化,如果出现错误,则需返回设计输入中修改逻辑设计。

(5) 布局布线与实现

布局是指利用 EDA 平台从逻辑网表取出定义的逻辑和输入/输出模块,并将它们映射到 FPGA 器件内部的固有硬件结构上,需要在速度最优与面积最优之间做出选择,以实现逻辑的最佳布局;布线是指在一定的约束条件下,根据布局的拓扑结构,利用芯片内部的各种连线资源,合理正确地连接各个元件,并产生相应的文件(如配置文件和相关报告),通常基于某种先进的算法来完成;实现是指根据所选芯片的型号,将综合输出的逻辑网表进行配置,产生 FPGA 配置时需要的位流文件。

在布局布线过程中,可同时提取时序信息形成报告。

(6) 时序仿真

时序仿真在布局布线之后,也称作后仿真或延时仿真。由于不同器件的内部延时不一样,不同的布局布线方案也会对延时造成不同影响,因此时序仿真的目的是将布局布线的延时信息反标注到设计网表中以检测有无时序违规现象(即不满足时序约束条件或器件的固有规则)。时序仿真包含的延时信息最全,可以较好地反映芯片的实际工作情况。因此布局布线后,对系统和各模块进行时序仿真与分析,对评估设计性能,以及检查和消除竞争-冒险等非常必要。

(7) 芯片编程与调试

芯片编程与调试是指在功能仿真与时序仿真正确的前提下,将布局布线后转化生成的位流文件下载到具体的 FPGA 芯片中,并进行测试。FPGA 设计中常用的测试工具是逻辑分析仪。FPGA 芯片生产商都提供了内嵌的在线逻辑分析仪用于捕获和显示实时信号,如 Xilinx 公司提供的 Chipscope 工具、Altera 提供的 Signaltap II 工具等。在线逻辑分析仪通常需要设计者在工程中加入额外的模块来采集信号,这需要消耗少部分的逻辑资源和存储资源。设计者通过在线逻辑分析仪可以实时观测内部信号变化,为 FPGA 设计的调试和查错带来极大的方便。

12.4.3　CPLD/FPGA 器件的应用选择

不同公司的 PLD 器件在性能、价格、逻辑规模和封装以及提供的 EDA 工具软件平台等方面各有所长。要在开发项目中做出对器件的最佳选择,需要考虑以下几个问题:

1. 器件的逻辑资源量

进行项目开发,首先要考虑的就是所需器件的逻辑资源能否满足项目的设计需要。由于 PLD 器件的应用模式是首先将设计器件安装在目标板上,然后设计其内部逻辑功能,因此很难在选件之前确定设计所需的逻辑资源量。因此,适当估测下所需的逻辑资源,再考虑系统升级、预留某些资源等方面的因素,可大体确定某一系列的芯片。

实际开发中,影响资源占用情况的因素是多方面的,如硬件描述语言的选择、综合适配器的选择、目标器件的逻辑单元的形式和实现方法等。

2. 芯片速度的选择

随着 PLD 集成技术的不断进步,CPLD/FPGA 器件的工作速度也不断提升,目前 Pin to pin 延时已达到 ns 级。因此在一般应用中,器件的工作速度已经足够了。Altera 公司和 Xilinx 公司的 PLD 标称工作频率已经达到了 800MHz 甚至更高。但在系统设计中,芯片的工作速度并非简单的越快越好。设计时,选用与目标系统最高工作频率相匹配的芯片速度即可。因为器件的高速性能越好,意味着其对外界微小毛刺信号的敏感性越好,也就更容易引入干扰。这会给电路板设计带来更大难度。若电路处理不当,或编程前的设置不当,就容易使系统处于不稳定的工作状态。

3. 器件功耗的选择

由于编程的需要,多数 CPLD 的工作电压为 5V。FPGA 工作电压的发展趋势则是越来越低,3.3 V 和 2.5 V 的低工作电压已经越来越普遍。因此,就低功耗、集成度方面而言,FPGA 具有绝对优势。

4. CPLD 与 FPGA 的对比选择

CPLD/FPGA 的选择使用主要看目标系统的设计需要,对于普通规模且产量不大的项目,通常采用 CPLD,原因如下:

(1) 在中小规模范围内,CPLD 价格较低,能够直接应用于系统;

(2) 开发 CPLD 的 EDA 软件平台较容易获取;

(3) CPLD 的结构多采用 E^2PROM 或 FLASH ROM,因此具有程序下载后掉电不丢失的特点,使用更加方便;

(4) CPLD 的在系统可编程特性使得硬件修改和升级方式极为简便;

(5) 由 CPLD 内部结构特点决定,引脚间的信号延时几乎是固定的,而与逻辑设计无关,因此设计调试比较简单,逻辑设计中的毛刺现象较容易处理。

对于大规模的逻辑设计则多采用 FPGA。从逻辑规模上看,FPGA 器件覆盖了大中规模范围,其逻辑门数从 5000 到 20000。由于 FPGA 内部结构多为 SRAM 型,所以掉电后将丢失原有配置信息,因此需要为 FPGA 芯片配备一个专用 ROM,将系统的配置信息下载到 ROM 中,每次上电时,从 ROM 中读取配置信息。

5. 封装选择

CPLD/FPGA 的封装形式多种多样。对于封装形式的选择,应结合引脚数目需求、机械强度、散热性能,以及应用环境和系统电路设计的需要相匹配等方面进行选择。

另外,在器件选择时,还需根据系统设计需要对三态门、触发器的数量等因素加以考虑。

12.4.4 FPGA 器件的配置与 CPLD 器件的编程

1. FPGA 器件的配置

使 FPGA 具有用户设计的数字系统功能,是使用 FPGA 器件实现数字系统的目的,因此必须将用户设计的数字系统信息写入 FPGA 器件内部,这个写入过程称为配置。因为 FPGA 器件采用 RAM 结构,不能保存配置数据,因此需要在上电瞬间将配置数据写入 RAM。

FPGA 器件的配置方式有多种,包括 FPGA 主动(active serial configuration,AS)方式、FPGA 被动(passive serial configuration,PS)方式和 JTAG 方式。AS 方式由 FPGA 器件引导配置操作过程,它控制着外部存储器和初始化过程,而 PS 方式则由外部计算机或控制器控制配置过程。JTAG 是 IEEE1149.1 边界扫描测试的标准接口,数据可以通过 JTAG 接口写入 FPGA 内部的 RAM 中,绝大多数 FPGA 器件都支持这种接口配置方式。

下载电缆线用于将不同配置方式下的配置数据由计算机传送到 FPGA 器件中,下载电缆线不仅可以用于配置 FPGA 器件,也可以实现对 CPLD 器件的编程。Altera 公司主要提供 Byte Blaster II、USB Blaster 和 Ethernet Blaster 三种类型的下载电缆线,如图 12-20 所示。其中 Byte Blaster II 使用计算机的打印机并口,USB Blaster 使用计算机的 USB 口,Ethernet Blaster 使用以太网的 RJ-45 接口,实现对器件的配置或编程。

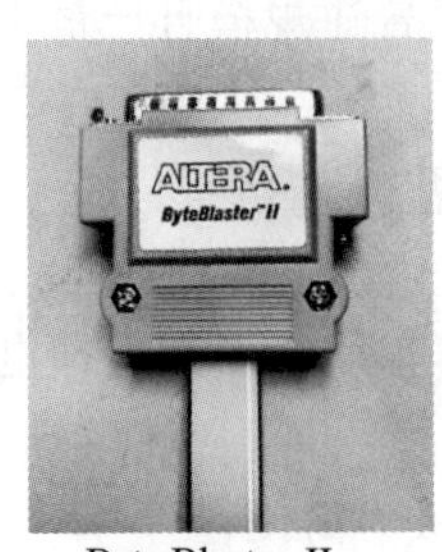

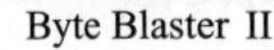
Byte Blaster II

USB Blaster

Ethernet Blaster

图 12-20　配置电缆线

将程序从计算机下载到目标器件需要专用的下载电缆。进行下载之前，首先需确定下载电缆的类型，另外要看目标器件是否连接了专用的配置芯片而具有掉电不丢失的功能，然后决定是否选择向配置芯片中编程下载，这些都决定了编程配置过程中的选择与设置。

一般配置 FPGA 的方法如下：在保证 FPGA 器件不断电的情况下，将数据配置（串行传送）到 FPGA 器件中；也可将配置数据写到专用配置芯片中，然后将 FPGA 器件与专用配置芯片连接，在上电瞬间，将配置数据从专用配置芯片中读入 FPGA 器件。

2. CPLD 器件的编程

CPLD 器件将数据保存在器件内部的 E^2PROM 或是 FLASH ROM 中，永不丢失，因此称为编程。CPLD 器件上也有 JTAG 接口，用下载电缆连接 JTAG 接口与计算机，在编程软件的控制之下，就可以将数据串行写入 CPLD 芯片。

【练习与思考】

12-4-1　下载电缆的作用是什么？

12-4-2　什么是配置？什么是编程？

12-4-3　CPLD/FPGA 开发软件的作用是什么？

扫描二维码，购买第 12 章习题解答电子版

注：扫描本书封面后勒口处二维码，可优惠购买全书习题解答促销包。

习题

12.1.1　为什么在 FPGA 构成的数字系统中要配备一个 E^2PROM 或 Flash ROM？

12.2.1　试用**与或**阵列实现如下逻辑函数。（画出逻辑框图）

$$X=ABC+A\overline{B}C+\overline{A}\,\overline{B}\,\overline{C}$$

12.3.1　试用 4 变量查找表，实现如下逻辑函数。（画出逻辑框图）

$$F(D,C,B,A)=D\overline{C}A+C\overline{B}A$$

12.4.1　常用的 CPLD/FPGA 开发工具有哪些？

12.4.2　FPGA 的设计流程包括哪些步骤？各环节可实现什么功能？

12.4.3　在 CPLD 和 FPGA 器件选型时，需要考虑的因素有哪些？

第13章 传感器与检测技术基础

随着计算机、通信、自动控制等技术的迅速发展，以信息的获取、转换、传输、显示和处理为主要内容的传感器与检测技术逐渐发展成为一门完整的技术学科，在促进生产发展和科技进步方面发挥着重要作用。

本章将对常用的传感器及检测技术进行介绍，并对与之关联的模数与数模转换技术、信号转换与调理、数据通信方式与总线技术进行介绍。

13.1 检测技术概述

13.1.1 检测技术的地位和作用

检测技术是指在生产、科研、试验及服务等各个领域为及时获得被测或被控对象的有关信息，而实时或非实时地对一些参量进行定性或定量测量。

检测技术以现代控制理论、传感技术与应用、计算机控制等为技术基础，同时与自动化、计算机、控制工程、电子与信息、机械等学科相互渗透，对促进企业技术进步、传统工业技术改造升级和装备的现代化有着重要意义，符合当前及今后相当长时期内我国科技发展的战略要求。

现代化检测技术水平在很大程度上决定了科学研究的深度和广度。目前许多基础科学研究的瓶颈就在于研究对象的信息获取困难，因此检测技术的完善和发展可推动现代科学技术的进步与发展，并为部分边缘学科的发展奠定技术基础。同时，现代化生产的发展也不断对检测技术提出新要求，成为促进检测技术发展的动力。

总之，以信息的获取、转换、传输、显示和处理为主要内容的传感器与检测技术已成为一门完整的技术学科，并渗透到人类的一切活动领域，在促进生产力发展和社会进步的广阔领域内发挥着重要作用。

13.1.2 工业检测的主要内容

对工业生产而言，采用各种先进的检测技术对生产全过程进行检测，对确保大型设备安全经济运行、进行产品质量控制、降低能源和原材料消耗、提高企业的劳动生产率和经济效益具有重要意义。同时，检测技术也是自动化系统中不可缺少的组成部分，只有精确、及时地获取被控对象的各项参数信息，并转换成易于传送和处理的信号，整个系统才能正常工作。

工业检测覆盖内容广泛，常见的工业检测物理量见表13-1，此类信息主要通过

讲义：常见的工业检测物理量

各种传感器获取。

根据我国国家标准（GB/T 7665—2005），传感器定义为：能感受被测量并按照一定的规律转换成可用输出信号的器件或装置，通常由敏感元件和转换元件组成，分别完成检测和转换两个基本功能。

表 13-1 常见的工业检测物理量

被测量类型	被测量	被测量类型	被测量
热工量	温度、热量、比热容、热流、热分布、压力（压强）、压差、真空度、流量、流速、物位、液位、界面	物体的性质和成分量	（气体、液体、固体的）化学成分、浓度、黏度、湿度、密度、酸碱度、浊度、透明度、颜色
机械量	直线位移、角位移、速度、加速度、转速、应力、应变、力矩、振动、噪声、质量（重量）	状态量	工作机械的运动状态（起、停等）、生产设备的异常状态（超温、过载、泄漏、变形、磨损、堵塞、断裂等）
几何量	长度、厚度、角度、直径、间距、形状、平行度、同轴度、表面粗糙度、硬度、材料缺陷	电工量	电压、电流、功率、电阻、阻抗、频率、脉宽、相位、波形、频谱、磁场强度、电场强度、材料的磁性能

表 13-1 只列出了工业生产中常见的检测物理量，随着新型传感技术和通信技术的发展，必将会研发出更多人类感官无法直接获取信息的传感器，来满足生产生活中检测技术提出的新要求。

13.1.3 检测系统的基本结构与类型

随着计算机技术与仪器技术的高度发展与深度融合，检测系统的结构也发生了根本变化，虚拟仪器的概念应运而生，检测系统总体上朝着标准化、集成化、智能化、软件化发展。这里将检测系统分为两类进行介绍。

1. 基本型检测系统

基本型检测系统的组成框图如图 13-1 所示。

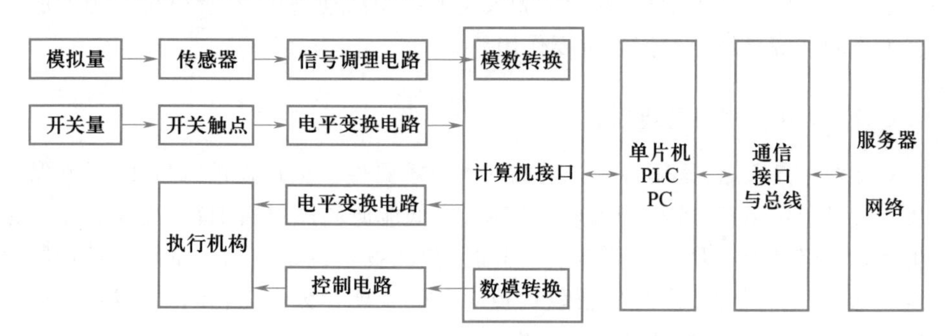

图 13-1 基本型检测系统的组成框图

讲义：检测系统的基本结构与类型

信号获取单元:模拟量被测对象可通过传感器转换为电信号,经信号调理电路和模数转换后,变为数字信号,与微处理器相连;开关量被测对象可通过开关触点,并经电平变换电路后,与微处理器相连。

信号处理单元:信号处理单元可使用单片机、PLC(可编程序控制器)、计算机等处理器,对信号进行分析和处理,并实现信号的存储、显示和输出。

信号反馈单元:处理器根据被测对象的信号处理结果,获取及时的反馈信息,使控制器按照一定的规律输出控制信号给执行机构,可保证被控制的参数保持在设定值或按预定规律变化,完成实时数据采集和实时判断决策两种功能。

信号传输单元和网络化功能:检测系统可能是由众多测量子系统或测量节点组成,因此需通过通信接口与总线实现子系统与上位机(计算机、服务器)之间,以及子系统之间的信息交换。同时与网络相连,可实现数据的远程显示与控制。

一般来说,检测系统的搭建需要根据实际需求进行确定,并不一定包括上述所有单元,其中信号获取和信号处理单元是必备的,如果需要对生产过程进行控制,则需通过驱动执行机构进行操作;如需进行网络化测量,还需添加信号传输单元以实现网络化。

2. 标准接口型检测系统

标准接口型检测系统一般由通过标准接口进行信号传输的各个功能模块(台式仪器或数据采集卡)组成。组成系统时,若模块是台式仪器,用标准的无源电缆进行连接;若为数据采集卡,需插入标准机箱。目前最为常见的是各种虚拟仪器检测系统。

虚拟仪器检测系统是计算机技术与仪器技术高度发展、深层次结合的必然产物,借助计算机丰富的软、硬件资源,通过软、硬件的合理分工,实现了多种功能的高度集成,使得复杂系统的高效控制得以实现,大大提高了检测系统的搭建效率,真正实现了检测的自动化和智能化。

一般的虚拟仪器检测系统的基本构成框图如图 13-2 所示。根据接口总线的不同,可分为基于计算机总线的数据采集卡(data acquisition,简称 DAQ 卡)、GPIB 总线仪器、VXI/PXI 总线仪器模块、串口总线仪器和现场总线仪器等标准总线仪器。

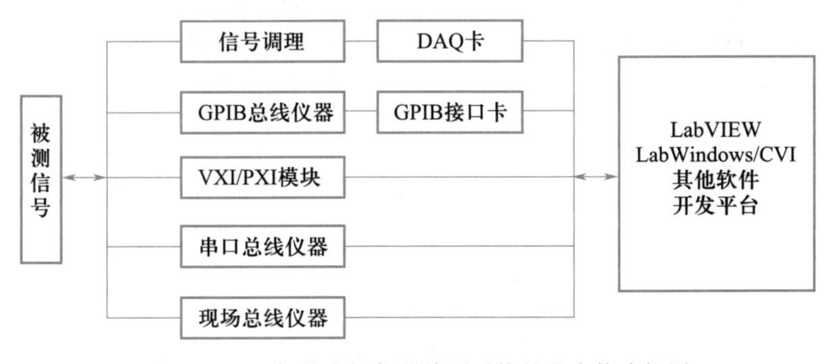

图 13-2 一般的虚拟仪器检测系统的基本构成框图

（1）基于数据采集卡的虚拟仪器

这种方式借助于插入计算机内的数据采集卡与专用的软件（如 LabVIEW 或 LabWindows/CVI）相结合，通过 A/D 转换将模拟信号采集到计算机进行分析、处理和显示等，并可通过 D/A 转换实现反馈控制，根据需要还可加入信号调理和实时 DSP 等硬件模块，对数字信号则只需将输入信号的电平转换为采集卡可采集的范围即可。该系统将数据采集（DAQ）卡插入计算机的 USB 接口或 PCI 插槽中，充分利用计算机的资源，大大增加了测试系统的灵活性和扩展性，可方便快速地组建基于计算机的仪器，是构成虚拟仪器最基本的方式，也是最廉价的方式。

（2）基于 GPIB 总线的虚拟仪器

GPIB（general purpose interface bus，通用接口总线）是一种设备和计算机连接的总线，大多数台式仪器通过 GPIB 接口卡和 GPIB 线缆与计算机相连，构成自动测试系统。可自定义仪器功能和面板，维护方便，易于升级，可高效灵活地完成各种不同规模的测试任务。利用 GPIB 技术，可由计算机实现对仪器的操作和控制，替代传统的人工操作方式，排除人为因素造成的测试测量误差。同时，由于可预先编制好测试程序，实现自动测试，提高了测试效率。

（3）基于 VXI/PXI 总线的虚拟仪器

VXI（VMEbus extension for instrumentation）总线是 VME 总线（versa module eurocard）在仪器领域的扩展。具有标准开放、传输速率高、数据吞吐能力强、定时和同步精确、模块化设计、结构紧凑、使用方便灵活等特点，便于组织大规模、集成化系统。

PXI（PCI extension for instrumentation）总线是 NI 公司推出的开放性模块化仪器总线规范，它以 Compact PCI 为基础，是 PCI 总线在仪器领域的扩展。基于 PXI 总线的虚拟仪器由于具有较高的数据传输速率和良好的性价比，已经开始得到越来越多的工程技术人员的青睐。

（4）基于串口或其他工业标准总线的虚拟仪器

将带有 RS-232C、RS-485、USB、现场总线或其他标准工业总线接口的仪器作为 I/O 接口设备与计算机组成实时监控系统，这也是虚拟仪器的构成方式之一。

3. 闭环控制型

闭环控制型的现代检测系统是指应用在生产过程闭环控制系统中的检测系统，其结构如图 13-3 所示。现代检测系统的主要任务是获取参数变量的定量数值，为控制器及时提供反馈信息，使控制器按照一定的控制规律给执行器输出控制信号，这样才能保证被控制的参数保持在希望的设定值或按预定的规律变化，从而

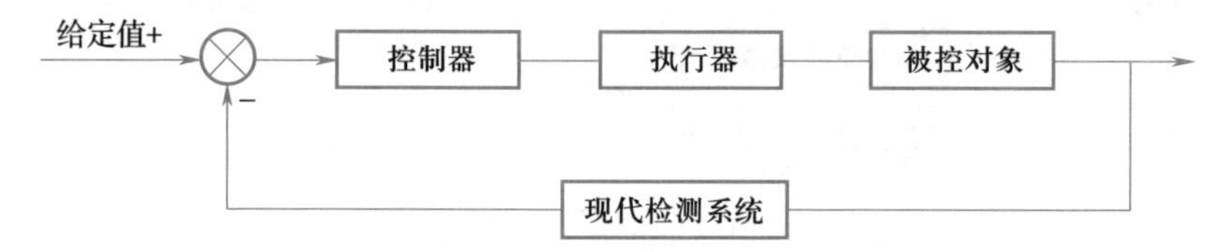

图 13-3　典型生产过程控制系统中的检测系统结构框图

实现实时数据采集和实时判断决策功能。

【练习与思考】

13-1-1　检测技术的目的是什么？主要难点有哪些？

13-1-2　常见的工业检测物理量有哪些？它们是如何分类的？

13-1-3　虚拟仪器检测系统的特点是什么？它们的构成方式是什么？

13.2 常用传感器

传感器的种类非常繁杂，传感机理各异，因此其组成结构也存在着较大差异，这里我们仅对常用传感器的组成和分类方式以及典型应用进行介绍。

13.2.1 传感器的组成及分类

讲义：传感器的组成与分类

1. 传感器的组成

传感器一般由三部分构成：敏感单元、转换单元和信号调理电路，其结构如图13-4所示。

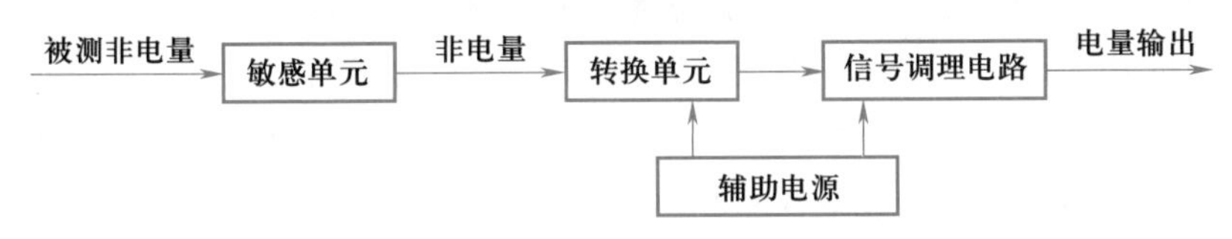

图 13-4　传感器的组成

（1）敏感单元。敏感单元的主要功能是实现被测物理量的感知，其输出非电量与被测量存在确定关系，直接体现传感器的传感机理，是开发和设计传感器的核心部件。

（2）转换单元。转换单元的主要作用是将敏感单元感知的变化转换成电信号，是实现非电物理量到电信号的关键。也有部分传感器的敏感单元和转换单元合二为一，如压电传感器、磁敏电阻等。

（3）信号调理电路。信号调理电路是对电信号的进一步处理，包括放大、滤波等，可获得稳定的输出特性，便于后续电路的连接。

2. 传感器的分类

传感器的感知机理种类繁杂，很多涉及交叉学科，通常可依据被测量的种类、能量种类、工作机理等进行分类。根据被测量种类可将传感器分为温度、压力、位移、速度、加速度、流量、声音、气体等传感器，按能量种类可分为电、热、声、光、磁、力等，按工作机理可分为依据传感器结构参数的变化实现信号变换的结构型传感器和利用某些材料本身物性变化实现被测量的物性型传感器。需要说明的是，一种被测量可以有多种不同机理的传感器，同一原理的传感器，也可以对多种物理量进行测量。

13.2.2 常用传感器及工程应用

传感器在原理和结构上差异特别大,实际使用中,应根据具体的测量目的、测量对象、使用环境以及成本核算合理选用可满足测量参数的传感器。在传感器选定后,测量方法或测量电路也就随之确定了。另外,使用中还要特别注意正确选择安装点,并确保传感器安装正确,否则会影响测量精度,甚至损坏传感器;还应注意精度较高的传感器一般都需要定期校准,以保证测量结果的一致性和精确性。

1. 温度传感器

在工业生产过程中,温度通常是需要测量和控制的重要参数之一。

温度传感器按测量方式可分为接触式和非接触式两大类,按照传感器材料及电子元件特性分为热电阻(含热敏电阻)和热电偶两类,还有利用晶体管 PN 结的电流/电压特性与温度关系制作的集成温度传感器。

接触式温度传感器的检测部分与被测对象有良好的接触,通过传导或对流达到热平衡,从而实现被测对象的温度测量。非接触式温度传感器的敏感元件与被测对象互不接触,可用来测量运动物体、小目标和热容量小或温度变化迅速的对象的表面温度,也可用于测量温度场的温度分布。最常用的非接触式测温仪表基于黑体辐射的基本定律,称为辐射测温仪表。

热电阻和热电偶均属于热电式传感器,它是一种能将温度变化转换为电量变化的元件。热电阻是将温度变化转换为电阻变化的测温元件,热电偶是将温度变化转换为电动势变化的测温元件。

(1) 热电偶

热电偶是基于热电效应原理制作的传感器。

两种不同的金属 A 和 B 构成如图 13-5 所示的闭合回路,当两结点温度不等时,回路中就会产生大小和方向与导体材料两结点的温度有关的电动势,用 $E_{AB}(T, T_0)$ 来表示,这一现象称为热电效应。通常把两种不同金属的这种组合称为热电偶,A、B 称为热电极,温度高的结点称为热端或工作端,而温度低的结点称为冷端或自由端。

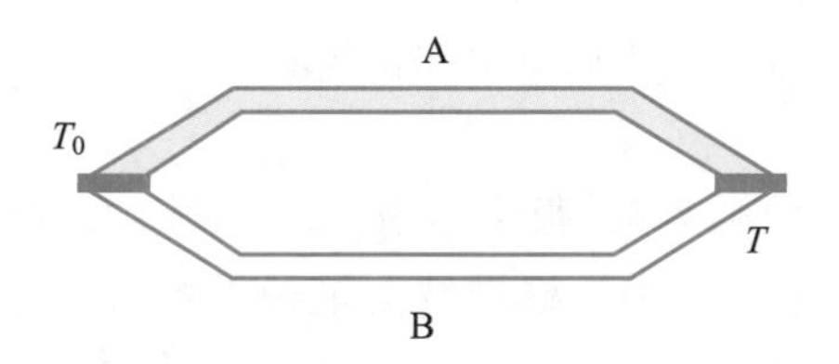

图 13-5 热电效应原理图

对于已选定的热电偶,当参考端温度 T_0 恒定时,$E_{AB}(T_0)=C$ 为常数,则总的热电动势就只与温度 T 成单值函数关系,即

$$E_{AB}(T, T_0)=E_{AB}(T)-C=f(T) \tag{13-1}$$

因此就可以用测量到的热电动势 $E_{AB}(T, T_0)$ 来得到对应的温度值 T,热电动势

的大小只与导体A和B的材料及冷、热端的温度有关，与导体的粗细、长短及两导体接触面积无关。实际应用中，热电动势与温度之间的关系通过热电偶分度表来确定。分度表是在参考端温度为0℃时，通过实验建立起来的热电动势与工作端温度之间的数值对应关系。常见热电偶的分度表有S型（铂铑$_{10}$-铂）、B型（铂铑$_{30}$-铂铑$_{6}$）、K型（镍铬-镍硅）和E型（镍铬-铜镍），各型号对应的测温范围和热电动势不同，具体可参阅有关手册。

（2）热电阻

热电阻传感器是中、低温区（850℃以下）最常用的一种温度传感器，它的主要特点是测量精度高，性能稳定，广泛应用于工业和民用的测温控制中。

导体或半导体材料的电阻随温度变化而明显变化的现象称作热阻效应。利用金属导体的热阻效应制成的测温元件称作热电阻。目前最常用的有铂热电阻和铜热电阻。

① 铂热电阻　铂热电阻的特点是精度高、稳定性好、性能可靠，是目前制造热电阻的最好材料。按IEC标准，其测温范围为-200~850 ℃。在0~850 ℃温度范围内，铂热电阻的温度特性为

$$R(t)=R_0[1+At+Bt^2] \tag{13-2}$$

在-200~0℃以内，其温度特性为

$$R(t)=R_0[1+At+Bt^2+C(t-100)t^3] \tag{13-3}$$

式中，$R(t)$与R_0分别为温度为t ℃和0 ℃时的电阻值；A、B、C为与铂金纯度有关的常数。

铂热电阻在温度t ℃时的电阻值与R_0有关。目前我国规定工业用铂热电阻的分度号分别为Pt50和Pt100，其中Pt100最为常用。这样在实际测量中，只要测得热电阻的电阻值$R(t)$，便可从分度表上查出对应的温度值。

② 铜热电阻　由于铂是贵金属材料，因此在一些测量精度要求不高且温度较低的场合，可采用铜热电阻进行测温，它的测量范围为-50~150℃。铜热电阻在测量范围内其电阻值与温度的关系几乎是线性的，可近似地表示为

$$R(t)=R_0(1+\alpha t) \tag{13-4}$$

式中，$R(t)$与R_0分别为温度为t ℃和0 ℃时的电阻值；α为铜热电阻温度系数（常数）。铜热电阻有Cu50（R_0=50 Ω）和Cu100（R_0=100 Ω）两种分度号。

（3）热敏电阻

热敏电阻是利用半导体材料的热阻效应制成的测温元件。由钴、锰、镍等的金属氧化物，采用不同比例配方，经高温烧结而成，制成珠状、片状、杆状、垫圈状等不同封装形式。

按其温度特性可分为负电阻温度系数热敏电阻（NTC）、正电阻温度系数热敏电阻（PTC）和在某一特定温度下电阻值会发生突变的临界温度电阻器（CTR）。它们的特性曲线如图13-6所示。

由图可见，CTR型热敏电阻一般用于控制开关。温度测量中主要采用NTC或PTC型热敏电阻，尤以NTC型最为常见，其电阻值与温度的关系可表示为

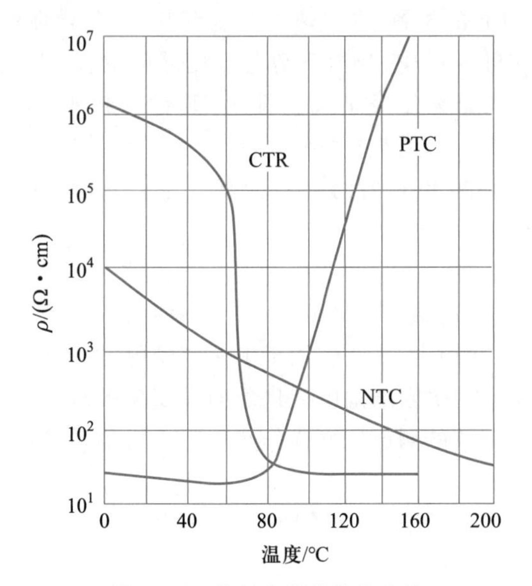

图 13-6　热敏电阻的特性曲线

$$R(t)=Ae^{\frac{B}{T}} \tag{13-5}$$

式中，T 为热力学温度(K)；$R(t)$ 为热敏电阻在温度 T 时的电阻值(Ω)；A 为温度 T 趋于无穷时的电阻值；B 为热敏电阻的材料常数，一般取 2000～6000 K。热敏电阻的电阻温度系数比金属丝的高很多，所以它的灵敏度很高。但热敏电阻非线性严重，所以实际使用时要对其进行线性化处理。

(4) 集成温度传感器

集成温度传感器也称为温度 IC，它是把感温 PN 结及有关电子线路集成在一个硅片上，构成一个小型化、一体化的专用集成电路芯片。具有体积小、反应快、线性好、价格低等优点，受 PN 结耐热性能和特性的限制，仅用来测量 150℃ 以下的温度，主要分为电压输出型和电流输出型两种。集成温度传感器实现了传感器的智能化、微型化、多功能化，提高了检测灵敏度，是实现大规模生产的重要保证。在使用集成温度传感器时，只需要很少的外围元器件，即可制成温度检测仪表。

热电偶、热敏电阻、热电阻和集成温度传感器是测量中最常见的类型，它们的特性区别如表 13-2 所示。

表 13-2　不同类型温度传感器的特性区别

	热电偶	热敏电阻	热电阻	集成温度传感器
测温范围/℃	-270～1800	0～100	-250～500	-55～150
线性度	较差	差	良	优
准确度	良	需校准	优	良

续表

	热电偶	热敏电阻	热电阻	集成温度传感器
优点	结构简单、使用方便,测温范围宽,稳定性较高	响应快速,灵敏度高	精度高、最准确、最稳定	体积小、支持数字接口、抗干扰能力强
缺点	需冷端参考点恒定、敏感度差	测温范围有限,稳定性、互换性较差	响应慢、电阻变化小、需要电流源供电	响应较慢,测温范围有限、自热、需要外电源
典型型号	S 型(铂铑$_{10}$-铂) B 型(铂铑$_{30}$-铂铑$_{6}$) K 型(镍铬-镍硅) E 型(镍铬-铜镍)	负温度系数型 NTC 正温度系数型 PTC	铂热电阻 Pt100 铜热电阻 Cu50	AD590(电流输出型) LM35(电压输出型)
应用举例	与测量仪器配套使用,进行高温或低温的测量,如冶金、化工等高温行业	电气设备的过热保护、无触点继电器、火灾报警和温度补偿等方面。	易于在自动测量和远距离测量中使用,如各种自动温控系统	广泛应用于温度测量与控制场合,电流输出型尤其适合远程监测应用

温度传感器的选择应结合工业生产中的具体工艺、测温范围、测量精度、被测介质化学性能,以及经济性等各种因素综合考虑,并注意安装和使用方式需满足现场要求。

(5) 典型应用实例分析——用集成温度传感器实现温度的测量

① 电流型集成温度传感器

AD590 是美国 AD 公司生产的一种常用的电流型集成温度传感器,其输出电流与绝对温度成比例,适用于 150 ℃以下、采用传统电气温度传感器的任何温度检测应用。

AD590 只需单电源工作,输出的是电流而不是电压,因此,抗干扰能力强,因是高阻抗输出,所以适合长距离工作。同时高输出阻抗还能极好地消除电源电压漂移和纹波的影响,电源由 5 V 上升到 10 V,电流最大只有 1 μA 的变化,相当于 1 ℃的等效误差。该芯片内部集成了温度传感部分、放大电路、驱动电路和信号处理电路等,因此使用时,无需线性化电路、精密电压放大器、电阻测量电路和冷结补偿。

采用图 13-7 所示的电路,可以把 AD590 输出的电流信号方便地转换成电压信号。

AD590 的输出电流是以绝对温度零度(-273 ℃)为基准,每增加 1 ℃,它会增加 1 μA 的输出电流,因此在室温 25 ℃时,其输出电流为(273+25) μA = 298 μA。如图 13-7 所示,通过调节可调电阻 R_W 后,可使其输出 U_0 变为 298 mV。因此,实际中存在的误差可通过可调电阻进行修正,使其输出达到 1 mV/℃,调整好后,固定可调电阻,即可由输出电压 U_0 读出 AD590 所处的热力学温度。

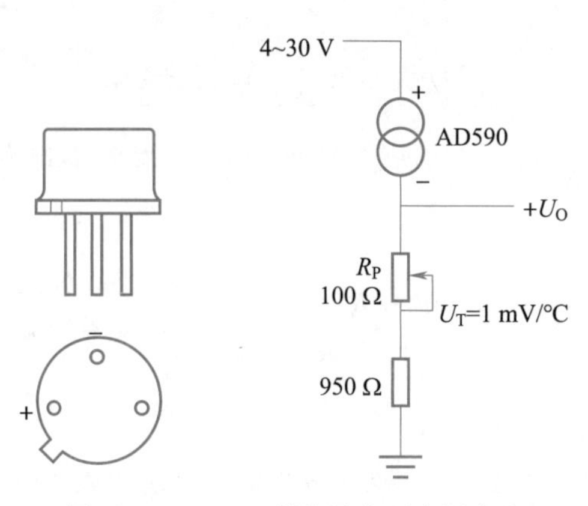

图 13-7　AD590 封装及典型应用电路

② 数字输出型集成温度传感器 DS18B20

DS18B20 是美国 DALLAS 公司生产的单总线数字温度传感器，与微处理器连接时仅需一条数据线（DQ）即可实现微处理器与 DS18B20 的双向通信，封装形式如图 13-8 所示。每片 DS18B20 具有唯一的串行序列号，因此在一条总线上可挂接多个 DS18B20 芯片。单总线可以向所挂接的 DS18B20 供电，并实现数据的读写及温度变换功能。DS18B20 提供九位温度读数，可构成多点温度检测系统而无需任何外围硬件，且连接线可以很长，抗干扰能力强，便于远距离测量，因而得到了广泛应用。

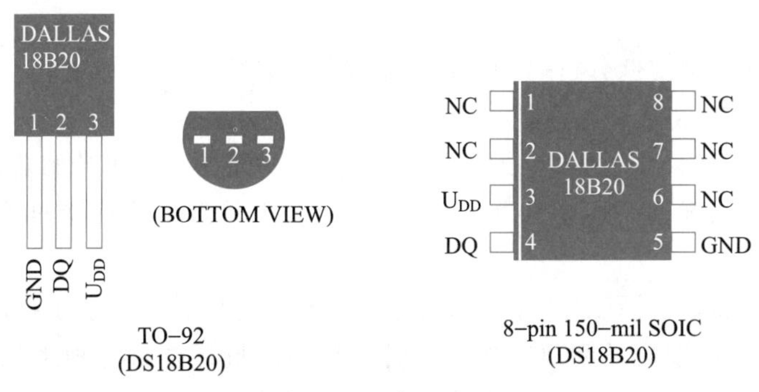

图 13-8　DS18B20 封装形式

2. 压力传感器

压力传感器是工业测量中常用的一种传感器，广泛应用于水利水电、交通运输、智能建筑、航空航天、石油化工、机床、管道等自动化环境中。工程技术上所称的压力实质上是物理学中的压强，含应变式、压阻式、压电式、电容式、电感式、霍尔式等多种测量机理。

（1）应变式压力传感器

应变式压力传感器是指以金属电阻应变片为转换元件来测量压力的传感器，通常由弹性元件、金属电阻应变片和测量电桥三部分构成。其中，弹性元件的作用是将被测力或压力转换成应变量;金属电阻应变片的作用是将应变量转换成电阻的变化;而测量电桥的作用是将电阻的变化转变成电压的变化。它的核心部件是金属电阻应变片,测量原理是基于金属电阻的应变效应。

金属电阻应变片种类繁多,形式多样,常见的有丝式和箔式两种。金属电阻应变片的基本结构如图 13-9 所示。它由基片、敏感栅、覆盖层和引出导线等部分组成。敏感栅是电阻应变片的核心部件,也是电阻应变片的测量敏感部分,它粘贴在绝缘基片上,敏感栅的两端焊接有丝状或带状的引出导线,敏感栅上面粘贴有覆盖层,起保护作用。

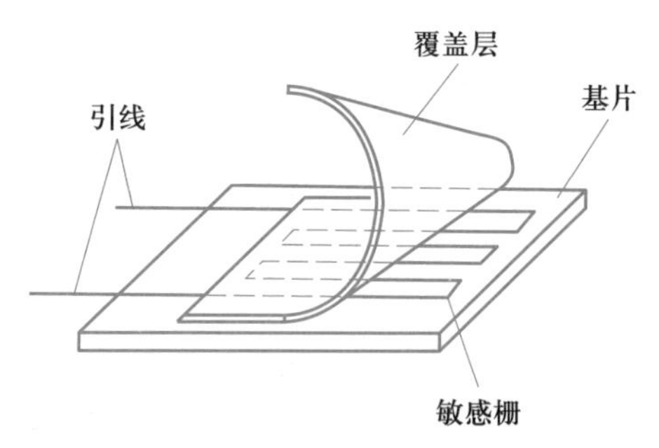

图 13-9　金属电阻应变片的基本结构

工程上常用的电阻应变片测量转换电路,有直流电桥和交流电桥两类。应变式压力传感器主要用来测量流动介质的动态或静态压力,如动力管道设备的进/出口气体或液体的压力、发动机内部的压力、枪管及炮筒内部的压力、内燃机管道的压力等。

(2) 压阻式压力传感器

压阻式压力传感器是基于半导体材料的压阻效应。当半导体材料受外力作用时,其电阻率相应发生变化的现象称作半导体电阻的压阻效应。压阻式压力传感器就是以半导体电阻应变片为敏感元件进行压力测量的传感器,通常它由弹性元件、半导体电阻应变片和测量电桥三部分组成,其核心部件是半导体电阻应变片。

就结构而言,目前半导体电阻应变片主要有体型和扩散型两种。体型半导体应变片的基本结构如图 13-10 所示,其中敏感栅是从单晶硅或锗上切的薄片。体型半导体应变片在使用时需粘贴在弹性元件上,易造成蠕变和断裂。为了克服这个缺陷,后来又研究出了扩散型,即以半导体材料作为弹性元件,在它上面直接用集成电路工艺制作出扩散电阻作为敏感栅。它的特点是体积小,工作频带宽,扩散

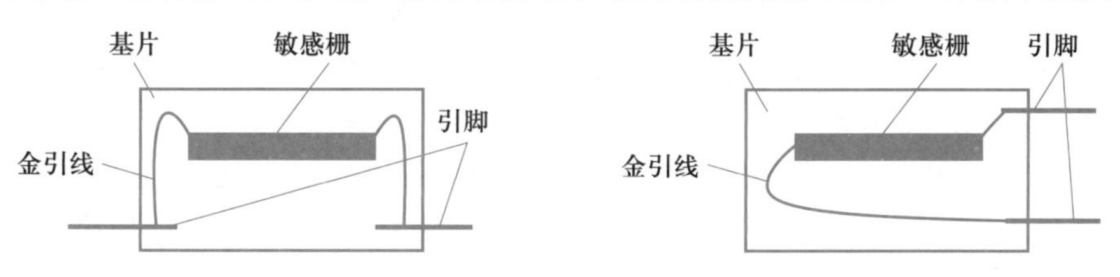

图 13-10　体型半导体应变片的基本结构

电阻、测量电路及弹性元件一体化，便于批量生产，使用方便。

（3）压电式压力传感器

压电式压力传感器是一种典型的有源传感器，其工作原理是基于某些材料的压电效应。所谓压电效应，就是对某些电介质沿一定方向施以外力使其变形时，其内部将产生极化而使其表面出现电荷集聚的现象，也称为正压电效应。不同于压阻效应只产生阻抗变化，压电效应会产生电荷。

压电式压力传感器具有结构简单、体积小、重量轻、工作频带宽、灵敏度和信噪比高、工作可靠、测量范围广等特点，主要用于与力相关的动态参数测试，如动态力、机械冲击、振动等，它可以把加速度、压力、位移、温度等许多非电量转换为电量。它既可用来测量大的压力，也可用来测量微小的压力，但不能用于测量静态压力。

根据压电元件的工作原理，压电式压力传感器可等效为一个电容器，聚集正负电荷的两个表面相当于电容的两个极板，极板间的晶体可等同于一种介质，如图 13-11(a)所示，其电容量为

$$C_a=\frac{\varepsilon_0\varepsilon_r A}{d} \tag{13-6}$$

式中 A 为压电片的面积，d 为两个极板间的距离；ε_r 为压电材料的相对介电常数，ε_0 为真空介电常数。

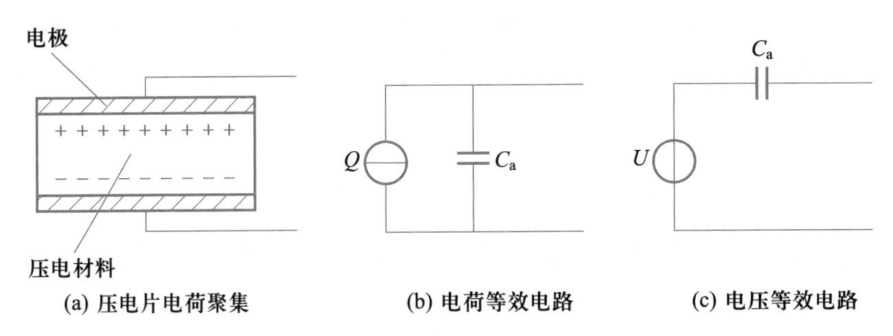

图 13-11　压电式传感器的等效电路

当压电元件受外力作用时，其两表面产生等量的正、负电荷，电量为 Q。此时，压电元件的开路电压为

$$U=\frac{Q}{C_a} \tag{13-7}$$

因此，压电式压力传感器可以等效为一个电荷源 Q 和一个电容器 C_a 并联，如图 13-11(b)所示；也可等效为一个与电容串联的电压源，如图 13-11(c)所示。

（4）其他压力传感器

此外，还有电容式、电感式、霍尔式压力传感器。以电容传感器为敏感元件的电容式压力传感器，可将被测压力变化转换成电容量的变化，具有结构简单、体积小、分辨率高的特点；电感式压力传感器利用电磁感应原理，把压力转换为线圈自感系数的变化来实现压力的测量；霍尔式压力传感器是利用材料的霍尔效应，将感

受的压力转换成可用信号输出的传感器。

(5) 压力传感器的选用原则

压力传感器选用的基本原则是既要满足工艺指标、测压范围、允许误差、介质特性、安全生产等因素对压力测量的要求,又要经济合理、使用方便。

弹性元件要保证在弹性变形的安全范围内可靠地工作,在选择传感器量程时要留有足够的余地。一般在被测压力波动较小的情况下,最大压力值不应超过满量程的 3/4;在被测压力波动较大的情况下,最大压力值应不超过满量程的 2/3。为了保证测量精度,被测压力最小值应不低于满量程的 1/3。

(6) 典型应用实例分析——用应变式压力传感器实现机床液压系统压力的测量

应变式圆筒形压力传感器的结构如图 13-12 所示,其内腔与被测液体相通。两个测量电阻应变片贴在内部有压力作用的圆筒外表面,另外两个电阻应变片贴在实心杆部分的外面供温度补偿用,不受应力时电桥平衡。

当圆筒内腔与被测压力相通时,圆筒外表面上的切向应变(沿着圆周线)为

$$\varepsilon_t = \frac{P(2-\mu)}{E(n^2-1)} \tag{13-8}$$

其中 P 是被测压力;μ 是弹性元件(圆筒)材料的泊松比;E 是弹性元件材料的杨氏弹性模量;n 是圆筒外径 D 与内径 D_0 之比。

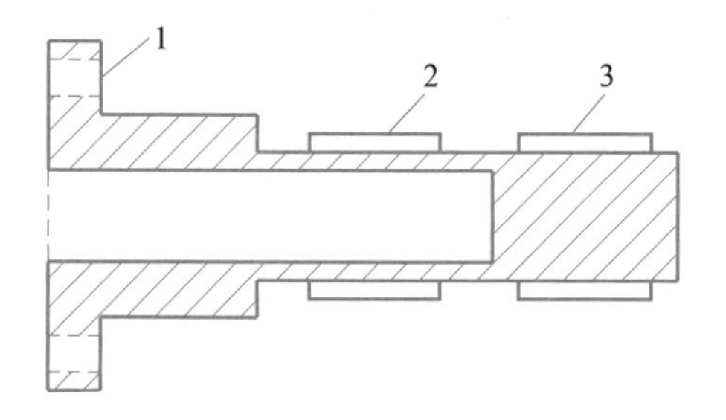

1—固定孔;2—测量应变片;3—补偿应变片。

图 13-12 应变片式圆筒形压力传感器的结构

将应变片的电阻丝沿圆筒的切线方向放置并紧密粘贴在圆筒上,则应变片电阻丝的轴向应变等于圆筒的切向应变,其电阻相对变化可表示为

$$\frac{\Delta R}{R} = k\varepsilon_t = k\frac{P(2-\mu)}{E(n^2-1)} \tag{13-9}$$

测出电阻变化就可以得到待测压强。

3. 位移传感器

位移测量一般是指在位移方向上测量物体的绝对位置或相对位置的变化量,包括线位移和角位移测量。位移测量在工程中应用很广,一类是直接检测物体位置的变化量或转动量,如检测机床工作台的位移和位置、振动的振幅、物体的形变

量等;另一类是通过位移的测量来间接测量其他物理量的大小,如力、压力、转(扭)矩、应变、速度、加速度、物位、厚度、距离等参数。

在工程应用中,一般采用能将位移量转换为电量的模拟式传感器,常见的有电位器式、电感式、电容式、霍尔式、光电式等;也有数字式位移传感器,其测量方法主要是在精密数控装置中,将直线位移或角位移转换为脉冲信号输出。各种位移测量仪表的测量范围和测量精度各不相同,使用时应根据测量任务选择合适的测量方法和测量仪表。

(1) 电位器式位移传感器

把位移变化转换成电阻值变化的敏感元件称作电位器式位移传感器。由于它的结构简单,性能稳定,价格便宜,输出功率大,所以在很多场合被广泛使用。其缺点是分辨率不高,易磨损。

电位器种类繁多,按其结构形式可分为绕线式、薄膜式、分段式和液体触点式电位器等多种。其中绕线式电位器性能稳定,通过改进制作方法,可以实现指数函数、三角函数、对数函数及其他函数的非线性电位器。

① 线性电位器:电位器的输出电阻与被测位移量呈线性关系。

电位器式位移传感器主要由电阻元件和滑动触点(电刷)两部分组成。当电位器的滑动触点受到外力作用而产生位移时,就改变了电位器的阻值,此即线性电位器的工作原理。

② 非线性电位器:电位器的输出电阻与被测位移量呈非线性关系。原理与线性电位器类似,只是电阻值的变化与位移变化呈非线性关系,因此也称作函数电位器。

(2) 电感式位移传感器

电感式位移传感器是利用电磁感应原理,把被测位移转换为线圈自感系数 L 或互感系数 M 的变化来实现位移测量的器件。电感式位移传感器种类很多,但归纳起来可分为自感式、互感式和电涡流式三大类。

① 自感式位移传感器是把被测位移变化转变为线圈自感系数变化的传感器。根据自感系数定义 $L=\frac{N^2}{R_m}$ 可知,当线圈匝数 N 确定后,自感系数 L 仅是磁路总磁阻 R_m 的系数。因此自感式位移传感器就是通过改变磁路的磁阻来实现自感系数变化的,也常称作变磁阻式位移传感器。

② 互感式位移传感器实际就是一个变压器,它把被测位移转换为互感的变化,使二次绕组感应电压也产生相应的变化。由于互感式位移传感器的二次绕组通常连接成差动形式,所以又常把它称为差动变压器式传感器。

③ 电涡流式位移传感器是一种非接触式的位移传感器,其原理如图 13-13 所示,通以高频电流的线圈在其端部会产生一个高频电磁场 H_1,当线圈靠近金属板时,在其表面便产生以线圈轴心为圆心的环形涡流 H_2。涡流产生的磁场会抵消原磁场,使传感器线圈和前置器组成的电路参数发生改变,引起输出电量 u 的变化,此变化与金属板和传感器的位移变化成正比。此种测量方式为直接测量,精度较高。

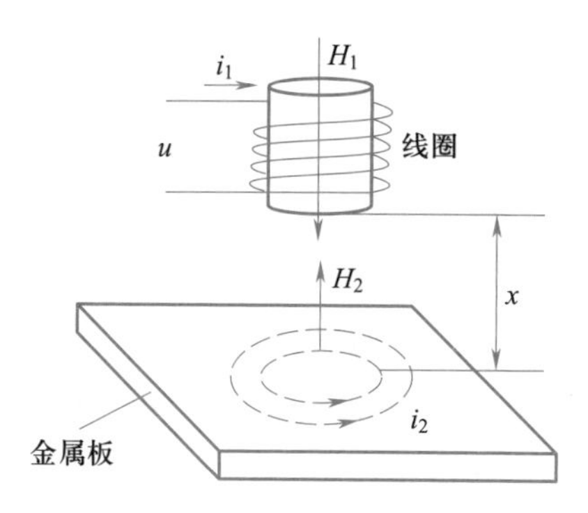

图 13-13 电涡流效应原理

(3) 电容式位移传感器

电容式位移传感器是利用电容器的电容量随位移的变化而变化的原理进行位移测量。它结构简单、体积小、分辨率高,可实现非接触测量,并能在高温、高辐射和强振动等恶劣条件下工作,可用于位移、压力、差压、加速度等参数的测量。近年来,随着微电子技术的发展,电容式位移传感器在自动监测技术中因其独特的优点被广泛使用。

电容式位移传感器的分类方法很多,若按照电容传感器的结构分类,可分为单电容和差动电容两大类;若按照引起电容量变化的参数分类,可分为变极距型、变面积型和变介质型三种,下面介绍它们的测量原理及特性。

单电容式位移传感器实际上是一个只有一个参数随位移变化的单电容器,其最简单的结构形式是平行板电容器。当忽略边缘效应时,它的电容量计算公式为

$$C=\frac{\varepsilon_0\varepsilon_r A}{d} \tag{13-10}$$

式中,C 为电容器的电容量(F);A 为两极板相互重合面积(m^2);d 为两极板间极距(m);ε_0 为真空介电常数 8.85×10^{-12} F/m;ε_r 为两极板间介质的相对介电常数。

由式 13-10 可知,电容量 C 是参数 ε_r、A 和 d 的函数。若保持 ε_r 和 A 不变,只改变 d,就称作变极距型;若保持 ε_r 和 d 不变,只改变 A,就称作变面积型;若保持 d 和 A 不变,只改变 ε_r,则称作变介质型。

在实际应用中,为了提高电容式位移传感器的灵敏度,常将电容式位移传感器做成差动形式。其结构大致由两块定极板和一块可动极板(或可动介质)构成,如图 13-14 所示,开始时可动极板(或可动介质)位于中间位置,$C_1=C_2=C$。当可动极板(或可动介质)移动位移 x 后,一个电容量增加,一个电容量减少,而且两者变化的数值相等,形成差动形式。

通常变极距型电容式位移传感器用来测量微米级的线性位移;变面积型用来测量角位移或较大的线位移;变介质型既可用于线位移测量,也可用于液位、料位以及各种介质的密度、湿度测量等。

(4) 霍尔式位移传感器

霍尔式位移传感器是一种基于霍尔效应的半导体磁电传感器。其主要原理是

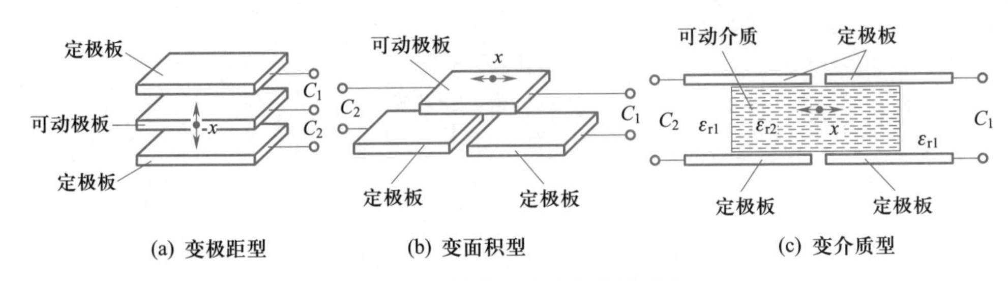

图 13-14　差动电容式位移传感器

将霍尔元件放置在一块或者两块永久磁铁的中间，使霍尔电动势 U_H 处于一中间值，当霍尔元件移动距离 x 时，霍尔元件感受到的磁感应强度就发生变化，这时其输出电动势 U_H 也发生变化，通过测量 U_H 的数值，就可以知道位移 x 的大小和方向。

(5) 典型应用实例分析——用电感式位移传感器实现纸张厚度的测量

由于一般非磁性物质的磁导率与空气的磁导率大致相同，因此变气隙型自感式位移传感器的气隙厚度可用非磁性物质的厚度来替代，实现该非磁性物质厚度的测量。基于这种原理制作的纸张厚度测量仪结构如图 13-15 所示。图中 E 形铁心和线圈构成电感测量探头，衔铁为一块铁质或钢质的平板，工作中衔铁固定不动，被测纸张位于 E 形铁心与衔铁之间，磁力线从 E 形铁心通过纸张到达下部的衔铁。测量中，当被测纸张沿着衔铁移动时，压在其上的 E 形铁心将随被测纸张厚度的变化而上下移动，从而改变铁心与衔铁之间的气隙，因交流毫安表的读数与气隙(纸张的厚度)大小成正比，所以通过交流毫安表的读数即可实现纸张厚度的测量。若将该传感器安装在造纸设备上，通过扫描即可记录纸张厚度，并可通过该信号的反馈实现生产线上纸张厚度的自动控制。

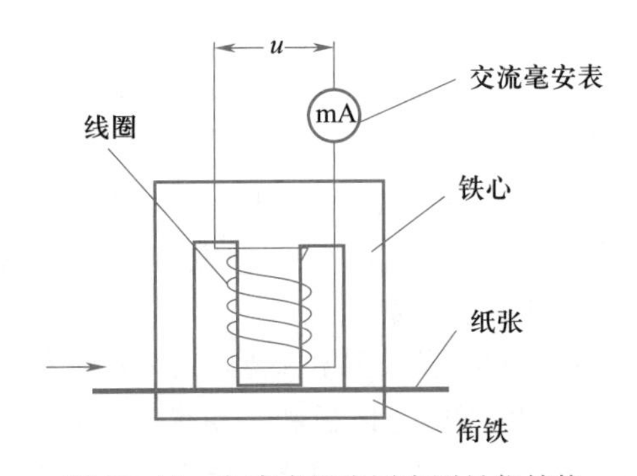

图 13-15　自感式纸张厚度测量仪结构

4. 速度传感器

速度是运动空间中机械运动的基本物理量，物体运动时单位时间内的位移增量就是速度。从军事到民用，速度的正确测量对工农业生产和科技自动化有着极其重要的意义，速度传感器包括线速度传感器和角速度传感器。其中，角速度的测量多以旋转速度测量为主，且线速度的测量也常通过旋转速度间接测量。其测量的原理和方法主要有磁电式、霍尔式、电涡流式、光电式等。

(1) 磁电式速度传感器

磁电式速度传感器是利用电磁感应原理,将被测速度转换成电信号的一种传感器,工作时不需要提供电源,电路简单,性能稳定,兼具一定的频率响应范围,因而得到广泛应用。

根据法拉第电磁感应定律,线圈在磁场中运动产生的感生电动势 e 为

$$e=-N\frac{\mathrm{d}\phi}{\mathrm{d}t}=-NBlv \tag{13-11}$$

N 为线圈处于磁场中的匝数,ϕ 为穿过线圈的磁通量,B 为磁感应强度,l 为每匝线圈的平均长度,当传感器的结构参数确定后,N、B、l 均为定值,这时感应电动势 e 与振动速度 v 成正比,只要测量出感应电动势 e 的大小,就能计算出速度 v,这就是磁电式速度传感器的基本原理。

磁电式速度传感器也可用来测量转速。其原理如图 13-16 所示,齿轮由导磁材料制成,且固定在被测转轴上,磁电式传感器固定在支架上,转轴转过一个齿,传感器磁阻和对应的磁通就变化一次,从而线圈中产生的感应电动势大小也变化一次,根据感应电动势的变化频率 f(Hz)和齿轮的齿数 Z,即可得 $f=Zn/60$,从而求得转速 n(r/min)。

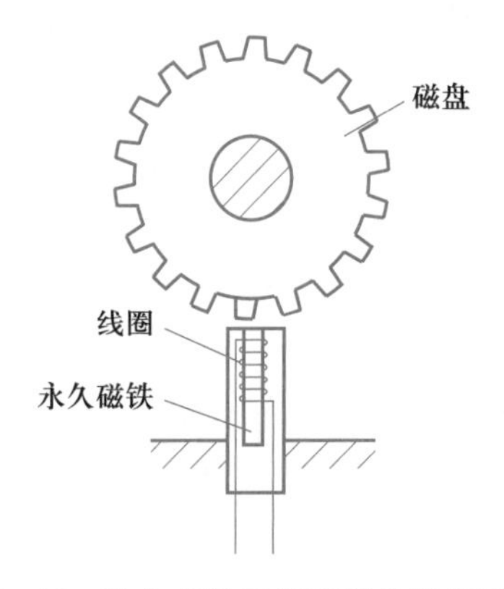

图 13-16　磁电式转速传感器的结构原理图

(2) 霍尔式转速传感器

利用霍尔元件或霍尔集成电路也可以构成霍尔转速传感器,其结构如图 13-17 所示,主要由霍尔传感器和安装在转盘上的小磁钢组成。当转轴转动时,转盘上的小磁钢经过固定在转盘附近的霍尔传感器,便可在霍尔传感器中产生一个电脉冲,根据转盘上放置小磁钢的数量与单位时间内产生的电脉冲数,便可计算出被测物体转速。它的特点是非接触测速,对被测轴承影响小,被广泛应用于汽车速度和汽车行车里程的测量显示系统。

(3) 电涡流式转速传感器

如图 13-18 所示,电涡流式转速传感器由电涡流式传感器、输入轴、振荡器和信号处理电路(包括高频放大器、检波器、整型电路)等组成。在软磁性材料的输入轴上加工一个或数个键槽,在距输入轴表面 d_0 处设置电涡流式传感器,输入轴与被

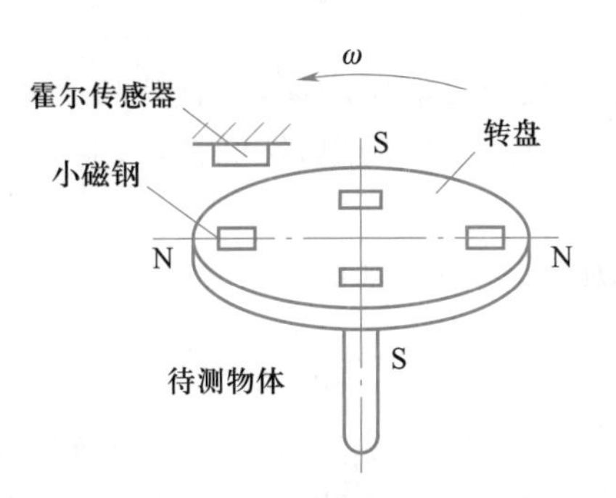

图 13-17　霍尔式转速传感器的结构原理图

测旋转轴相连。当被测旋转轴转动时，输入轴跟随转动，从而使传感器与输入轴的距离发生 Δd 的变化。由于电涡流效应使涡流传感器的线圈阻抗随转盘的转动而变化，从而影响振荡器输出的电压幅值和振荡频率，该频率即线圈阻抗的变化频率 f_n，由于它与被测转速成正比，因此可通过测量频率 f_n 求得转盘转速。

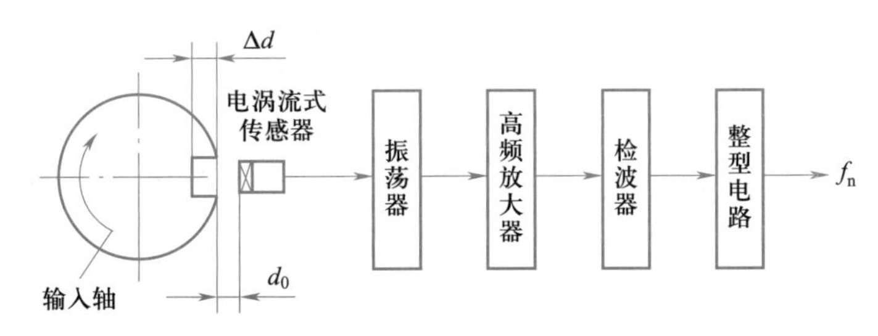

图 13-18　电涡流式转速传感器的结构原理图

（4）光电式转速传感器

光电式转速传感器由调制盘和光电开关组成，其中，直射型光电式转速传感器的结构原理图如图 13-19 所示，它把光源和光敏元件正对地安装在调制盘的两侧，通过开孔圆盘形成光电开关，实现对光的调制；反射型光电式转速传感器的调制盘是通过粘贴在转轴上的黑白相间条纹对光的反射差异实现对光的调制。

测量时将调制盘安装在被测转轴上，转轴旋转时，发光元件发出的光被调制盘调制成随时间变化的断续光照射到光敏元件上，并转换成一系列的电脉冲信号，其频率与被测转速成正比。假设调制盘上有 Z 个缺口或 Z 条黑白相间的条纹，光敏元件输出的电脉冲信号频率为 f，则被测转速 n(r/min) 为 $n=\dfrac{60f}{Z}$。

5. 加速度传感器

加速度也是运动空间中最基本的物理量，根据所采用的传感器工作原理的不同可分为应变式、压电式、电容式、差动变压器式和光纤式等。

（1）应变式加速度传感器

该类传感器由电阻应变片、质量块、等强度梁以及壳体组成，如图 13-20 所示，其中，等强度梁的一端固定在壳体上，另一端为安装了质量块的自由端，电阻应变

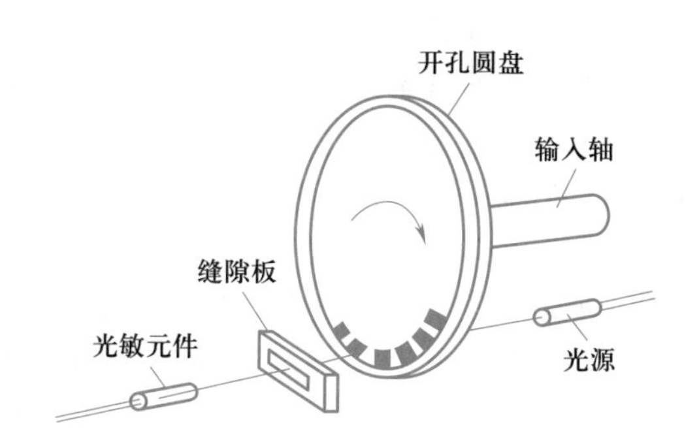

图 13-19　直射型光电式转速传感器的结构原理图

片布置在等强度梁的上下两个表面，构成全桥差动测量电路。

测量时，将传感器壳体与被测对象刚性连接，当被测物体以加速度 a 运动时，质量块就受到一个与加速度方向相反的惯性力 $F=-ma$ 作用，使等强度悬臂梁发生应变。该应变与力 F 成正比，即 $\varepsilon=K_1F$，从而使电阻应变片阻值发生变化。该变化经过全桥差动测量电路转变成与应变成正比的电桥不平衡电压 U_0 输出，即 $U_0=K_2\varepsilon$，从而可知输出电压 $U_0=-K_2K_1ma$。显然，只要能测量出这个不平衡电压，就可以计算出物体运动的加速度 a。

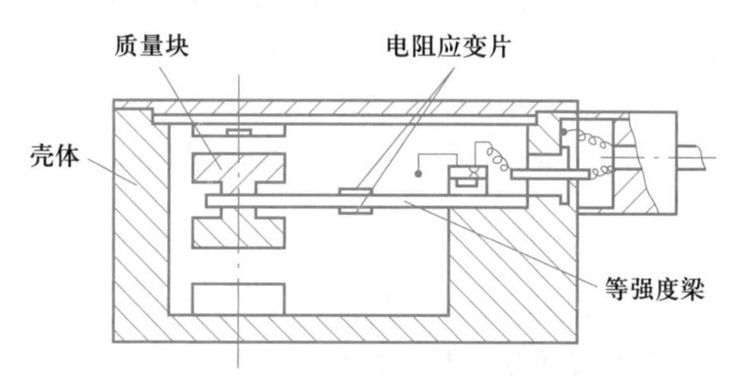

图 13-20　应变式加速度传感器的结构原理图

这种传感器适于测量频率在 10~60 Hz 范围内的振动加速度，不适于频率较高的振动和冲击的加速度测量场合。

（2）压电式加速度传感器

压电式加速度传感器由壳体、基座、压电片、质量块组成，其中质量块布置在压电片上。其工作原理可简述如下：测量时，将压电式加速度传感器与被测物体刚性连接，当受到冲击振动时，质量块感受与传感器基座相同的振动，作用到压电片上产生电荷，其输出电荷量（或电压）与加速度大小成正比。

（3）电容式加速度传感器

电容式传感器可以测量位移，而位移对时间的二阶导数即为加速度，因此也可以用来制成加速度传感器。由于采用空气阻尼，气体黏度的温度系数比液体小得多，因此这种加速度传感器的精度较高、频率响应范围宽、量程大，可用于较高加速度值的测量。

（4）差动变压器式加速度传感器

该类传感器的测量原理同电容式加速度传感器，也是当被测物体振动时，传感器的输出电压也按相同规律变化。配以必要的检波和滤波测量电路，可得到与振动加速度大小和方向一致的直流输出电压。

（5）典型应用场景

加速度传感器在设备或终端中可通过重力引起的加速度实现设备倾斜角度的测量，通过分析动态加速度，可以分析设备移动的方式，从而实现运动姿态的监测与控制，如压阻式加速度传感器常用于汽车安全气囊，或防抱死系统，在汽车工业中的广泛应用使其发展很快。

6. 其他传感器

除上述传感器外，应用较广的还有流量传感器、气敏与湿敏传感器、光敏传感器、物位传感器等。

（1）流量传感器：流量测量的方法很多，也是用量最大的传感器，测量介质包括液体、气体、气液两相或液固两相的混合流体，常用的方法有三种。

① 速度式：该类传感器大多是通过测量流体在管路内已知截面流过的流速大小来实现流量测量的。它是利用管道中流量敏感元件把流体的流速变换成压差、位移、转速、冲力、频率等对应的信号来间接测量流量的。差压式、转子式、涡轮式、电磁式、旋涡式和超声波等流量传感器都属于此类。

② 容积式：该类传感器利用已知容器的容室在单位时间内排出流体的次数进行流体瞬时流量和总量的测量。常用的有椭圆齿轮、旋转活塞式和刮板等流量传感器。

③ 质量式：质量流量传感器有两种。一种是根据质量流量与体积流量的关系，测出体积流量再乘以被测流体的密度，获得质量流量的间接式测量；另一种是直接测量流体质量流量的直接式质量流量传感器。直接法测量具有不受流体的压力、温度、黏度等变化影响的优点，是目前正在发展中的一种质量流量传感器。

（2）气敏传感器：气敏传感器是用来检测气体浓度和成分的传感器，它在环境保护和安全监督方面起着极其重要的作用。

由于被测气体的种类繁多，性质各不相同，不可能用同一种传感器来检测所有气体，所以气体传感器的种类也有很多，按照检测原理的不同，主要可分为化学测量方法和光学测量方法，此外，还有激光诱导荧光法、超声波技术等其他的一些气体检测方法。

化学测量方法应用领域广泛，其缺点主要是响应速度较慢，在实时检测方面受到较大限制；光学测量方法具有较多优点：① 无需多点采样，操作简便，根据已知谱图便可对光谱进行定性分析，实现一定范围内气体平均浓度的持续监测；② 无需复杂的分离步骤，可实现多组混合气体的同时测量；③ 探测灵敏度高、选择性强，可对危险区域的气体进行有效监测。目前光学测量方法在众多领域正逐步取代化学测量方法，成为当前气体监测技术的技术主流和发展方向。但化学方法在痕量气体监测方面具有光学技术无法比拟的优势，且测量手段更为直接。光学测量方法和化学测量方法的结合大幅提高了气体的监测种类和检测的灵敏度。

(3) 湿敏传感器:湿敏器件是能感受外界湿度变化,并通过器件材料的物理或化学性质变化,将湿度转换成可用信号的器件。湿度的检测已广泛用于工业、农业、国防、科技、生活等各个领域,湿度不仅与某些工业产品质量有关,而且是环境条件的重要指标。

按感湿材料来分,大致有四类:电解质、半导体陶瓷、高分子和其他材料。前三类的共同特点是靠感湿材料和水分子直接接触来完成湿度信息的传递,称为水分子亲和力型传感器,当前广泛使用的就是这类湿敏传感器。水分子亲和力型湿敏传感器响应速度慢,可靠性较差,不能很好地满足使用的需要,所以现在人们正在开发非水分子亲和力型的湿敏传感器。例如,利用水蒸气能吸收特定波长的红外线而制成的红外湿敏传感器;利用微波在含水蒸气的空气中传播时,水蒸气吸收微波使其产生一定损耗制成的微波湿敏传感器等。

各类湿敏器件因所用材料不同,吸湿的活性中心不同,吸附水的作用机理也不相同,因而产生的特征量种类、大小、变化率及检测手段也各不相同,所以各类湿敏器件存在着很大的差别。

(4) 光敏传感器:指能将光信号转变成电信号的器件,其工作原理是基于光电效应。常见的应用方向有各类光电传感器和光纤传感器。

① 光电传感器:是以光电元件为检测器件,配上相应的光源和光学系统,把被测物理量的变化转换成光信号的变化,然后再将光信号的变化转变成电信号的变化的一种传感器。与其他传感器相比,它具有非接触、检测速度快、检测精度高、性能可靠、可遥测、结构简单等优点。

常见的光电传感器有光电耦合器和光电开关。

光电耦合器通过光来实现两个电路中电量的传输,所以又把它称作光电隔离器,广泛应用于强电电路和弱电电路的隔离,以保护人身安全,也可用于电平转换和噪声抑制等场合。

光电开关也是由发光元件和感光元件组合而成的器件。通常采用波长接近于可见光的红外线光束,通过光束是否被物体遮挡或反射来检测光线的有无。光电开关可直接与 TTL、MOS 等电路连接,输出信号通常为脉冲信号。光电开关检测距离大,灵敏度高,广泛应用于工业控制、自动化包装线及安全装置中。

② 光纤传感器:光纤传感器是 20 世纪 70 年代后期才发展起来的一种新型传感器。光纤比较细,具有重量轻、可绕曲、不受电磁干扰、灵敏度高、耐腐蚀、绝缘强度高和防爆性好等诸多优点,应用前景和发展潜力巨大。到目前为止,人们已经研制出了测量位移、加速度、转矩、压力、温度、电场、声场等物理量的光纤传感器。

光纤传感器可分为功能型(传感型)传感器和非功能型(传光型)传感器。

功能型传感器利用光纤作为敏感元件,当外界某一参数(如温度、压力、流量、位移等)发生变化时,经敏感元件的作用会引起光纤内光的某一参数(如强度、频率、相位、偏振等)发生变化。通过光电元件把光的这种变化转换成电信号的变化,最后经信号处理系统检测出这一变化,即可实现被测参数的测量。光纤不仅是敏感元件,也是导光媒质,光在光纤内受被测量调制,多采用特殊的多模光纤,如光纤陀螺、光纤水听器等。

非功能型传感器是利用其他敏感元件感受被测量的变化,光纤仅作为信息的传输介质,常采用单模光纤,所以又称为传光型光纤传感器。

(5) 物位传感器:物位是指各种容器设备中液体介质液面的高低、两种不相溶的液体介质的分界面的高低和固体粉末状物料的堆积高度等的总称,包括液位、料位和界位。具体来说,常把存储于各种容器中的液体所积存的相对高度或自然界中江、河、湖、水库的表面称为液位;在各种容器中或仓库、场地上堆积的固体物的相对高度或表面位置称为料位。在同一容器中由于密度不同且互不相溶的两种液体间或液体与固体之间的分界面(相界面)位置称为界位。

测量界位的传感器种类较多,按其工作原理可分为下列几种:

① 直读式:根据流体的连通性原理来测量液位;② 浮力式:根据浮子高度或浮力大小随液位高度变化而变化的原理来测量液位;③ 差压式:根据液位高度变化对某点产生的静(差)压力变化的原理来测量液位;④ 电学式:根据物位变化与某种电量变化有一一对应关系的原理来测量物位;⑤ 辐射式:根据核辐射透过物料时,其强度随厚度变化而变化的原理来测量物位;⑥ 声学式:根据物位变化引起声阻抗和反射距离变化原理来测量物位;⑦ 其他形式:如微波式、激光式、射流式传感器等。

13.2.3　传感器新技术

随着计算机技术和通信技术的发展,传感器技术有了迅猛发展,主要表现在近几年出现的新型传感器,其在智能化、微型化、集成化、网络化等方面区别于传统传感器。这里主要介绍智能传感器、微传感器与网络传感器。

讲义:传感器新技术

1. 智能传感器

智能传感器是具有信息处理功能的传感器。智能传感器带有微处理器,具有信号采集、数据存储和处理、并通过通信接口实现数据交换的能力,是传感器集成化与微处理器相结合的产物。智能传感器集成了传感器、智能仪表全部功能及部分控制功能,具有很高的线性度和低的温度漂移,降低了系统的复杂性、简化了系统结构。其基本结构如图 13-21 所示。

与一般传感器相比,智能传感器具有以下优点:

(1) 通过软件技术可实现高精度的信息采集

智能传感器能将检测到的各种物理量储存起来,并按照一定的指令对数据进行处理,同时舍弃异常数据,通过自动校零去除零点误差,并进行非线性等系统误差的校正或补偿,经统计计算获得新数据,保证智能传感器的高精度。

(2) 数据输出采用标准接口

智能传感器接口是指智能传感器之间、智能传感器与外部网络或系统之间进行双向通信所需具备的物理接口和通信协议要求。通信接口包括不同的物理接口

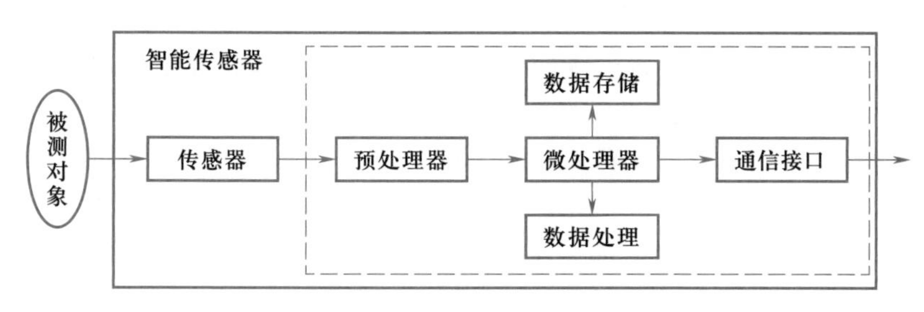

图 13-21 智能传感器的基本结构图

及通信协议，不同的通信协议之间应基于协议网关达到互操作和数据一致性的要求。

智能传感器具有多种数据输出形式，以适配各种应用系统和场景，其通信接口大致可分为有线和无线两大类，有线接口包括 RJ-45 接口、光纤接口、RS-232 接口、RS-485 接口、IEEE1394 等物理接口，以及基于 TCP/IP 的工业以太网接口和基于现场总线的网络接口；无线接口包括 Zigbee、Bluetooth、WLAN、RFID 等通信接口。

(3) 性价比和可靠性较高

智能传感器系统集成度高，消除了传统结构的某些不可靠因素，提高了系统的抗干扰能力；同时它还具有诊断、校准和数据存储功能，具有良好的稳定性。在相同精度的需求下，智能式传感器功能较为复杂，且多采用较便宜的单片机，性价比明显提高。

(4) 可实现多参数测量

智能传感器可实现多参数的综合测量，并可通过编程扩大测量与使用范围，有一定的自适应能力，可根据检测对象或条件的改变，相应地改变量程或输出数据的形式。

2. 微传感器

传感器微型化是当今传感器技术的主要发展方向之一，也是微机电系统（microelectro mechanical system，MEMS）技术发展的必然结果。微传感器应用新的工作机制和物化效应，采用与标准半导体工艺兼容的材料，利用微机械加工技术将微米级的敏感元件、信号处理器、数据处理装置封装在一块芯片上。由于它具有体积小、价格便宜、便于集成等特点，可以明显提高系统测试精度。目前该技术日渐成熟，可以制作各种检测力学量、磁学量、热学量、化学量和生物量的微传感器。微传感器因其微型化、智能化、低功耗、易集成的特点而备受青睐。其可在同一衬底上与其他多个 MEMS 传感器实现多参数混合测量；可通过与信息处理和控制芯片的集成实现自诊断、误差补偿等智能化功能，同时可有效缩小整体体积、降低系统功耗、提高可靠性。如在汽车传感领域，基于 MEMS 的微型传感器已大范围取代传统的机械式、应变片式、滑动电位器等传感器。

微传感器包括三个层面的含义：

(1) 单一传感器：指尺寸微小的传感器，如敏感元件的尺寸从微米级到毫米级、甚至达到纳米级，主要采用精密加工、微电子以及微机电系统技术，实现传感器尺寸的缩小。

(2) 集成微传感器：指将微小的敏感元件、信号处理器、数据处理装置封装在一块芯片上而形成的集成传感器。

(3) 微传感器系统：指传感系统中不但包括微传感器，还包括微执行器，可以独立工作，甚至由多个微传感器组成传感器网络，或者可实现异地联网。

微传感器应用范围广泛，如以手机为中心的消费类电子产品中已大规模使用了像麦克风、陀螺仪等 MEMS 传感器；在目前的汽车安全管理系统中，安全气囊系统、胎压监测系统、防抱死制动系统(ABS)、电子制动力分配(EBD)系统、先进驾驶辅助系统(ADAS)、车辆动力学控制、自适应导航、发动机运行管理与燃烧控制、废气与空气质量控制、夜视系统等，都使用了大量的传感器，采集的信息包括汽车各个方向的加速度、胎压、制动踏板位置、碰撞压力、接近警告等，已逐步从被动防御转向主动保护。

3. 网络传感器

网络传感器是以嵌入式微处理器为核心，集成了传感器、信号处理器和网络接口的新一代传感器。简单地说，网络传感器就是能与网络连接或通过网络与微处理器、计算机或仪器系统连接的传感器。网络传感器的产生使传感器由单一功能、单点检测向多功能、多点检测发展，从被动检测向主动进行信息处理方向发展，从就地测量向远距离实时在线测控发展，使传感器可以就近接入网络，传感器与测控设备间再无需点对点连接，大大简化了连接电路，节省投资，易于系统维护，也使系统更易于扩充。网络传感器特别适用于远程分布式测量、监控和控制。

网络传感器主要由信号采集单元、数据处理单元及网络接口单元组成。网络传感器的核心是使传感器本身实现网络通信协议，可以通过软件方式或硬件方式实现传感器的网络化。软件方式是指将网络协议嵌入到传感器系统的 ROM 中；硬件方式是指采用具有网络协议的网络芯片直接用作网络接口。网络接口技术的应用，为系统的扩充提供了极大的方便，减少了现场布线的复杂性和电缆的数量。

(1) 网络传感器的类型

网络传感器的关键是网络接口技术。网络传感器必须符合某种网络协议，使现场测控数据能直接进入网络。工业现场存在多种网络标准，因此也随之发展了具有不同网络接口类型的网络传感器。目前主要有以下两类：

① 基于现场总线的网络传感器

现场总线是在现场仪表智能化和全数字控制系统的需求下产生的，连接现场智能设备和自动化系统的数字式、双向传输、多分支结构的通信网。其关键标志是支持全数字通信，其主要特点是高可靠性。

目前，常见的标准有数十种，但现场总线标准互不兼容，不同厂家的智能传感器采用各自的总线标准。智能传感器和控制系统之间的通信主要是以模拟信号为主，或在模拟信号上叠加数字信号，很大程度上降低了通信速度，因此 IEEE (Institute of Electrical and Electronics Engineers，电气与电子工程师协会)制定了一个简化控制网络和智能传感器连接标准的 IEEE 1451 标准，该标准为智能传感器和现有的各种现场总线提供了通用的接口标准,有利于现场总线式网络传感器的发展与应用。

② 基于以太网的网络传感器

随着计算机网络技术的快速发展,将以太网直接引入测控现场成为一种新的趋势。由于以太网技术具有开放性好、通信速度快、价格低廉等优势,人们开始研究基于以太网(TCP/IP)的网络传感器。该类传感器通过网络介质可以直接接入Internet或Intranet,做到“即插即用”。任何一个网络传感器都可以就近接入网络,而信息可以在整个网络覆盖的范围内传输。由于采用统一的网络协议,不同厂家的产品可以直接互换与兼容。

(2) 网络传感器的应用前景

IEEE1451网络传感器在设备运行状态远程监控、公共交通态势评估和指挥网络、燃气管道健康状态监控等工农业监控网络的组建中均可大显身手。主要应用在两大方向:

分布式测控:网络传感器处于控制网络中的最低级,其采集到的信息可传输到控制网络中的分布智能节点,并传输到网络中。网络综合各个节点信息做出适当决策,执行相应的算法或操作执行器进行相关动作。

嵌入式网络:将设备或设备组成的网络连接到互联网中,可使用接入设备上的嵌入式网络浏览器或网络应用程序,对远在千里的设备进行监测和控制。

嵌入式系统接入互联网的方法有两种,其一是使嵌入式系统具备网络功能,如在单片机程序中实现网络协议,或者采用具有网络协议栈的嵌入式实时操作系统或网络芯片;其二是使嵌入式系统通过网关间接与互联网相连,网关与嵌入式系统之间采用轻量级协议进行通信,网关通常是计算机或者高性能嵌入式网络服务器。

网络技术正深入到世界的各个角落并迅速地改变着人们的生存状态和思维方式,随着5G技术、云计算、大数据、精准定位等技术的逐步成熟和应用覆盖范围的拓展,以新型传感器为基础的物联网可将各种信息传感设备与互联网结合,形成一个巨大网络,实现在任何时间、任何地点,人、机、物的互联互通,建立人与物理环境更紧密的信息联系,不断改善人们的工作和生活环境。

【练习与思考】

13-2-1 什么叫传感器?它由哪几部分组成?它们的作用及相互关系如何?

13-2-2 常见的传感器是如何分类的?简述各类传感器的基本工作原理。

13-2-3 为了减少温度对测量结果的影响,在传感器中常采用何种测量电路?

13-2-4 简述传感器的发展方向。

13.3 数模与模数转换

在自然界中我们接触到的各种物理量都是模拟信号,比如人说话的声音、温度、湿度、光照强度等都是模拟量,通常也称为连续信号。随着科学技术的迅速发展,尤其是在自动控制、自动检测等领域中,广泛采用计算机处理各种模拟信号,因此必须先把这些模拟信号转换成相应的数字信号，计算机系统才能进行分析与处理。从模拟信号到数字信号的转换称为模-数转换，简写为 A/D。把能完成 A/D 转换功能的电路称为模数转换器（analog to digital converter，ADC）。

计算机对数字信号按照预先确定的控制算法进行处理，得到控制信号，再由 D/A 转换器变成连续信号，通过执行机构作用被控对象实现自动控制。从数字信号到模拟信号的转换称为数-模转换，简写为 D/A，把能完成 D/A 转换功能的电路称为数模转换器（digital to analog converter，DAC）。

因此，在计算机控制系统中，必须考虑模拟信号和数字信号的相互转换问题，其转换过程可用图 13-22 表示，由此可见，ADC 和 DAC 就是连接模拟系统和数字系统的“桥梁”。

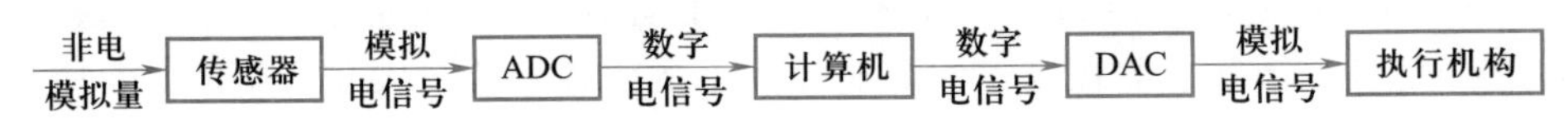

图 13-22　模拟信号与数字信号的转换过程

13.3.1　采样及采样定理

讲义：采样及采样定理

1. 采样

采样是将时间上、幅值上都连续的模拟信号，在周期性采样脉冲的作用下，转换成时间上离散（时间上有固定间隔）、但幅值上仍连续的离散模拟信号，也就是在时间上将模拟信号离散化。如图 13-23 所示，对图 13-23（a）的模拟信号，在图 13-23（b）采样脉冲的作用下，实现了图 13-23（c）所示的对模拟信号的离散化。

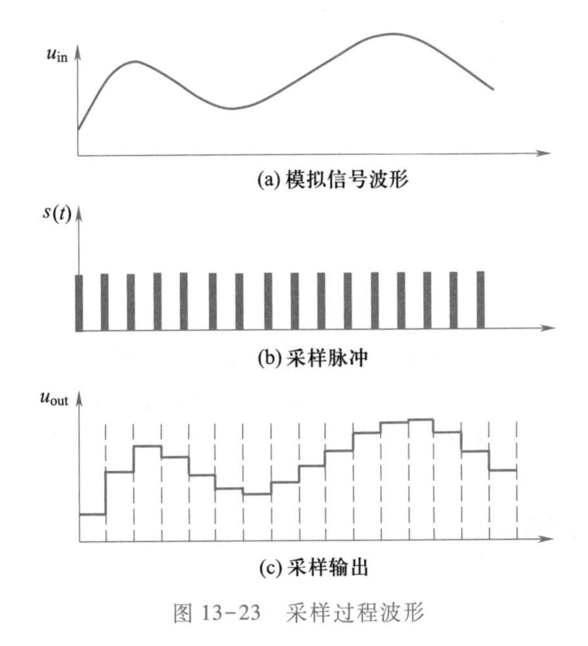

图 13-23　采样过程波形

每秒钟的采样样本数叫做采样频率。采样频率越高，数字化后的波形就越接近于原来的波形，即波形的保真度越高，但量化后信息量的存储量也越大。

2. 采样定理

采样定理又称奈奎斯特定理，指的是在进行 A/D 转换过程中，当采样频率 f_S 大于信号中最高频率 f_{max} 的 2 倍（$f_S>2f_{max}$）时，采样之后的数字信号才能完整地保留原始信号信息，也即 $2f_{max}$ 为最低采样频率。一般实际应用中应保证采样频率为信号最高频率的 2.56~4 倍。

如果不能满足上述采样条件，采样后信号的频率就会重叠，即高于采样频率一半的频率成分将被重建成低于采样频率一半的信号。这种频谱的重叠导致的失真称为混叠，如图 13-24 所示，经采样后，两个信号的采样点瞬时值完全相同，就不能分辨出数字序列来自哪一个信号。

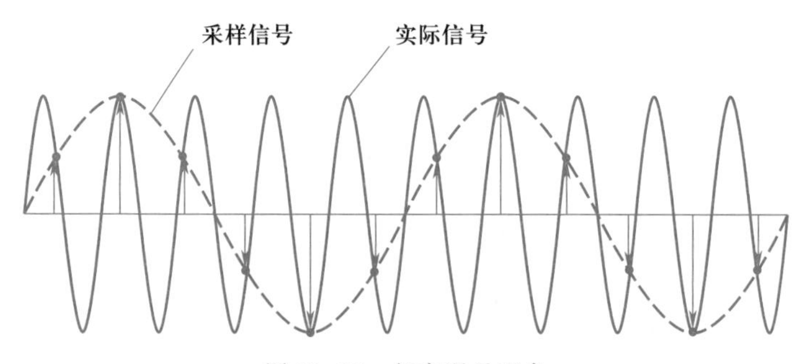

图 13-24　频率混叠现象

13.3.2　D/A 转换

D/A 转换的功能是把二进制数字量电信号转换为与其数值成正比例的模拟量电信号，其原理一般为先将数字信号转换为模拟电脉冲信号，然后通过零阶保持电路将其转换为阶梯状的连续电信号。只要取样频率足够高，就可以精确地复现原信号。

1. D/A 转换器实现原理

D/A 转换器根据电路原理的不同，常见的有权电阻型转换器和 R/2R 电阻网络型转换器。

权电阻型转换器是将数字量的每一位代码按其权的大小转换成模拟量，然后将各位模拟量通过加法运算即可得到与数字量成正比例的模拟量。在这种转换器中由于权电阻的取值范围与数字量的高低位成对应关系，因此 D/A 转换器的精度与权电阻的精度有直接关系，而在大规模生产中保证大范围内的电阻阻值精度都小于 0.5%是很困难的，因此在集成 D/A 转换器中很少采用。

R/2R 电阻网络型转换器的结构如图 13-25 所示，运放输入端 U_- 的电位总是接近于 0V（虚地），所以无论数字量 D_3、D_2、D_1、D_0 控制的模拟开关是连接虚地还是地，流过各个支路的电流都保持不变。为计算流过各个支路的电流，可以把电阻网络等效成图 13-26 的形式。

可以看出，从 A、B、C 和 D 点向左看的等效电阻都是 R，因此从参考电源流向电

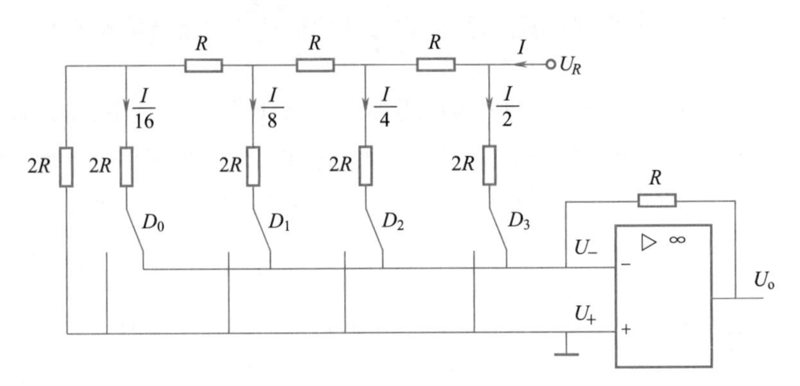

图 13-25　R/2R 电阻网络型转换器的结构

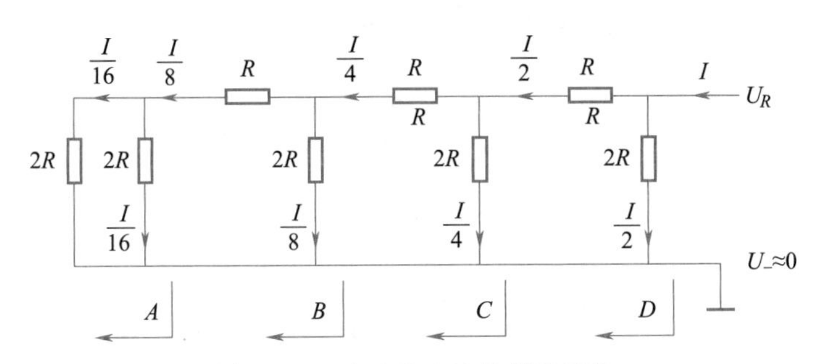

图 13-26　各支路电流的等效网络

阻网络的电流为 $I=U_R/R$，而每个支路电流依次为 $I/2$、$I/4$、$I/8$、$I/16$。各个支路电流在数字量 D_3、D_2、D_1 和 D_0 的控制下流向运放的反相端或地，若是数字量为 **1**，则流入运放的反相端，若数字量为 **0**，则流入地。

从而得到流入运放反相端的电流表达式为

$$I_\Sigma=\frac{I}{2}D_3+\frac{I}{4}D_2+\frac{I}{8}D_1+\frac{I}{16}D_0 \tag{13-12}$$

这里 $I=U_R/R$，而运放输出的模拟电压为

$$\begin{aligned}U_o&=-I_\Sigma R=-\left(\frac{U_{REF}}{2R}D_3+\frac{U_{REF}}{4R}D_2+\frac{U_{REF}}{8R}D_1+\frac{U_{REF}}{16R}D_0\right)R\\&=-U_{REF}\left(\frac{1}{2}D_3+\frac{1}{4}D_2+\frac{1}{8}D_1+\frac{1}{16}D_0\right)\end{aligned} \tag{13-13}$$

由此，将数字量转换为与其成正比的模拟量。

例如，数字量为 **1001**，参考电压为 5V，则运放的输出电压为

$$U_o=-5\left[\frac{1}{2}(1)+\frac{1}{4}(0)+\frac{1}{8}(0)+\frac{1}{16}(1)\right]\ \mathrm{V}=-(2.5+0.312\ 5)\ \mathrm{V}=-2.812\ 5\ \mathrm{V} \tag{13-14}$$

由上述电路结构可以看出，在 R/2R 电阻型转换器中，电阻网络只有两种参数，而且比值小。在集成电路制造技术中，精确控制不同电阻间的比值是很容易实现的，因此 R/2R 电阻型转换器的转换精度较高。

在上述电路中,虽然降低了电阻网络中对阻值的要求并提高了转换精度,但是分析原理时是将模拟开关看作理想的开关元件,不考虑其导通时的电阻所产生的电压降,而这会产生转换误差。为进一步消除实际模拟开关导通电阻对 D/A 转换器精度的影响,可采用权电流型 D/A 转换器,使用恒流源与 R/2R 电阻网络结合,使其流入求和电路的电流按数字位权重来实现,可以实现更高的转换精度。详细原理请读者参考其他相关教材。

2. D/A 转换器的主要技术指标

(1) 分辨率:分辨率用于表征 D/A 转换器对输入微小变化量的敏感程度,可以从两个方面来描述。第一种是用 D/A 转换器输入二进制的位数给出,在 n 位 D/A 转换器中,输出的模拟电压应能区分出输入代码从 **00……00** 到 **11……11** 共 2^n 个不同状态给出的 2^n 个不同等级的输出模拟电压。第二种是用 D/A 转换器的最小输出电压(对应的输入数字量只有最低有效位为 **1**,其余为 **0**)与最大输出电压(对应的输入数字量所有有效位全为 **1**)之比来表示。对于 n 位 D/A 转换器分辨率可表示为$\frac{1}{2^n-1}$。分辨率与 D/A 转换器的位数有关,位数越多,能分辨的最小输出电压变化量就越小。例如,$n=8$ 的 D/A 转换器的分辨率为

$$\frac{1}{2^8-1}=\frac{1}{255}\approx 0.39\% \tag{13-15}$$

若满刻度输出电压 $U_{\mathrm{m}}=10\ \mathrm{V}$,则可计算出此 D/A 转换器所能分辨的最小输出电压为

$$U_{\mathrm{LSB}}=U_{\mathrm{m}}\frac{1}{2^8-1}\approx 10\ \mathrm{V}\times 0.39\%=39\ \mathrm{mV} \tag{13-16}$$

(2) 建立时间:用来定量描述 D/A 转换器的转换速度。

当 D/A 转换器输入的数字量发生变化时,输出的模拟量必须要经过一定的时间才能达到所对应的量值。建立时间即定义为从输入的数字量发生突变开始,直到输出电压进入与稳态值相差$\pm\frac{1}{2}$LSB(最低有效位)时所需要的时间。目前在不包含运算放大器的单片集成 D/A 转换器中建立时间最短可达到 0.1 μs 以内,在包含运算放大器的集成 D/A 转换器中,建立时间最短也可达 1.5 μs 以内。

(3) 线性度:也称非线性误差,是实际转换特性曲线与理想直线特性之间的最大偏差。常以相对于满量程的百分数表示。如±1%是指实际输出值与理论值之差在满刻度的±1%以内。

(4) 绝对精度:指输入端加对应满刻度的数字量时,D/A 转换器输出的理论值与实际值之差,也称为精度。一般来说,绝对误差应低于 $U_{\mathrm{LSB}}/2$。其影响因素主要有电子开关导通的电压降、电阻网络阻值偏差、参考电压偏离和集成运放零点漂移产生的误差。

3. 数模(D/A)转换器的应用

下面以单片集成 D/A 转换器 DAC0832 为例,说明其内部结构及应用。

(1) 内部结构和引脚功能

DAC0832 为电压输入、电流输出的 R/2R 电阻网络型 8 位 D/A 转换器。DAC0832 采用 CMOS 工艺制造,温漂低,逻辑电平输入与 TTL 电平兼容,可直接与微处理器相连。要获得模拟电压输出,需外接运算放大器。

DAC0832 的内部功能框图及外部引线排列如图 13-27 所示。该 D/A 转换器为 20 引脚双列直插式封装,各引脚含义如下:$D_0 \sim D_7$:数字信号输入端;ILE:数据锁存允许信号,高电平有效;$\overline{CS}$:片选信号,低电平有效;$\overline{WR_1}$:写选通信号 1,低电平有效;$\overline{XFER}$:数据传送控制信号,低电平有效;$\overline{WR_2}$:写选通信号 2,低电平有效;I_{out1}、I_{out2}:DAC 电流输出端;R_{fb}:是集成在片内外接运放的反馈电阻;U_{REF}:基准电压(-10~10V);DGND:数字信号地;AGND:模拟信号地。

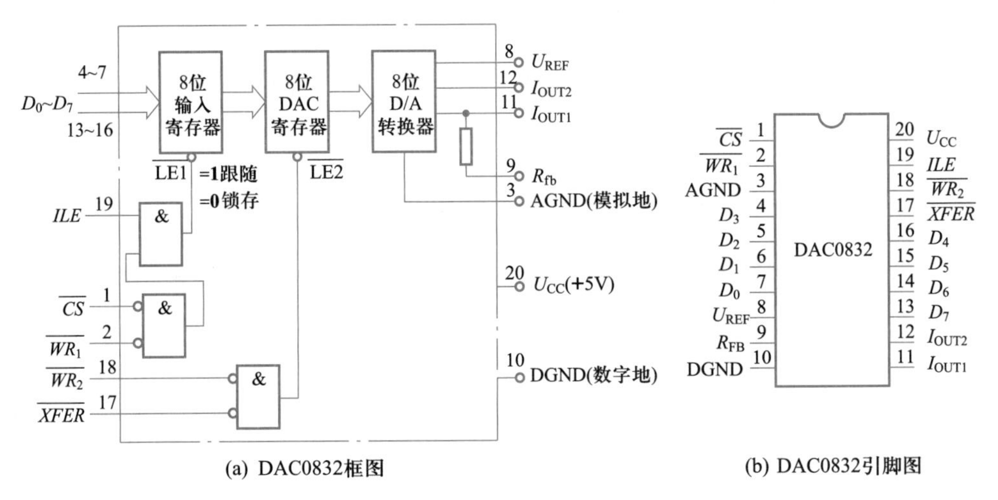

图 13-27　DAC0832 的内部功能框图及外部引线排列

(2) DAC0832 工作方式

DAC0832 利用$\overline{WR_1}$、$\overline{WR_2}$、ILE、$\overline{XFER}$控制信号可以构成三种不同的工作方式。

① 直通方式:$\overline{WR_1}=\overline{WR_2}=\mathbf{0}$ 时,数据可以从输入端经两个寄存器直接进入 D/A 转换器;

② 单缓冲方式:两个寄存器之一始终处于直通,即$\overline{WR_1}=\mathbf{0}$ 或$\overline{WR_2}=\mathbf{0}$,另一个寄存器处于受控状态;

③ 双缓冲方式:两个寄存器均处于受控状态,这种工作方式适合于多模拟信号同时输出的应用场合。

(3) DAC0832 的双极性输出应用

D/A 转换器的输出电压 U_O 与输入数字量 D 之间的关系为

$$U_O=-\frac{U_{REF}}{2^n}\cdot D \tag{13-17}$$

由此可见，输出电压的极性取决于基准电压的极性，当 U_{REF} 极性不变时，只能获得单极性的模拟电压输出。我们可以通过一定的电路结构实现双极性输出。

DAC0832 在 $U_{REF}=+5$ V 时，单极性输出为 0～-5 V。在此基础上再接一级比例加法电路如图 13-28 所示，可实现双极性输出。

$$U_O=-\left(\frac{15}{7.5}U_{O1}+\frac{15}{15}U_{REF}\right)\ \mathrm{V}=-(2U_{O1}+5)\ \mathrm{V} \tag{13-18}$$

当 $U_{O1}=0\sim-5$ V 时，$U_O=-5\sim+5$ V。

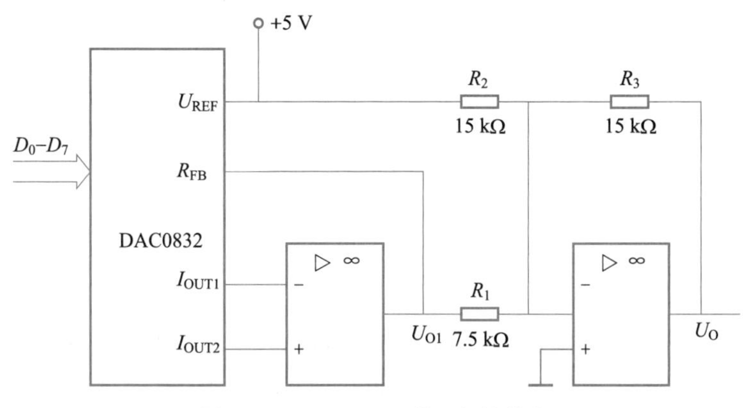

图 13-28 DAC0832 的双极性输出

由于此时模拟电压的输出范围比单极性时扩大一倍，因此双极性输出时灵敏度下降为单极性时的一半。单极性输出时，$1\mathrm{LSB}=\frac{5}{2^8}$ V。双极性输出时，$1\mathrm{LSB}=\frac{2\times5}{2^8}\ \mathrm{V}=\frac{5}{2^7}$ V。表 13-3 表示单双极性输入、输出的对比，在双极性输出时，输入二进制数 **00000000～01111111** 表示负数，对应输出时电压为负值；**10000000～11111111** 表示正数，对应输出电压为正值。这是一种表示正负数的编码方法，称为偏移码。

表 13-3 单双极性输入、输出的对比

输入数字量		输出电压	
十进制	二进制	单极性	双极性
255	**11111111**	$(255/2^8)U_{REF}$	$(255/2^8)U_{REF}$
128	**10000000**	$(1/2)U_{REF}$	0
0	**00000000**	0	$-U_{REF}$

13.3.3 A/D 转换

将模拟（analog）信号转换成数字（digital）信号的过程，称为 A/D 转换。其功能是将输入的模拟电压转换成与之成正比的二进制数。A/D 转换一般要经过采样、保持、量化及编码 4 个过程。在实际电路中,采样和保持、量化和编码,通常在转换过程中同时实现。

数字信号在时间和幅值上都是离散的,任何一个数字量的大小只能是某个规定的最小计量单位的整数倍。在进行 A/D 转换时必须将采样电压转变为这个最小单位的整数倍,这个过程称为量化。所取的最小计量单位称为量化单位,是数字量最低位为 1 时所代表的模拟量。

量化后的数值还需用代码表示出来,称为编码,经编码后得到的代码就是 A/D 转换器输出的数字量。模拟电压值是连续的,不一定是量化单位的整数倍,因此在量化过程中势必会存在量化误差。显然 A/D 转换的位数越多,量化误差越小。目前常用的输出信号有 8 位、10 位、12 位、14 位和 16 位等。

A/D 转换器种类很多,按其工作原理可分为直接 A/D 转换器和间接 A/D 转换器。直接 A/D 转换器具有较快的转换速度,典型电路有并行比较型和逐次逼近型电路。间接 A/D 转换器的转换速度较低,典型电路有双积分型和电压-频率转换型。

1. 逐次逼近型 A/D 转换器

在直接 A/D 转换器中,逐次逼近型 A/D 转换器是目前采用最多的一种。其转换过程是将输入模拟信号与不同的参考电压做多次比较,使转换所得的数字量在数值上逐次逼近输入模拟量对应值。

下面以图 13-29 所示的四位逐次逼近式 A/D 转换器电路为例说明转换的原理。

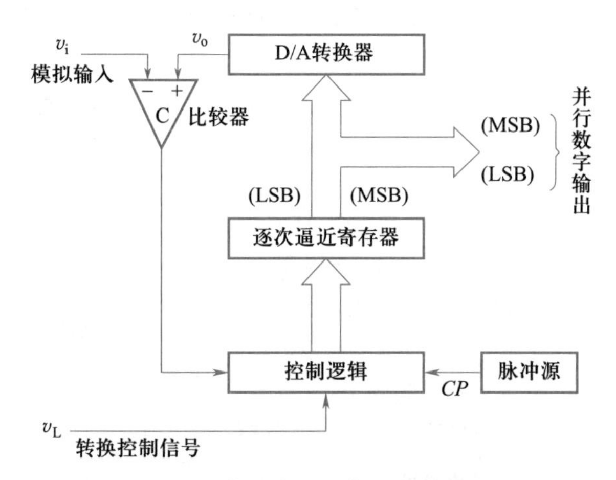

图 13-29　四位逐次逼近式 A/D 转换器电路

从图中可以看出,它由逐次逼近寄存器、D/A 转换器和比较器组成。该转换器的工作原理如下。

(1) 转换前先将寄存器清零,所以给 D/A 转换器的数字量也是全 0;

(2) 转换控制信号 v_L 变成高电平时开始转换,时钟信号首先将寄存器的最高位置成 1,使寄存器的输出为 **1000**;

(3) 输出的数字量被 D/A 转换器转换成相应的模拟电压，并送到比较器与输入信号 v_i 进行比较。如果 $v_O>v_i$，说明数字过大，则该 1 应去掉，如果 $v_O<v_i$，说明数字还不够大，这个 1 应保留；

(4) 按同样的方法将次高位置 1，并比较 v_O 与 v_i 的大小以确定这一位的 1 是否应该保留，这样逐位比较下去，直到最低位比较完成为止。此时寄存器里所存的数码就是所求的数字量。

逐次逼近型 A/D 转换器的转换精度高，转换速度比较快，转换时间固定，易与微机接口对接，所以应用非常广泛，常见的型号有 ADC0804、0808、0809 系列(8 位)，AD575(10 位)，ADS74A(12 位)等。

2. 双积分型 A/D 转换器

双积分型 A/D 转换器是一种电压-时间变换型的间接 A/D 转换器。它的基本原理是对输入模拟电压和基准电压进行两次积分，其中首先对输入模拟电压进行积分，将其变换成与输入模拟电压成正比的时间间隔 T1，再利用计数器测出此时间间隔，则计数器所计的数字量就正比于输入的模拟电压，然后对基准电压进行同样处理。

双积分模数转换器如图 13-30 所示。该转换器由切换开关、积分器、比较器、计数器和控制逻辑等电路组成。下面分析该转换器工作原理。

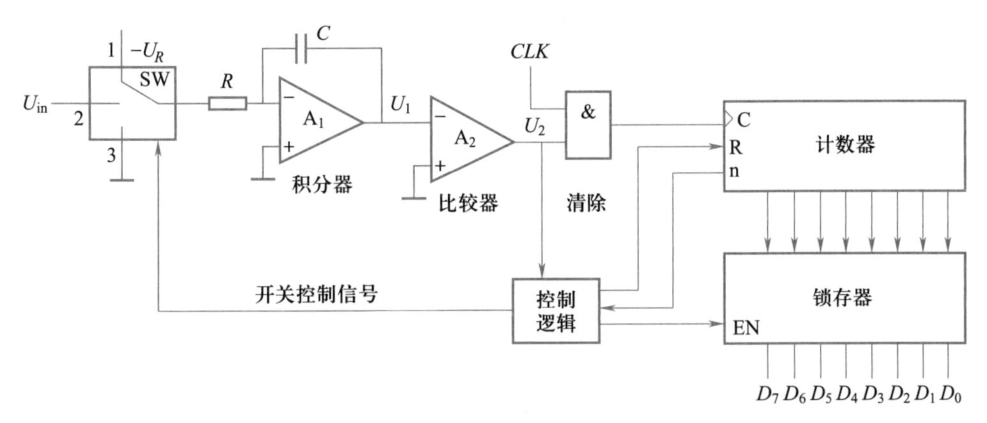

图 13-30 双积分模数转换器

该转换器的工作原理分为三个阶段：

① 自动调零阶段：在控制逻辑电路的作用下，SW 接位置 3，对模拟地短接，使积分器、比较器输出为零，计数器和控制逻辑电路初始化完成。

② 定时积分阶段：SW 接位置 2，积分器开始对输入模拟电压 U_{in} 进行积分，由于积分器的反相端是虚地，所以电容 C 的充电电流 I 是常数，积分器的输出电压向负方向线性变化。在积分器输出负电压期间，比较器输出高电平，**与**门打开，计数器以周期为 T_C 的 CLK 信号开始计数。

当计数器的计数值到达计数值 N 时，控制逻辑使计数器复位。这一阶段所用的时间为

$$T_1 = NT_C \tag{13-19}$$

N 在电路中为一个固定的参数,因此 T_1 的时间长度也是确定的,该阶段称为定时积分阶段。在这段时间结束时,积分器的输出电压为

$$U_1 = \frac{1}{C}\int_0^{T_1} -\frac{U_{in}}{R}dt = -\frac{T_1}{RC}U_{in} \tag{13-20}$$

③ 定电压积分阶段:控制逻辑使开关 SW 接通位置 1,积分器接参考负电压,由于比较器还输出高电平,所以计数器置 0 后重新开始计数。这时积分器对负参考电压 U_R 积分,积分器的输出电压 U_1 不断升高,当积分器的输出大于 0V 时,比较器输出低电平,与门关闭,计数器停止计数,控制逻辑给出使能脉冲使计数器的计数值 n_x 存入锁存器。由于该阶段的反向积分是在前阶段积分结果的基础上根据基准电压 U_R 进行的定电压积分,前一阶段积分电压越高,该阶段的积分时间就越长,计数器所计数值就越大。反之,则所得计数值就越小。

当定电压积分阶段结束后,控制逻辑又开始从自动调零阶段重复下一次转换。

积分器在对基准电压 U_R 积分时,如果积分器的输出电压上升到 0 V 时所需的时间为 T_2,则有:

$$U_1 = \frac{1}{C}\int_0^{T_2} \frac{U_R}{R}dt - \frac{T_1}{RC}U_{in} \tag{13-21}$$

该电压为 0 V 时计数器停止计数,所以有

$$\frac{T_2}{RC}U_R = \frac{T_1}{RC}U_{in}$$

由上式有

$$T_2 = \frac{T_1}{U_R}U_{in}$$

由于第二阶段,计数器的计数值是 n_x,所以令 $T_2 = n_x T_C$。

所以有

$$n_x T_C = \frac{NT_C}{U_R}U_{in}$$

最后得到

$$n_x = \frac{U_{in}}{U_R}N \tag{13-22}$$

可见 n_x 是与输入电压 U_{in} 成正比的数。

两个阶段的积分器输出电压波形图如图 13-31 所示。

双积分转换器具有抑制交流噪声干扰、结构简单和精度高的特点,其转换精度取决于参考电压和时钟周期的精度,双积分转换的不足之处是转换速度慢且时间不固定。常用的单片集成双积分式 A/D 转换器有 MC14433、ICL7106、ADC-EK 8B、ADC-EK10B 等。

3. 模数(A/D)转换器的主要技术指标

(1) 分辨率:分辨率是指 A/D 转换器输出数字量的最低位变化一个数码时对应输入模拟信号的变化量。A/D 转换器的分辨率用输出二进制数的位数表示,位数越多,误差越小,转换精度越高。例如输入模拟电压的变化范围为 0~5 V,输出 8

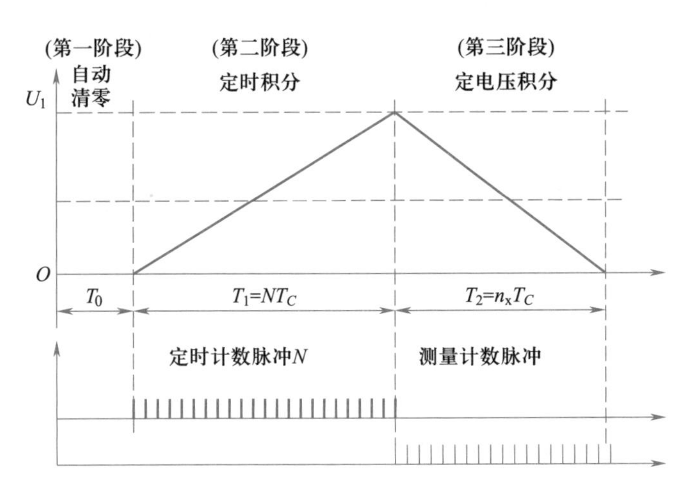

图 13-31 积分器的输出电压及计数过程

位二进制数可以分辨的最小模拟电压为 5 V×2^{-8}≈20 mV,而输入 12 位二进制数可以分辨的最小模拟电压为 5 V×2^{-12}≈1.22 mV。

(2) 相对精度:相对精度又称转换误差,指 A/D 转换器实际输出数字量与理想数字量之间的最大差值,通常用最低有效位 LSB 的倍数表示,如转换误差不大于 1/2LSB,即说明实际输出数字量与理想输出数字量之间的最大误差不超过 1/2LSB。

(3) 转换速度:转换速度是指完成一次转换所需的时间。转换时间是指从接收到转换控制信号开始到输出端得到稳定的数字输出信号所经历的时间。转换时间越小,转换速度越快。在常见的 A/D 转换器中,并联比较型转换速度最快,转换时间小于 50 ns,逐次逼近型次之,转换时间在 10~100 μs 之间,双积分型转换速度最低,一般为数十毫秒至数百毫秒。

4. 集成模数(A/D)转换器及其应用

单片集成 A/D 转换器中,逐次逼近型因具有转换速度快、精度高的特点而被广为采用,下面介绍 8 位逐次逼近型 ADC0809 的应用。

(1) A/D 转换器 ADC0809

ADC0809 的内部逻辑结构如图 13-32(a)所示,图中多路开关可选通 8 个模拟通道,允许 8 路模拟量分时输入,共用一个 A/D 转换器进行转换,这是一种经济的多路数据采集方法,地址锁存与译码电路完成对 A、B、C 三个地址位的锁存和译码,其译码输出用于通道选择,其转换结果通过三态输出锁存器存放、输出,因此可以直接与系统数据总线相连。

ADC0809 芯片为 28 针双列直插式封装,其引脚排列如图 13-32(b)所示,各引脚功能如下:

① IN_0~IN_7:8 路模拟信号输入端;

② ADDA、ADDB、ADDC:模拟通道选择器地址输入端,根据它的 8 种组合分别选择 8 路模拟信号中的一路进行 A/D 转换;

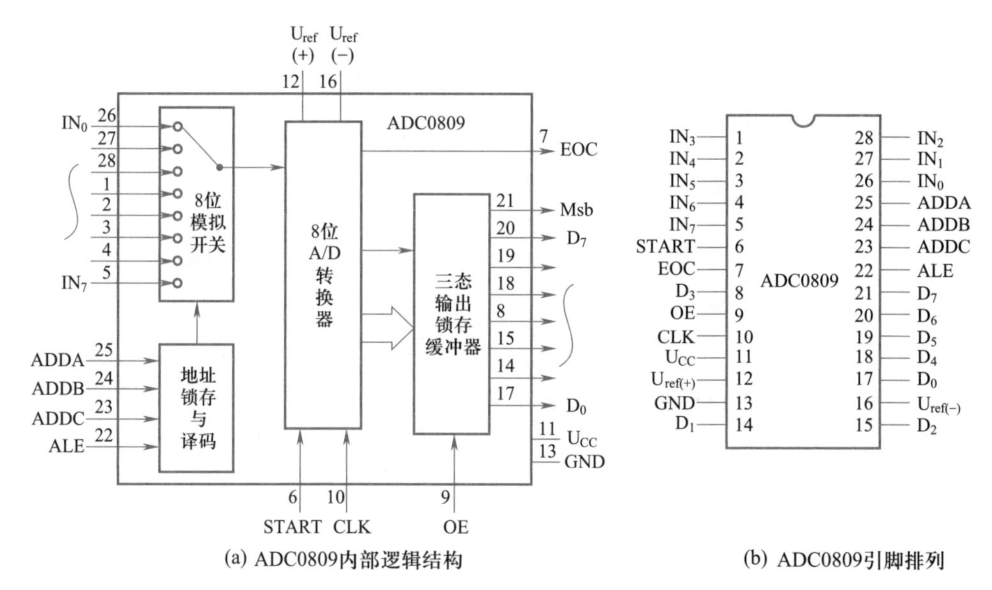

图 13-32　ADC0809 的内部逻辑结构及外部引线排列

③ ALE:地址锁存信号输入端,高电平有效,当 $ALE=\mathbf{1}$ 时,选中 ABC 选择的一路,并将其代表的模拟信号接入 A/D 转换器中;

④ START:起动信号输入端,可与 ALE 连接在一起,当输入一个正脉冲,其上升沿将 A、B、C 三条选择线的状态锁存、译码,8 选 1 模拟开关选通某一输入通道,在其下降沿起动 A/D 转换;

⑤ EOC:转换结束信号端,$EOC=\mathbf{0}$ 表示转换正在进行,$EOC=\mathbf{1}$ 表示转换已结束。因而 EOC 信号可作为转换电路向微机提出的要求,例如输送数据的中断申请信号,或作为微机用查询方式读取数据时供微机查询数据是否准备好的状态信号。只有 $EOC=\mathbf{1}$ 以后,才可以使 OE 为高电平,此时读出的数据才是正确的转换结果;

⑥ OE:允许输出控制端,可与 EOC 相连接。表示 A/D 转换结束,EOC 端的电平由低变高,打开三态输出锁存器,将转换结果的数字量输出到数据总线 D_0 ~ D_7 上;

⑦ U_{CC}:电源端,GND:接地端;

⑧ $U_{REF(+)}$、$U_{REF(-)}$:参考电压输出端,一般 $U_{REF(+)}$ 接 U_{CC},$U_{REF(-)}$ 接 GND;

⑨ CLK:时钟信号输入端。这种芯片内部没有时钟电路,时钟信号需从外界提供,也可从单片机、微处理器的某些引脚输出的脉冲信号分频后获得,通常使用频率为 500 kHz 的时钟信号;

⑩ D_0 ~ D_7:8 路数字信号输出端。

(2) ADC0809 与 MCS-51 单片机的连接

ADC0809 广泛用于单片机系统,电路连接主要涉及两个问题。一是 8 路模拟信号通道的选择,二是 A/D 转换完成后转换数据的传送。ADC0809 与 MCS-51 单片机的连接如图 13-33 所示。

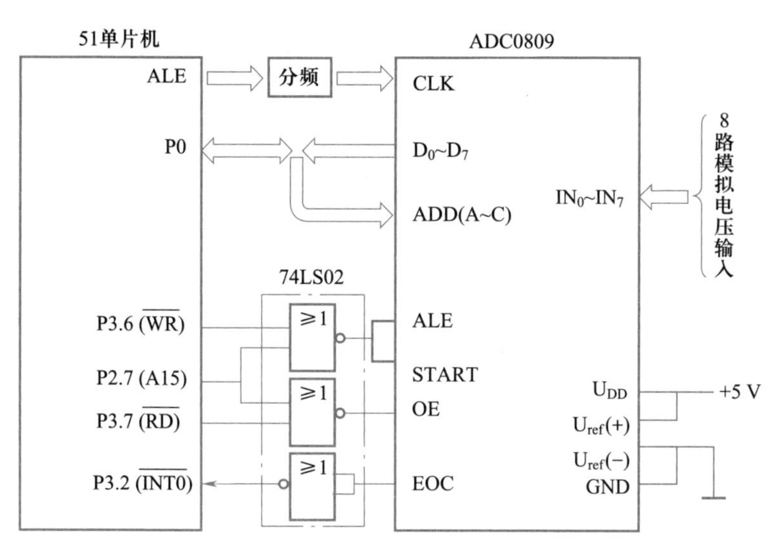

图 13-33 ADC0809 与 MCS-51 单片机的连接

由于 ADC0809 具有输出三态锁存器,其 8 位数据输出引脚可直接与数据总线连接;因 $D_0 \sim D_7$ 属于数据的单向传送,因此可将地址译码引脚 C、B、A 与单片机 P0 口的低 3 位 P0.2、P0.1、P0.0 相连,以选通 $IN_0 \sim IN_7$ 中的一个通路;ADC0809 片内没有时钟,可利用单片机提供的地址锁存信号 ALE 经分频后获得,以符合 0809 对时钟的要求;P2.7(地址线 A15)作为片选信号端,在起动 A/D 转换时,由单片机的写信号$\overline{WR}$和 P2.7 引脚信号控制 ADC 的地址锁存和转换起动,选通 8 路模拟输入之一到比较器,由于 ALE 信号与 START 信号接在一起,这样连接可使得在信号的上升沿将逐次逼近寄存器复位,并写入(锁存)通道地址,紧接着在其下降沿起动 A/D 转换,之后 EOC 输出信号变低,指示转换正在进行。直到 A/D 转换完成,EOC 变为高电平,指示 A/D 转换结束,结果数据已存入锁存器,这个信号可用作中断申请。当 OE 输入高电平时,输出三态门打开,转换结果的数字量通过三态输出锁存器输出到数据总线 $D_0 \sim D_7$ 上。

【练习与思考】

13-3-1 16 位 DAC 的分辨率是多少?

13-3-2 影响 D/A 转换器绝对精度的主要因素有哪些?

13-3-3 A/D 转换器的主要电路结构有哪些类型,各有何优缺点?

13-3-4 什么是转换速度?各种类型之间的速度差异有何特点?

13.4 信号转换与调理

传感器将被测量的变化过程转换为电信号,但是这种电信号在形式、幅值等方面常常被敏感元件及其检测电路的特点限制,一般无法直接用来实现对被测量的进一步分析,因此需要对信号进行转换与调理。

信号转换与调理,即对传感器的输出信号进行再加工,使其更适合于后续的信号传输、显示、记录和处理。传感器输出的电信号很微弱,往往需要进一步放大;输出的电信号中很容易混杂有干扰噪声,因而需要滤波处理以提高信噪比;某些场合为便于信号的传输,则需要引入调制解调环节;信号传输过程中,为了实现各类型信号的相互转化,使具有不同输入、输出的器件可以联用,常需将信号从一种形式变换为另一种形式,如电压-电流、电压-频率的相互转换等。

13.4.1　信号放大电路

传感器的输出信号一般都比较微弱,而且往往伴随着噪声,因此需对信号进行预处理,也即将微弱信号放大到后续电路所要求的电压幅度。

1. 测量放大器电路

在许多测试场合,传感器输出的信号往往很微弱,而且伴随有很大的共模电压(包括干扰电压),一般对这种信号需要采用测量放大器。

图 13-34 所示是目前广泛应用的三运放测量放大器电路。测量放大器电路还具有增益调节功能,调节 R_G,可以改变增益而不影响电路的对称性。

由电路结构分析可知,测量放大器的增益为

$$A_v=\frac{u_o}{u_{i1}-u_{i2}}=-\frac{R_4}{R_3}\left(1+\frac{2R_1}{R_G}\right) \tag{13-23}$$

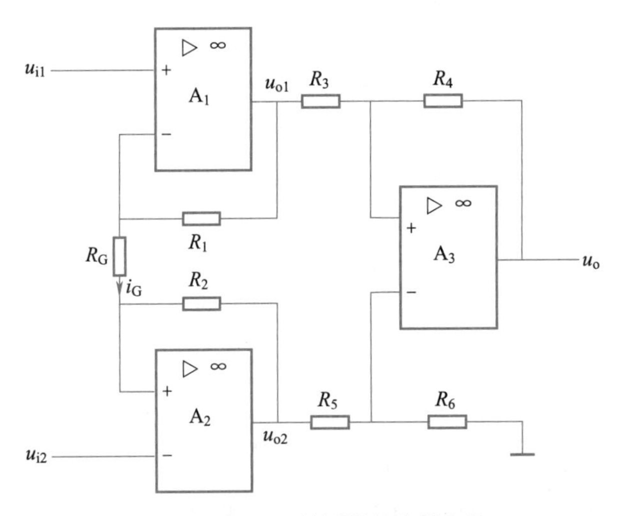

图 13-34　三运放测量放大器电路

2. 程控测量放大器

在不同测量中,传感器输出信号的幅度可能相差很多,为了保证必要的测量精度,针对不同的测量常会采用改变量程的办法。改变量程时,测量放大器的增益也应相应地加以改变;数据采集系统中,被测信号变化的幅度可以从微伏到几伏,A/D 转换器不可能在各种情况下都与之相匹配,可能造成很大的测量误差。因此在传感器电路中,通常采用程控测量放大器实现增益的自动放大。

程控测量放大器的基本工作原理如图 13-35 所示。该放大器的增益 $G=-R_f/R_1$，其大小取决于反馈电阻 R_f 和输入电阻 R_1 的比值。可见，只要合理选择 R_f 和 R_1 的阻值，即可调整该放大器的增益。

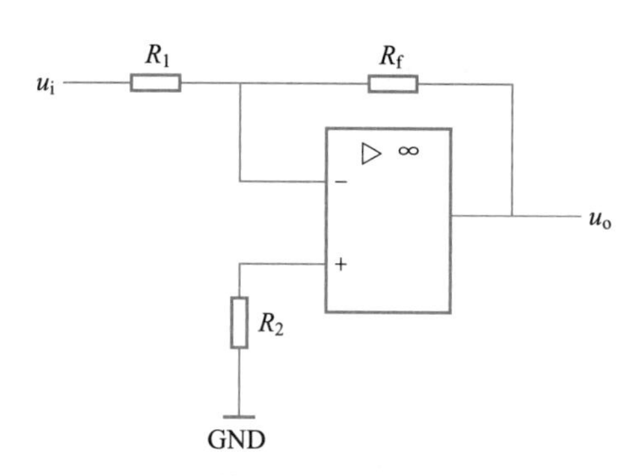

图 13-35 程控测量放大器的基本工作原理

程控测量放大器可以通过模拟开关、数字电位器、或集成程控运算放大器等器件来替换输入电阻 R_1 或反馈电阻 R_f，通过软件程序的控制来改变电路增益。

模拟开关式程控放大电路：是将上述电路中输入电阻 R_1 或反馈电阻 R_f 用模拟开关和电阻网络来代替。图 13-36 给出利用模拟开关 CD4501 和一个电阻网络代替输入电阻组成的程控放大电路，利用通道选择开关选通 R_2 通道时将获得不同的电路增益，该类电路可以对输入信号进行放大或衰减，因此，电路的动态适应范围很大。

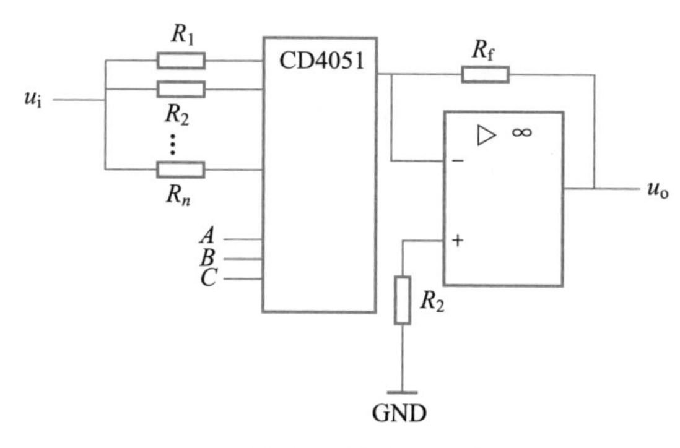

图 13-36 用模拟开关实现程控放大电路

数字电位器式程控放大电路：数字电位器是一种用数字信号控制其阻值改变的集成器件，其数据传输全部采用串行方式，可以很方便地通过微处理器接口来精确调整其阻值。

图 13-37 所示是将美国 Xicor 公司推出的 X 系列数字电位器 X9241、单片机 AT89S52 与运放 741 配合使用构成的程控增益放大器。其中，数字电位器 X9241 充当了反馈电阻，可以通过单片机来控制滑臂位置以获得不同增益。

利用数字电位器实现的可控增益放大器，具有增益调节范围宽，电路简单、控制方便、成本低廉等优点，而且还具有调节准确方便、使用寿命长、受物理环境影响

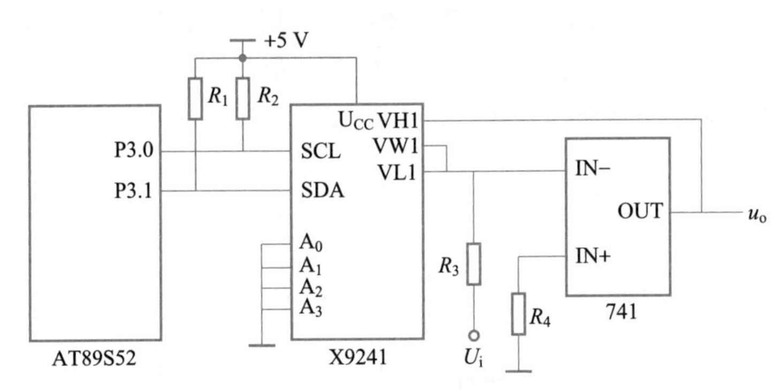

图 13-37　用数字电位器 X9241 实现程控放大电路

小、性能稳定等特点，因此应用越来越广泛。

集成程控运算放大器：该类器件的优点是低漂移、低非线性、高共模抑制比和宽的通频带，使用时外电路简单、方便；缺点是只能实现特定的几种增益切换，如由美国 Linear Technology 公司出品的 LTC6915 精密数字可编程增益仪表放大器，它通过一个并行或串行接口，通过改变电阻器阵列接通的电阻数来控制增益的大小，可将增益控制编程为 0、1、2、4、8、16、32、64、128、256、512、1024、2048 或 4096 共 14 个等级。从各种技术指标看，它是目前较好的一种精密的增益可编程仪表运算放大器。

13.4.2　信号滤波电路

由传感器转换得到的电信号中，往往含有与被测量无关的频率成分，需要通过滤波器进行滤波。滤波器分为无源滤波器与有源滤波器。根据其滤波特性又可分为低通滤波器、高通滤波器、带通滤波器和带阻滤波器，图 13-38 所示即为理想滤波器的幅频特性，在智能系统中还常使用数字滤波器。

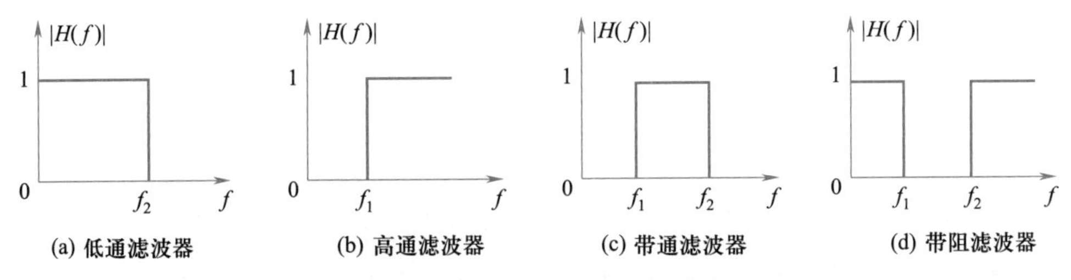

图 13-38　理想滤波器的幅频特性

信号进入滤波器后，部分特定的频率成分可以通过，而其他频率成分极大地衰减。对于一个滤波器，信号能通过它的频率范围称为该滤波器的频率通带，被抑制或极大地衰减的频率范围称为频率阻带，通带与阻带的交界点，称为截止频率。例如 f_1 称为高通滤波器的下截止频率，f_2 称为低通滤波器的上截止频率，f_1、f_2 分别称为带通滤波器的下、上截止频率。

低通滤波器：在 0~f_2 频率之间，幅频特性平直，如图 13-38(a)所示。它可以使信号中低于f_2的频率成分几乎不受衰减地通过，而高于f_2的频率成分都被衰减掉，所以称为低通滤波器。

高通滤波器：与低通滤波器相反，当频率大于f_1时，其幅频特性平直，如图13-38(b)所示。它使信号中高于f_1的频率成分几乎不受衰减地通过，而低于f_1的频率成分则被衰减掉，所以称为高通滤波器。

带通滤波器：它的通频带在f_1~f_2之间。它使信号中高于f_1，而低于f_2的频率成分可以几乎不受衰减地通过，如图13-38(c)所示。而其他的频率成分则被衰减掉，所以称为带通滤波器。

带阻滤波器：与带通滤波器相反，在频率f_1~f_2之间，带阻滤波器使信号中高于f_1而低于f_2的频率成分受到极大的衰减，其余频率成分几乎不受衰减地通过，如图13-38(d)所示。

在实际滤波器中，通带和阻带存在一个过渡带，因此没有严格的界限。在过渡带内的频率成分不会被完全抑制，只会受到不同程度的衰减，因此在实际滤波器的设计中，总是通过各种方法使其逼近理想滤波器。

无源滤波器通常由R、C和L组成的网络来实现，具有电路结构简单、元件易选、容易调试、抗干扰能力强、稳定可靠等特点；有源滤波器通常由运算放大器和R、C构成，它能够省去制作麻烦、成本较高的电感，需要提供电源用以补偿主电路的谐波，与无源器件相比，它具有较高的增益，输出阻抗低，易于实现各种类型的高阶滤波器；智能系统中采用的数字滤波实际上是利用相应的数学运算对信号进行频率选择，也包含为了消除随机噪声对数据进行平滑处理的数字平滑滤波器，详细内容可参考有关资料。

13.4.3 信号转换电路

讲义：信号转换电路

信号转换电路用于将各类型的信号进行相互转换，使具有不同输入、输出的器件可以联用。信号转换主要有电压-电流转换、电流-电压转换、电压-频率转换、频率-电压转换等。

1. 电压-电流转换

电压-电流变换器的作用是将输入的电压信号转换成电流信号输出。当输入信号为远距离现场传感器输出的电压信号时，为了有效地抑制外来杂散电压信号的干扰，常把传感器输出的电压信号经电压-电流变换器转换成具有恒流特性的电流信号输出，而后在接收端再由电流-电压变换器还原成电压信号。

图13-39 (a)所示为由运算放大器构成的基本电压-电流转换电路，由图可知，流过负载的电流为$i_L=\dfrac{v_i}{R_i}$，实现了电压-电流的转换，集成芯片有AD693等。

2. 电流-电压转换

将输入的电流转换为电压进行输出的转换称为电流-电压变换。

图13-39(b)所示为由运算放大器构成的基本电流-电压转换电路。由图可知，放大器输出的电压为$u_o=-i_iR_f$。

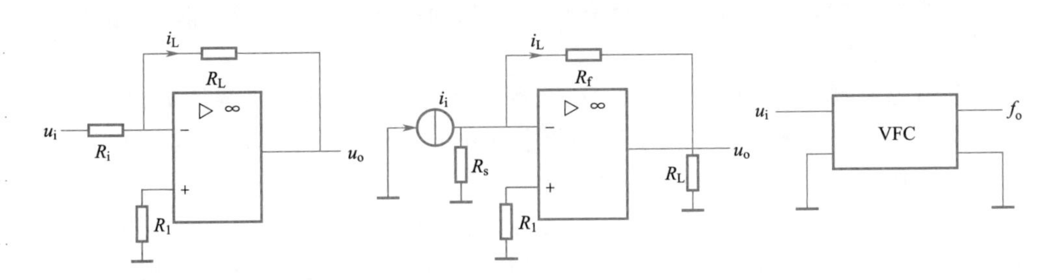

(a) 基本电压-电流转换电路　(b) 基本电流-电压转换电路　(c) 基本电压-频率转换电路

图 13-39　几种信号转换电路

3. 电压-频率转换

电压-频率转换是指把电压信号转换成与之成正比的频率信号，其过程实质上是对信号进行频率调制，频率信息可远距离传递并有优良的抗干扰能力，采用光电隔离和变压器隔离时不会损失精度，因而被广泛应用。

图 13-39 (c)所示为基本电压-频率转换电路。该电路具有良好的线性度、精度和积分输入特性。其应用电路简单、外围元件性能要求不高、对环境适应能力强、转换速度不低于一般的双积分型 A/D 器件，适用于一些非快速而需要进行远距离信号传输的 A/D 转换过程。

此外，在某些对成本要求苛刻、且不需远距离信号传输的场合，也可采用电压-频率转换达到简化电路、提高性价比的目的。

目前，实现电压-频率转换的方法很多，市场上也有集成化的芯片出售，典型的产品有美国 TelCom 公司的 TC9401，美国 ADI 公司的 AD650、LMx31 系列等，既可作为电压-频率转换器，又可作为频率-电压转换器使用。

13.4.4　调制与解调

当传感器输出微弱的直流或缓变信号时，将测量信号从含有噪声的信号中分离出来通常比较麻烦。因此，在实际测量中，往往将缓变信号调制成高频的交流信号，然后经放大处理后再通过解调电路从高频信号中将缓变信号提取出来。

调制是指利用某种信号来控制或改变高频振荡信号的某个参数的过程，这些参数包括幅值、频率或相位。解调则是从已调制信号中恢复出原有低频信号的过程。调制与解调是一对信号变换过程。其中，控制高频振荡的低频信号称为调制波，被控制的高频振荡信号称为载波。

这里主要介绍正弦幅度调制和解调。

调幅示意图如图 13-40 所示，其将缓变的调制信号 $x(t)$ 与一个高频简谐载波信号 $y(t)=\cos\omega_0 t$ 相乘，使载波信号 $y(t)$ 的幅值随调制信号 $x(t)$ 的幅值的变化而变化。幅值调制后的信号称为调幅波，调幅的时域变化的波形如图 13-41(c)所示。

调幅波的表达式可写为

$$y_m(t)=x(t) * \cos \omega_0 t$$

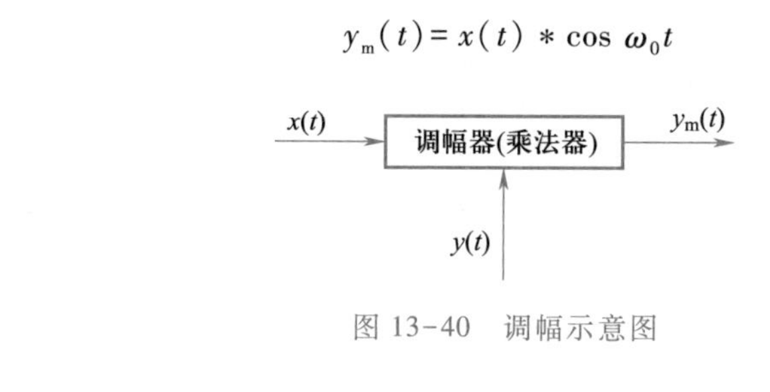

图 13-40 调幅示意图

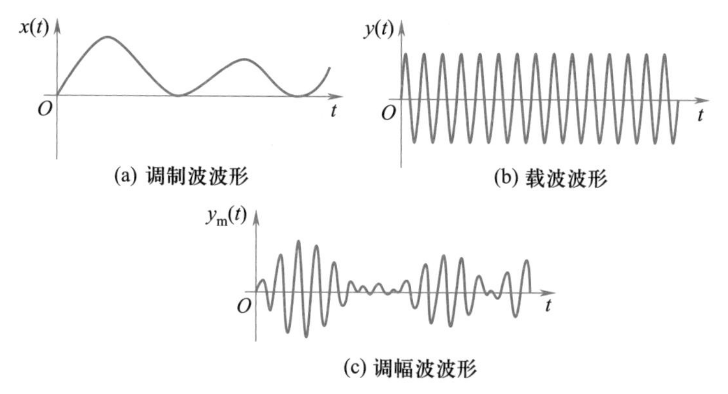

图 13-41 调幅的时域变化的波形

解调时调幅波 $y_m(t)$ 再与 $y(t)$ 相乘即可复原出原信号。

$$y_m(t) * y(t)=x(t) * \cos \omega_0 t * \cos \omega_0 t$$

$$=\frac{x(t)}{2}+\frac{x(t)}{2}\cos 2\omega_0 t \tag{13-24}$$

由式(13-24)可知,调幅波与高频载波 $y(t)$ 相乘后,得到$\frac{x(t)}{2}$和$\frac{x(t)}{2}\cos 2\omega_0 t$,后者为高频杂波信号,可通过低通滤波器将其衰减过滤,从而得到$\frac{x(t)}{2}$信号,通过两倍的放大电路即可还原出原始信号 $x(t)$,实现解调。

因此,调幅的目的是便于缓变信号的放大和传送,而解调的目的则是为了恢复被调制的信号。

【练习与思考】

13-4-1 什么是信号调理电路?常用的信号调理电路有哪些?

13-4-2 什么是程控测量放大电路?有什么实现方式?

13-4-3 什么是滤波器?按输出滤波形式分,滤波器可分为哪几种?

13-4-4 信号滤波器的基本参数是什么?

13.5 数据通信方式与总线技术

讲义:数据通信方式与总线技术

在以传感器为基础构成的检测系统中,都需要对表示数字、文字、图形、图像等的数据进行传输,我们称这种信息交换为数据通信。

13.5.1　数据通信方式

数据通信有并行通信和串行通信两种基本方式。并行通信数据传输速度快，但需多根传输线进行传输，且其有效传输距离一般只有 6~7 m，适合于近距离设备之间或系统内部的通信；串行通信的数据逐位按顺序传送，最少只需一根传输线即可完成，成本低但传送速度慢，适合于远距离设备或系统之间的通信。

数据发送端和接收端在时钟并不严格同步的情况下所进行的数据通信称为异步通信，数据以帧为单位进行传输，传输效率较低；同步通信要求收发双方只能在同一时钟的触发下进行数据的传输，通信效率高，因时钟的允许误差较小，通信系统较为复杂。实际应用中，主要以异步串行通信为主，是主机与外部硬件设备的常用通信方式。

13.5.2　异步串行通信

串行通信以其控制简单、经济实用等优点日益得到广泛的应用。异步串行通信的数据传输结构格式如图 13-42 所示。

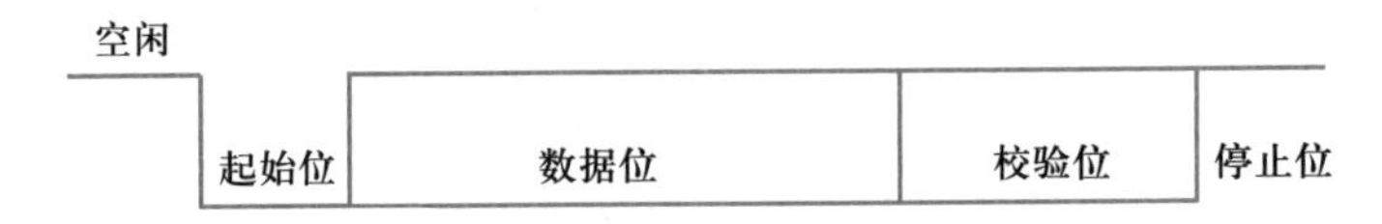

图 13-42　异步串行通信的数据传输结构格式

异步串行通信以一个字符序列为通信单位，包含起始位、表示字符信息的数据位、奇偶校验位和停止位；由起始位开始，到停止位结束，称为一帧，表示字符的数据位数可以是 5 位、6 位、7 位或 8 位。

异步通信数据帧的第一位是开始位，在通信线上没有数据传送时处于逻辑 **1** 状态。当发送设备要发送一个字符数据时，首先发出一个逻辑 **0** 信号，这个逻辑低电平就是起始位。起始位通过通信线传向接收设备，当接收设备检测到这个逻辑低电平后，就开始准备接收数据位信号。因此，起始位所起的作用就是表示字符传送开始。

当接收设备收到起始位后，紧接着就会收到数据位。在字符数据传送过程中，数据位从最低位开始传输。数据发送完之后，可以发送奇偶校验位。奇偶校验位用于有限差错检测，通信双方在通信时需约定一致的奇偶校验方式。就数据传送而言，奇偶校验位是冗余位，但它表示数据的一种性质，这种性质用于检错，虽有限但很容易实现。在奇偶校验位或数据位之后发送的是停止位，可以是 1 位、1.5 位或 2 位。停止位是一个字符数据的结束标志。

在异步通信中，字符数据以图 13-42 所示的格式一个一个地传送。在发送间隙，即空闲时，通信线路总是处于逻辑 **1** 状态，每个字符数据的传送均以逻辑 **0** 开始。

(1) RS-232 接口

RS-232 是常用的串行通信接口标准之一，由美国电子工业协会(EIA)于 1970 年共同制定，一般用于 20 m 以内的通信。该标准采用一个 25 脚的 DB-25 连接器，并对连接器的每个引脚的信号内容加以规定，后来 IBM 的计算机将 RS-232 简化成了 DB9 连接器，工业控制的 RS-232 口一般只使用接收线 RXD、发送线 TXD 和信号地 GND，即可实现简单的全双工通信过程。DB9 的引脚定义如图 13-43 所示，各引脚的缩写和功能如表 13-4 所示。

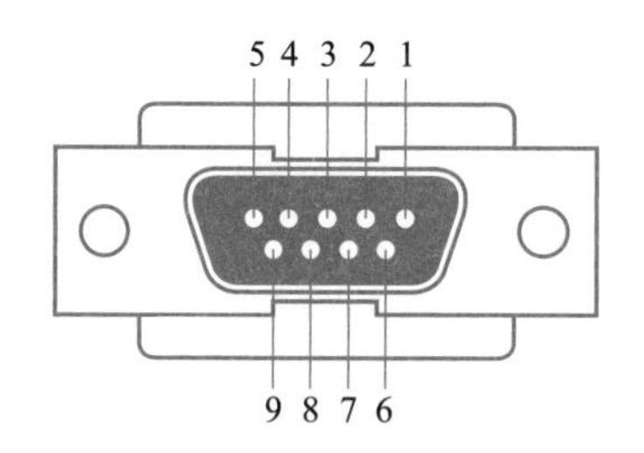

图 13-43　DB9 的引脚定义

表 13-4　DB9 各引脚的缩写和功能

引脚序号	名称	功能说明	备注
1	DCD(data carrier detect)	数据载波检测	
2	RXD(received data)	接收数据	必连
3	TXD(transmitted data)	发送数据	必连
4	DTR(data terminal ready)	数据终端准备	
5	GND(signal ground)	信号地	必连
6	DSR(data set ready)	数据设备准备好	
7	RTS(request to send)	请求发送	
8	CTS(clear to send)	清除发送	
9	RI(ring indicator)	振铃指示	

实际使用中经常采用的是 RS-232C 标准接口。其上传送的数字量采用负逻辑，且与地对称。逻辑 **1**：-15～-3 V；逻辑 **0**：+3～+15 V。RS-232C 是为点对点通信而设计的，其驱动器负载为 3～7 kΩ，适合本地设备之间的通信。RS-232C 可做到全双工通信，最高传输速率为 20 kbit/s。

RS-232C 接口标准的不足之处主要有：① 接口的信号电平值较高，易损坏接口电路芯片，与 TTL 电平不兼容，使用时常采用如美国 MAXIM 公司的 MAX232A 进行电平转换方可与 TTL 电路连接。② 传输速率较低，在异步传输时，波特率最高为 20 kbit/s。③ 采用共地传输方式，容易产生共模干扰，抗噪声干扰性弱。④ 点对点通信，不能实现联网功能，且传输距离有限。

RS-232 应用范围广泛、价格便宜、编程容易，随着 USB 端口的普遍应用，出现了把 USB 转换成 RS-232 或其他接口的转换装置，但 RS-232 和类似的接口仍将在诸如监视和控制系统的应用中普遍使用。如习惯使用 RS-232 的开发者和产品可以考虑使用 USB/RS-232 转换器，通过 USB 总线传输 RS-232 数据，即计算机端的应用软件依然是针对 RS-232 串行端口编程的，外设也是以 RS-232 为数据通信通道，但从 PC 到外设之间的物理连接却是 USB 总线，其上的数据通信也是 USB 数据格式。采用这种方式的好处在于：一方面保护原有的软件开发投入，已开发成功的针对 RS-232 外设的应用软件可以不加修改地继续使用；另一方面充分利用了 USB 总线的优点，通过 USB 接口可连接更多的 RS-232 设备，不仅可获得更高的传输速度，实现真正的即插即用，同时解决了 USB 接口不能远距离传输的缺点。

(2) RS-485 接口

RS-485 标准是为了弥补 RS-232 通信距离短、速率低等缺点而产生的，由电信行业协会和电子工业联盟制定，该接口标准只规定了电气特性，并没有规定接插件、传输电缆和应用层通信协议。其特点如下：

① RS-485 的电气特性：RS-485 采用两根通信线，通常用 A 和 B 或者 D+和 D-来表示。逻辑 **1** 以两线间的电压差为+(2~6) V 表示；逻辑 **0** 以两线间的电压差为-(2~6) V 表示。接口信号电平比 RS-232C 降低了，不易损坏接口电路的芯片，且该电平与 TTL 电平兼容，方便连接。

② RS-485 的数据最高传输速率为 10 Mbit/s。

③ RS-485 接口采用平衡驱动器和差分接收器的组合，抗共模干扰能力增强。

④ RS-485 接口的最大传输距离可达 3 000 m，另外 RS-232 接口在总线上只允许连接 1 个收发器，即单站能力。而 RS-485 接口可以在总线上进行联网实现多机通信，允许挂 32、64、128、256 等不同数量设备的驱动器，即具有多站能力，用户可以利用单一的 RS-485 接口方便地建立起设备网络。

⑤ RS-485 采用两根通信线，是一种典型的差分通信，接收数据和发送数据是不能同时进行的，同时它也是一种半双工通信，一般采用屏蔽双绞线进行传输，其接口连接器采用 DB9 的 9 芯插头座。

⑥ RS-485 的接口非常简单，与 RS-232 所使用的 MAX232 是类似的，只需要一个 RS-485 转换器，就可以直接与单片机的 UART 串口连接起来，并且使用完全相同的异步串行通信协议。

13.5.3 总线技术

总线是传感器检测系统的重要组成部分，大致可分为片总线(chip bus，C-Bus)、内总线(internal bus，I-Bus)和外总线(external bus，E-Bus)。C-Bus 是实现芯片或模块之间的信息传输通路，如 I^2C、SPI 总线等；I-Bus 又称系统总线，是微机系统中各插件(模块)之间的信息传输通路，如 AT 总线、PCI 总线等；E-Bus 又称通信总线，是微机系统之间或微机系统与其他系统(仪器、仪表、控制装置等)之间的信息传输通路，主要是各种工业现场总线。工业现场总线的出现是微处理器快速发展和广泛应用的必然结果，是数字通信网络在工业过程现场的延伸，它以微处理器为核心，使用集成电路代替常规电子线路，可实现信息采集、显示、处理、传输以及实现智能设备之间的通信与控制功能，适应精度、可操作性、可靠性、可维护性等方面的更高要求。

现场总线(fieldbus)是发展迅速的一种工业数据总线，是自动化领域中底层数据通信网络。它主要解决工业现场的智能化仪器仪表、控制器、执行机构等现场设备间的数字通信以及这些现场控制设备和高级控制系统之间的信息传递问题，具有简单、可靠、经济实用等突出优点。简单来说，现场总线就是以数字通信替代了传统 4~20 mA 模拟信号及普通开关量信号的传输，是连接智能现场设备和自动化系统的全数字、双向、多站的通信系统。

1. 现场总线的主要特点

(1) 系统的开放性

传统的控制系统是自我封闭的系统，一般只能通过工作站的串口或并口与外部通信。在现场总线技术中，用户可按自己的需要，将来自不同供应商的产品组成大小随意的系统。

(2) 可操作性与可靠性

现场总线在选用相同的通信协议的情况下，只要选择合适的总线网卡、接口与适配器即可实现互连设备间、系统间的信息传输与沟通，大大减少接线与查线的工作量，有效提高控制的可靠性。

(3) 现场设备的智能化与功能自治性

传统数控机床的信号传递是模拟信号的单向传递，信号在传递过程中产生的误差较大，系统难以迅速判断故障。现场总线中采用双向数字通信，将传感测量、补偿计算、工程量处理与控制等功能分散到现场设备中完成，可随时诊断设备的运行状态。

(4) 对现场环境的适应性

现场总线是作为适应现场环境工作而设计的，可支持双绞线、同轴电缆、光缆、射频、红外线及电力线等，具有较强的抗干扰能力，能采用两线制实现供电与通信，并可满足安全及防爆要求等。

2. 几种流行的现场总线

由于国家及公司之间的利益之争，虽然早在 1984 年国际电工技术委员会/国际标准协会(IEC/ISA)就着手开始制定现场总线的标准，但至今尚未有统一标准。目前已经公布的现场总线有 40 余种，大都用于过程自动化、医药领域、加工制造、交通运输、国防、航天、农业和楼宇等领域，出现了多种现场总线并存、且各有其应用领域，各种总线相互渗透、彼此协调共存的局面。

下面介绍常用的几种现场总线。

(1) 基金会现场总线(foundation fieldbus，FF)

这是以美国 Fisher-Rousemount 公司为首，联合了横河、ABB、西门子、英维斯等 80 家公司制定的 ISP 协议；以 Honeywell 公司为首；联合了欧洲等地 150 余家公司制定的 WorldFIP 协议于 1994 年 9 月合并而成的。该总线在过程自动化领域得到了广泛的应用,具有良好的发展前景。

FF 采用国际标准化组织 ISO 的开放化系统互联 OSI 的简化模型(1、2、7 层),即物理层、数据链路层、应用层,另外增加了用户层。FF 分低速 H1 和高速 H2 两种通信速率,前者传输速率为 31.25 kbit/s,通信距离可达 1900 m,可支持总线供电和本质安全防爆环境。后者传输速率为 1 Mbit/s 和 2.5 Mbit/s,通信距离为 750 m 和 500 m,支持双绞线、光缆和无线发射,协议符合 IEC1158-2 标准。FF 物理媒介的信号传输采用曼彻斯特编码。

(2) CAN 总线(controller area network,控制器局域网)

最早由德国 Bosch 公司推出,它广泛用于离散控制领域,其总线规范已被 ISO 国际标准组织制定为国际标准,得到了 Intel、Motorola、NEC 等公司的支持。CAN 协议分为二层:物理层和数据链路层。CAN 的信号传输采用短帧结构,传输时间短,具有自动关闭功能和较强的抗干扰能力。CAN 支持多主工作方式,并采用了非破坏性总线仲裁技术,通过设置优先级来避免冲突,通信距离最远可达 10 km(速率低于 5 kbit/s),通信速率最高可达 1 Mbit/s(通信距离小于 40 m),网络节点数实际可达 110 个。已有多家公司开发了符合 CAN 协议的通信芯片。

(3) Lonworks

它由美国 Echelon 公司推出,并由 Motorola、Toshiba 公司共同倡导。它采用 ISO/OSI 模型的全部 7 层通信协议,采用面向对象的设计方法,通过网络变量把网络通信设计简化为参数设置。支持双绞线、同轴电缆、光缆和红外线等多种通信介质,通信速率从 300 bit/s 至 1.5 Mbit/s 不等,直接通信距离可达 2700 m(速率低于 78 kbit/s),被誉为通用控制网络。Lonworks 技术采用的 LonTalk 协议被封装到 Neuron(神经元)的芯片中,并得以实现。采用 Lonworks 技术和 Neuron 芯片的产品,被广泛应用在楼宇自动化、家庭自动化、保安系统、办公设备、交通运输、工业过程控制等行业。

(4) DeviceNet

DeviceNet 是一种用在自动化技术的现场总线标准,由美国的 Allen-Bradley 公司在 1994 年开发。DeviceNet 基于 CAN 技术,传输速率为 125 kbit/s 至 500 kbit/s,每个网络的最大节点为 64 个,其通信模式为:生产者/客户(producer/consumer),采用多信道广播信息发送方式。主要的应用包括资讯交换、安全设备及大型控制系统。位于 DeviceNet 网络上的设备可以自由连接或断开,不影响网上的其他设备,且设备的安装布线成本较低。

(5) PROFIBUS

PROFIBUS 是一个用在自动化技术的现场总线标准,由德国西门子公司等十四家公司及五个研究机构于 1987 年推动的现场总线标准。由 PROFIBUS-DP、PROFIBUS-FMS、PROFIBUS-PA 系列组成。DP 用于分散外设间高速数据传输,适用于加工自动化领域;FMS 适用于纺织、楼宇自动化、可编程序控制器、低压开关等;PA 适用于过程自动化的总线类型,服从 IEC1158-2 标准。PROFIBUS 支持主-从系统、纯主站系统、多主多从混合系统等几种传输方式。PROFIBUS 的传输速率为 9.6 kbit/s 至 12 Mbit/s,在 9.6 kbit/s 下的最大传输距离为 1200 m,在 12 Mbit/s 下的最大传输距离为 200 m,可采用中继器延长至 10 km,传输介质为双绞线或者光缆,最多可挂接 127 个站点。

(6) HART(highway addressable remote transducer)

HART 是美国 Rosemount 公司于 1985 年推出的一种用于现场智能仪表和控制室设备之间的通信协议。其特点是在现有模拟信号传输线上实现数字信号通信,属于模拟系统向数字系统转变的过渡产品。其通信模型采用物理层、数据链路层和应用层三层,支持点对点主从应答方式和多点广播方式。HART 装置提供具有相对低的带宽,适度响应时间的通信,能利用总线供电,可满足本质安全防爆的要求,经过 10 多年的发展,HART 技术在国外已经十分成熟,并已成为全球智能仪表的工业标准。

(7) CC-Link(control & communication link,控制与通信链路系统)

CC-Link 是一种开放式现场总线,由三菱电机为主导的多家公司于 1996 年 11 月推出,其增长势头迅猛,在亚洲占有较大份额。其数据容量大,通信速度多级可选择,可以将控制信息和数据同时以 10 Mbit/s 高速传送至现场网络,具有性能卓越、使用简单、应用广泛、节省成本等优点。而且它是一个复合的、开放的、适应性强的网络系统,能够适应于较高的管理层网络到较低的传感器层网络的不同范围。不仅解决了工业现场配线复杂的问题,同时具有优异的抗噪性能和兼容性。2005 年 7 月 CC-Link 被中国国家标准委员会批准为中国国家标准指导性技术文件。

(8) WorldFIP

WorldFIP 是指由法国的 Alstom 公司发起,支持双重冗余总线运行方式,总线上可以连接 PLC、I/O 现场设备、控制器、HMI 系统等的现场总线。通过双重冗余总线,能够完全确保控制系统不会因为控制电缆损坏等原因造成其他控制系统被迫停机的事故。WorldFIP 的特点是具有单一的总线结构以适合不同应用领域的需求,而且没有任何网关或网桥,可用软件的办法解决高速和低速的衔接。在与 IEC61158 第一类型的连接方面,WorldFIP 做得最好,走在世界前列。

(9) INTERBUS

INTERBUS 是德国 Phoenix 公司推出的现场总线,2000 年 2 月成为国际标准 IEC61158。INTERBUS 是一个传感器/调节器总线系统,特别适用于工业用途,能够提供从控制级设备至底层限定开关的网络互联。它通过一根单一电缆来连接所有的设备,而无需考虑操作的复杂度,并允许用户充分利用这种优势来减少整体系统的安装和维护成本。其采用集总帧型的数据环通信,具有低速度、高效率的特点,并严格保证了数据传输的同步性和周期性;该总线的实时性、抗干扰性和可维护性也非常出色,广泛地应用于汽车、烟草、仓储、造纸、包装、食品等工业,成为国际现场总线的领先者。

此外较有影响的现场总线还有丹麦公司 Process-Data A/S 提出的 P-Net,该总线主要应用于农业、林业、水利、食品等行业;以及 SwiftNet 现场总线,主要使用在航空航天等领域。

现场总线的主要优点是更灵活、更开放，它的应用广泛，为大型工业系统的设计、组织和运行带来了深刻变革，为采用新型系统维护方式和企业管理模式提供了可能，也是我国制造业转型升级的重要突破口。

【练习与思考】

13-5-1　数据通信方式有哪些？试比较它们的优缺点及应用场合。

13-5-2　试比较常用异步串行通信接口的优缺点。

13-5-3　在现场总线系统发展的过程中，出现了哪些较流行的现场总线？

13-5-4　现场总线设备为什么需要智能化？

习题

13.1.1　检测系统的基本类型有几种？简述各自的特点。

13.2.1　霍尔式传感器有何特点？可以测量哪些对象？

13.2.2　用压电敏感元件和电荷放大器组成的压力测量系统能否用于静态测量？为什么？

13.2.3　光敏电阻的工作原理是什么？有何用途？

13.2.4　气敏和湿敏传感器在日常生活中有什么应用？能否举出几个例子？

13.2.5　测量物体位移的有多种传感器，试列举出来并说明其主要特征。

13.3.1　一个 8 位 DAC，当最低位为 **1**，其他各位为 **0** 时输出电压 $U_{omin}=0.02$ V，当数字量为 **01010101** 时，输出电压 U_o 为多少伏？

13.3.2　在题 13.3.2 图中，计数器 74LS290 已接成 8421BCD 码十进制计数状态，Q_A 为低电位，Q_D 为高电位。计数器输出的高电平为 3.5 V，低电平为 0 V。

（1）用图示元器件连接成一个以计数器输出作为 D/A 转换器输入的四位 D/A 转换器。

（2）当 $Q_DQ_CQ_BQ_A=$ **1001** 时，求输出电压 U_0 的值。

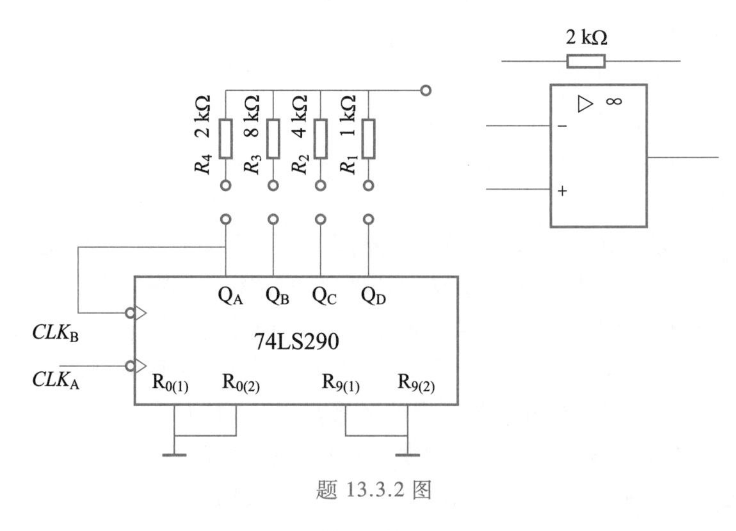

题 13.3.2 图

13.3.3　如题 13.3.3 图所示的电路中，输入信号 D_0、D_1、D_2、D_3 的电压幅值为 5 V，试仿真分析在 $D_0=5$ V、$D_1=0$ V、$D_2=5$ V、$D_3=0$ V 时输出电压 U_0 的值，以及各个电流之间的关系。

13.3.4　如题 13.3.4 图所示的电路中，若是输入 D_0、D_1、D_2、D_3 的值为 **1** 就相当于开关动触

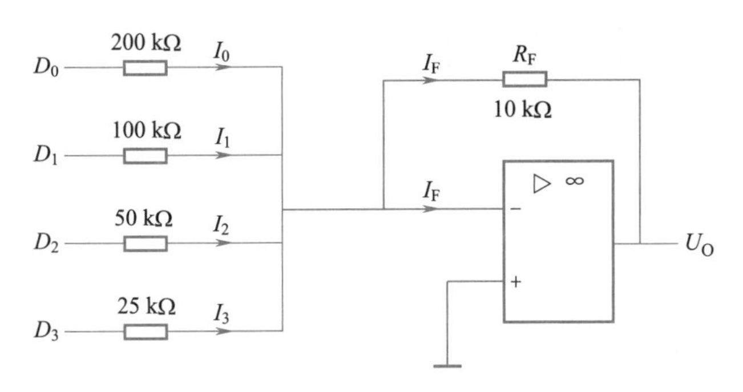

题 13.3.3 图

点接通运放反相端，为 **0** 相当于连接运放同相端。试求解输出电压 U_0 在 $D_0=\mathbf{1}$、$D_1=\mathbf{0}$、$D_2=\mathbf{1}$、$D_3=\mathbf{0}$ 的值。图中 $R=1\ \text{k}\Omega$，参考电压为 5 V。并说明各个电流之间的关系。

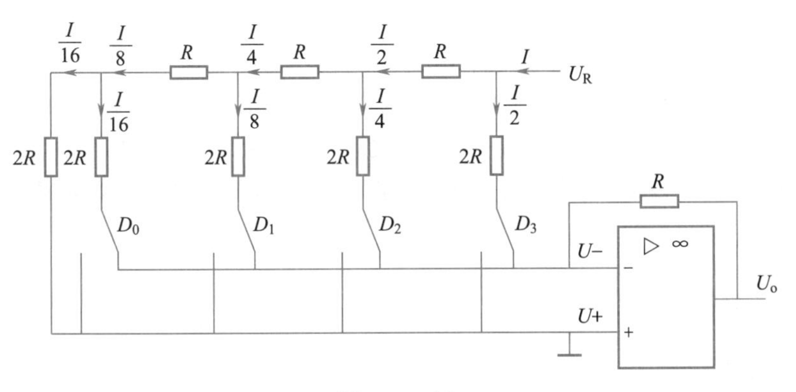

题 13.3.4 图

扫描二维码，购买第 13 章习题解答电子版

注：

扫描本书封面后勒口处二维码，可优惠购买全书习题解答促销包。

13.3.5　试用电阻、比较器、8-3 线优先编码器和译码显示电路设计一个 3 位并行 A/D 转换器。要求画出电路图并仿真。

13.4.1　在信号传输过程中，为什么要采用调制技术？常用的调制方法有哪些？

13.4.2　检测系统中为什么要用电压-电流和电压-频率转换？

13.5.1　现场总线系统的主要特征和优点有哪些？

第 14 章　磁路与变压器

在电气工程领域中广泛使用含有铁心线圈的电气设备。对这类电气设备的分析,不仅要考虑其电路,同时还要考虑其磁路。比如常见的变压器,是利用电磁感应作用改变交流电压、电流和阻抗的一种电气设备。本章首先介绍磁路及其基本定理,结合磁路理论分析铁心线圈,最后介绍常用的电气设备变压器。

14.1　磁路及其基本定理

在变压器和电动机等电气设备中,为了用较小的电流产生较强的磁场,通常把线圈绕在用铁磁材料制成的一定形状的铁心上。利用铁磁材料的高导磁性,使线圈电流产生的磁通绝大部分经过铁心而闭合。这种由铁心线圈构成的能使磁通集中通过的闭合路径称为磁路。了解铁磁材料的特点,掌握磁路欧姆定律和简单磁路的分析方法,是磁路分析的基础。

14.1.1　磁场的基本物理量

讲义:磁场的基本物理量

1. 磁感应强度 *B*

用来表示磁场中各点的磁场强弱和方向的物理量称为磁感应强度。若某个磁场中各点的磁感应强度大小和方向都相同,则称为匀强磁场。磁感应强度 B 的方向根据产生磁场的电流方向,用右手螺旋定则来确定。其大小可用该点磁场作用于单位长度,通有 1 A 电流的导体上的作用力 F 来衡量,标量形式方程为

$$B=\frac{F}{lI} \tag{14-1}$$

磁感应强度 B 的国际单位(SI)是特斯拉(T)。

2. 磁通 *Φ*

磁感应强度 B(如果不是匀强磁场,则取 B 的平均值)与垂直于磁场方向面积 S 的乘积,称为通过该面积的磁通,用符号 Φ 表示,标量形式方程为

$$B=\frac{\Phi}{S} \text{ 或 } \Phi=BS \tag{14-2}$$

磁感应强度 B 可形象地表述为穿过单位面积的磁力线条数,还可理解为单位面积的磁通量,即磁通密度。磁通 Φ 的国际单位是韦伯(Wb),$1\ \text{T}=1\ \text{Wb/m}^2$。

3. 磁场强度 *H*

磁场强度 H 是为计算磁场与电流之间的关系而引入的物理量,其大小为磁感应强度和磁导率 μ 之比,即

$$H=\frac{B}{\mu} \tag{14-3}$$

磁场强度 H 的国际单位是安培每米(A/m)。磁场强度 H 只反映电流对磁场的影响,而磁感应强度 B 还反映了介质对磁场的影响。

4. 磁导率 μ

磁导率 μ 又称为导磁系数,是衡量物质的导磁能力的参数,单位是亨利每米(H/m)。真空的磁导率用 μ_0 表示,大小为 $\mu_0=4\pi\times10^{-7}$ H/m。

自然界中的物质根据导磁能力,可分为磁性材料和非磁性材料两大类。非磁性材料如铜、铝、空气等导磁能力较小,磁导率近似于 μ_0。磁性材料的磁导率 μ 远大于非磁性材料的磁导率,两者之比可达数百倍至数万倍。常见的磁性材料有铁、钴、镍及其合金等。

各种材料的磁导率习惯用真空磁导率 μ_0 的倍数表示,称为相对磁导率 μ_r,即

$$\mu_r=\frac{\mu}{\mu_0} \tag{14-4}$$

14.1.2 磁路基本定律

讲义:磁路及磁路欧姆定律

1. 磁路的概念

把电流流过的路径称为电路,类似地,磁通所通过的路径则称为磁路。但磁通的路径可以是铁磁性物质,也可以是非磁性物质。在变压器和电动机中,常把线圈绕在铁心上,当线圈内通有电流时,在线圈周围的空间就会形成磁场。由于铁心的磁导率比空气的磁导率大得多,所以绝大部分磁通将在铁心内部通过,这部分磁通称为主磁通,用来进行能量的传递或转换。在围绕载流线圈的铁心周围空间,还存在少量分散的磁通,这部分磁通称为漏磁通。漏磁通不参与能量的传递或转换。如图 14-1 所示,在通有交流电的铁心线圈中存在两种磁路,Φ 标识的铁心中的虚线为主磁通回路,Φ_σ 标识的虚线为漏磁通回路。在做定性分析时,由于变压器中的漏磁通要远小于主磁通,通常忽略掉这部分漏磁通。

2. 磁路的欧姆定律

如图 14-2 所示环形线圈,试计算通有电流 I 的 N 匝线圈内部各点的磁场强度

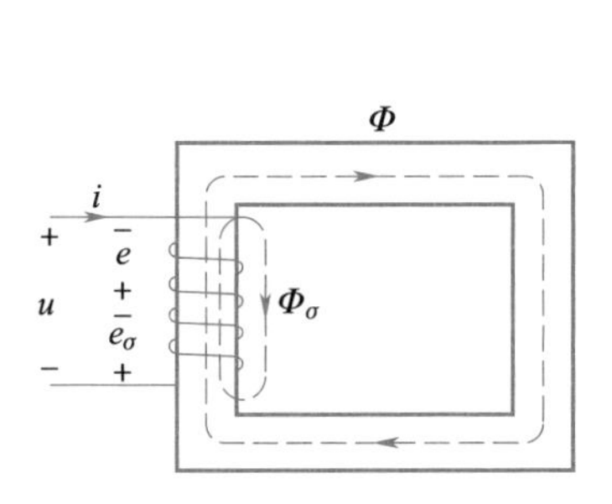

图 14-1 铁心线圈的磁路

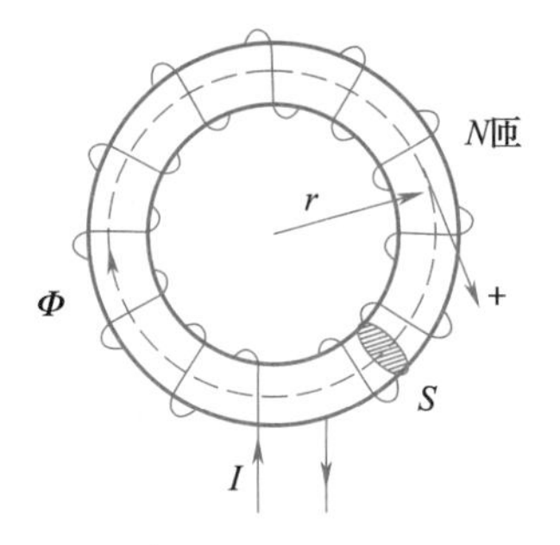

图 14-2 环形线圈

(假定介质是均匀的)。对磁场 H 沿着图中虚线进行围道积分,由于闭合曲线的方向与电流方向符合右手螺旋定则(即 $\boldsymbol{H}$ 与 $\mathrm{d}\boldsymbol{l}$ 方向相同),所以根据安培环路定律可得

$$\sum I=\oint \boldsymbol{H}\cdot \mathrm{d}\boldsymbol{l}=H\times 2\pi r \tag{14-5}$$

因此有 $H=\dfrac{\sum I}{2\pi r}=\dfrac{NI}{2\pi r}$,其中 r 为圆周半径。线圈匝数与电流的乘积 NI 称为磁动势,用 F 来表示,单位为 A。即表示为

$$F=NI \tag{14-6}$$

磁场的产生源于磁路的磁动势,类似于电路中的电流是由电动势产生。由此得出一般表达式:

$$F=NI=Hl=\frac{B}{\mu}l=\frac{\Phi}{\mu S}l \quad 或 \quad \Phi=\frac{NI}{\dfrac{l}{\mu S}}=\frac{F}{R_{\mathrm{m}}} \tag{14-7}$$

式中 R_{m} 与 Φ 成反比,反映了对磁通的阻碍作用,称为磁阻,单位为 H^{-1}。l 是磁路的平均长度;S 为磁路的截面积。式(14-7)与电路的欧姆定律在数学形式上相似,所以称为磁路的欧姆定律。磁路与电路的物理关系对比见表 14-1。

表 14-1　磁路与电路的物理量关系对比

磁路	电路
磁动势 $F=NI$	电动势 E
磁通 Φ	电流 I
磁感应强度 B	电流密度 J
磁阻 $R_{\mathrm{m}}=\dfrac{l}{\mu S}$	电阻 $R=\dfrac{l}{\gamma S}$
磁路欧姆定律 $\Phi=\dfrac{F}{R_{\mathrm{m}}}$	电路欧姆定律 $I=\dfrac{E}{R}$

由于磁性材料的磁导率不是常数,该表达式只用来定性分析磁路中相关物理量的变化过程,如果需要对磁路物理量进行定量分析,需要用磁性材料的磁化曲线来进行计算。

14.2　铁磁材料的磁性能

磁性材料主要是铁、镍、钴及其合金,具有高导磁性、磁饱和性、磁滞性三个重要特点。下面分别进行介绍。

1. 高导磁性

磁性物质具有被磁化(呈现磁性)的特点。在没有外磁场作用的普通磁性物质中,各个磁畴排列杂乱无章,磁场互相抵消,整体对外不显磁性。这种特性广泛应用于电工设备中,如电机、变压器及各种铁磁元件的线圈中都设计有铁心。利用优质铁磁材料的铁心线圈可以实现用较小的励磁电流,就能获得足够大的磁通和磁

感应强度的目标，所以可使得同一容量电工设备的重量和体积大幅度减小。

2. 磁饱和性

对非磁性材料而言，相对磁导率 $\mu_r \approx 1$，即磁导率 $\mu \approx \mu_0 = 4\pi \times 10^{-7}$ H/m。所以对非磁性材料，磁感应强度 B_0 与磁场强度 H 呈线性关系 $B_0 = \mu_0 H$。将磁性材料放入磁场强度为 H 的磁场（通常是线圈的励磁电流产生的）中，其磁化曲线（B-H 曲线）如图 14-3 所示。由于励磁电流 I 与 H 成正比，在电流较小时，H 与 B 近似成正比（μ 近似为常数），当铁磁性材料磁化达到饱和或接近饱和时，其铁磁性材料表现出明显的非线性磁化特性，即 H 与 B 不再成比例变化，趋于磁饱和。为了尽可能大地获得强磁场，一般电机铁心的磁感应强度常设计在曲线的拐点附近。

3. 磁滞性

磁滞性是指磁性材料中磁感应强度 B 的变化总是滞后于磁场强度 H 的变化的性质。当磁性材料在交变磁场中反复磁化，其 B-H 关系曲线是一条回形闭合曲线，称为磁滞回线。如图 14-4 所示，当磁化电流减小，使 H 变为 0 时，B 的变化滞后于 H，有剩磁 B_r。为消除剩磁，须加大小为 H_c 的反向磁场强度（H_c 为矫顽磁力）。

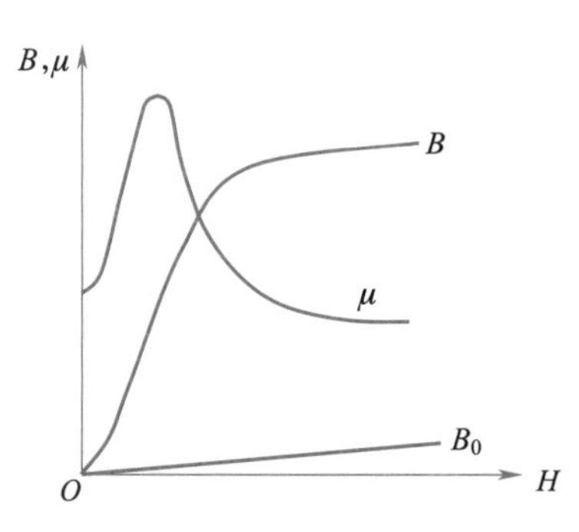

图 14-3　磁性材料的磁化曲线

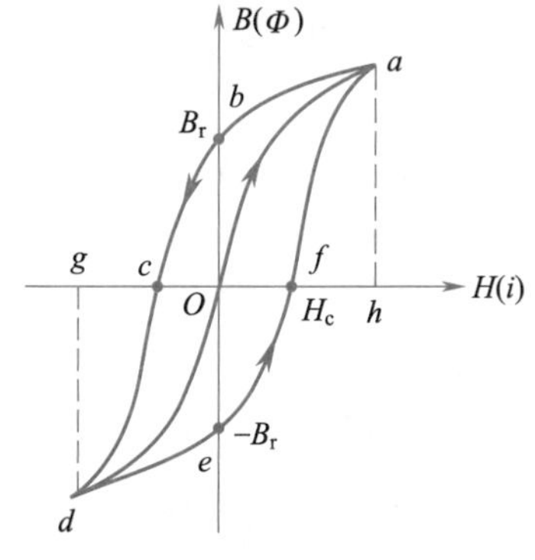

图 14-4　铁磁材料的磁滞回线

不同的铁磁材料，其磁滞回线的面积不同，形状也不同。按铁磁材料的磁性能可分为三类。第一类是软磁材料，如图 14-5（a）所示，具有较小的剩磁和矫顽磁力，磁滞回线较窄。一般用来制造电机、电器及变压器等的铁心。常用的有铸铁、

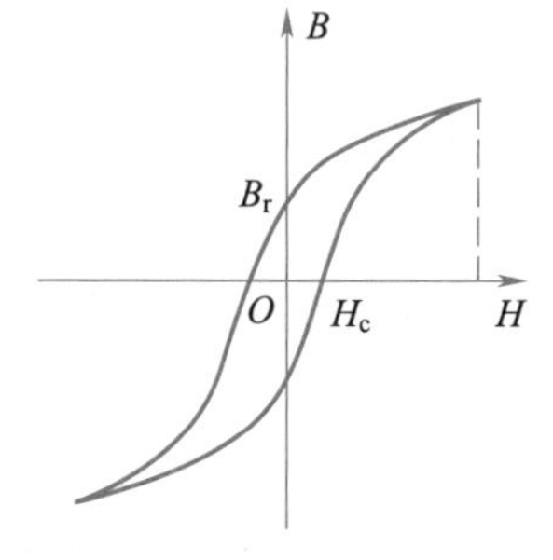

(a) 软磁材料的磁滞回线

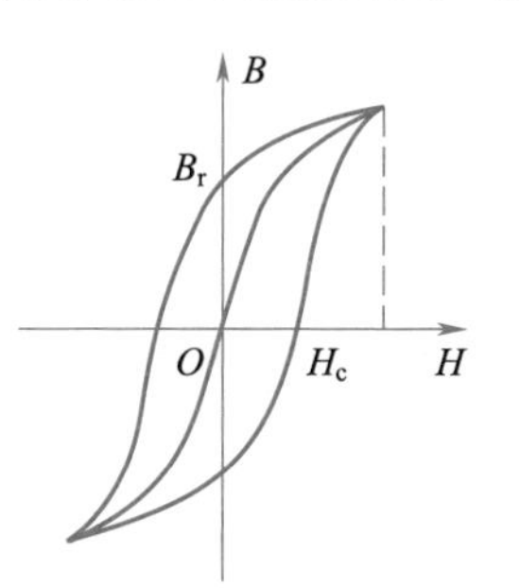

(b) 硬磁材料的磁滞回线

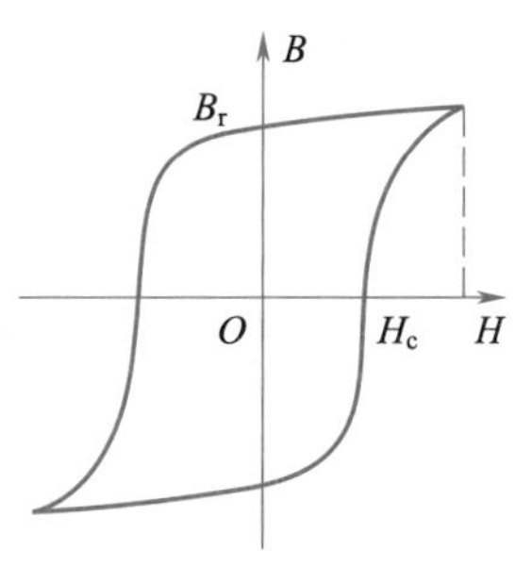

(c) 矩磁材料的磁滞回线

图 14-5　三类铁磁材料的磁滞回线

硅钢、坡莫合金及铁氧体等。第二类是硬磁材料，如图 14-5(b)所示，回线呈阔叶形状，具有较大的矫顽磁力，磁滞回线较宽。一般用来制造永久磁铁。常用的有碳钢及铁镍铝钴合金等。还有一类称为矩磁材料，如图 14-5(c)所示，只要受较小的外磁场作用就能达到磁饱和，当外磁场去掉，磁性仍保持，磁滞回线几乎成矩形，常用于制作各类存储器中记忆元件的磁心。

不同的铁磁材料具有不同的磁化曲线，如图 14-6 所示，是几种常见铁磁材料的磁化曲线。

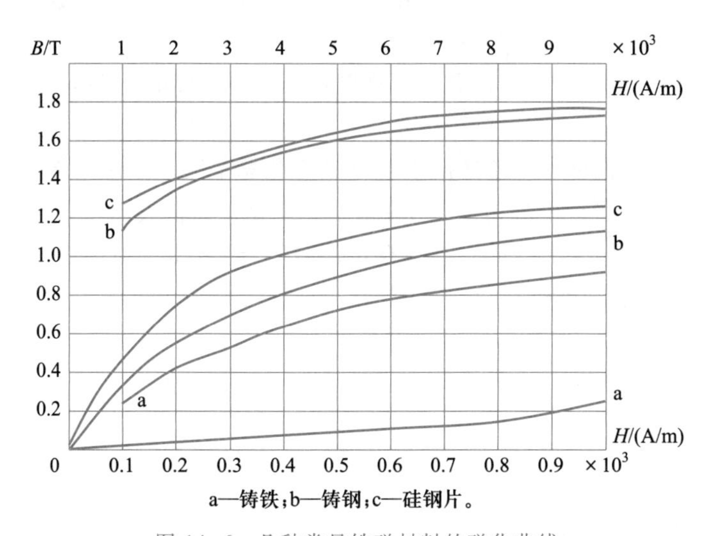

图 14-6 几种常见铁磁材料的磁化曲线

14.3 铁心线圈

铁心上绕制线圈，便构成了铁心线圈。铁心线圈按照所接电源可分为两类：即直流铁心线圈和交流铁心线圈。下面分别进行介绍。

14.3.1 直流铁心线圈

在直流铁心线圈中通入直流电流，在铁心及空气中产生磁通 Φ 和漏磁通 Φ_{σ}，如图 14-7(a)所示。工程中直流电机、直流电磁铁及其他直流电磁器件线圈都是直流铁心线圈，其特点是：

(1) 励磁电流 $I=\dfrac{U}{R}$，I 由外加电压及励磁绕组的电阻 R 决定，与磁路特性无关。

(2) 励磁电流 I 产生的磁通是恒定磁通，不会在线圈和铁心中产生感应电动势。

(3) 直流铁心线圈中磁通 Φ 的大小不仅与线圈的电流 I(即磁动势 NI)有关，还决定于磁路中的磁阻 R_m。例如，对有空气隙的铁心磁路，在 $F=NI$ 一定的条件下，当空气隙增大，即 R_m 增加，磁通 Φ 减小；反之当空气隙减小，R_m 减小，磁通 Φ

增大。

（4）直流铁心线圈的功率损耗（铜损）$\Delta P=I^2R$，由线圈中的电流和电阻决定。因磁通恒定，在铁心中不会产生功率损耗。

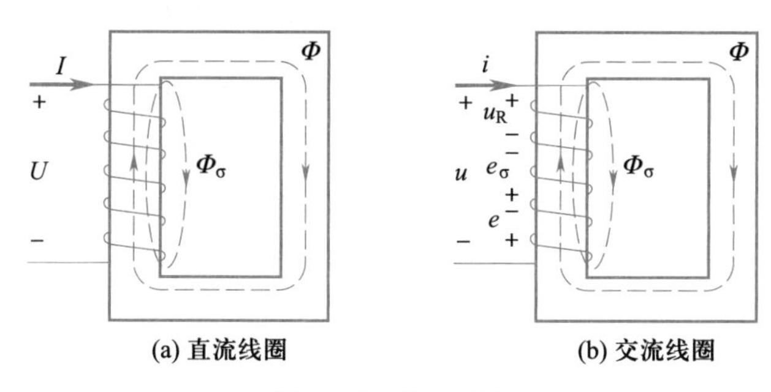

图 14-7 铁心线圈

14.3.2 交流铁心线圈

讲义：交流铁心线圈的电路分析

1. 交流铁心线圈的电磁关系

图 14-7(b)所示是交流铁心线圈的电路图。当线圈中通过励磁电流 i，则在铁心中产生磁动势。交流铁心线圈的磁动势 iN 产生两部分交变磁通，即通过铁心闭合的主磁通 Φ 和通过空气的闭合漏磁通 Φ_σ，这两个磁通又分别在线圈中产生两个感应电动势，即主磁电动势 e 和漏磁电动势 e_σ，其参考方向与磁通方向符合右手螺旋定则。其电磁关系可表示为

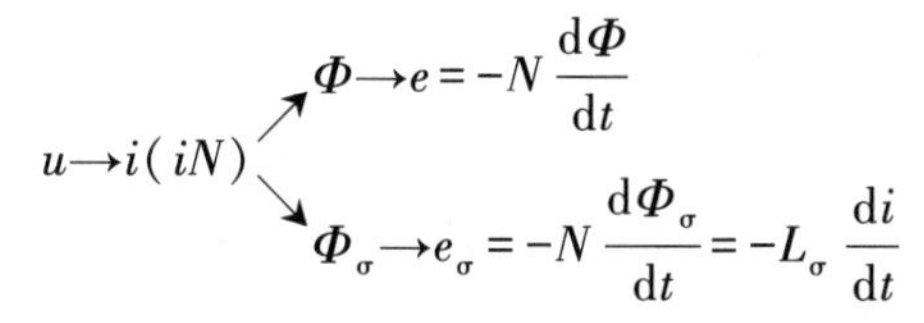

$$u \to i(iN) \begin{cases} \Phi \to e=-N\dfrac{\mathrm{d}\Phi}{\mathrm{d}t} \\ \Phi_\sigma \to e_\sigma=-N\dfrac{\mathrm{d}\Phi_\sigma}{\mathrm{d}t}=-L_\sigma\dfrac{\mathrm{d}i}{\mathrm{d}t} \end{cases}$$

其中 $L_\sigma=\dfrac{N\Phi_\sigma}{i}=$常数，为线圈漏磁电感。

2. 交流铁心线圈的电磁关系

由基尔霍夫电压定律可得交流铁心线圈电压回路方程：

$$u=u_R+(-e_\sigma)+(-e)=iR_L+L_\sigma\frac{\mathrm{d}i}{\mathrm{d}t}+N\frac{\mathrm{d}\Phi}{\mathrm{d}t} \tag{14-8}$$

由于铁心线圈的设计和制造工艺，线圈电阻和漏磁电感都很小，式(14-8)又可近似表示为

$$u\approx -e=N\frac{\mathrm{d}\Phi}{\mathrm{d}t} \tag{14-9}$$

设磁通按正弦规律变化 $\Phi=\Phi_\mathrm{m}\sin\omega t$，线圈两端电源电压 u 与磁通 Φ 的关系可表示为

$$u=N\frac{\mathrm{d}\Phi}{\mathrm{d}t}=N\frac{\mathrm{d}(\Phi_\mathrm{m}\sin\omega t)}{\mathrm{d}t}=N\Phi_\mathrm{m}\omega\cos\omega t$$

$$= 2\pi fN\Phi_m \cos\ \omega t = U_m \sin(\omega t + 90°) \quad (14-10)$$

电压源电压 u 也按正弦规律变化,电压有效值为

$$U = \frac{U_m}{\sqrt{2}} = \frac{2\pi fN\Phi_m}{\sqrt{2}} \approx 4.44fN\Phi_m = 4.44fNB_mS \quad (14-11)$$

式(14-11)表明,正弦电压所激励的交流铁心线圈,当匝数 N 和频率 f 一定的情况,铁心内的磁通最大值正比于所加线圈电压的有效值。当电压 U 和磁感应强度 B_m 一定时,若提高频率,则匝数 N 与截面积 S 的乘积会减小。因此,在电压和磁感应强度一定的情况,高频铁心线圈比低频铁心线圈做的尺寸要小。

3. 功率损耗

交流铁心线圈的功率损耗主要有铜损和铁损。在交流铁心线圈中，线圈电阻 R 上的功率损耗称铜损,表示为 $\Delta P_{Cu}=I^2R$。在交流铁心线圈中,处于交变磁通下的铁心内的功率损耗称铁损,用 ΔP_{Fe} 表示。铁损又由磁滞损耗 ΔP_h 和涡流损耗 ΔP_e 两部分构成。

磁滞损耗 ΔP_h:铁心在交变磁场中反复磁化,由于磁性材料的磁滞性,磁场来回翻转而产生功率损耗。单位体积内的磁滞损耗与磁滞回线的面积和磁场交变的频率 f 成正比。由于软磁材料的磁滞回线面积小于硬磁材料的,所以软磁材料的磁滞损耗小于硬磁材料的,在制造电机、变压器等电气设备时,为了减小磁滞损耗,选用软磁材料(如硅钢)制作铁心。

涡流损耗 ΔP_e:交变磁通在铁心内因产生感应电动势而出现的涡旋电流,称为涡流。涡流在垂直于磁通的平面内环流(如图 14-8(a)所示)。由涡流所产生的功率损耗称为涡流损耗。为了减小涡流损耗,电气设备中的铁心用彼此绝缘的钢片叠成,如图 14-8(b)所示,把涡流限制在较小的截面内。另外,在钢片中掺入少量硅,提高铁心的电阻率。涡流也有可利用的方面,如感应加热装置、高频冶炼炉等就是利用涡流热效应实现的。

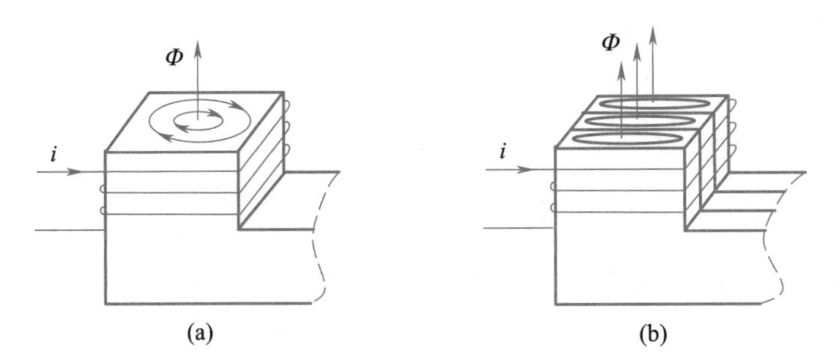

图 14-8　涡流的产生和减小

由上面分析可知,交流铁心线圈电路的有功功率可表示为铁损和铜损两部分,即

$$P = UI\cos\ \varphi = \Delta P_{Fe} + RI^2 \quad (14-12)$$

【练习与思考】

14-3-1 将一个空心线圈先后接到直流电源和交流电源上，然后在这两个线圈中插入铁心，再接到上述直流电源和交流电源上。如果交流电源电压有效值和直流电源电压相等，在上述情况下，比较通过线圈的电流和功率的大小，并说明理由。

14-3-2 如果线圈铁心由彼此绝缘的钢片在垂直磁场方向叠加，是否也可以？

14-3-3 铁心线圈通过直流，是否有铁损？

14.4 变压器

变压器在电力系统和电子线路中应用广泛，它是根据电磁感应原理制造的静止的电气设备，是用来将某一交流电压（电流）变成频率相同的另一种或几种不同的电压（电流）的设备。具有变电压、变电流和变阻抗的作用。

14.4.1 变压器的基本构造、分类和用途

1. 变压器的基本构造

变压器的基本结构是由铁心和绕组两大部分构成的。变压器的绕组与绕组之间、绕组与铁心之间均相互绝缘。如图 14-9(a)和图 14-9(b)所示的两类变压器：芯式和壳式变压器。

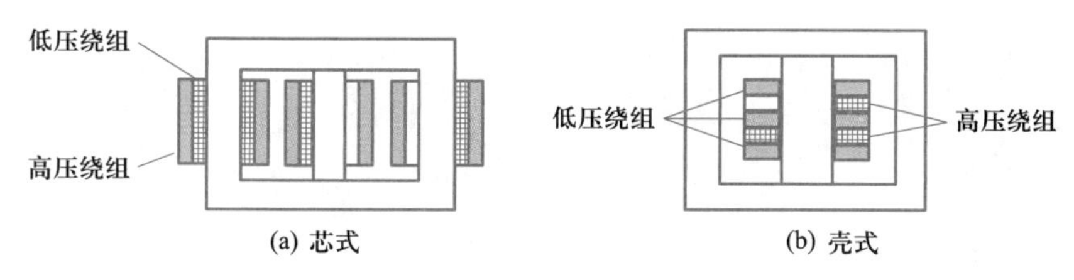

图 14-9 变压器的结构图

2. 变压器的用途

按照用途来分，变压器主要分为以下三类：

（1）电力变压器。用在输配电系统，传输和分配电能。

按照相数来分，电力变压器又分为单相变压器和三相变压器。按冷却介质的不同又可分为油浸变压器、干式变压器（空气冷却式）和水冷变压器。图 14-10 所示为油浸和干式电力变压器的外形图。

在电力工业中常采用高压输电低压配电，实现节能并保证用电安全。电力变压器的电能传输过程如图 14-11 所示。

（2）特种电源变压器。用来获得工业中有特殊要求的电源，如整流变压器、电炉变压器等。

（3）专用变压器。它是一类有专门用途的变压器，如电子系统提供电源的电源变压器，实现阻抗匹配的阻抗变换器、脉冲变压器、隔离变压器、自耦变压器和用于电气测量的互感器等。图 14-12 所示为几类专用变压器。

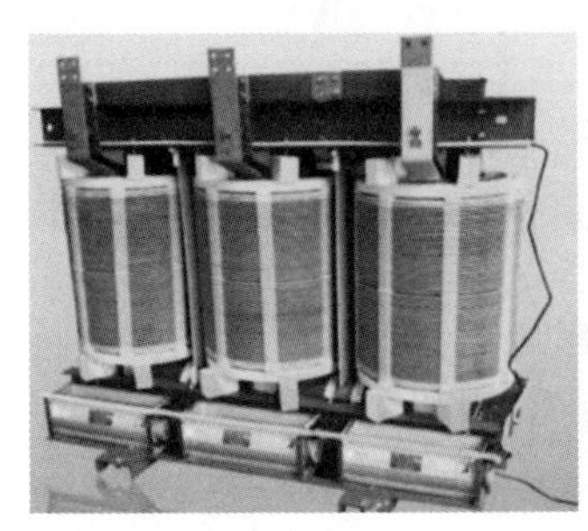

图 14-10　油浸和干式电力变压器的外形图

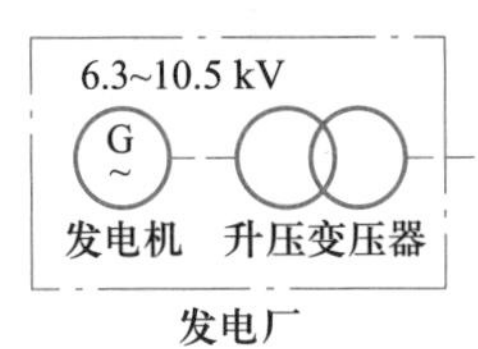

35~500 kV
高压输电线

6~10 kV
高压配电线

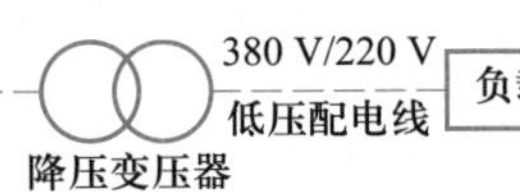

图 14-11　电力变压器的电能传输过程

(a) 电源变压器

(b) 自耦变压器

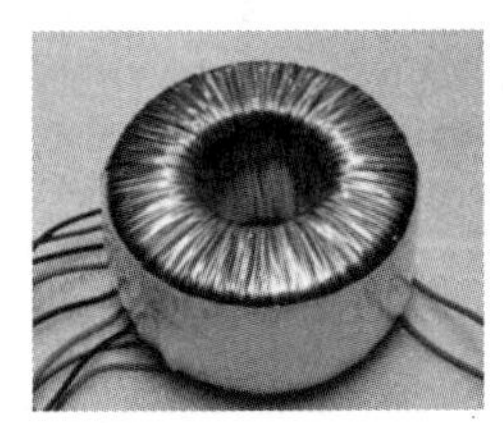

(c) 环形变压器

(d) 隔离变压器

图 14-12　几类专用变压器

14.4.2　变压器基本工作原理及运行特性

讲义:变压器的运行特性

1. 变压器的空载运行

图 14-13 所示的是单相变压器运行原理图,N_1 和 N_2 分别表示一次绕组(又称为初级绕组或原边绕组)和二次绕组(又称为次级绕组或副边绕组)的匝数。当一次侧接入交流电压 u_1,一次绕组会有空载电流 i_0 流过,进而产生空载交变磁势 i_0N_1,建立空载磁场。由于铁心磁导率比空气隙磁导率大得多,绝大部分磁通存在于铁心中,这部分磁通同时与一次和二次绕组相交链,称为主磁通 Φ;少量磁通经过空气和其他非铁磁性物质,只与一次绕组相交链,称为原边漏磁通 $\Phi_{\sigma1}$。空载变压器的电磁关系可表示如下:

$$u_1 \to i_0\ (i_0 N_0) \to \Phi \to e_1 = -N_1 \frac{\mathrm{d}\Phi}{\mathrm{d}t}$$

$$\searrow \qquad\qquad \searrow$$

$$\Phi_{\sigma 1} \to e_{\sigma 1} \qquad e_2 = -N_2 \frac{\mathrm{d}\Phi}{\mathrm{d}t}$$

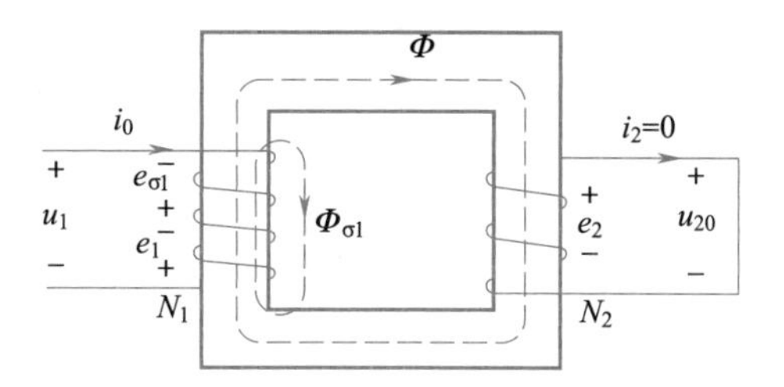

图 14-13　单相变压器运行原理图

选择图 14-13 所示参考方向，根据基尔霍夫电压定律和电磁感应定律，可得一次绕组和二次绕组电压方程为

$$u_1 = R_1 i_0 + (-e_{1\sigma}) + (-e_1) = R_1 i_0 + N_1 \frac{\mathrm{d}\Phi_{1\sigma}}{\mathrm{d}t} + N_1 \frac{\mathrm{d}\Phi}{\mathrm{d}t} = R_1 i_0 + L_{1\sigma} \frac{\mathrm{d}i_0}{\mathrm{d}t} + N_1 \frac{\mathrm{d}\Phi}{\mathrm{d}t} \tag{14-13}$$

$$u_{20} = e_2 = -N_2 \frac{\mathrm{d}\Phi}{\mathrm{d}t} \tag{14-14}$$

对于正弦电源，上面两式可写为向量形式

$$\dot{U}_1 = R_1 \dot{I}_0 - \dot{E}_{1\sigma} - \dot{E}_1 = R_1 \dot{I}_0 + \mathrm{j}X_{1\sigma} \dot{I}_0 - \dot{E}_1 \tag{14-15}$$

$$\dot{U}_{20} = \dot{E}_2 \tag{14-16}$$

其中 R_1、$L_{1\sigma}$和 $X_{1\sigma}$分别是一次绕组的电阻、漏磁系数和漏磁电抗。u_{20}是二次绕组的空载电压（即开路电压）。一般变压器中，漏磁通远小于主磁通，故 $e_1 >> e_{1\sigma}$；空载时，一次绕组的电阻压降也很小，则有 $\dot{U}_1 \approx -\dot{E}_1$。与交流铁心线圈相比，变压器多了一个二次绕组线圈，所以交流铁心中感应电动势的分析方法也可适用于变压器分析。根据式（14-11），可得，

$$U_1 \approx E_1 = 4.44 f N_1 \Phi_{\mathrm{m}} \tag{14-17}$$

$$U_{20} = E_2 = 4.44 f N_2 \Phi_{\mathrm{m}} \tag{14-18}$$

因此，对于理想变压器有如下电压变换关系

$$\frac{U_1}{U_{20}} = \frac{N_1}{N_2} = k \tag{14-19}$$

式中 k 称为变压器的变比。从上式（14-19）可知，空载运行时，变压器一次绕组和二次绕组的电压比等于一次和二次绕组的匝数比。因此，要使得一次和二次绕组具有不同的电压，只要使他们具有不同的匝数即可，这就是变压器能够变压的原因。

2. 变压器的带载运行

变压器一次绕组接通额定电源，二次绕组接上负载的运行情况，称为变压器的

带载运行。如图 14-14 所示变压器有载运行原理图。二次绕组接负载阻抗 Z 后，在感应电动势 e_2 的作用下，二次绕组产生电流 i_2，进而产生磁动势 i_2N_2，该磁动势也作用于主磁路上，它改变了变压器原磁动势平衡，导致一次、二次感应电动势随之发生变化，使得一次电流由空载电流 i_0 变成负载电流 i_2。

一次、二次绕组的主磁通 $\boldsymbol{\Phi}$ 产生的感应电动势分别为 e_1 和 e_2，一次、二次绕组漏磁通 $\boldsymbol{\Phi}_{\sigma1}$ 和 $\boldsymbol{\Phi}_{\sigma2}$ 分别产生的漏磁感应电动势为 $e_{\sigma1}$ 和 $e_{\sigma2}$。有载变压器的电磁关系可表示为

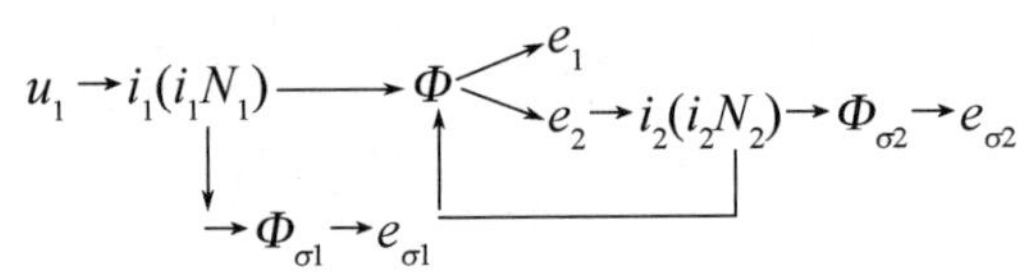

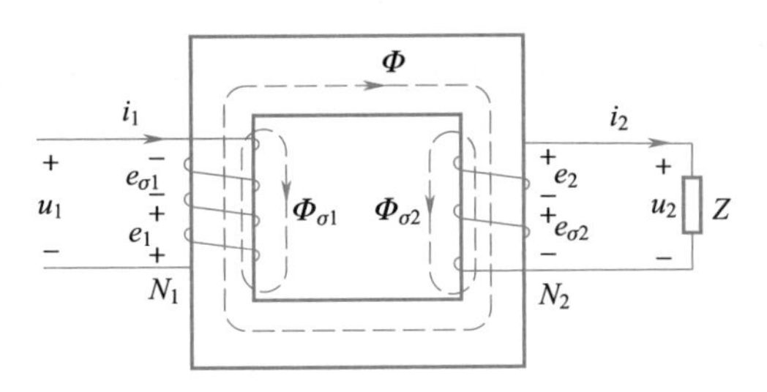

图 14-14　变压器有载运行原理图

下面讨论有载变压器的电压变换、电流变换和阻抗变换。

(1) 变压器有载运行时的电压方程

根据基尔霍夫电压定律(图 14-14 中箭头标记的是参考方向)，可得一次、二次绕组电压方程，

$$u_1 = R_1 i_1 + (-e_{1\sigma}) + (-e_1) = R_1 i_1 + L_{\sigma1}\frac{\mathrm{d}i_1}{\mathrm{d}t} + (-e_1) \tag{14-20}$$

$$e_2 = R_2 i_2 + (-e_{\sigma2}) + u_2 = R_2 i_2 + L_{\sigma2}\frac{\mathrm{d}i_2}{\mathrm{d}t} + u_2 \tag{14-21}$$

如果电源电压 u_1 是正弦量，则 i_1 和 i_2 也将是正弦量，对应的电源电压和电流向量分别表示为 $\dot{U}_1$、$\dot{I}_1$ 和 $\dot{I}_2$，所以可将上面两式写成相量形式：

$$\left.\begin{aligned}\dot{U}_1 &= R_1\dot{I}_1 + \mathrm{j}X_1\dot{I}_1 + (-\dot{E}_1)\\ \dot{E}_2 &= R_2\dot{I}_2 + \mathrm{j}X_2\dot{I}_2 + \dot{U}_2\end{aligned}\right\} \tag{14-22}$$

其中 R_1 和 R_2 为一次和二次绕组的电阻，$X_1=\omega L_{\sigma1}$，$X_2=\omega L_{\sigma2}$ 称为一次和二次绕组漏磁电抗(简称漏抗)。对于有载变压器，同样有：主磁通 $\boldsymbol{\Phi}$ 远大于漏磁通 $\boldsymbol{\Phi}_{\sigma1}$ 和 $\boldsymbol{\Phi}_{\sigma2}$，即 $e_1>>e_{1\sigma}$，$e_2>>e_{2\sigma}$；有载变压器一次、二次绕阻压降很小。则上式(14-22)近似为 $\dot{U}_1\approx-\dot{E}_1$ 和 $\dot{E}_2\approx\dot{U}_2$，对应的变压器称为理想变压器。

与式(14-17)和式(14-18)分析类似，可得一次绕组和二次绕组中的主磁通感应电动势的有效值，

$$U_1 = E_1 = 4.44fN\Phi_m \tag{14-23}$$

$$U_2 = E_2 = 4.44fN\Phi_m \tag{14-24}$$

上面两式相比，可得有载理想变压器的电压变换关系：

$$\frac{U_1}{U_2} = \frac{N_1}{N_2} = k \tag{14-25}$$

当 $k>1$ 时，称为降压变压器，当 $k<1$ 时，称为升压变压器。

（2）变压器有载运行时的电流方程

空载运行时，变压器二次绕组电路开路，即电流 $i_2=0$。但是一次绕组的电流不为零，此时 $i_1=i_0$ 成为空载励磁电流。由空载磁动势 i_0N_1，产生主磁通 Φ 建立了变压器的空载磁场。当变压器有载运行时，因为电源电压的有效值与空载时的相同，所以主磁通 Φ 也与空载时的相同。此时，主磁通由一次绕组磁动势和二次绕组磁动势共同产生，因此有，

$$i_1N_1 + i_2N_2 = i_0N_1 \tag{14-26}$$

用相量表示为

$$\dot{I}_1N_1 + \dot{I}_2N_2 = \dot{I}_0N_1 \tag{14-27}$$

式(14-27)表明，变压器二次绕组接上负载后，一次绕组电流从 $\dot{I}_0$ 变为 $\dot{I}_1$，此时磁动势 $\dot{I}_1N_1$ 的作用有两方面：一方面提供产生主磁通 Φ_m 的磁动势，另一方面提供用于补偿 $\dot{I}_2N_2$ 作用的磁动势。变压器铁心的磁导率很高，空载励磁电流很小（一般 $I_0<0.1I_{1N}$），忽略空载励磁电流，近似可得

$$\frac{I_1}{I_2} = \frac{N_2}{N_1} = \frac{1}{k} \tag{14-28}$$

式(14-28)表明一次和二次绕组电流与匝数成反比。可见，由于变压器一次、二次绕组的匝数不同，不仅能变电压，也能变电流。

（3）变压器有载运行时的阻抗变换

变压器不仅可以对电压、电流按变比进行变换，而且还可以变换阻抗。在正弦稳态的情况下。当理想变压器的二次侧接入阻抗 Z_L 时，则变压器一次侧的等效阻抗 Z_1 为

$$|Z_1| = \frac{U_1}{I_1} = \frac{kU_2}{\frac{1}{k}I_2} = k^2|Z_L| \tag{14-29}$$

式(14-29)表明，变压器一次侧的等效负载，为二次侧所带负载乘以变比的平方。$k^2|Z_L|$ 即为变压器二次侧折算到一次侧的等效阻抗。如图 14-15 所示，为变压器的阻抗折算示意图。

在电工电子技术中，利用变压器的变阻抗原理，可实现阻抗匹配。例如，使某一特定负载 $|Z_L|$ 从信号源中获取最大功率，通常需要配置一个变压器（阻抗变换器），使其满足 $|Z_1|=|Z_0|$ 的匹配条件。

例 14-1 图 14-16 中交流信号源 $E=120\ \text{V}$，$R_0=800\ \Omega$，负载电阻为 $R_L=8\ \Omega$

的扬声器,① 若 R_L 折算到一次侧的等效电阻 $R_L'=R_0$,求变压器的变比和信号源的输出功率;② 若将负载直接与信号源连接时,信号源输出多大功率?

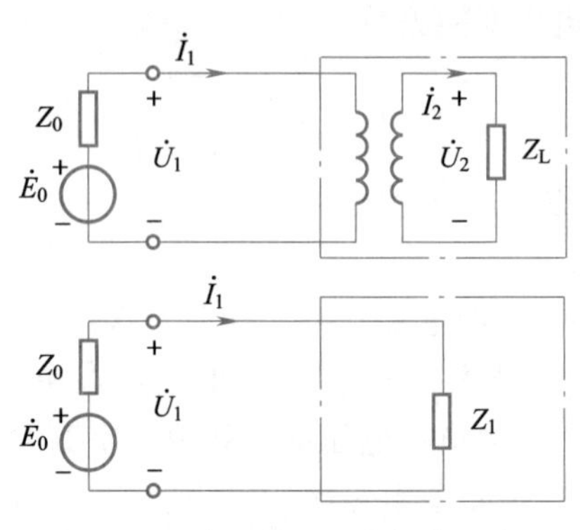

图 14-15　变压器的阻抗折算示意图

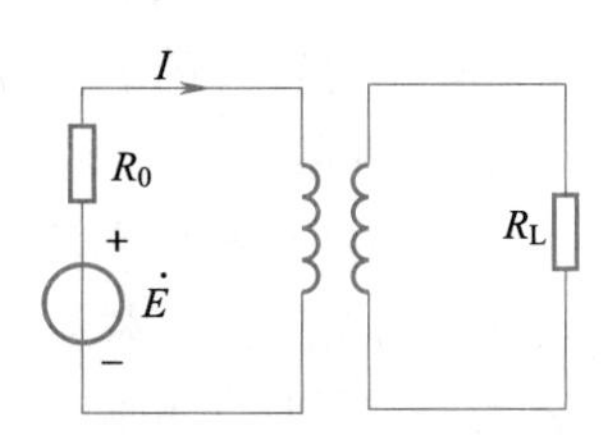

图 14-16　例 14.1 电路图

解:① 由 $R_L'=k^2R_L$

则变比为

$$k=\sqrt{\frac{R_L'}{R_L}}=10$$

信号源的输出功率:

$$P_L=\left(\frac{E}{R_0+R_L'}\right)^2R_L'=4.50\ \mathrm{W}$$

② 直接接负载时 $P_L=\left(\dfrac{E}{R_0+R_L}\right)^2R_L=0.1765\ \mathrm{W}$。

可见在阻抗匹配的情况下,输出功率是直接负载的 25 倍多。

3. 三相变压器的电压变换

电能的发生、传输和分配都是三相制。因此,三相电压的变换在电力系统中有着重要的作用。变换三相电压,既可以用一台芯式三相变压器,也可以用三台单相变压器组成的三相变压器组来完成,后者一般用于大容量的变换。

三相变压器的原理结构如图 14-17 所示,一次绕组的首末端分别为 U_1、V_1、W_1

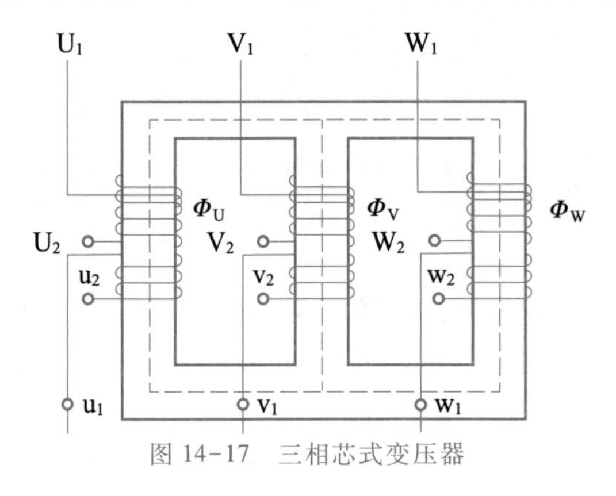

图 14-17　三相芯式变压器

和 U_2、V_2、W_2，二次绕组的首末端用 u_1、v_1、w_1 和 u_2、v_2、w_2 表示。三相绕组的连接方式有多种，常用的有 Y、yn(Y/Y_0) 和 Y、d(Y/△)。如图 14-18 所示，给出了这两种具体接线方法，并给出了电压的变换关系。

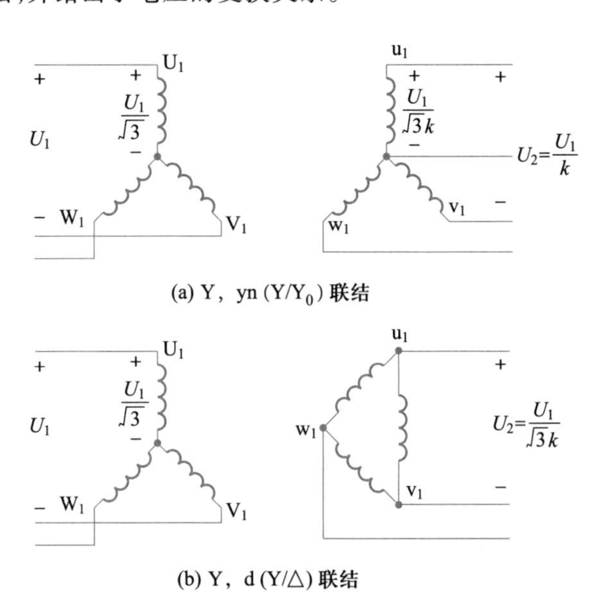

图 14-18 三相变压器的常用连接方式

4. 变压器的运行特性

(1) 变压器的外特性

变压器的外特性是指变压器二次侧输出电压和输出电流的关系，即 $U_2=f(I_2)$。如图 14-19 所示为变压器的外特性曲线，对于电阻性和电感性负载，电压 U_2 随电流 I_2 的增加而降低；而对于电容性负载，电压 U_2 随电流 I_2 的增加而增加。通常希望电压 U_2 的变化越小越好。从空载到额定负载，变压器的二次电压变化率表示为

$$\Delta U=\frac{U_{20}-U_2}{U_{20}}\times 100\% \tag{14-30}$$

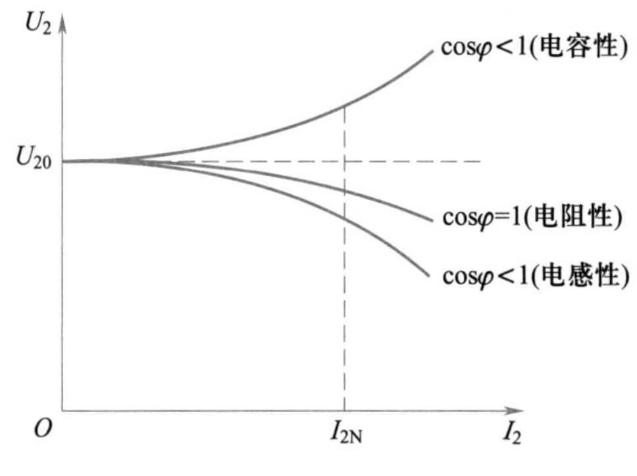

图 14-19 变压器的外特性曲线

在一般电力变压器中由于其电阻和漏抗都很小,电压变化率约为 5%。

(2) 变压器的功耗与效率

变压器是将某一数值的交流电压(电流)变成同频的另一种或几种不同电压(电流)的电气设备。变压器功率损耗包括铁心的铁损 ΔP_{Fe} 和一次、二次绕组上的铜损 ΔP_{Cu}。其中铁损包括磁滞损耗 ΔP_h 和涡流损耗 ΔP_e,它与主磁通 $\Phi_m{}^2$ 或 $U_1{}^2$ 成正比,而与负载大小和性能无关,电源电压 U_1 不变时,Φ_m 基本不变,故 ΔP_{Fe} 也基本不变,称为不变损耗。铜损 $\Delta P_{Cu}=I_1^2R_1+I_2^2R_2$ 与负载电流的大小有关,为可变损耗。

变压器效率为输出功率 P_2 与输入功率 P_1 之比,表示为

$$\eta=\frac{P_2}{P_1}=\frac{P_2}{P_2+\Delta P_{Cu}+\Delta P_{Fe}} \tag{14-31}$$

图 14-20 所示为变压器的效率曲线 $\eta=f(P_2)$,效率随输出功率的变化而变化,并有一最大值。变压器效率一般较高。通常小型变压器的效率为 60%~90%,大型电力变压器的效率可达 97%以上。但这类变压器往往不是一直在满载下运行,因此在设计时通常使最大效率出现在 50%~75%的额定负载。

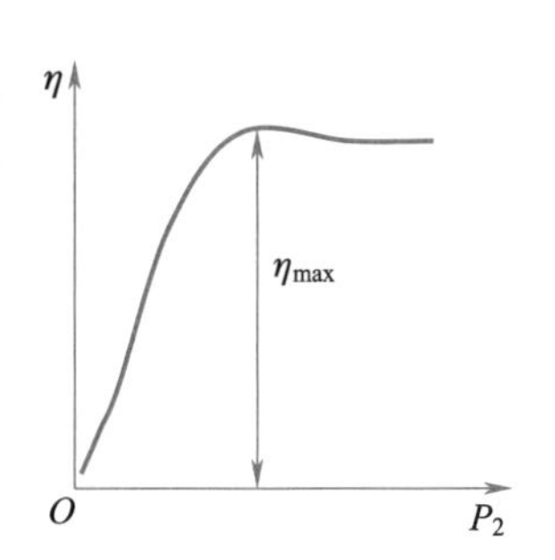

图 14-20　变压器的效率曲线

例 14-2　有一带电阻负载的三相变压器,其额定数据如下:$S_N=100$ kV · A,$U_{1N}=6000$ V,$f=50$ Hz。$U_{2N}=U_{20}=400$ V,绕组连接成 Y/Y_0。由试验测得:$\Delta P_{Fe}=600$ W,额定负载时的 $\Delta P_{Cu}=2400$ W。试求:① 变压器的额定电流;② 满载和半载时的效率。

解:　① 额定电流

三相变压器的额定容量 $S_N=\sqrt{3}U_{2N}I_{2N}\approx\sqrt{3}U_{1N}I_{1N}$,电阻负载时有:$P_2=S_N$。

$$I_{2N}=\frac{S_N}{\sqrt{3}U_{2N}}=\frac{100\times10^3}{\sqrt{3}\times400}\text{ A}\approx144.34\text{ A}$$

$$I_{1N}\approx\frac{S_N}{\sqrt{3}U_{1N}}=\frac{100\times10^3}{\sqrt{3}\times6000}\text{ A}\approx9.62\text{ A}$$

② 满载和半载时的效率为

$$\eta_1=\frac{P_2}{P_2+\Delta P_{Fe}+\Delta P_{Cu}}=\frac{100\times10^3}{100\times10^3+600+2400}\times100\%\approx97.1\%$$

$$\eta_{\frac{1}{2}}=\frac{\frac{1}{2}\times100\times10^3}{\frac{1}{2}\times100\times10^3+600+\left(\frac{1}{2}\right)^2\times2400}\times100\%\approx97.7\%$$

5. 变压器的铭牌数据

变压器的铭牌数据,一般包括变压器的型号、额定容量、额定电压、额定电流、额定频率、相数、接线方式、冷却方式等参数信息。如图 14-21 所示,以型号 SL7-1000/10 的变压器为例,来说明铭牌上主要数据的意义。

<table>
<tr><td colspan="7">铝线电力变压器</td></tr>
<tr><td colspan="3">产品标准：</td><td colspan="4">型号：SL7-1000/10</td></tr>
<tr><td colspan="3">额定容量：1 000 kV·A</td><td colspan="2">相数：3</td><td colspan="2">频率：50 Hz</td></tr>
<tr><td colspan="2" rowspan="2">额定电压</td><td>高压：10 000 V</td><td colspan="2" rowspan="2">额定电流</td><td colspan="2">高压：57.7 A</td></tr>
<tr><td>低压：400/230 V</td><td colspan="2">低压：1 442 A</td></tr>
<tr><td colspan="2">使用条件：户外式</td><td colspan="2">线圈温升：65 ℃</td><td colspan="3">油面温升：55 ℃</td></tr>
<tr><td colspan="2">阻抗电压：</td><td colspan="2">4.5%</td><td colspan="3">冷却方式：油浸自冷式</td></tr>
<tr><td colspan="2">接线连接图</td><td colspan="2">相量图</td><td rowspan="2">连接组标号</td><td rowspan="2">开关位置</td><td rowspan="2">分接头电压</td></tr>
<tr><td>高压</td><td>低压</td><td>高压</td><td>低压</td></tr>
<tr><td>U1 V1 W1
U2a V2a W2a
U2b V2b W2b
U2c V2c W2c</td><td>u1 v1 w1 n
u2 v2 w2</td><td>V
U W</td><td>v
u w</td><td>Y/Y-12</td><td>Ⅰ
Ⅱ
Ⅲ</td><td>10 500
10 000
9 500</td></tr>
</table>

图 14-21　SL7-1000/10 变压器的铭牌

① 型号：表示变压器的特征和性能。如 SL7-1000/10，其中 SL7 是基本型号（S—三相；D—单相；油浸自冷式无文字表示；F—油浸风冷；L—铝线；铜线无文字表示；7—设计序号），1000 是指变压器的额定容量为 1000 kV·A，10 表示变压器高压绕组额定线电压为 10 kV。

② 额定电压 U_{1N}和 U_{2N}：一次额定电压 U_{1N}是在额定运行情况下，根据变压器的绝缘强度和允许温升所规定的电压有效值；二次额定电压 U_{2N}是 U_{1N}作用时的二次空载电压的有效值。对于三相变压器，额定电压指线电压的有效值，单位为 V 或 kV。

③ 额定电流 I_{1N}和 I_{2N}：是指一次侧在额定电压运行情况下，一次侧和二次侧允许长期流经的最大电流值。I_{2N}电流如果超过此额定值，会使变压器温升过高，绝缘易老化，缩短使用寿命甚至烧毁。对于三相变压器的 I_{1N}和 I_{2N}均指线电流值，单位为 A。

④ 额定容量 S_N：变压器二次绕组输出的额定视在功率，单位为 V·A 或 kV·A。

单相变压器：$S_N = U_{2N}I_{2N} \approx U_{1N}I_{1N}$

三相变压器：$S_N = \sqrt{3}\,U_{2N}I_{2N} \approx \sqrt{3}\,U_{1N}I_{1N}$

此外，额定运行时变压器的效率、温升、频率等数据也是额定值。

例 14-3　有三相配电变压器，其连接方式为 Y/Y_0，额定电压为 10000/400 V，现向额定电压 $U_2 = 380$ V，功率 $P_2 = 60$ kW，$\cos\varphi_2 = 0.82$ 的负载供电。求一次、二次绕组的电流，并选择变压器的容量。

解：　变压器供给负载的电流

$$I_2 = \frac{P_2}{\sqrt{3}\,U_2\cos\varphi_2} = \frac{60\times10^3}{\sqrt{3}\times380\times0.82}\ \text{A} \approx 111.17\ \text{A}$$

因变压器是星形联结，绕组相电流 I_{P2} 等于线电流 I_{L2}，故二次绕组电流也是 111.17 A。

变压器的变比为

$$k=\frac{U_{1N}}{U_{2N}}=\frac{10000}{400}=25$$

因此，一次绕组的电流 I_{P1}（等于线电流 I_{L1}）为

$$I_{L1}=I_{P1}=\frac{I_{P2}}{k}=\frac{111.17}{25}\ \text{A}\approx 4.45\ \text{A}$$

$$S_2=P_2/\cos\varphi_2=60/0.82\ \text{kV}\cdot\text{A}=73.17\ \text{kV}\cdot\text{A}$$

变压器的额定容量 S_N 应大于 S_2，故选变压器容量为 100 kV · A。

14.4.3　变压器绕组极性

1. 变压器一次绕组和二次绕组首末端标记

在使用变压器或者其他有磁耦合的互感线圈时，若进行线圈的串并联，必须清楚各线圈的同极性端（同名端）。

图 14-22 中用“·”标注的 1 和 4 端为同名端（2 和 3 端也是同名端）。由图可见从同名端流入（或流出）电流时产生的磁通方向相同。或者说磁通变化时同名端的感应电动势极性相同。当两个线圈需要串联时，必须将两线圈的异极性端相联。在图 14-23 中，设两线圈的额定电压均为 110 V，若想把它们接到 220 V 电源上，可以把 2 与 4 端连接起来，1 和 3 端接电源。若不慎将 2 与 3 端连接起来，1 和 4 端接电源，由于两线圈中的磁通抵消，感应电动势消失，线圈中将出现很大电流，甚至会把线圈烧坏。同样，当线圈并联时，必须将两线圈的同名端分别相连，然后接电源。

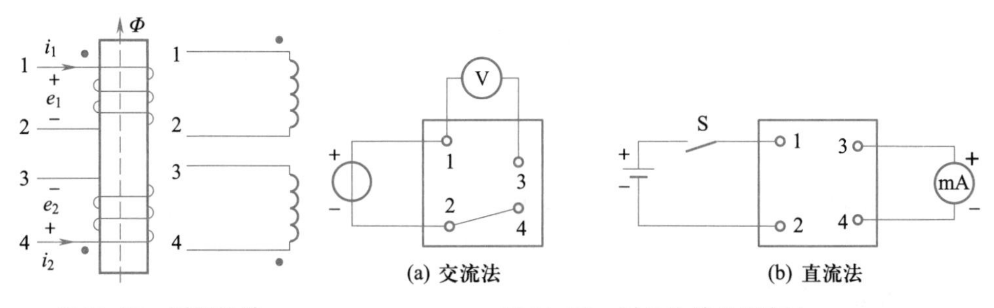

图 14-22　同极性端　　图 14-23　同极性端的测定法

2. 变压器绕组的极性及其测定

对于已经制成的变压器或电机，线圈的绕向是看不到的。如果输出端没有注明极性，就要用实验的方法测定同名端。测定方法如下：

（1）交流法

将两个绕组 1-2 和 3-4 的任意两端（如 2 和 4 端）连接在一起，在其中一个绕组两端加一个较小的交流电压，用交流电压表分别测量 1、3 和 3、4 两端的电压 U_{13} 及 U_{34}（如图 14-23(a) 所示）。若 $U_{13}=U_{12}+U_{34}$，则 1 和 4 端同名；若 $U_{13}=$

$|U_{12}-U_{34}|$,则 1 和 3 端同名。

（2）直流法

直流法测绕组同名端的电路如图 14-23(b)所示,闭合开关 S 瞬间 ,若毫安表的指针正摆,则 1、3 端同名;若指针反摆,则 1、4 端同名。

14.4.4 特殊变压器

下面介绍几种常见的特殊变压器。

1. 自耦变压器

自耦变压器有单相和三相之分,它们是实验室中常用的一种变压器,单相自耦变压器的外形及原理如图 14-24 所示。其特点是一次侧、二次侧共用一个绕组,二次绕组是一次绕组的一部分。

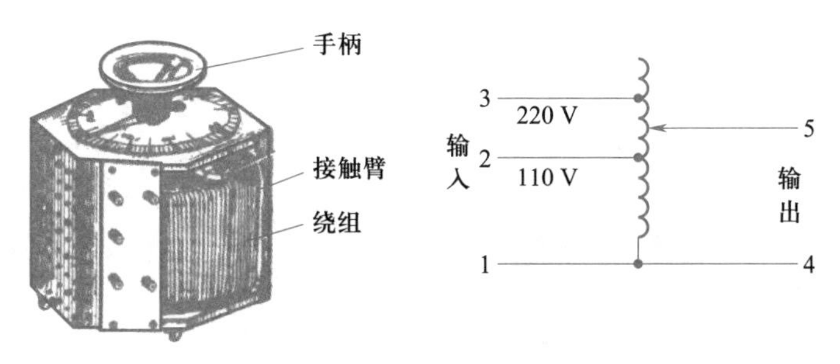

图 14-24 单相自耦变压器的外形及原理

使用自耦变压器时应注意几点:① 一次、二次绕组不能交换,如果把电源接到二次绕组,可能烧坏变压器或使电源短路。② 接通电源前,先将滑动头旋到零位,通电后再将输出电压调到所需值。用毕应将滑动头回到零位。③ 公共端“1”端必须接零线。

2. 仪用互感器

仪用互感器是专供电工测量和自动保护装置使用的变压器。根据用途不同,可分为电压互感器和电流互感器。

（1）电压互感器

电压互感器是利用变压器原理,用小量程的电压表测量高电压。电压互感器实物图及电路原理如图 14-25 所示。它的一次绕组匝数多,并联接在待测高电压网络上;二次绕组匝数较少,接电压表。铁心、二次低压绕组的一端接地,以防在绝缘损坏时,在二次侧出现高压。另外,二次绕组不可短路,否则会产生很大的短路电流,使互感器绕组严重发热,损坏设备甚至危及人身安全。

（2）电流互感器

电流互感器是利用变压器的变流原理,用小量程的电流表测量大电流。电流互感器实物图及电路原理如图 14-26 所示。它的一次绕组匝数少,串入被测电路中;二次绕组匝数多,两端接电流表。为了安全,二次绕组一端与互感器外壳必须接地。另外,二次绕组侧不可开路,以防产生高压。

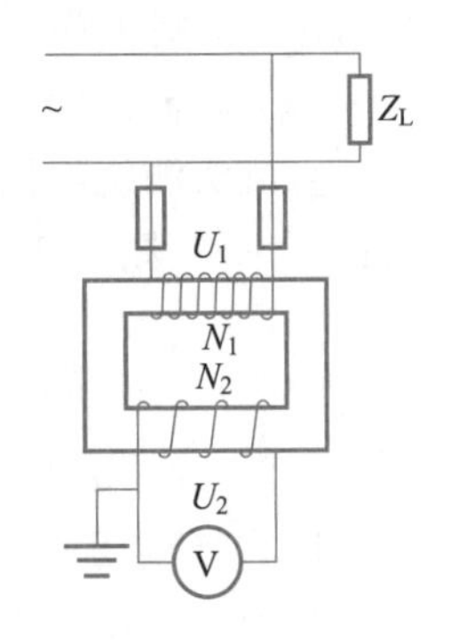

图 14-25　电压互感器实物图及电路原理

钳形电流表是电流互感器的一种变形应用，如图 14-27 所示，它可以不必断开电路就可测量线路中的电流。

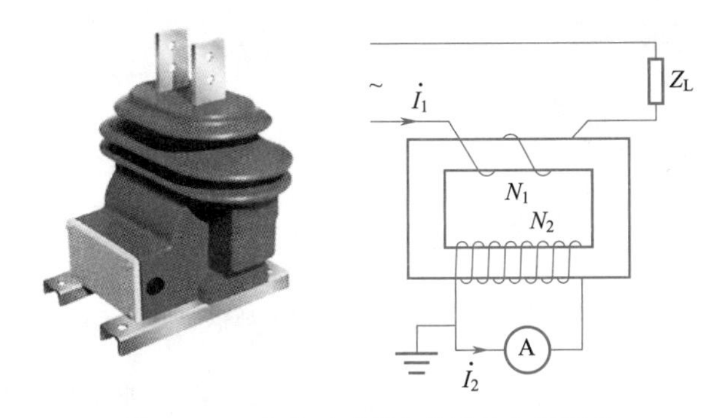

图 14-26　电流互感器实物图及电路原理

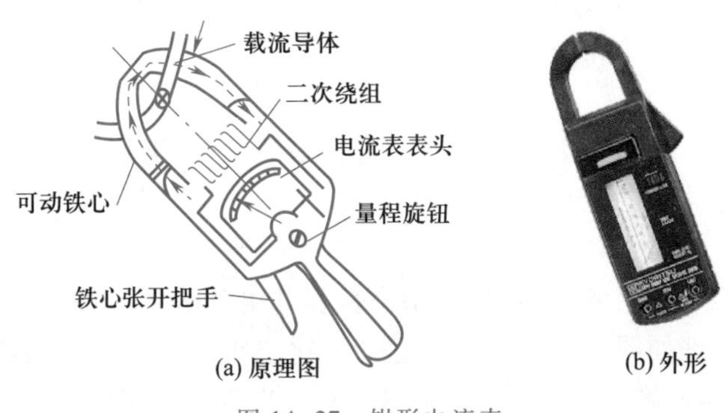

图 14-27　钳形电流表

3. 交流电焊机

交流电焊机（也称交流弧焊机）的原理图如图 14-28 所示，它由一台特殊变压器和一个串联在变压器二次绕组中的可调电抗器组成。由于电焊变压器的漏磁通较大，再加上二次绕组中串有电抗器，故整个交流电焊机相当于一个内阻抗较大的电源，其外特性如图 14-29 所示，电焊变压器具有 U_2 随 I_2 的增大而迅速下降的下坠特性。

电焊机工作时,先将焊条与焊件接触,使电焊机输出短路,但由于其下坠特性短路电流不会太大。短路时焊条和焊件接触处被加热,为产生电弧作好了准备。然后迅速提起焊条(焊条和焊件之间的开路电压为60~70 V,能满足起弧的需要),焊条和焊件之间产生电弧,焊接开始。此时的电弧相当于一个电阻,其压降为25~30 V。

不同的焊件和焊条要求不同的焊接电流,调节电抗器铁心的空气隙即可改变焊接电流。

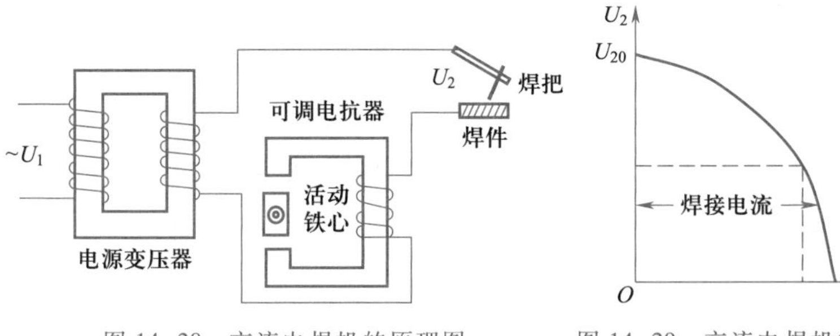

图 14-28　交流电焊机的原理图　　图 14-29　交流电焊机的外特性

【练习与思考】

14-4-1　有一空载变压器,一次侧加额定电压 220 V,并测得一次绕组电阻 $R_1 = 10\ \Omega$,则一次电流是否等于 22 A?

14-4-2　有一台电压为 220 V/110 V 的变压器,$N_1 = 2000$,$N_2 = 1000$。为了节省材料,将匝数减为 400 和 200,是否可以?

14-4-3　变压器的额定电压为 220 V/110 V,如果不小心将低压绕组接到 220 V 的电源上,试问励磁电流有何变化?后果如何?

14-4-4　变压器铭牌上标出的额定容量是“千伏安”,而不是“千瓦”,为什么?额定容量指的是什么?

14-4-5　某变压器的额定频率为 60 Hz,用于 50 Hz 的交流电路中,能否正常工作?试问主磁通 Φ_m、励磁电流 I_0、铁损耗 ΔP_{Fe}、铜损耗 ΔP_{Cu} 及空载时二次电压 U_{20} 等各量与原来额定工作时比较有无变化?设电源电压不变。

习题

14.3.1　有一环形铁心线圈,其内直径为 10 cm,外直径为 12 cm,铁心材料为铸钢。磁路中含有一空气隙,其长度为 0.2 cm。设线圈中通有 1 A 电流,如要得到 0.8T 的磁感应强度,线圈匝数是多少?

14.3.2　把一个铁心线圈接在频率为 $f = 50$ Hz 的交流电源上,测得铁心中最大磁通 $\Phi_m = 3.2\times10^{-3}$ Wb。在此铁心上再绕一个匝数为 300 的线圈。当此线圈开路时,求其两端电压。

14.3.3　考虑题 14.3.3 图的磁路,铁心厚度为 3 cm,其相对磁导率 $\mu_r = 1700$。计算(1) 气隙处的磁通密度 B;(2) 线圈电感。

14.3.4　为了求出铁心线圈铁损,先将它接在直流电源上,测得线圈电阻 $R = 1.8\Omega$;然后接在

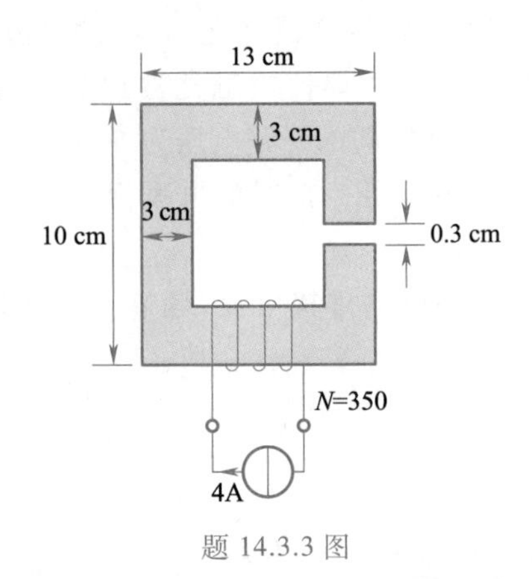

题 14.3.3 图

交流电源上，测得电压 $U=110\text{V}$，功率 $P=80\text{W}$，电流 $I=2\text{A}$，试求铁损和线圈的功率因数。

14.4.1　如题 14.4.1 图所示变压器，变比为 $k=N_1/N_2=3$，$i_1=300\sqrt{2}\sin(\omega t-30°)$ mA，试写出 i_2 的表达式（忽略励磁电流 i_{10}）。

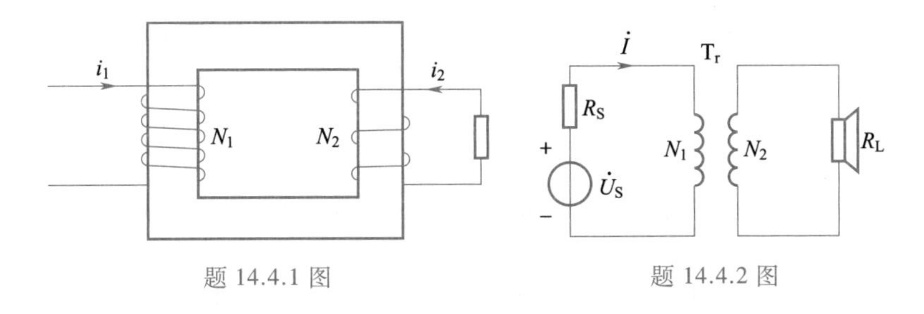

题 14.4.1 图　　　题 14.4.2 图

14.4.2　在题 14.4.2 图中，负载电阻为 $R_L=8\ \Omega$ 的扬声器，接在输出变压器 T_r 的二次侧。已知 $N_1=300$，$N_2=100$，信号源电压有效值 $U_S=6$ V，内阻 $R_S=100\ \Omega$，求信号源输出功率。

14.4.3　一台容量为 $S_N=24$ kV · A 的照明变压器，它的电压为 660 V/220 V，问它能正常供 220 V/60 W 的白炽灯多少盏？能供 $\cos\varphi=0.64$，220 V/60 W 的荧光灯多少盏（设每支镇流器损耗为 6 W）？

14.4.4　有一台电源变压器，一次绕组匝数为 600 匝，接 220 V 电压。它有两个二次绕组，一个电压为 30 V，其负载电阻为 4 Ω；另一个电压为 12 V，负载为 2 Ω 电阻。求两个二次绕组的匝数和变压器一次绕组的电流。

14.4.5　如题 14.4.5 图所示的变压器二次绕组有中间抽头，为使 8 Ω、3.5 Ω 的扬声器都能达到阻抗匹配，试求二次绕组两部分的匝数之比 N_2/N_3。

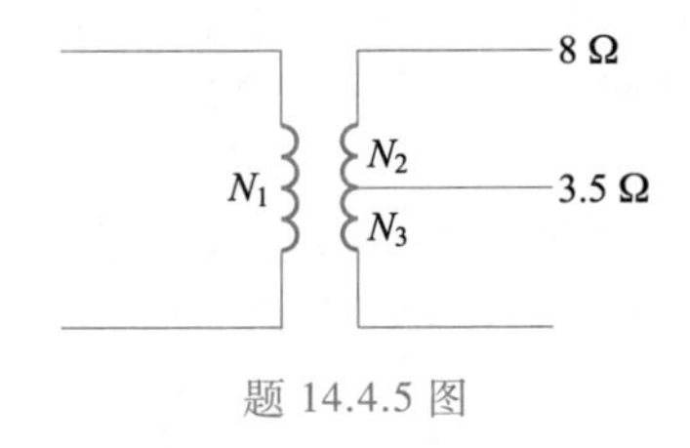

题 14.4.5 图

14.4.6　某三相变压器，一次绕组每相匝数 $N_1=2080$，二次绕组每相匝数 $N_2=80$。如果一次

侧所加线电压 $U_1=6000\ V$，试求在 Y，y(Y/Y) 和 Y，d(Y/△) 两种连接方式时，二次侧的线电压和相电压。

14.4.7　某 Y/Y_0 联结的三相变压器，额定电压是 1200/400 V，对 14 kW 的照明负载供电（功率因数 $\cos\varphi_2=0.8$）时，二次绕组线电压为 380V，求一次、二次的电流。

14.4.8　SJL 型三相变压器的铭牌数据：$S_N=160\ kV\cdot A$，$U_{1N}=12\ kV$，$U_{2N}=400\ V$，$f=50\ Hz$，Y/Y 联结。已知每匝线圈感应电动势为 5.133 V，铁心截面为 150 cm^2。试求：(1) 一次、二次绕组每相匝数；(2) 变比；(3) 一次、二次绕组的额定电流；(4) 铁心中的磁感应强度 B_m。

14.4.9　有一台 100 kV·A、额定电压为 3300/220 V 的变压器，试求当二次侧达到额定电流、输出功率为 52 kW，功率因数为 0.8 时的电压 U_2。

扫描二维码，购买第 14 章习题解答电子版

注：

扫描本书封面后勒口处二维码，可优惠购买全书习题解答促销包。

第 15 章　电动机

电动机是利用电磁感应原理实现电能转换为机械能的最常用的电工设备之一。本章主要学习三相异步电动机,并介绍单相异步电动机、同步电动机、直流电动机和特殊电动机。

15.1　三相异步电动机

电动机根据电源可分为直流电动机和交流电动机,交流电动机又分为异步电动机和同步电动机。三相交流异步电动机与其他类型的电动机相比,不但运行可靠、工作效率高,还具有结构简单、维修方便、价格低廉、坚固耐用等突出优点。它被广泛地用来驱动各种起重机、传送带、金属切削机床等电工动力设备。

本节主要介绍三相交流异步电动机的工作原理和使用方法。

15.1.1　三相异步电动机的结构

视频:三相异步电动机的结构

三相异步电动机主要由定子和转子两大部分组成,图 15-1 是笼型三相异步电动机的外形和结构分解示意图。

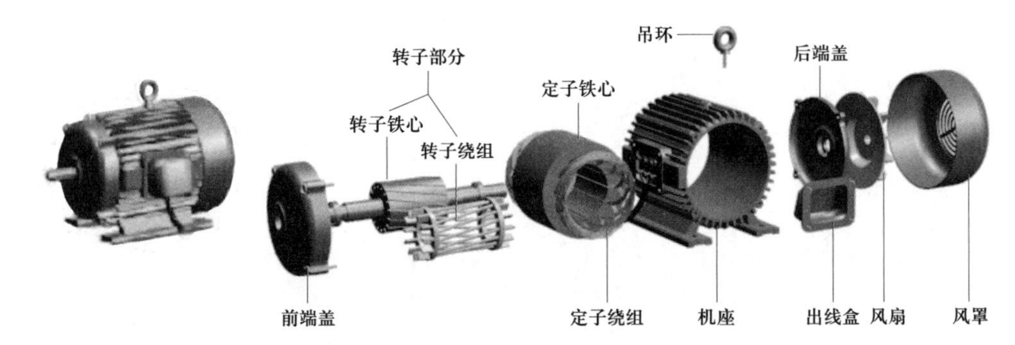

图 15-1　笼型三相异步电动机的外形和结构分解示意图

(1) 定子

定子由机座、定子铁心、定子绕组以及端盖、轴承等部件组成(如图 15-2 所示)。机座是用铸铁或铸钢制成,铁心由相互绝缘的硅钢片叠加而成。在铁心内表面有均匀分布的槽,铁心槽中对称地嵌放着匝数相同、空间互差 120°的三相定子绕组,三个绕组的首端用 U_1、V_1、W_1 表示,末端用 U_2、V_2、W_2 表示,三相共六个出线端固定在机座外侧的接线盒内。通常根据铭牌规定,定子绕组可以接成 Y 形或△形,如图 15-3 所示。

图 15-2　三相绕组的定子铁心

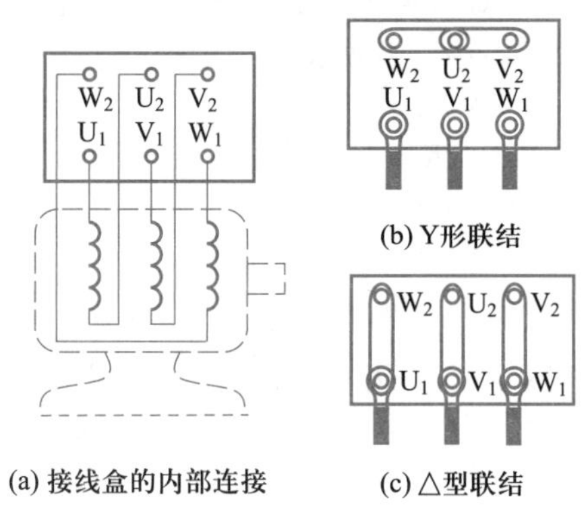

图 15-3　三相异步电动机接线图

（2）转子

转子是电动机中的机械旋转部分，主要由转子铁心和转子导体（绕组）构成。按转子绕组的不同结构，一般可分为鼠笼式（一般称笼型）和绕线式转子，所对应的异步电动机称为笼型异步电动机和绕线式异步电动机。图 15-4 是笼型转子结构示意图，转子绕组一般由实心铝条或铜条组成，其两端用端环连接。笼型异步电动机由于构造简单，价格低廉，且运行可靠，在生产中应用广泛。

图 15-4　笼型转子结构示意图

绕线型转子绕组与三相定子绕组一样，由导线绕制并连接成 Y 形。如图 15-5（a）所示，每相绕组分别连接到安装于转轴的滑环上，环与环、环与转轴之间都相互绝缘，靠滑环与电刷的滑动接触与外电路相连接。图 15-5（b）是绕线型转子的结构，其结构相对复杂，但绕线式异步电动机起动性能较好，并能利用变阻器的阻值

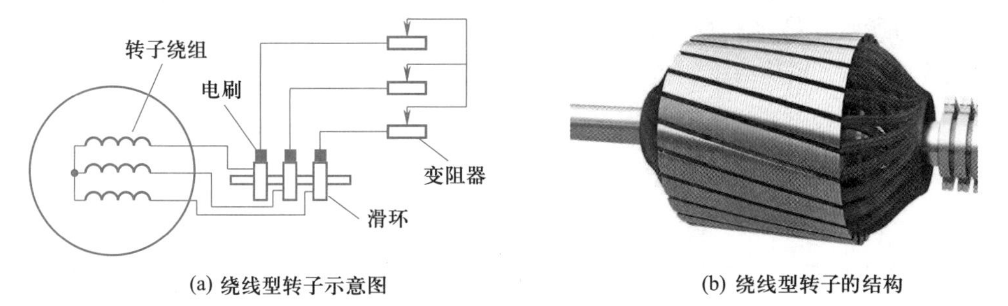

图 15-5　绕线型转子示意图

变化，使电动机能在一定范围内调速，在起动频繁，需要较大起动转矩的电工设备（如起重机）中常常被采用。

15.1.2　三相异步电动机的转动原理

讲义：三相异步电动机的转动原理

1. 工作原理

异步电动机也称为感应电动机，它是由定子绕组通入对称三相交流电流产生的旋转磁场来切割转子导体，而产生感应电流，此旋转磁场使得载有感应电流的转子受到电磁力矩带动转子旋转。为说明异步电动机的工作原理，我们分析如下演示实验，如图 15-6 所示。在装有手柄的马蹄形磁铁的两个磁极中间放置一个可旋转的闭合线圈，当摇动手柄使磁铁旋转，磁极以转速 n_0 按逆时针方向转动时，线圈切割磁力线，在线圈中产生感应电动势 e，其方向可用右手定则确定。由于导体线圈是闭合的，线圈中产生感应电流 i。则载流导体线圈在磁场中产生电磁力矩（力的方向由左手定则决定），使线圈沿磁铁的旋转方向以转速 n 转动。

同理，三相异步电动机的工作原理，也是因为通有三相电流的定子绕组产生旋转磁场，从而切割转子绕组产生电磁力矩，使转子转动。下面介绍三相异步电动机旋转磁场的产生。

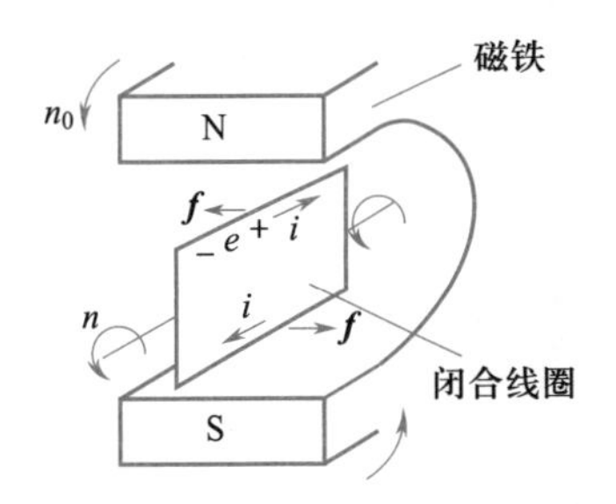

图 15-6　异步电动机转动原理实验

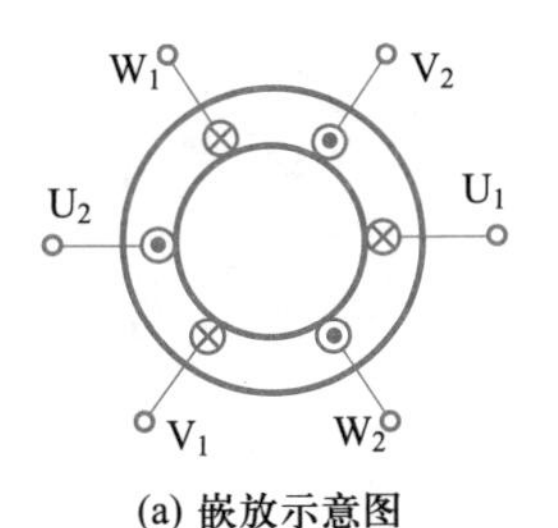

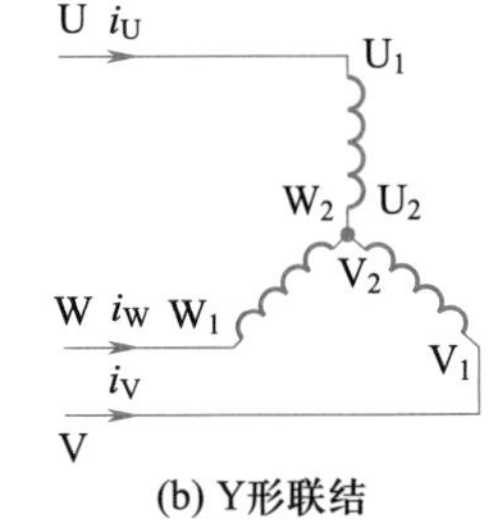

图 15-7　定子三相绕组

2. 旋转磁场

（1）旋转磁场的产生

三相异步电动机定子铁心中放有三相对称绕组 U_1U_2，V_1V_2 和 W_1W_2，如图 15-7(a) 所示。将定子的三相绕组接成 Y 形（如图 15-7(b) 所示），三个始端与三相电源连接，三相绕组中的三相电流为

$$\begin{cases} i_U = I_m \sin(\omega t) \\ i_V = I_m \sin(\omega t - 120^\circ) \\ i_W = I_m \sin(\omega t + 120^\circ) \end{cases} \tag{15-1}$$

电流的参考方向用符号⊗表示电流流入，用符号⊙表示电流流出（图 15-7(a)）。当电流为正时，实际方向与设定的“首端流入，末端流出”参考方向相同；当电流为负时，则实际方向与参考方向相反，即电流从末端流入，首端流出。

当 $\omega t=0°$ 时，$i_U=0$，i_V 为负，i_W 为正，按右手螺旋定则，其合成磁场如图 15-8(a)中虚线所示，合成磁场轴线的方向是自上而下。它具有一对磁极：N 极和 S 极。同理可画出如图 15-8(b)、图 15-8(c)和图 15-8(d)所示的在 $\omega t=120°$、$\omega t=240°$ 和 $\omega t=360°$ 时合成磁场的方向，与 $\omega t=0°$ 时位置相比，按顺时针方向它们分别旋转了 120°、240°和 360°。可见，当定子绕组通入对称三相电流时，它们的合成磁场将随电流的变化在空间不断地旋转，即产生旋转磁场。此旋转磁场同磁极在空间旋转所起的作用类似。

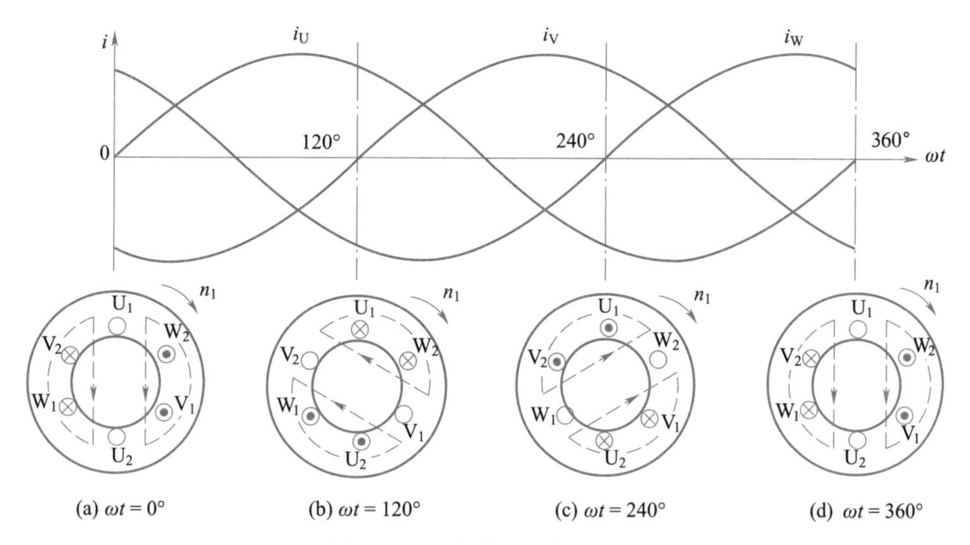

图 15-8　两极旋转磁场的形成

(2) 旋转磁场极数

三相异步电动机的极数即为旋转磁场极数，旋转磁场的极数和三相绕组的排列有关。当每相绕组只有一个线圈，绕组的始端间相差 120°角，产生的旋转磁场有一对磁极(即 $p=1$)。如果将定子绕组按图 15-9(a)所示排列，各绕组首端之间在空间相差 60°(=120°/2)，每相绕组由两个线圈串联组成(图 15-9(b))，则产生旋转磁场有两对磁极(即 $p=2$)，如图 15-9(c)和图 15-9(d)所示。同理，如果绕组首端之间相差 40°(=120°/3)，每相绕组由三个线圈串联组成，则将产生极对数 $p=3$ 的旋转磁场。

(3) 旋转磁场转速

三相异步电动机的旋转磁场转速用 n_0 表示(又称为旋转磁场同步转速)，与旋转磁场极对数 p 有关。由上面分析可知，旋转磁场极对数 $p=1$ 时，电流变化一周，磁场也正好在空间旋转一圈，若电流频率为 f_1，则旋转磁场的转速为 $n_0=60f_1$ (r/min)。旋转磁场极对数 $p=2$ 时，电流相角从 $\omega t=0°$ 到 $\omega t=120°$，而磁场在空间旋转了 60°(图 15-9(c)和图 15-9(d))。当电流变化一周，磁场只在空间旋转了半圈，此时的磁场转速表示为

$$n_0=\frac{60f_1}{2}(\text{r/min}) \tag{15-2}$$

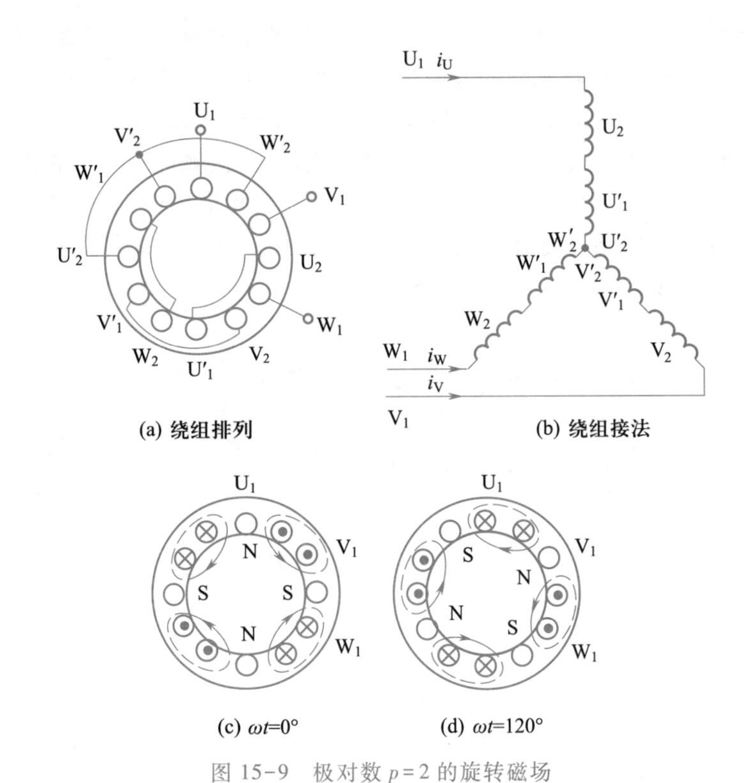

图 15-9　极对数 $p=2$ 的旋转磁场

同理,当旋转磁场极对数 $p=3$ 时,旋转磁场转速为 $n_0=60f_1/3$。以此类推,当旋转磁场极对数为 p,磁场转速为

$$n_0=\frac{60f_1}{p}(\mathrm{r/min}) \tag{15-3}$$

由式(15-3)可知,旋转磁场转速 n_0 由电流频率 f_1 和磁场极对数 p 决定,而磁场极对数 p 又与三相绕组排列有关。一般情况下,异步电动机 f_1 和 p 是固定的,所以磁场转速 n_0 也是常数。工频交流电频率 $f_1=50$ Hz 时,不同磁极对数 p 的旋转磁场转速 n_0 如表 15-1 所示:

表 15-1　不同磁极对数 p 的旋转磁场转速 n_0

磁极对数 p	1	2	3	4	5	6
磁场转速 n_0/(r/min)	3 000	1 500	1 000	750	600	500

(4) 旋转磁场的转向

从图 15-7 和图 15-8 分析可知,旋转磁场的转向是由通入定子绕组的三相电流的相序决定的。若要改变旋转磁场转向,只要改变定子绕组的三相电流相序,即将三根电源线中的任意两根对调即可,此时转子的旋转方向也就跟着改变了。

3. 三相异步电动机的转动

(1) 三相异步电动机的转动原理

图 15-10 是三相异步电动机转动原理示意图,定子三相绕组按 U-V-W 的相序通入三相交流电流,将产生一个转速为 n_0 的顺时针转向的旋转磁场。由于转子导体与旋转磁场间的相对运动而在转子导体中产生感应电动势 e_2 和感应电流 i_2,其方向由右手定则来决定,即上半部转子导体的电流是从纸面流出,下半部则是流入。载流的转子导体在磁场中又受到电磁力 $\boldsymbol{F}$ 的作用,根据左手定则,上半部的 $\boldsymbol{F}$ 方向向右,下半部的 $\boldsymbol{F}$ 方向向左。转子导体所受电磁力对转轴形成一个与旋转磁场同向的电磁转矩,从而带动转子旋转。电动机转子转动方向与旋转磁场方向相同,但转子转速 n 将会低于磁场转速 n_0(即 $n< n_0$)。如果转子转速 n 与磁场转速 n_0 相同,则转子与旋转磁场间没有相对运动,此时转子绕组不会切割磁力线,因而转子绕组不会产生感应电流,转子的电磁转矩也就不存在了。转子总是存在阻尼(比如空气阻尼,轴承阻尼等)力矩,则转子转速不可能继续保持为 n_0,即转子转速 n 总是满足 $n<n_0$。所以这类电动机称为异步电动机。

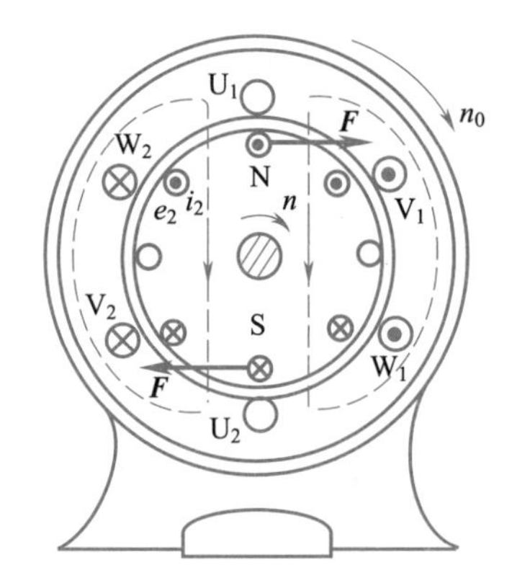

图 15-10　三相异步电动机转动原理示意图

(2) 转差率 s

旋转磁场的转速和电动机转子转速之差(n_0-n)与旋转磁场转速 n_0 之比称为转差率 s,即:

$$s=\frac{n_0-n}{n_0} \tag{15-4}$$

式(15-4)又可表示为

$$n=(1-s)n_0 \tag{15-5}$$

转子转速 n 可表示为转差率 s 的函数。在电动机接通电源起动瞬间,转子转速 $n=0$(即 $s=1$)。在额定负载运行时,其额定转速 n_N 与同步转速 n_0 很接近,故 s_N 很小,一般情况有 $s_N=(0.02\sim0.06)$。电动机空载时 $s<0.005$。

例 15-1　已知一台异步电动机的额定转速为 $n_N=720$ r/min,电源频率 f_1 为 50 Hz,试问该电动机是几极电动机?额定转差率为多少?

解:由于电动机的额定转速应接近于其同步转速,所以可知 $n_0=750$ r/min,由公式(15-3)得 $p=\frac{60f_1}{n_0}=\frac{60\times50}{750}=4$,所以该电动机是 8 极电动机(极对数 $p=4$),额

定转差率为 $s_N=\dfrac{n_0-n_N}{n_0}=\dfrac{750-720}{750}=0.04$。

15.1.3　三相异步电动机的电路分析

三相异步电动机的电磁关系与变压器相似，通过类比方法，可得出三相异步电动机的稳态等效电路。为简化模型，在电路分析中假设三相电动机和三相电源具有三相对称性，因此我们只要分析其中一相的等效电路即可。

如图 15-11 所示，是三相异步电动机每相的等效电路图。定子绕组相当于变压器的一次绕组，转子绕组相当于变压器的二次绕组（变压器二次绕组负载短路）。定子和转子每相绕组的匝数分别为 N_1 和 N_2。通有三相交流的定子绕组产生旋转磁场，该旋转磁场切割转子绕组产生感应电动势 e_2，同时会在定子绕组上产生感应电动势 e_1。漏磁通在定子绕组和转子绕组中产生漏磁电动势 $e_{\sigma1}$和 $e_{\sigma2}$。

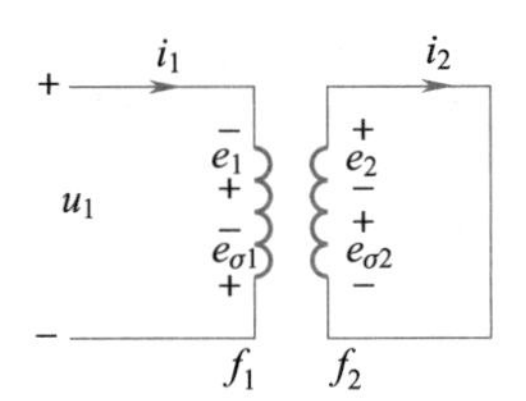

图 15-11　三相异步电动机每相的等效电路

1. 定子电路

如图 15-11 所示，变压器电路的一次侧为每相定子绕组的等效电路。根据 KVL，其等效电路回路电压方程表示为

$$u_1=R_1i_1-e_{\sigma1}-e_1=R_1i_1+L_{\sigma1}\frac{\mathrm{d}i_1}{\mathrm{d}t}-e_1 \tag{15-6}$$

则式（15-6）的向量形式方程为

$$\dot{U}_1=R_1\dot{I}_1-\dot{E}_{\sigma1}-\dot{E}_1=R_1\dot{I}_1+\mathrm{j}X_1\dot{I}_1-\dot{E}_1 \tag{15-7}$$

其中 R_1 和 X_1 是每相定子绕组的电阻和（漏磁）感抗。由于每相定子绕组的电阻 R_1 和感抗 X_1 都很小，对应项与电动势 E_1 相比可忽略，近似得到与变压器相同的方程，即

$$\dot{U}_1\approx-\dot{E}_1 \tag{15-8}$$

式（15-8）的有效值形式的等式为

$$E_1=4.44f_1N_1\Phi\approx U_1 \tag{15-9}$$

其中 Φ 表示每相绕组磁通的最大值，f_1 是三相交流电源频率。

2. 转子电路

如图 15-11 所示，变压器电路的二次侧为每相转子的等效电路，其回路电压方程表示为

$$e_2=R_2i_2-e_{\sigma2}=R_2i_2+L_{\sigma2}\frac{\mathrm{d}i_2}{\mathrm{d}t} \tag{15-10}$$

式(15-10)的向量形式方程为

$$\dot{E}_2=R_2\dot{I}_2-\dot{E}_{\sigma 2}=R_2\dot{I}_2+jX_2\dot{I}_2 \tag{15-11}$$

其中 R_2 和 X_2 分别为每相转子绕组的电阻和(漏磁)感抗。

(1) 转子频率

转子绕组线圈以相对转速 (n_0-n) 切割旋转磁场,并产生转子感应电动势 e_2。转子频率定义为

$$f_2=\frac{p(n_0-n)}{60}=\frac{n_0-n}{n_0}\times\frac{pn_0}{60}=sf_1 \tag{15-12}$$

式(15-12)表示转子频率 f_2 由转差率 s(或者转子转速 n)和电源频率 f_1 的乘积决定。电动机在起动时,$n=0$(或 $s=1$),转子与旋转磁场间的相对转速最大,旋转磁场切割转子绕组最快,所以 f_2 达到最大值。三相异步电动机在工频($f_1=50$ Hz)下工作时,一般情况下 $s=1\%\sim9\%$,则有 $f_2=0.5\sim4.5$ Hz。

(2) 转子电动势 E_2

转子电动势的有效值 $E_2=4.44f_2N_2\Phi=4.44sf_1N_2\Phi$,在起动时 $n=0$(或 $s=1$)时,转子电动势表示为

$$E_{20}=4.44f_1N_2\Phi \tag{15-13}$$

此时 $f_1=f_2$,转子电动势达到最大值 E_{20}。转子电动势又可以表示为 $E_2=sE_{20}$,表明转子电动势与转差率 s 有关。

(3) 转子感抗 X_2

转子绕组电流可由每相转子绕组的电压方程得到,即

$$I_2=\frac{E_2}{\sqrt{R_2^2+X_2^2}}=\frac{sE_{20}}{\sqrt{R_2^2+(sX_{20})^2}} \tag{15-14}$$

转子电流 I_2 随转差率 s 的变化关系见图 15-12 对应曲线。当 $s<<1$ 时,$R_2>>sX_{20}$,可得到 $I_2\approx\frac{sE_{20}}{R_2}\sim0$;当 $s\approx1$ 时,$R_2<<sX_{20}$,可得 $I_2\approx\frac{E_{20}}{X_{20}}$为常数。

(4) 转子电路的功率因数

由于转子绕组中存在漏磁通,则有漏磁感抗 X_2,转子电路的功率因数可表示为

$$\cos\varphi_2=\frac{R_2}{\sqrt{R_2^2+X_2^2}}=\frac{R_2}{\sqrt{R_2^2+(sX_{20})^2}} \tag{15-15}$$

其中 φ_2 表示转子绕组电动势 $\dot{E}_2$ 超前转子绕组电流 $\dot{I}_2$ 的相位角。图 15-12 中对应的 $\cos\varphi_2$ 曲线是功率因数 $\cos\varphi_2$ 随转差率 s 的变化关系。当 $s<<1$ 时,$R_2>>sX_{20}$,可得到 $\cos\varphi_2\approx1$;当 $s\approx1$ 时,$R_2<<sX_{20}$,可得 $\cos\varphi_2\approx\frac{R_2}{sX_{20}}<<1$。

讲义:三相异步电动机电磁转矩及机械特性

15.1.4 三相异步电动机的电磁转矩及机械特性

电磁转矩是三相异步电动机的最重要的物理量之一,而机械特性则表征了一台电动机将电能转化为机械能的能力和运行性能。

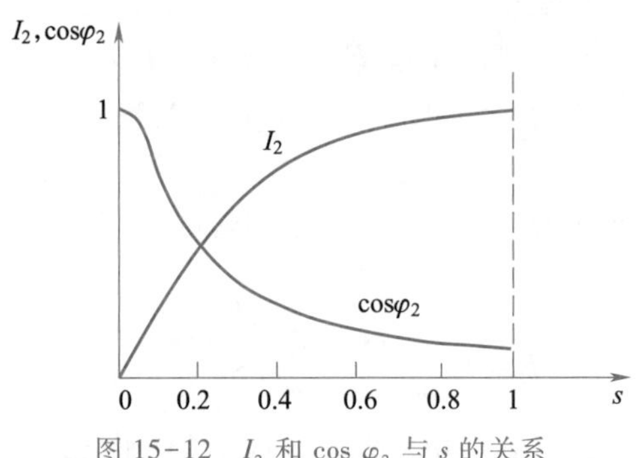

图 15-12　I_2 和 $\cos\varphi_2$ 与 s 的关系

1. 电磁转矩

三相异步电动机的转矩是由旋转磁场的每极磁通 Φ 与转子电流 I_2 相互作用而产生的。电磁转矩大小与转子绕组中电流和旋转磁场大小有关。经理论证明，三相异步电动机电磁转矩公式为

$$T=K_{\mathrm{T}}I_2\Phi\cos\varphi_2 \tag{15-16}$$

其中 K_{T} 为常数，与电动机结构有关。再根据电动机转子定子电路关系得到 I_2、Φ 和 $\cos\varphi_2$ 表达式，归纳如下

$$\begin{cases} I_2=\dfrac{sE_{20}}{\sqrt{R_2^2+(sX_{20})^2}}=\dfrac{4.44sf_1N_2\Phi}{\sqrt{R_2^2+(sX_{20})^2}} \\ \Phi=\dfrac{E_1}{4.44f_1N_1}\approx\dfrac{U_1}{4.44f_1N_1} \\ \cos\varphi_2=\dfrac{R_2}{\sqrt{R_2^2+(sX_{20})^2}} \end{cases} \tag{15-17}$$

将上面的方程组(15-17)代入电动机电磁转矩公式(15-16)，得到三相异步电动机转矩公式

$$T=K\frac{sR_2U_1^2}{R_2^2+(sX_{20})^2} \tag{15-18}$$

其中 K 为电动机结构常数，R_2 为电动机转子电路每相绕组的电阻，X_{20} 为电动机刚接通电源而转子尚未转动时转子每相绕组的感抗。由式(15-18)可知，转矩 T 与 U_1 的平方成正比，转矩 T 与转子电阻 R_2 有关。图 15-13 所示曲线为电磁转矩 T 与转差率 s 的关系，这条曲线称为三相异步电动机的转矩特性曲线 $T=f(s)$。

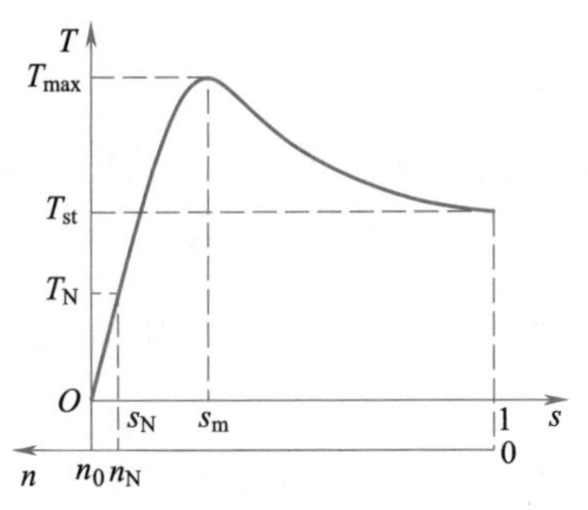

图 15-13　电磁转矩 T 与转差率 s 的关系

2. 异步电动机的机械特性

将转矩特性曲线 $T=f(s)$ 进行旋转变换，得到电磁转矩 T 和转子转速 n 的 $n=f(T)$ 曲线，称

为电动机的机械特性曲线，如图 15-14 所示。

(1) 机械运行特性分析

设电动机的负载转矩为 T_L，当电动机的转矩 $T=T_L$ 时，电动机将以恒定转速稳定运行。如图 15-14 所示，当电动机运行于 ab 段（$s<s_m$）时，若负载变化，则 $T_L\uparrow$（或 $T_L\downarrow$），必将导致 $n\downarrow$（或 $n\uparrow$），亦即 $s\uparrow$（或 $s\downarrow$），从而电磁转矩 T 也增大（或减小），等到 $T=T_L$ 又成立时，电动机将在另一稳定转速下转动。电动机工作在 ab 区间内，电磁转矩可以随负载的变化而自动调整，把这种特点称为异步电动机的自适应负载能力。

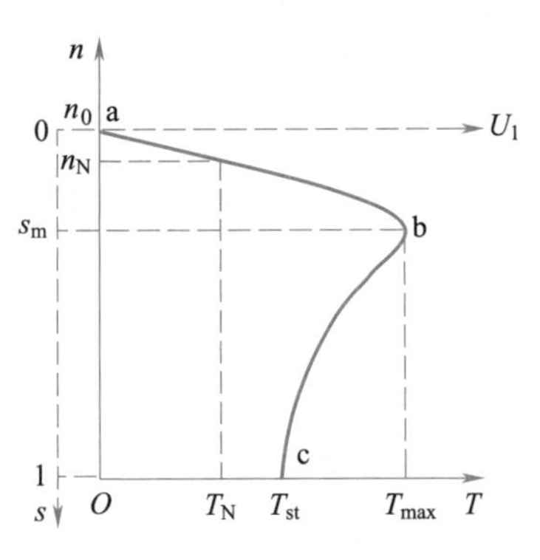

图 15-14 电动机的机械特性曲线

在 ab 段内，当负载在空载与额定值之间变化时，电动机的转速变化很小，ab 段较为平坦，称为硬机械特性（例如车床电动机的特性，车削时吃刀量增大不希望电动机的转速有较大变化）。当 ab 段斜率较大，则为软机械特性曲线（例如机车电动机的特性。电车在平路上速度较快，爬坡时希望速度自动减慢）。而当负载转矩增大并超过最大转矩 $T_L>T_{max}$ 时，电动机将越过 b 点沿 bc 段（$s>s_m$）运行，此时只要 $T<T_L$，必将导致转速下降直至停转（俗称"闷车"），电机的电流剧增，使电动机严重过热，甚至烧毁。在 bc 段，若 $T_L<T$，则 $n\uparrow$，电动机将过渡到 ab 段，可见 bc 段为电动机的不稳定运行区。

(2) 额定转矩

电动机工作在额定电压下，以额定转速 n_N 运行，输出额定功率 P_N，电动机转轴上输出的转矩称为额定转矩 T_N。电动机铭牌上一般只标有额定转速 n_N 和额定输出功率 P_{2N}，由转矩公式 $P=T\Omega_0=T\dfrac{2\pi n}{60}$可得额定转矩：

$$T_N=\frac{60}{2\pi}\frac{P_{2N}\times10^3}{n_N}\approx9550\frac{P_{2N}}{n_N} \tag{15-19}$$

其中 P_{2N}单位为 kW，n_N单位是 r/min（转/分钟），T_N 单位为 N·m（牛·米）。

(3) 电动机的起动能力及过载能力

电动机最大转矩 T_{max}，又称为临界转矩，它反映了电动机的过载能力。最大转矩对应的转差率称为临界转差率 s_m。由 $dT/ds=0$，可求得 $s_m=R_2/X_{20}$，再带入转矩公式（15-18），可得最大转矩表达式

$$T_{max}=K\frac{U_1^2}{2X_{20}} \tag{15-20}$$

式（15-20）表明最大转矩 T_{max}与 U_1 平方成正比，而与转子电阻 R_2 无关。而临界转差率 s_m 与转子电阻 R_2 成正比。不同输入电压 U_1 和不同转子电阻 R_2 的机械特性曲线，如图 15-15 所示。

当电动机负载转矩 T_L 大于最大转矩 T_{max}时，电动机无法带动负载而停转，产生所谓闷车现象。闷车时，电动机电流很快升高至原来的 6~7 倍，致使电动机过热而

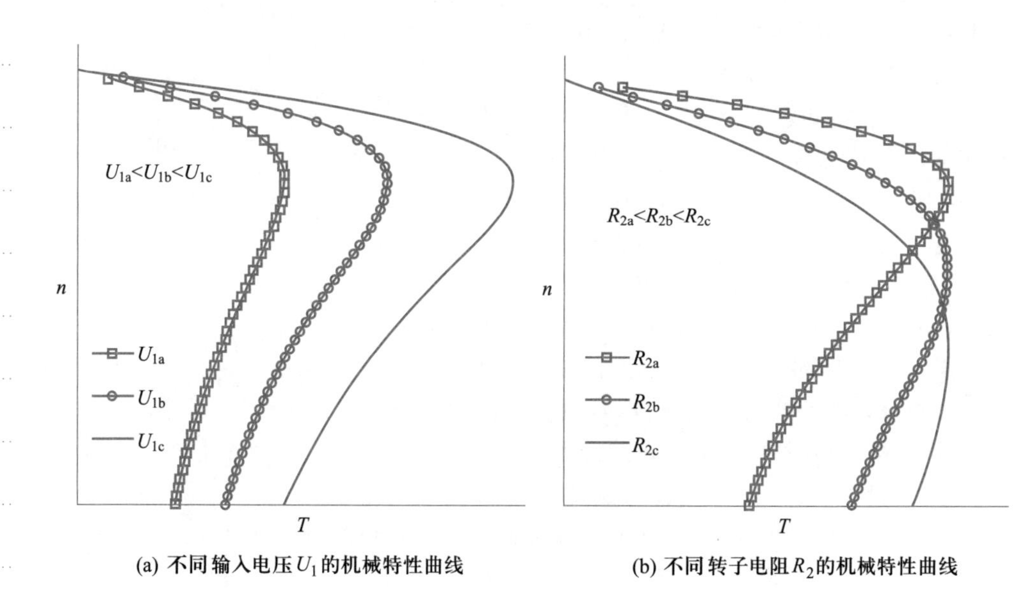

图 15-15　不同输入电压和不同转子电阻 R_2 的机械特性曲线

烧毁。

电动机的过载能力用过载系数 λ_m 衡量，定义为最大转矩 T_{max} 与额定转矩 T_N 之比，即：

$$\lambda_m = \frac{T_{max}}{T_N} \tag{15-21}$$

一般三相异步电动机的过载系数为 1.8～2.3。

起动转矩 T_{st} 是电动机通电瞬间（$n=0$、$s=1$）的转矩，体现了电动机带载起动的能力。将 $s=1$ 带入转矩公式（15-18）可得

$$T_{st} = K\frac{R_2 U_1^2}{R_2^2 + X_{20}^2} \tag{15-22}$$

上式表明起动转矩 T_{st} 与电压 U_1 和 R_2 有关。当转子电阻 R_2 适当减少，起动转矩会减小，如图 15-15（b）所示。

如果起动转矩大于负载转矩，电动机能起动，否则电动机不能起动产生堵转现象，长时间堵转会使得电动机严重过热。通常用起动系数 λ_{st} 来衡量电动机的起动能力，λ_{st} 定义为 T_{st} 与额定转矩 T_N 之比，即：

$$\lambda_{st} = \frac{T_{st}}{T_N} \tag{15-23}$$

一般异步电动机的起动系数 λ_{st} 在 1.1～2 之间。

例 15-2　Y225M-4 型三相异步电动机的额定数据如表 15-2 所示。求额定转矩 T_N、起动转矩 T_{st} 和最大转矩 T_{max}。

表 15-2 Y225M-4 型三相异步电动机的额定数据

功率/kW	转速/(r/min)	电压/V	电流/A	效率	$\cos\varphi_N$	I_{st}/I_N	$\lambda_{st}=T_{st}/T_N$	$\lambda_m=T_{max}/T_N$
45	1 480	380	84.2	92.3%	0.88	7.0	1.9	2.2

解：$T_N=9\ 550\dfrac{P_N}{n_N}=9\ 550\times\dfrac{45}{1480}\ \text{N}\cdot\text{m}\approx290.4\ \text{N}\cdot\text{m}$

$T_{st}=\lambda_{st}T_N=1.9\times290.4\ \text{N}\cdot\text{m}\approx551.8\ \text{N}\cdot\text{m}$

$T_{max}=\lambda_m T_N=2.2\times290.4\ \text{N}\cdot\text{m}\approx638.9\ \text{N}\cdot\text{m}$

15.1.5 三相异步电动机的起动、调速和制动

讲义：三相异步电动机的起动

1. 起动

电动机从接通电源开始加速到稳定运行状态的过程称为起动过程。在起动瞬间，电动机的电磁关系与变压器类似。此时 $n=0$（或 $s=1$），旋转磁场以同步转速 n_0 切割转子导体，在转子导体中产生很大的电动势 E_2 和电流 I_2，由变压器的原理，可知定子电流相应增大。减小电动机起动电流，可通过降压来减小旋转磁场转速，从而减小感应电动势和感应电流；也可增大转子电阻以减小转子电流。电动机频繁起动容易造成热量累积，若不是频繁起动，对于大功率的电动机，起动时产生的大电流会使电网路电压降低，影响同一电网的其他负载工作。

根据异步电动机的机械特性，电动机的起动转矩 T_{st} 不大。这是因为起动时（$s=1$），转子的感抗大（$X_2=X_{20}$），其功率因数 $\cos\varphi_2$ 低，故 T_{st} 较小。起动转矩小，使电动机或者不能满载起动，或者使起动时间过长。

由上述分析可知，异步电动机的主要缺点是起动电流大，起动转矩小。故应采取适当的办法减小起动电流，并保证有足够大的起动转矩。

通常笼型异步电动机的起动方法有全压起动和降压起动两种方法。

（1）全压起动

全压起动也称直接起动，它是将电动机通过开关直接接到相应的额定电源上。起动操作简单，是经常被采用的一种起动方式。但直接起动须满足以下有关规定：① 容量在 10 kW 及以下的三相异步电动机。② 若是照明和动力共用同一电网时，电动机起动时引起的电网压降不应超过额定电压的 5%。③ 动力线路若是用专用变压器供电时，对于频繁起动的电动机，其容量不应超过变压器容量的 20%；不经常起动的电动机，其容量不应大于变压器容量的 30%。如不满足上述规定，则必须采用降压起动的措施以减小起动电流 I_{st}。

（2）降压起动

降压起动的目的是减小起动电流对电网的不良影响，但它同时又降低了起动转矩，所以这种起动方法只适用于空载或轻载起动时的笼型异步电动机。

① Y-△降压起动：这种方法只适用于正常运转时是△形联结的电动机。可用 Y-△起动器或三刀双掷开关直接操作，如图 15-16 所示。先合上电源开关 QS_1，然

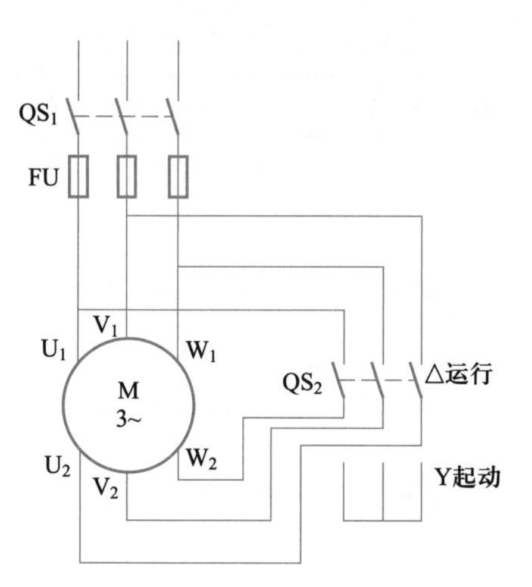

图 15-16　Y-△起动原理图

后将 QS_2 从中间位置投向“起动”位置，使定子三相绕组接成 Y 形，待电动机转速接近额定转速时，再迅速将 QS_2 合向“运行” 位置，将定子三相绕组换接成△形转入正常工作状态。如图 15-17 所示是定子绕组 Y 形接法和△型接法时的起动线电流的比较图。设电源线电压为 U_L，定子绕组起动时的每相阻抗为 $|Z|$ ，当定子绕组接成 Y 形联结降压起动时，线电流为：$I_{stY}=\frac{U_L/\sqrt{3}}{|Z|}=\frac{U_L}{\sqrt{3}|Z|}$。

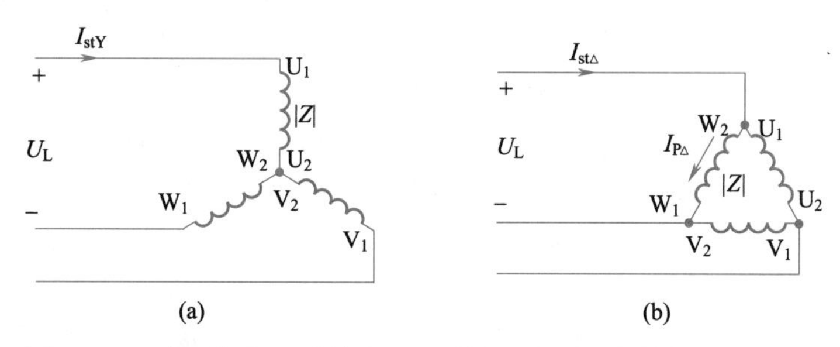

图 15-17　定子绕组 Y 形接法和△形接法时的起动线电流的比较图

当定子绕组接成△形联结全压起动时，线电流为 $I_{st\triangle}=\sqrt{3}\frac{U_L}{|Z|}$。可得：$I_{stY}=\frac{1}{3}I_{st\triangle}$。即采用 Y-△起动时，起动电流只是原来按△形联结全压起动时的 1/3。但是由于起动转矩与起动时每相绕组电压的平方成正比，故用 Y-△起动时，起动转矩也降为全压起动时的 1/3。所以这种方法只适合在空载或轻载起动的场合，仅适用于工作时采用三角形接法的电动机。

② 自耦降压起动：图 15-18 所示是利用自耦变压器（也称起动补偿器）控制的降压起动线路。它适用于容量较大的或正常运行时为 Y 形联结，不能采用 Y-△起动方法的笼型异步电动机。起动操作过程如下：首先合上电源开关 QS_1，再将起动

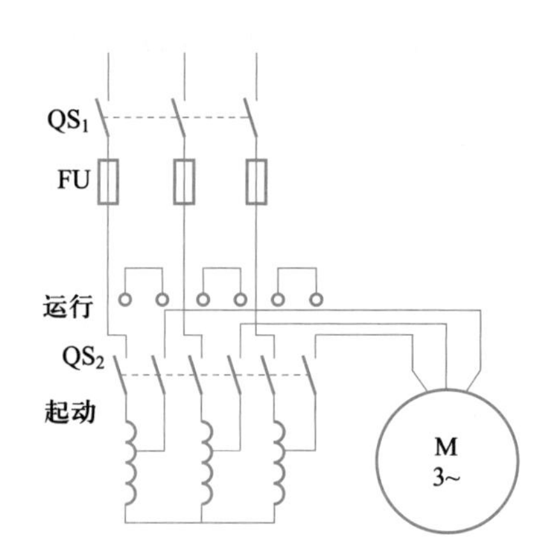

图 15-18 利用自耦变压器控制的降压起动线路

补偿器的控制手柄 QS_2 拉到“起动” 位置作降压起动，最后待电动机接近额定转速时把手柄推向“运行”位置，使自耦变压器脱离电源，而电动机直接接入电源全压运行。为了适应不同起动转矩的要求，通常自耦变压器的抽头有 73%、64%、55%或 80%、60%、40%等规格。

设自耦变压器的变比为 k，直接起动时的起动电流和起动转矩分别为 I_{st} 和 T_{st}，则自耦降压起动时的起动转矩为 $T_{st}'=\frac{1}{k^2}T_{st}$，线路(即变压器一次)的起动电流为 $I_{st}''=\frac{1}{k^2}I_{st}$。

③ 绕线型异步电动机转子串电阻起动

如图 15-19 所示，起动时将适当的电阻 R 串入转子绕组中，起动后再将电阻 R 短路，就可以达到减小起动电流的目的。转子串电阻既可以降低起动电流，又可以增加起动力矩，通常适用于绕线式的电动机起动。由图 15-20 所示机械特性曲线可知，增大转子电阻的同时，起动转矩也将提高。绕线式电动机常用于重载起动的电气动力装备上，例如起重机、锻压机等。起动后，随着转速的上升将起动电阻逐段切除。

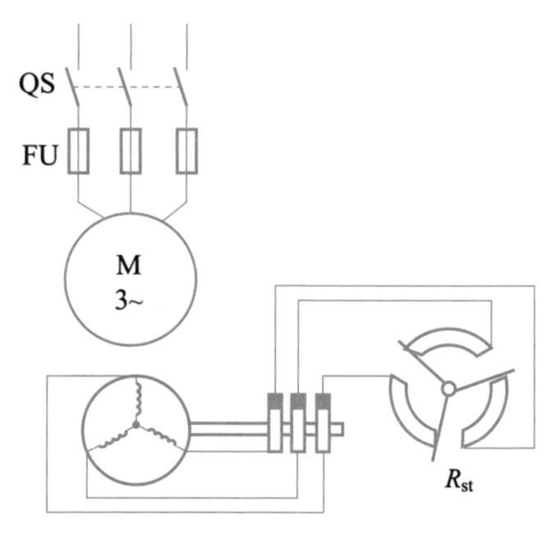

图 15-19 接线原理图

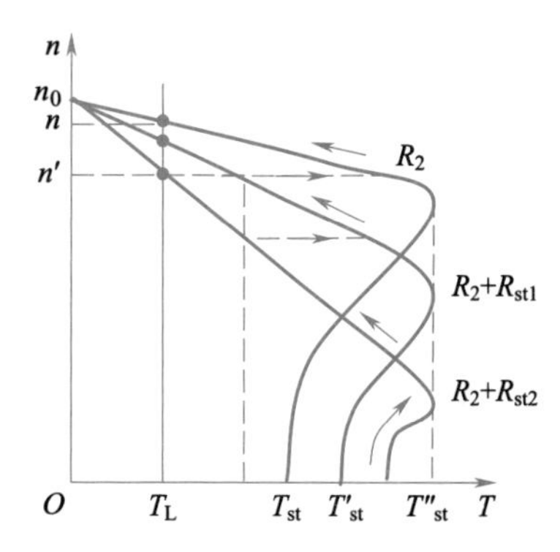

图 15-20 起动过程的电动机机械特性曲线

例 15-3 Y100L2-4 型三相异步电动机，查得其技术数据如下：$P_N=3.0\ \text{kW}$，$U_N=380\ \text{V}$，$n_N=1\ 430\ \text{r/min}$，$\eta_N=82.5\%$，$\cos\varphi_N=0.81$，$f_1=50\ \text{Hz}$，$I_{st}/I_N=7.0$，$T_{st}/T_N=2.2$，$T_{max}/T_N=2.3$。试求：① 磁极对数 p 和额定转差率 s_N；② 当电源线电压为 380 V 时，该电动机作 Y 形联结。这时的额定电流及起动电流为多少？③ 当电源线电压为 220 V 时，该电动机应作何接法？这时的额定电流又为多少？④ 该电动机的额定转矩、起动转矩和最大转矩。

解：① 由型号知该电动机的磁极为 4，所以极对数 $p=2$。$f_1=50\ \text{Hz}$，则 4 极电动机的同步转速 $n_1=1\ 500\ \text{r/min}$，额定转差率：

$$s_N=\frac{n_1-n_N}{n_1}=\frac{1\ 500-1\ 430}{1\ 500}\approx 0.047$$

② Y 形联结时

因为 $P_N=P_{1N}\eta_N=\sqrt{3}U_NI_N\cos\varphi_N\eta_N$

所以，额定电流为 $I_N=\dfrac{P_N}{\sqrt{3}U_N\cos\varphi_N\eta_N}=\dfrac{3\ 000}{\sqrt{3}\times380\times0.81\times0.825}\ \text{A}\approx 6.82\ \text{A}$

起动电流为 $I_{st}=7I_N=7\times6.82\ \text{A}=47.74\ \text{A}$。

③ 因为电源线电压为 380 V 时作 Y 形联结，则定子绕组的额定相电压为 220 V，而当电源线电压为 220 V 时，电动机应作△形联结。（注意：Y 形联结 $I_L=I_P$，而△形联结 $I_L=\sqrt{3}I_P$）

额定电流为：$I'_N=\sqrt{3}I_N=\sqrt{3}\times6.82\ \text{A}\approx 11.81\ \text{A}$，

起动电流为：$I'_{st}=7I'_N=7\times11.81\ \text{A}=82.67\ \text{A}$。

④ 额定转矩为：$T_N=9\ 550\dfrac{P_N}{n_N}=9\ 550\times\dfrac{3}{1\ 430}\ \text{N}\cdot\text{m}\approx 20.03\ \text{N}\cdot\text{m}$，

起动转矩为：$T_{st}=2.2T_N=2.2\times20.03\ \text{N}\cdot\text{m}\approx 44.07\ \text{N}\cdot\text{m}$，

最大转矩为：$T_{max}=2.3T_N=2.3\times20.03\ \text{N}\cdot\text{m}\approx 46.07\ \text{N}\cdot\text{m}$。

例 15-4 Y225M-4 型三相异步电动机的额定数据如表 15-3 所示。

表 15-3 Y225M-4 型三相异步电动机的额定数据表

功率/kW	转速/(r/min)	电压/V	电流/A	效率	$\cos\varphi_N$	I_{st}/I_N	$\lambda_{st}=T_{st}/T_N$	$\lambda=T_{max}/T_N$
45	1 480	380	84.2	92.3%	0.88	7.0	1.9	2.2

① 求额定转矩 T_N、起动转矩 T_{st} 和最大转矩 T_{max}。

② 若负载转矩为 500 N·m，问在 $U=U_N$ 和 $0.9U_N$ 两种情况下电动机能否起动？

③ 若采用 Y-△起动，求起动电流。当负载转矩为额定转矩 T_N 和 $50\%T_N$ 时，电动机能否起动？

④ 若采用自耦降压起动，用 64% 的抽头时，线路起动电流、电动机的起动转矩。

解：① $T_N=9\ 550P_N/n_N=9\ 550\times45/1\ 480\ \text{N}\cdot\text{m}\approx 290.4\ \text{N}\cdot\text{m}$，

$$T_{st}=\lambda_{st}T_N=1.9\times290.4\ \text{N}\cdot\text{m}\approx551.8\ \text{N}\cdot\text{m},$$
$$T_{max}=\lambda T_N=2.2\times290.4\ \text{N}\cdot\text{m}\approx638.9\ \text{N}\cdot\text{m}。$$

② 当 $U=U_N$ 时，$T_{st}=551.8\ \text{N}\cdot\text{m}>500\ \text{N}\cdot\text{m}$，所以能起动。

当 $U=0.9U_N$ 时，$T'_{st}/T_{st}=(U'/U_N)^2=0.9^2$，

$T'_{st}=0.9^2\times551.8\ \text{N}\cdot\text{m}\approx446.96\ \text{N}\cdot\text{m}<500\ \text{N}\cdot\text{m}$，所以不能起动。

③ △形联结直接起动时，有：

$$I_{st\triangle}=7I_N=589.4\text{A},I_{stY}=\frac{1}{3}I_{st\triangle}=\frac{1}{3}\times589.4\ \text{A}\approx196.5\ \text{A},$$

$$T_{stY}=\frac{1}{3}T_{st\triangle}=\frac{1}{3}\times551.8\ \text{N}\cdot\text{m}\approx183.9\ \text{N}\cdot\text{m}。$$

当负载转矩为 T_N 时，$T_{stY}=183.9\ \text{N}\cdot\text{m}<T_N=290.4\ \text{N}\cdot\text{m}$，所以不能起动。

当负载转矩为 50%T_N 时，$T_{stY}=183.9\ \text{N}\cdot\text{m}>0.5T_N=145.2\ \text{N}\cdot\text{m}$，所以能起动。

④ 直接起动时 $I_{st}=7I_N=589.4\ \text{A}$，用自耦变压器 64% 的抽头时，其变比 $k=1/0.64$，降压起动时电动机中（即变压器二次侧）的起动电流为

$$I'_{st}=\frac{1}{k}I_{st}=0.64I_{st}=0.64\times589.4\ \text{A}\approx377.2\ \text{A}。$$

线路（即变压器一次侧）的起动电流为

$$I''_{st}=\frac{1}{k}I'_{st}=\frac{1}{k^2}I_{st}=0.64^2I_{st}=0.64^2\times589.4\ \text{A}\approx241.4\ \text{A}$$

降压起动时的起动转矩为：$T'_{st}=\frac{1}{k^2}T_{st}=0.64^2\times551.8\ \text{N}\cdot\text{m}\approx226.0\ \text{N}\cdot\text{m}$。

2. 调速

讲义：三相异步电动机的调速

调速是指同一负载下，用人为的方法调节电动机的转速，以满足生产过程的需要。由三相异步电动机转速：

$$n=(1-s)n_0=(1-s)\frac{60f_1}{p} \tag{15-24}$$

由式(15-24)可知：改变磁极对数 p、改变电源频率 f_1 和改变转差率 s 三种方式可以进行调速。下面分别进行介绍。

（1）变极调速

改变电动机定子绕组接线方式可改变旋转磁场的磁极对数，改变定子绕组极对数 p 则同步转速 n_0 改变，这类调速称有极调速。图 15-21 所示的是定子绕组的两种接法。若将 U 相绕组两个线圈按图 15-21(a)所示串联，就产生四极磁场($p=2$)；如按图 15-21(b)所示将两个线圈并联，即产生二极磁场($p=1$)。这就是多速电动机的原理。多速电动机普遍用于各种机床上。

（2）变频调速

由式(15-24)可知，改变电源频率 f_1 也可以改变电动机转速。如果频率 f_1 能连续变化，就可以使电动机实现无级调速。如图 15-22 所示，利用变频调速器（一

般由整流器、逆变器等组成），将电网电源的频率进行调整后再提供给电动机的定子，从而使电动机可以在较宽的范围里实现平滑调速。

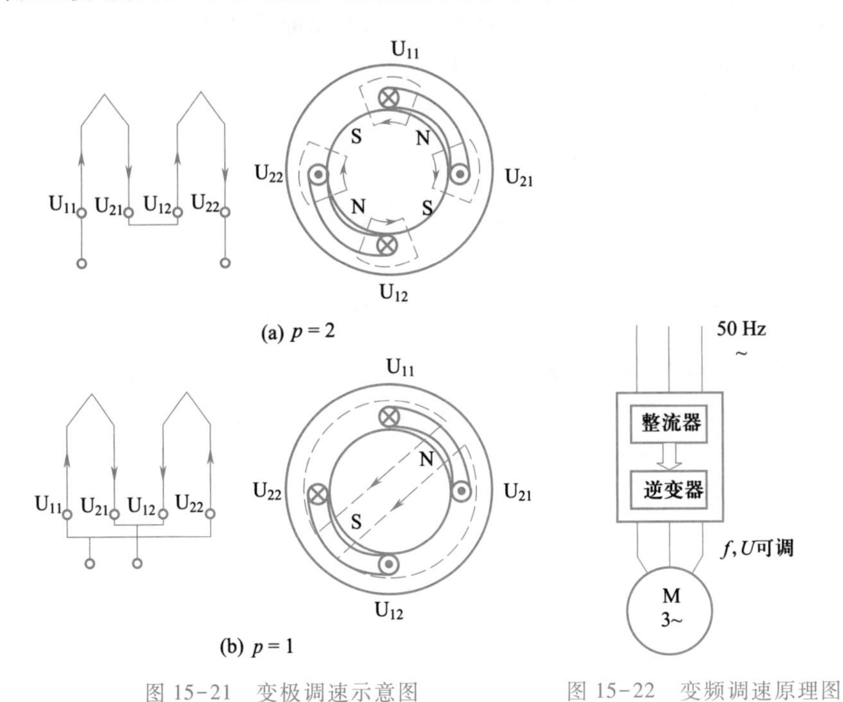

图 15-21　变极调速示意图　　图 15-22　变频调速原理图

随着电力电子器件和大规模集成电路的进一步发展，变频技术逐步成熟。目前市场上变频调速器的品种多样，性能可靠，成本也较低。利用变频调速器对电动机进行调速的调速性能较好，笼型三相异步电动机主要采用变频调速方法。

（3）变转差率调速

只要在绕线式异步电动机的转子电路中串入电阻（如图 15-19 所示），改变电阻的大小，就可以平滑调速。例如在一定负载转矩下，增大调速电阻 R 时，转差率 s 上升，而转速 n 下降。这种调速方法的优点是设备简单，操作方便，广泛地应用于起重机械上。但由于串入调速电阻使机械特性变软，耗能增大。

讲义：三相异步电动机的制动

3. 制动

电动机在断开电源自然停车时，由于惯性会继续转动一段时间才停转。为了缩短辅助工时，提高生产率，保证安全，有些生产机械要求电动机能准确、迅速地停车，这就需要用强制的方法迫使电动机迅速停车（称为制动）。

制动的方法有电磁抱闸机械制动和电气制动。这里只介绍电气制动的原理。所谓电气制动，就是使电动机产生一个与转动方向相反的电磁转矩，阻碍电动机继续运转直至停车。常用的电气制动方法有能耗制动、反接制动和发电反馈制动。下面分别介绍这三类制动。

（1）能耗制动

当电动机断开三相交流电源的同时，立即向定子绕组通入直流电，定子绕组产生一个静止的磁场（不论极性如何），这时，继续转动的转子导体便切割磁场而产生感应电流。转子导体电流又与磁场相互作用而产生同旋转方向相反的电磁制动转矩（可用左手定则判定其方向），使电动机迅速停车（其原理如图 15-23 所示）。由于这种方法是用消耗转子的动能（转换成电能）来进行制动的，所以称为能耗制动。

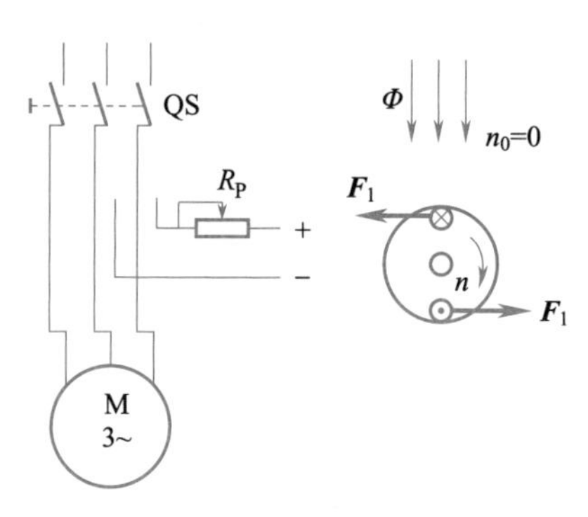

图 15-23　能耗制动原理图

调节直流电流的大小，可以控制制动转矩的大小。一般直流电流可调节为额定电流的 0.5~1 倍。这种方法制动准确且平稳、耗能小、无冲击，但需要直流电源。在有些机床中采用这种制动方法。

（2）反接制动

反接制动就是当要求电动机停车时，通过改变电源相序，使转子受到一个与原来转动方向相反的转矩而迅速停转。其原理如图 15-24 所示。当制动至转速接近于零时，应立即断开电源，避免电动机的反转，通常这项任务是由速度继电器来实现的。

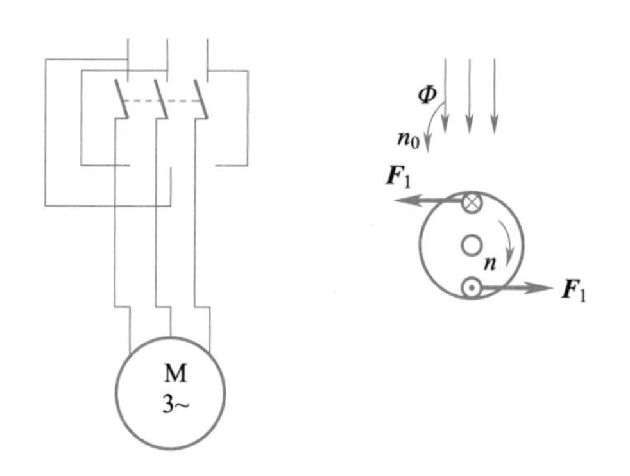

图 15-24　反接制动原理图

由于反接制动时旋转磁场与转子的相对转速（n_0+n）很大，制动电流也就很大，所以通常在制动时要在定子或转子电路中串接电阻以限制制动电流。这种制动方法停车快速、设备简单，但准确性较差、耗能大、冲击强烈，易损坏机械零件。一般只用于小型电动机且不经常停车的场合。

（3）发电反馈制动

如图 15-25 所示，电动机由于某种原因（如起重机快速下放重物），使电动机转

速 n 超过了旋转磁场的转速 n_0 就会改变电动机电磁转矩的方向，成为电动机运行时的阻尼转矩，实现电动机的制动（重物等速下降）。这时的电动机已转入发电机运行，将重物的位能转换为电能而反馈到电网去，故称为发电反馈制动。

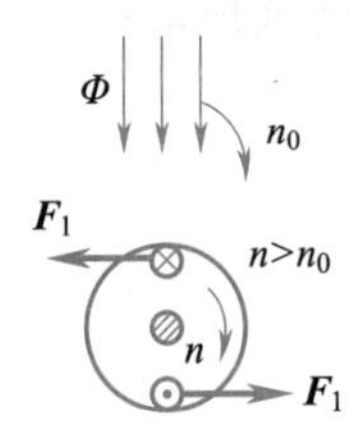

图 15-25　发电反馈制动

15.1.6　三相异步电动机的铭牌数据及其选择

1. 三相异步电动机的铭牌数据

每台电动机的机座上都装有一块铭牌，铭牌上面标有电动机的主要性能和技术参数（如图 15-26 所示），它们是选择和使用电动机的主要依据。

三相异步电动机

型号	Y132S-4	功率	5.5kW	防护等级	IP44
电压	380V	电流	11.6A	功率因数	0.84
接法	Δ	转速	1440r/min	绝缘等级	B
频率	50Hz	重量		工作方式	S_1

年　月　日　　编号　　××××电机厂

图 15-26　电动机的铭牌

(1) 型号

为适应不同用途和不同工作环境的需求，电动机制造厂把电动机制成各种类型，不同类型的电动机用不同的型号表示。电动机型号由汉语拼音大写字母或英语字母加阿拉伯数字组成，具有确定含义。例如：

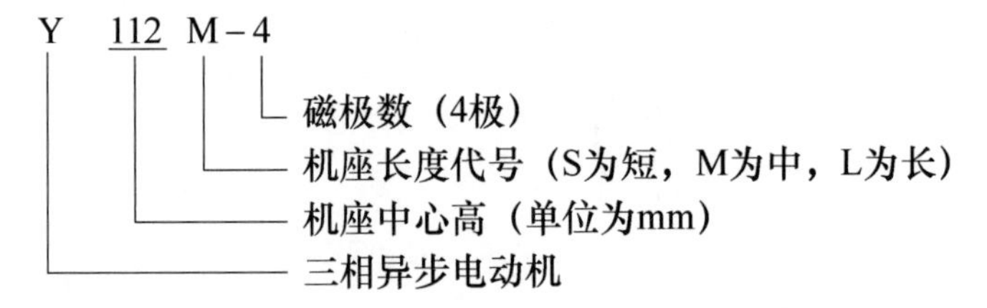

常用异步电动机产品名称代号及其汉字意义见表 15-4。表中 Y、Y-L 系列为新产品。Y 系列定子绕组是铜线，Y-L 系列定子绕组是铝线。其体积小、效率高、过载能力强。

表 15-4 常用异步电动机产品名称代号及其汉字意义

产品名称	新代号	新代号的汉字意义	老代号
异步电动机	Y、Y-L	异	J、JO
绕线式异步电动机	YR	异绕	JR、JRO
防爆型异步电动机	YB	异爆	JB、JBS
高起动转矩异步电动机	YQ	异起	JQ、JGQ
起重冶金用异步电动机	YZ	异重	JZ
起重冶金绕线式异步电动机	YZR	异重绕	JZR

(2) 电压

电压是指电动机在额定运行时定子绕组上应加的线电压,又称额定电压 U_N。一般异步电动机的额定电压有 380 V、3000 V 和 6000 V 等多种。

(3) 接法

接法是指电动机定子绕组在额定运行时所应采取的联结方式。有星形(Y)联结和三角形(△)联结两种(如图 15-3 所示)。通常 Y 系列异步电动机功率在 3 kW 以下接成 Y 形;功率在 4 kW 以上接成△形。

(4) 电流

电流是指电动机在额定运行时定子绕组的线电流,又称额定电流 I_N。

(5) 功率与效率

电动机在额定运行情况下,轴上输出的机械功率 P_2 称为额定功率 P_N。效率是指额定功率与输入电功率 P_{1N}之比,即 $\eta_N=\dfrac{P_N}{P_{1N}}$,设计电动机时,通常使最大效率为 0.7~1.0。

一般笼型电动机额定运行时效率为 72%~93%。

(6) 功率因数 $\cos\varphi$

电动机的主要电路特性表现为感性负载,故三相异步电动机的功率因数较低,在额定负载时为 0.7~0.9,而在轻载和空载时更低,空载时只有 0.2~0.3。因此,必须正确选择电动机的容量,防止出现“大马拉小车”的现象。

(7) 转速

转速指电动机额定运行时的转速 n_N。它略低于同步转速 n_0。

(8) 温升与绝缘等级

绝缘等级是指电动机绕组所用的绝缘材料按使用时的最高允许温度而划分的不同等级。常用绝缘材料的绝缘等级和极限温度如表 15-5 所示。

(9) 工作方式

工作方式又称定额,通常分为连续运行、短时运行和断续运行三种,分别用代号 S_1、S_2、S_3 表示。

表 15-5　常用绝缘材料的绝缘等级和极限温度

绝缘等级	Y	A	E	B	F	H	C
极限温度/℃	90	105	120	130	155	180	>180

(10) 防护等级

防护等级即电动机外壳的防护等级。具体可查阅相关电工手册。

除了上述铭牌上所标的数据外，在电动机的产品目录或电工手册中，通常还列出了其他一些技术数据，如 I_{st}/I_N，λ，λ_{st} 和 η 等。

例 15-5　已知 Y225M-2 型三相异步电动机的有关技术数据如下：$P_N=45\ \text{kW}$，$f=50\ \text{Hz}$，$n_N=2970\ \text{r/min}$，$\eta_N=91.5\%$，起动能力 $\lambda_{st}=2.0$，过载系数 $\lambda=2.2$，求该电动机的额定转差率、额定转矩、起动转矩、最大转矩和额定输入电功率。

解：由型号知该电动机是两极的，其同步转速为 $n_1=3000\ \text{r/min}$，所以额定转差率为

$$s_N=\frac{n_1-n_N}{n_1}=\frac{3000-2970}{3000}=0.01$$

额定转矩为

$$T_N=9550\frac{P_N}{n_N}=9550\times\frac{45}{2970}\ \text{N}\cdot\text{m}\approx 144.7\ \text{N}\cdot\text{m}$$

起动转矩为

$$T_{st}=\lambda_{st}T_N=2.0\times 144.7\ \text{N}\cdot\text{m}=289.4\ \text{N}\cdot\text{m}$$

最大转矩为

$$T_{max}=\lambda T_N=2.2\times 144.7\ \text{N}\cdot\text{m}=318.3\ \text{N}\cdot\text{m}$$

额定输入电功率为

$$P_{1N}=\frac{P_N}{\eta_N}=\frac{45}{0.915}\ \text{kW}\approx 49.18\ \text{kW}$$

2. 三相异步电动机的选择

实际工作中，从技术的角度来考虑，选择一台异步电动机通常从以下几个方面进行。

(1) 种类和型式的选择

① 种类的选择：通常生产场所用的是三相交流电，如果仅要求机械特性较硬而无特殊调速要求的一般生产机械应尽可能采用笼型电动机。对某些生产场所，对起动转矩和调速有特殊要求时才采用绕线式电动机。

② 结构型式的选择：由于生产机械种类繁多，它们的工作环境也各不相同。所以设计和生产出了能运行在不同环境条件下的各种类型的异步电动机。

开启式：在构造上无特殊防护装置，用于干燥无尘的场所。散热效果良好。

封闭式：具有全封闭式的外壳，既防水(滴洒)又防粉尘等杂物。散热条件不如开启式。

密闭式:外壳严密封闭,有的密闭式电动机具有很好的防水性能(如潜水泵电机)。由于采用密闭结构,所以这种电动机的散热条件较差,所以多采用外部冷却的方式。

防爆式:整个电动机密闭,电动机骨架能够承受巨大的压力。能够将电动机内部的火花、绕组电路短路、打火等完全与外界隔绝。这种电动机用在一些高粉尘、有爆炸气体、燃烧气体环境的场合。

③ 电气性能的选择:由于生产上的需要,设计和生产出了多种电气和机械性能不同的电动机,以适合不同机械负载的工作要求。

普通起动转矩电动机:用于一般机械负载的起动。大部分的电动机都属于这个范畴。起动系数为 0.7~1.3(15 kW~150 kW)。一般情况下,起动电流不超过额定电流的 5~7 倍。这些电动机用在一般的生产机械、驱动风扇、离心泵等。

高起动转矩电动机:这种电动机用于起动条件非常差的场合,如水泵、活塞式压缩机等。这些负载要求电动机的起动转矩是负载额定转矩的两倍,但起动电流同样不超过额定电流的 5~7 倍。一般情况下,通常采用具有良好起动转矩特性的双鼠笼结构电动机。

高转差率电动机:运行速度通常为同步速度的 85%~90%。这些电动机适用于加快大惯性负载的起动过程(如离心干燥机、大飞轮等)。这种电动机的鼠笼条的电阻值较大,为了防止过热,这种电动机常常在间歇工作状态下工作。这种随着负载的增加,速度下降较大的电动机也特别适合挤压和冲孔机械。

(2) 功率的选择

功率的选择实际上也就是容量的选择,选择功率太大,容量没得到充分利用,既增加投资,也增加运行费用;如果选得过小,电动机的温升过高,影响寿命,严重时,可能会烧毁电动机。

对于长期运行(长时工作制)的电动机,可选其额定功率 P_N 等于或略大于生产机械所需的功率;对于短时工作制或重复短时制工作的电动机,可以选择专门为这类工作制设计的电动机,也可选择长时制电动机,但可根据间歇时间的长短,电动机功率的选择要比生产机械负载所要求的功率小一些。

(3) 电压和转速的选择

① 电压的选择:电动机电压等级的选择,要根据电动机的类型、功率以及使用地点的电源电压来决定。Y 系列笼型电动机的额定电压只有 380 V 一个等级。只有大功率的电动机才采用 3000 V 和 6000 V 的电压。

② 转速的选择:电动机的速度由于受到电源频率和电动机旋转磁场极对数的限制,选择范围并不大。一般电动机的速度的选择依赖于所驱动的机械负载速度。对于速度较低的机械设备,一般选用速度较高的电动机作为机械变速装置,而不使用低速电动机进行直接驱动。使用变速箱有几个优点:对于给定的输出功率,高速电动机的价格和尺寸比低速电动机小得多,但其效率和功率因数却比较高;在相同的功率下,高速电动机的起动转矩要比低速电动机大得多。在不要求速度平滑变化的场合,可以选用双速和多速电动机。

【练习与思考】

15-1-1 什么是三相电源的相序？三相异步电动机有无相序？

15-1-2 比较变压器的一次、二次电路和三相异步电动机的定子、转子电路的物理量及电压方程。

15-1-3 在三相异步电动机起动瞬间(即 $s=1$)，为什么转子电流 I_2 大，而转子电路的功率因数 $\cos\varphi_2$ 小？

15-1-4 有人检修三相异步电动机时，将转子抽掉，而在定子绕组上加上三相额定电压，这会产生什么后果？

15-1-5 频率为 60 Hz 的三相异步电动机，若接在 50 Hz 的交流电源上使用，会发生何种现象？

15-1-6 三相异步电动机在正常工作时，如果转子突然卡住不能转动，这时电动机电流有何变化？对电动机有何影响？

15-1-7 在电源不变的情况下，如果电动机的三角形联结误接为星形联结，对电动机有何影响？

如果电动机由星形联结误接为三角形联结，对电动机又有何影响？

15.2 单相异步电动机

单相异步电动机是由单相交流电源供电的一种功率不大的异步电动机，在家用电器和医疗器械中得到广泛应用。本节主要介绍单相电动机工作原理。

15.2.1 单相异步电动机脉动磁场

从构造上来看，单相电动机的定子只有一个单相绕组，转子也是笼型结构，如图 15-27 所示。单相电动机定子绕组通入单相交流电后产生的是一个脉动磁场，其大小及方向随时间沿定子绕组轴线方向变化。

单相电动机起动时，因电动机的转子处于静止状态，定子电流产生的脉动磁场在转子绕组内引起的电流和电磁转矩，如图 15-28 所示(图示为脉动磁场增加时转子绕组内感应电流情况)。

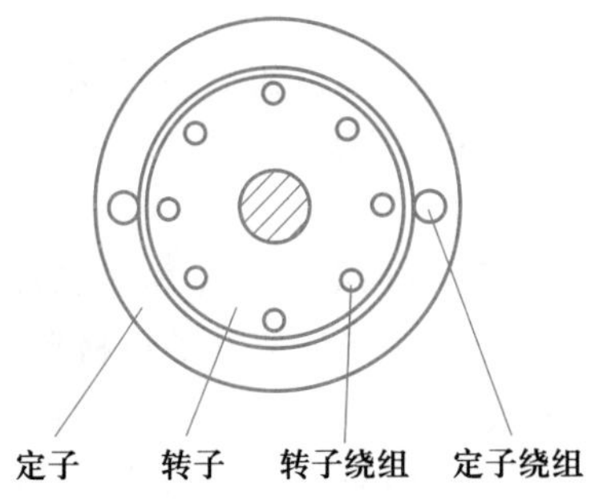

图 15-27 单相异步电动机结构图

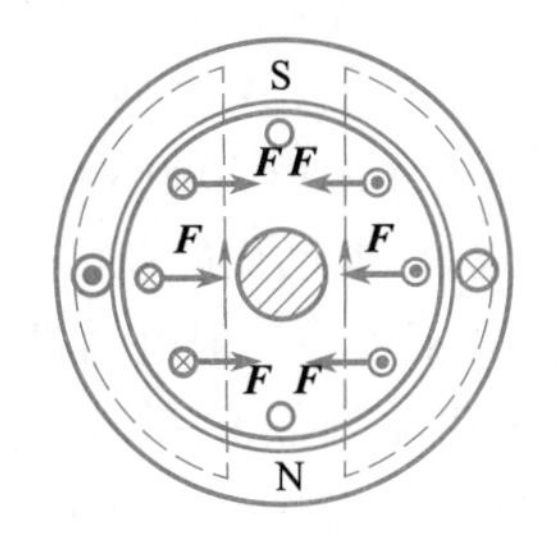

图 15-28 单相异步电动机起动时的电流和电磁转矩

由图 15-28 可以看出，由于磁场与转子电流相互作用在转子上产生的电磁转矩相互抵消，所以单相电动机起动时转子上作用的电磁转矩为零，单相异步电动机没有起动转矩，不能自动起动。

为了起动单相异步电动机，需在起动时用外力推动转子或让电动机在起动时内部产生一个旋转磁场待电动机转动后再恢复脉动状态，这时单相异步电动机能够继续沿着被推动的方向旋转，并可以带动机械负荷工作。

为什么单相电动机在起动后能够产生转矩？要说明这个问题还需从旋转磁场来分析。

（1）脉动磁场可分解为两个旋转磁场，单相异步电动机定子绕组通入单相正弦电流后产生的脉动磁场可以等效地看成是由两个大小相等、转动方向相反、转速相同的旋转磁场合成的。脉动磁场分解成为两个旋转磁场的示意图如图 15-29 所示，每个旋转磁场的幅值是脉动磁场幅值的 1/2。

（2）单相异步电动机的机械特性：脉动磁场分解成两个旋转磁场，这两个旋转磁场转向相反，一个顺时针方向，一个逆时针方向。每个旋转磁场都会与转子绕组作用，在转子上产生电磁转矩。顺时针方向的 $T'-s'$ 曲线和逆时针方向的 $T''-s''$ 曲线及合成曲线如图 15-30 所示。

由图 15-30 可以看出，当单相异步电动机的转子静止（$s=1$），这时两个旋转磁场在转子上产生的电磁转矩数值相等，作用方向相反，合成转矩为零，因此无法起动。为了使单相异步电动机起动，需要电动机在起动时，使其内部出现一个旋转磁场，电动机转动起来后，（此时 $s\neq1$），再将旋转磁场变回脉动磁场，这时作用在转子上的合成转矩不再为零，单相异步电动机能够继续保持着起动时所具有的旋转方向继续运转。所以单相异步电动机使用时，首先要在转子上产生转矩，转子转动起来后，不论转动方向如何，转子上都会有电磁转矩。

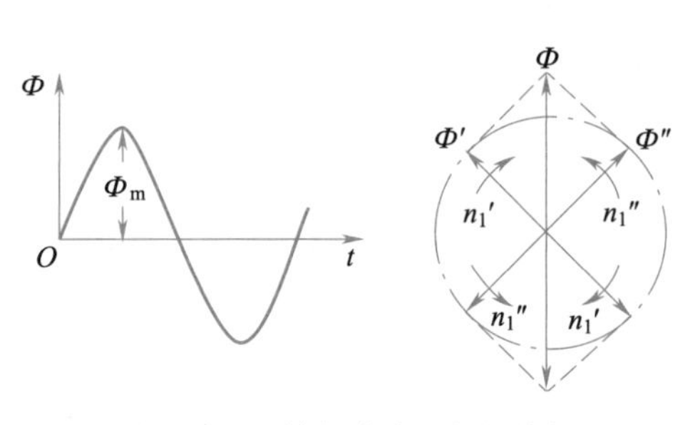

图 15-29　单相脉动磁场的分解

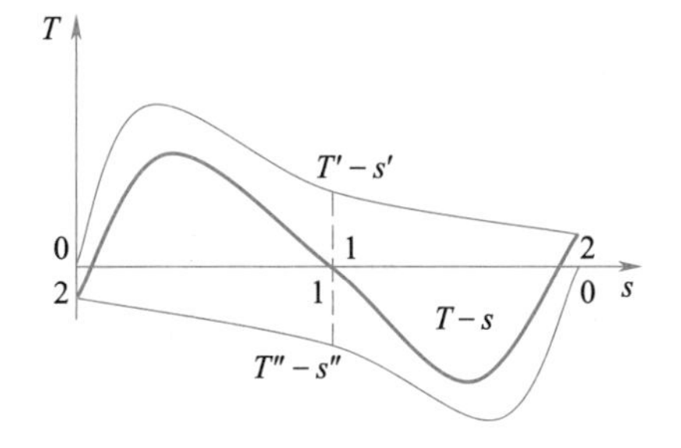

图 15-30　单相异步电动机的 T-s 曲线

15.2.2　电容分相式异步电动机

图 15-31 所示为电容分相式异步电动机示意图；容量较大或要求起动转矩较高的异步电动机常采用这种方法起动。图 15-32 是主绕组和起动绕组电流波形。

定子绕组由空间上相差 90°的主绕组 AX 和起动绕组 BY 构成。为了使起动绕组的电流相位与主绕组电流相位相差 90°，通常在起动绕组回路中串联一个电容器

C。其目的是在定子空间产生一个旋转磁场，使电动机起动旋转。

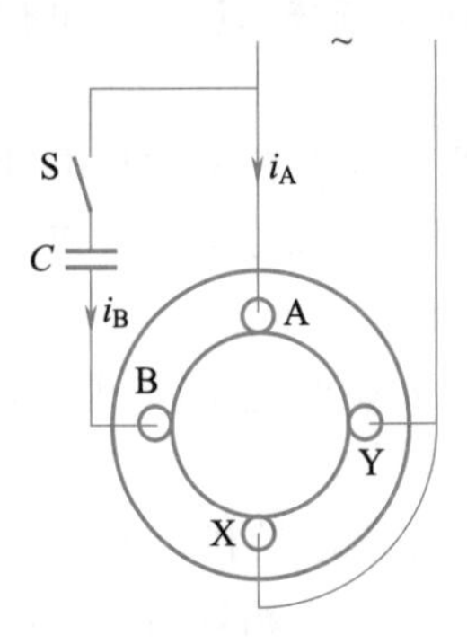

图 15-31 电容分相式异步电动机示意图

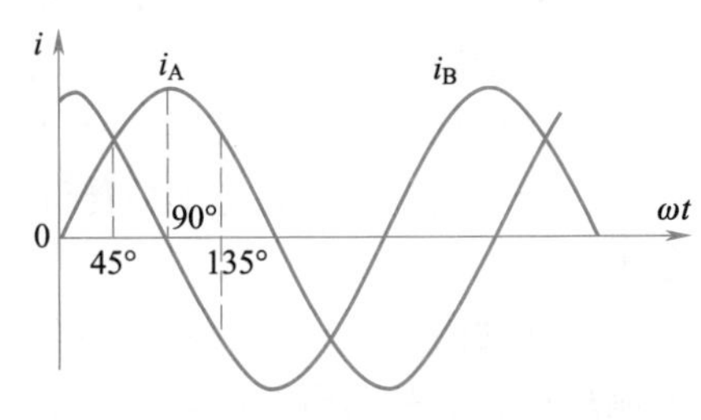

图 15-32 主绕组和起动绕组电流波形

和分析三相旋转磁场的方法一样，在空间位置相差 90°，流过电流相位差 90°的两个绕组，也同样能产生旋转磁场（如图 15-33 所示）。

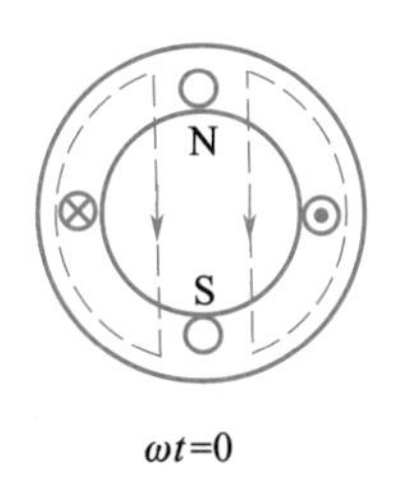

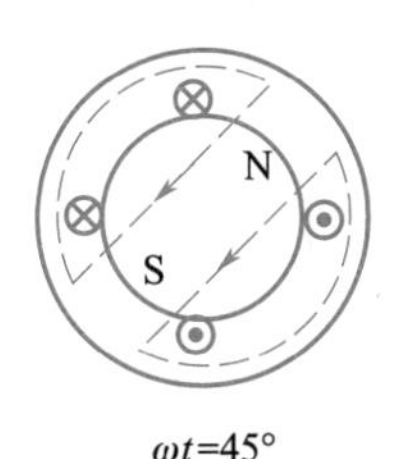

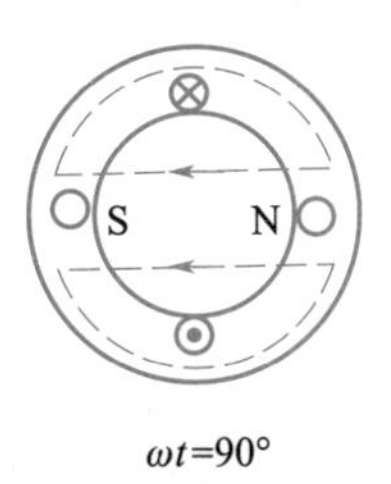

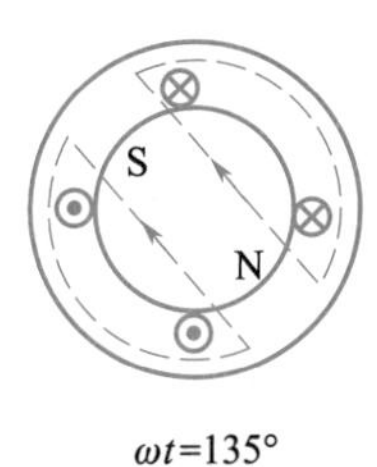

图 15-33 起动时的单相电动机旋转磁场

在此旋转磁场的作用下，笼型转子将跟着一起转动。电动机起动后，当转速达到额定值时，串在起动绕组 BY 支路的离心开关 S 断开，电动机就处于单相运行了。

欲使电动机反转，不能像三相异步电动机那样调换两根电源线来实现，需把起动电容串入主绕组支路，电动机将在与原来相反方向上旋转。

15.2.3 罩极式异步电动机

罩极式单相电动机的定子多做成凸极式，其结构如图 15-34 所示。在磁极一侧开一个小槽，用短路铜环套在磁极的窄条一边上。每个磁极的定子绕组串联后接单相电源。当将电源接通时，磁极下的磁通分为两部分：即 Φ_1 与 Φ_2。由于短路铜环的作用，罩极下的 Φ_1 与在短路环下的 Φ_2 之间产生了相位差，于是气隙内形成的合成磁场将是有推移速度的移行磁场，使电动机产生一定的起动转矩。

罩极法得到的起动转矩较小，但因结构简单，工作可靠，常用于对起动转矩要求不高的家用设备中。单相电动机运行时，气隙中始终存在着反转的旋转磁场，使得推动电动机旋转的电磁转矩减少，过载能力降低。同时反转磁场还会引起转子铜损和铁损的增加，因此，单相电动机的效率和功率因数都比三相异步电动机低。

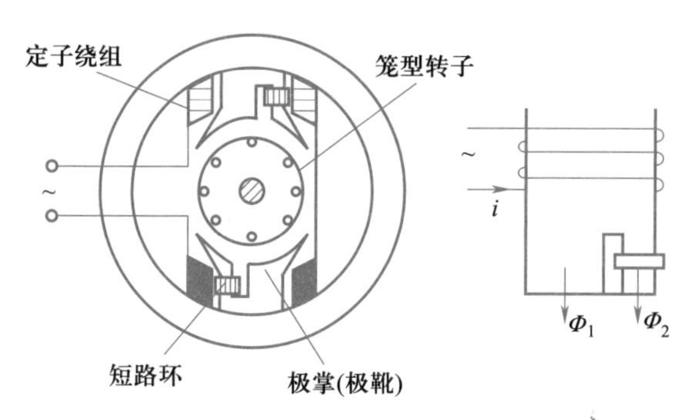

图 15-34 罩极式单相电动机的结构

15.3 直流电动机

直流电动机是将直流电能转换为机械能的电气设备。因其良好的调速性能而在电力拖动中得到广泛应用。本节主要讨论直流电动机的工作原理、机械特性及起动与调速等内容。

15.3.1 直流电动机的构造与工作原理

直流电动机主要由磁极、电枢和换向器三部分组成，如图 15-35 所示。

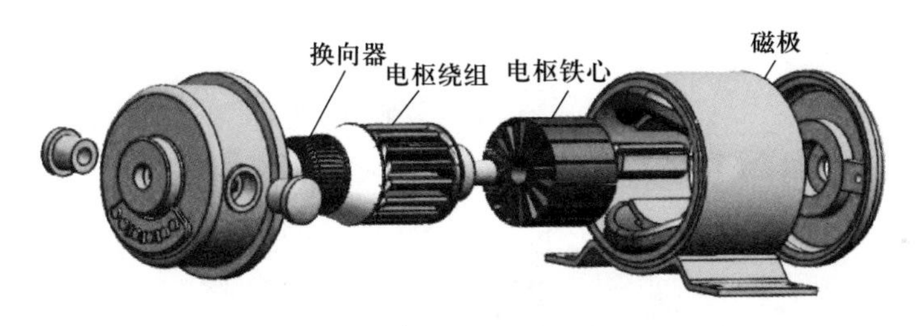

图 15-35 直流电动机的组成部分

磁极由磁极铁心和励磁绕组组成，用来在电动机中产生磁场。磁极分为主磁极和换向极，主磁极励磁线圈用直流电励磁，产生 N 和 S 相间排列的磁场，换向极置于主磁极之间，用来减小换向时产生的火花。电枢是电动机中产生感应电动势的部分，由电枢铁心与电枢绕组组成。换向器又称为整流子，是直流电动机的关键部件，换向器的外表面用弹簧压着固定的电刷，使转动的电枢绕组与外电路连接起来。直流发电机电枢绕组发出的是交流电，通过换向器和电刷转换成直流电；在直流电动机中，换向器的作用是将外电路的直流电转换成电枢绕组的交流电，以保证电磁转矩方向不变并能使电动机连续运转。

直流电动机通常按其励磁方式分类，可分为他励和自励两大类。他励直流电动机的励磁是由独立的直流励磁电源供电的；自励直流电动机是外部电源产生的电流来励磁的。按励磁绕组与电枢绕组的连接方式，自励直流电动机又分为串励、并励和复励三种。其接线图分别如图 15-36(a)、15-36(b)、15-36(c)和 15-36(d)所示。

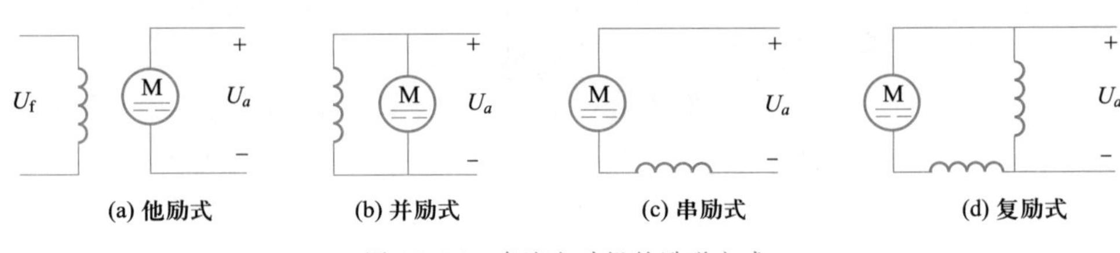

图 15-36　直流电动机的励磁方式

15.3.2　直流电动机的电磁转矩及机械特性

1. 直流电动机的电磁转矩

以他励直流电动机为例（并励亦适用）进行阐述，图 15-37 是其转动原理示意图。直流电励磁的主磁极在空间为一静止的磁场。当电枢绕组接通直流电源时，电枢电流 I_a 经电刷 A、换向片流入电枢绕组 a 端，从绕组 d 端经换向片、电刷 B 流出。据安培定律，载流线圈受到电磁力 F 的作用，力的方向遵从左手定则，形成逆时针方向的电磁转矩 T，驱使电枢旋转。当电枢旋转使绕组 ab 边进入 S 极、cd 边进入 N 极的作用范围时，电枢电流 I_a 由绕组 d 端流入，a 端流出，静止磁场下的导线中的电流方向仍不变，因此电磁力的方向不变，仍然形成逆时针方向的电磁转矩，使电动机连续运转。

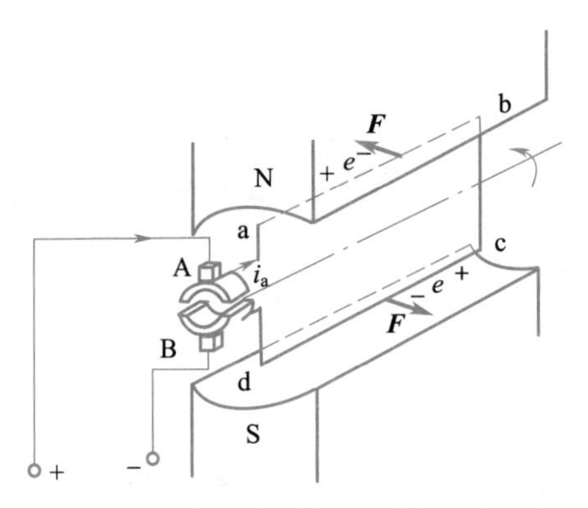

图 15-37　直流电动机转动原理示意图

改变励磁电流方向或改变电枢电源的极性，电动机将反转。电枢电流 I_a 受主磁极每极磁通 Φ 作用产生电磁转矩，故有：

$$T=K_T\Phi I_a \tag{15-25}$$

式中 K_T 为与电动机结构相关的常数。

2. 直流电动机的等效电路

电动机旋转时，电枢绕组切割主磁场将产生感应电动势，方向由右手定则判断。这个电动势与电枢电压 U_a 极性相反，阻碍电枢电流，称为反电动势。直流电动机电刷间的电动势一般表示为

$$E_a=K_e\Phi n \tag{15-26}$$

其中 n 为电动机转速（单位转每分钟，r/min），K_e 是与电动机结构有关的常数，Φ 是磁极的磁通（单位：韦伯，Wb）。

设电枢回路电阻为 R_a（包括电枢绕组内阻、电刷与换向器接触电阻等），则电枢电路的等效电路模型如图 15-38 所示。电枢等效电路的电压方程为

$$U_a = E_a + I_a R_a \tag{15-27}$$

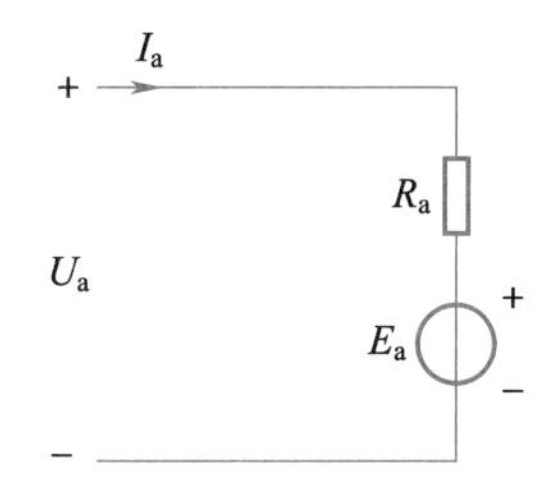

图 15-38　电枢电路的等效电路模型

3. 直流电动机的机械特性

（1）并励（他励）直流电动机的机械特性

电动机带负载 T_L 稳定运行时 $T_L = T$。由式（15-25）、（15-26）和（15-27）可得并励直流电动机的机械特性方程为

$$n = \frac{E_a}{K_e \Phi} = \frac{1}{K_e \Phi}(U_a - I_a R_a) = \frac{U_a}{K_e \Phi} - \frac{R_a}{K_e K_T \Phi^2} T_L = n_0 - \Delta n \tag{15-28}$$

式中 $n_0 = \dfrac{U_a}{K_e \Phi}$ 为电动机的理想空载转速；$\Delta n = \dfrac{R_a}{K_e K_T \Phi^2} T_L$ 为因负载而降低的转数。

他励和并励直流电动机的励磁电流与负载无关。励磁电压不变时，励磁电流和磁通 Φ 均可视为常数。所以他励和并励直流电动机的空载转速为定值，其转速随负载增大而降低。由于电枢电阻 R_a 很小，故其转速从空载到满载变化不大，其机械特性曲线如图 15-39 所示。

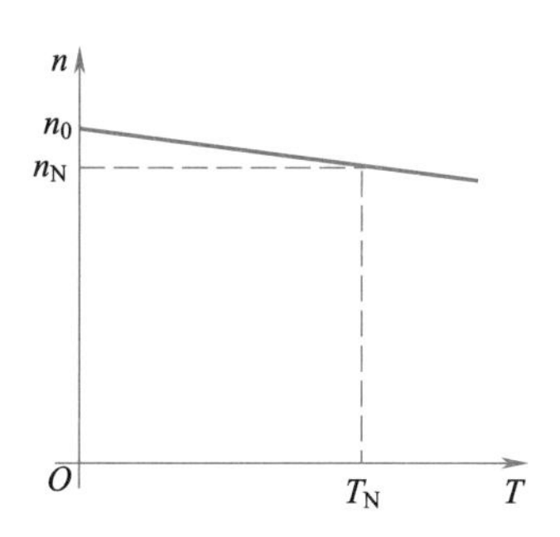

图 15-39　并励（他励）电动机的机械特性曲线

（2）串励直流电动机的机械特性

串励直流电动机的励磁绕组与电枢串联，主磁极的磁通 Φ 随电枢电流（负载）的变化而变化。设磁通未饱和，则 $\Phi = K_\Phi I_a$，其中 K_Φ 为比例系数。稳定运行时的电磁转矩为

$$T=T_L=K_T\Phi I_a=K_T\Phi^2/K_\Phi=K\Phi^2 \tag{15-29}$$

式中 $K=K_T/K_\Phi$。因此串励直流电动机的机械特性方程可表示为

$$n=\frac{U_a}{K_e\Phi}-\frac{R_a}{K_TK_e\Phi^2}T_L=\frac{U_a}{K_e\sqrt{T_L/K}}-\frac{R_aK}{K_TK_e} \tag{15-30}$$

空载时 T_L 很小,所以空载转速非常高,超过了电动机机械强度允许的限度。为了安全,规定串励直流电动机不允许在低于 30%的额定负载下运行,也不允许与生产机械之间用皮带传动,以免皮带脱落或断裂时造成电动机空载运行,发生所谓“飞车”现象。

串励直流电动机的转速随负载增大而显著下降,其机械特性曲线如图 15-40 所示。

复励电动机的励磁由串联和并联两部分组成,并励为主,串励为辅。并励与串励的励磁方向一致时称为积复励;相反时称为差复励。复励直流电动机的机械特性曲线介于并励和串励之间。

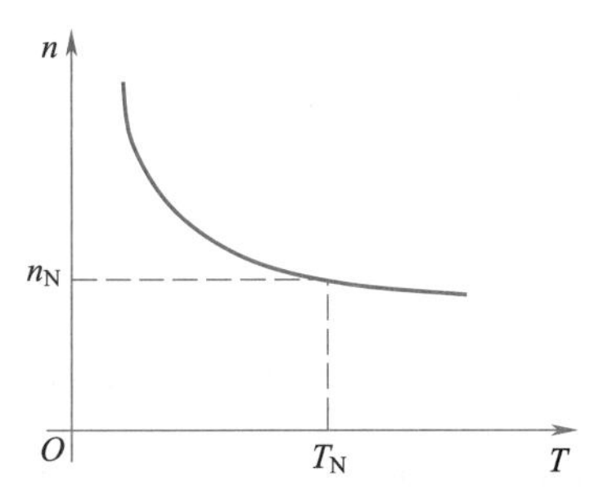

图 15-40　串励直流电动机的机械特性曲线

15.3.3　直流电动机的起动和调速

1. 直流电动机的起动

直流电动机起动时,由于转速为零,所以感应电动势也为零。若此时给电枢直接加额定电压起动,则其起动电流将为

$$I'_{st}=\frac{U_N}{R_a}>>I_N \tag{15-31}$$

如此巨大的电流可达额定电流 I_N 的十几倍乃至几十倍,足以将电枢绕组和换向器烧毁。因此,起动时可以在电枢电路中串入起动电阻 R_{st}或降低电枢电压,将起动电流限制在额定电流 I_N 的 2 倍左右。起动后将起动电阻短接,或将电枢电压升为额定值,使电枢电流恢复到额定值。

据此,并励直流电动机的起动转矩为

$$T_{st}=K_T\Phi I_{st}\approx K_T\Phi\cdot 2I_N=2T_N \tag{15-32}$$

串励直流电动机的起动转矩为

$$T_{st}=K_T\Phi I_{st}=K_T(K_\Phi I_{st})I_{st}=K_TK_\Phi I_{st}^2\approx K_TK_\Phi(2I_N)^2=4T_N \tag{15-33}$$

可见串励直流电动机的起动转矩较大,适合于带载或满载起动的机械,如起重设备等。

2. 直流电动机的调速

直流电动机的调速性能优良,可以大范围地无级(平滑)调速。由转速公式:

$$n=\frac{U_a}{K_e\Phi}-\frac{R_a}{K_eK_T\Phi^2}T_L \tag{15-34}$$

可知其调速方法有三种:

(1) 降压调速

这种方法适合于他励直流电动机的调速。保持励磁电流(磁通)不变,将电枢电压 U_a 由额定值逐渐调低,可以平滑地将转速调低,且不影响其机械特性的斜率(硬度)。降低电枢电压调速的机械特性是一组平行的直线,如图 15-41(a)所示。当然,此种调速方法只能将转速调低。

(2) 串阻调速

并励直流电动机利用电枢电路中串联电阻 R_S 调速时,可以保持磁通不变,因此电动机的空载转速不变。在一定负载下转速随 R_S 的增大而降低,其机械特性随 R_S 的增大而显著变软,如图 15-41(b)所示。由于在恒定负载下调速时,电枢电流 I_a 不变,因此 R_S 增大时功率损耗也相应增大,故其不适合于大功率电动机的调速,且也只能将转速调低。

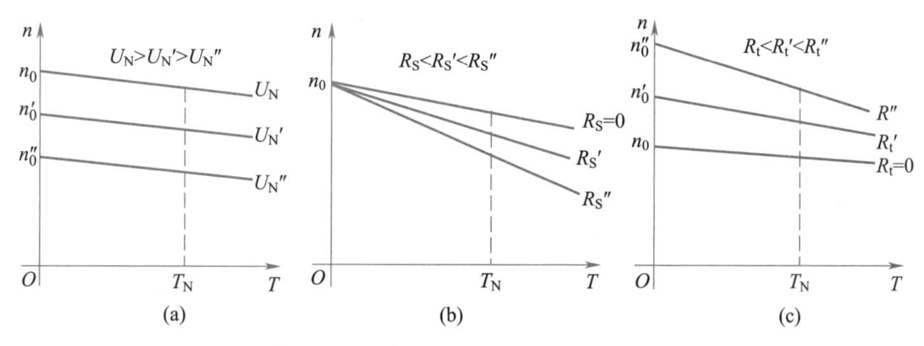

图 15-41 直流电动机的三种调速特性

(3) 弱磁调速

为了能将转速调高,并励直流电动机可以采用削弱磁通的方法调速。保持电枢电压不变,在励磁电路中串入调节电阻 R_t 将磁通削弱,电动机转速相应增高。不同数值的 R_t 得到的是一组斜率不同的直线,如图 15-41(c)所示。R_t 越大,磁通越弱,特性越软(斜率越大)。且磁通削弱时,若负载不变,电枢电流将成比例地增大。为保证安全运行,调速要求转速升高时,负载转矩必须减小,故其适合于恒功率负载的调速,即转矩与转速成反比的场合。

综上所述,直流电动机的转速在电枢电压不变时,基本由磁通决定;磁通恒定的情况下,电枢电流 I_a 由负载大小决定。

需要特别强调的是,若在运行中断开励磁回路,磁极仅有剩磁,反电动势 E_a 很小,电枢电流 I_a 将猛增,电枢绕组和换向器有被烧毁的危险;轻载时转速会升高到电动机机械强度所不允许的程度,造成"飞车"事故。必须注意防范。

【练习与思考】

15-3-1 如何从电动机结构来区分直流电动机和异步电动机?

15-3-2 试分别说明换向器在直流发电机和直流电动机中的作用。

15-3-3 分析直流电动机和三相异步电动机的起动电流大的原因,两者是否相同?

15-3-4 采用降低电源电压的方式来减低并励电动机的起动电流,是否可行?

15-3-5 并励电动机能否改变电源电压来进行调速?

15-3-6 试比较并励电动机和三相异步电动机的调速性能。

15.4 同步电动机

15.4.1 同步电动机的结构与工作原理

三相同步电动机定子结构与三相同步发电机相同,如图 15-42 所示。定子(电枢)与三相异步电动机的定子结构相同。转子磁极由铁心和励磁绕组构成。磁极铁心上的励磁绕组经滑环和电刷通入直流电励磁,使各磁极产生 N 和 S 交替排列的极性。

同步电动机的转子磁极按其结构形状分为凸极式和隐极式两种,如图 15-43(a)和 15-43(b)所示。大容量、高速同步电动机多为隐极式;凸极式虽极数较多,但制造工艺简单、过载能力强、运行稳定性好,一般中小型同步电动机多采用凸极式。

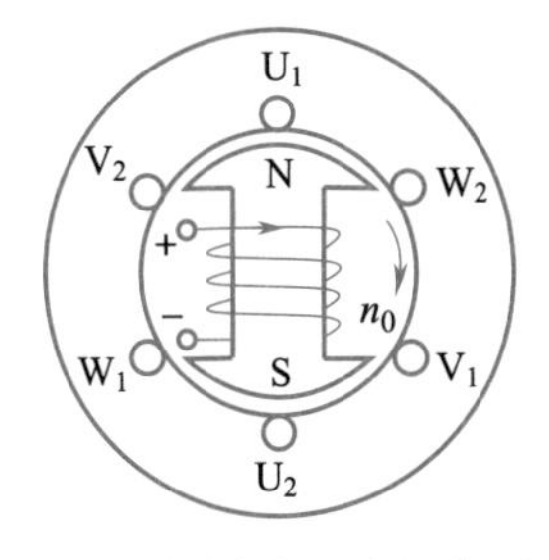

图 15-42 三相同步电动机的原理结构

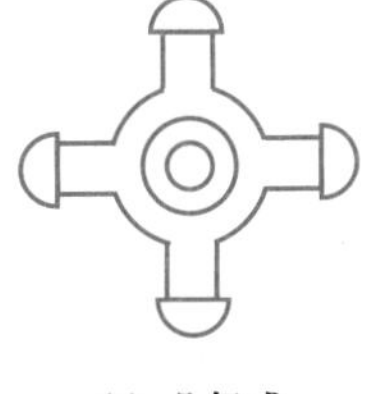

(a) 凸极式

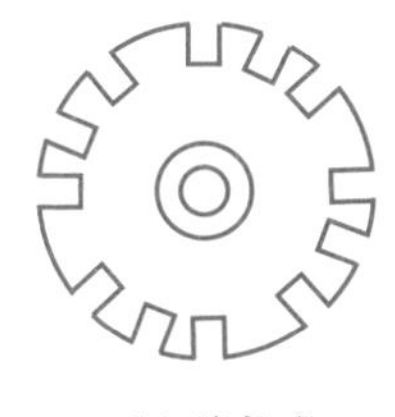

(b) 隐极式

图 15-43 转子磁极的两种结构

定子绕组接入三相电源并产生旋转磁场以后,同步电动机就起动起来,但这时的转子尚未励磁。当电动机转子接近同步转速 n_0 时才会对转子励磁。所以转子磁极被旋转磁场吸引以同步转速旋转,如图 15-44 所示。转速为

$$n = n_0 = \frac{60f}{p} \tag{15-35}$$

电源频率 f 固定,同步电动机转速 n 就是恒定的,与所带负载的大小无关。其机械特性曲线 $n=f(T)$ 是一条与横轴平行的直线,是如图 15-45 所示的绝对硬机械特性曲线。

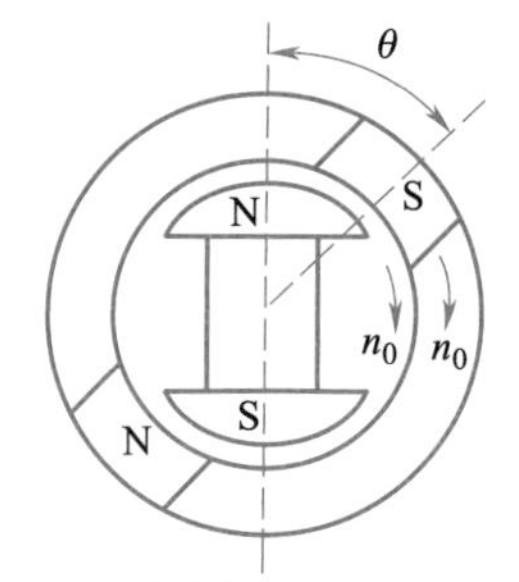

图 15-44 三相同步电动机的转动原理

图 15-45 三相同步电动机的机械特性

15.4.2 三相同步电动机的起动及调速

同步电动机的电磁转矩取决于转子磁极轴线与旋转磁场中心线间的夹角 θ,见图 15-44。当 θ 角为 0°时,电磁转矩为零,转子只受径向拉力。随着 θ 角的增大,电磁力的切向分量增大,电磁转矩增大,θ 角等于 90°时,电磁转矩最大。而负载的变化只影响 θ 角的大小,不会改变转速。实际运行中,$0°<\theta<90°$,当负载转矩大于最大转矩时电动机会失去同步(简称失步)。一般要求,最大电磁转矩 T_m 与额定负载转矩 T_N 之比:$T_m/T_N \geqslant 1.8$。在额定负载运行时,θ 角为 30°左右。

改变转子励磁电流的大小,可以调节电动机的功率因数(也就是改变定子相电压 $\dot{U}$ 和相电流 $\dot{I}$ 之间的相位角 φ),是三相同步电动机的另一个重要特点。不同的转子励磁电流,会得到不同的相位角 φ,可使同步电动机工作于电感性、电容性或者电阻性三种状态。这种方式不仅可以改善电动机自己的功率因数,还可以利用电容性特点提高电网的功率因数。工业生产中同步电动机多在过励状态下运行,用于改善接有电感性负载的供电系统的功率因数,即所谓同步补偿机。

另外,同步电动机本身没有自起动能力,必须先用某种方法将转子拖动到同步转速或接近同步转速时才能起动运行。常用的起动方法为异步起动法。在制造同步电动机时将转子磁极边缘上安装一套笼型起动绕组。起动时,先不给转子绕组励磁,而用适当阻值的电阻将励磁绕组接成闭合回路。接通三相电源时电动机为异步工作状态,当电动机接近同步转速时,再切断转子电阻,为励磁绕组接通直流励磁,使转子产生磁场,被定子旋转磁场吸引,拖入同步运行状态。

同步电动机主要用于大功率、恒速、长期连续运行的机械,如:鼓风机、水泵、球磨机等;或用于电网的无功功率补偿,以提高电网利用率。

15.5 特殊电动机

15.5.1 伺服电动机

伺服电动机又称为执行电动机,是一种在伺服系统中控制机械元件运转的电动机。伺服电动机可以控制速度,其位置精度十分准确,可将电压信号转换为转矩和转速以驱动控制对象。伺服电动机可控性好、响应迅速,是自动控制系统和计算机外围设备中常用的执行元件。

伺服电动机有交流和直流两种。交流伺服电动机的容量一般为 0.1～100 W，频率有 50 Hz、400 Hz 等多种。直流伺服电动机的容量较大，一般可达数百瓦。

1. 交流伺服电动机

交流伺服电动机实际上是两相异步电动机。在它的定子上装有空间互差 90° 的两个绕组，一个是励磁绕组，另一个是控制绕组，其原理电路如图 15-46 所示。和电容分相式异步电动机相同，励磁绕组串联电容接到交流电源上，使励磁电压 $\dot{U}_f$ 与电源电压 $\dot{U}$ 有近 90°的相位差。控制电压 $\dot{U}_c$ 与电源电压 $\dot{U}$ 频率相同，相位相同或相反。因此，$\dot{U}_f$ 与 $\dot{U}_c$ 频率也相同，相位差也近 90°。从而励磁电流 $\dot{I}_f$ 与控制电流 $\dot{I}_c$ 的相位也互差约 90°，它们形成两相旋转磁场，切割转子产生电磁转矩，驱动转子旋转。旋转的方向由电流 $\dot{I}_f$ 与 $\dot{I}_c$ 的相序决定。只改变控制电压 $\dot{U}_c$ 与电源的接线，电动机便反转。

交流伺服电动机的转子结构有两种：一种为笼型，另一种为杯型。笼型结构与三相笼型异步电动机的转子相似，只是细长些，以减小转动惯量。杯型伺服电动机的结构如图 15-47 所示，其转子采用铝合金或铜合金制成薄壁金属杯型，其定子分为内定子和外定子，用来减小磁阻，杯型转子放在内、外定子之间。

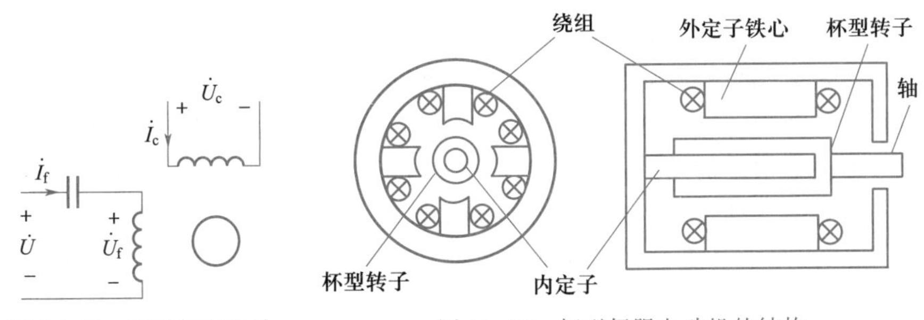

图 15-46　交流伺服电动机的原理电路

图 15-47　杯型伺服电动机的结构

交流伺服电动机的转速可由控制电压 $\dot{U}_c$ 控制，负载转矩不变的情况下，控制电压 $\dot{U}_c$ 越高，电动机转速越高，随着 $\dot{U}_c$ 的减小，转速下降。交流伺服电动机的机械特性曲线如图 15-48 所示。当控制电压 $\dot{U}_c=0$ 时，伺服电动机处于单相运行状态。由于伺服电动机的转子电阻 R_2 设计得较大，使临界转差率 $s_m>1$，其 $T-s$ 曲线如图 15-49 所示。其中曲线 a、b 为等效正、反向旋转磁场产生的正、反向转矩，曲线 c 为合成转矩。由此可见，伺服电动机在单相运行时，其合成转矩是与转子转动方向相反的制动转矩。所以，如果伺服电动机的控制电压 $\dot{U}_c=0$，则不仅不能起动，运行时也将立即停转。

从图 15-49 中可看出交流伺服电动机的机械特性很软，其斜率随控制电压的大小而变化，不利于控制系统的稳定。

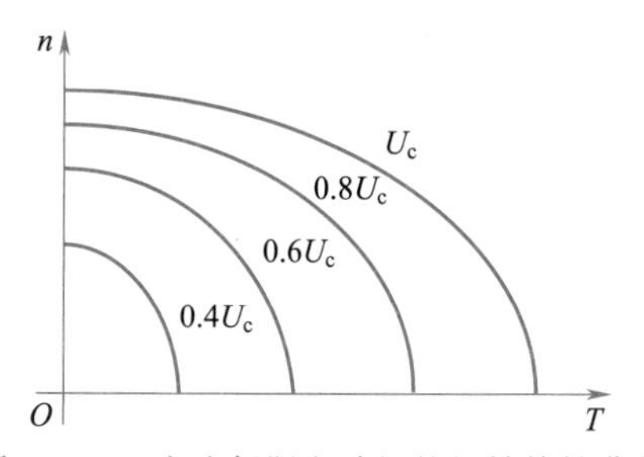

图 15-48 交流伺服电动机的机械特性曲线

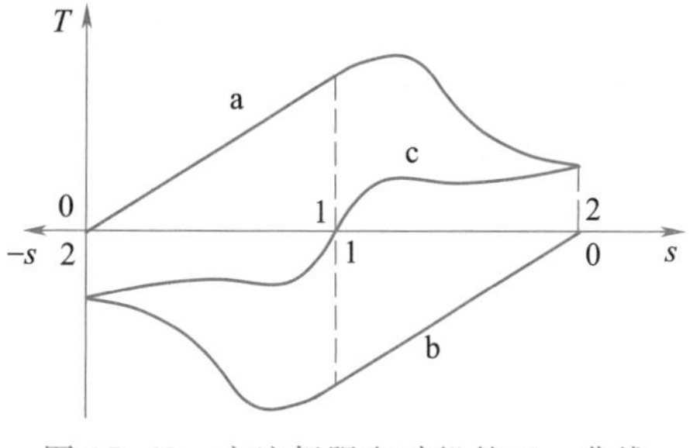

图 15-49 交流伺服电动机的 $T-s$ 曲线

2. 直流伺服电动机

直流伺服电动机的工作原理与他励直流电动机相似，只是为了减小转动惯量制成细长的形状，控制电压 U_c 加在电枢绕组上，励磁绕组由独立电源供电，其等效电路如图 15-50(a)所示。永磁式伺服电动机的磁极由永久磁铁构成。

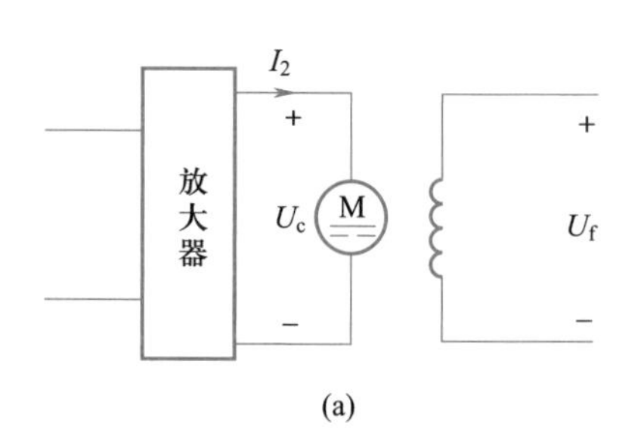

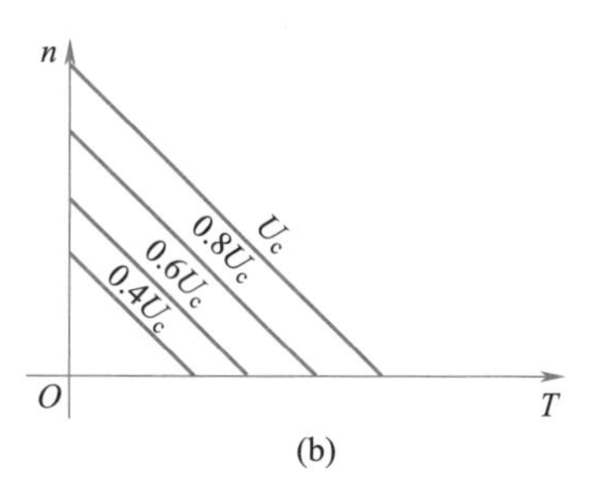

图 15-50 直流伺服电动机的原理电路和机械特性

图 15-50(b)为直流伺服电动机在不同控制电压作用下的机械特性曲线。由图可见，在一定负载转矩下，转速 n 随控制电压 U_c 的变化而变化。$U_c=0$ 时，电动机停止转动。要改变电动机的转向，可通过改变电枢电压的极性来实现。

15.5.2 步进电动机

步进电动机又称为步进电动机或脉冲电动机，是一种将电脉冲信号转换成相应角位移或线位移的电动机。在许多场合，通过计算传送到电动机的控制脉冲数目就可以容易地获取需要的定位信息。比如打印机和绘图仪中的打印头定位电动机，机械硬盘中的定位磁头等。这些特点使得步进电动机系统具有非常广泛的应用领域，并且功能强大，成本越来越低。

根据步进电动机的结构特点，通常将其分为反应式和永磁式两种。反应式电动机的转子是由高磁导率的软磁性材料制成，而永磁式的转子则是一个永久磁铁。反应式步进电动机具有转子惯性小、反应快、转速高的优点。

1. 三相反应式步进电动机的工作原理

下面以常用的三相反应式步进电动机为例介绍其工作原理，这种电动机的结构示意图如图 15-51 所示，其定子和转子均由硅钢片叠成，定子上有六个磁极，每个磁极上都装有绕组，每两个相对的磁极组成一相。转子铁心表面有许多均匀排布的齿,转子铁心没有绕组。为简明起见,图 15-51 中只画了一个具有 4 个齿的转子。

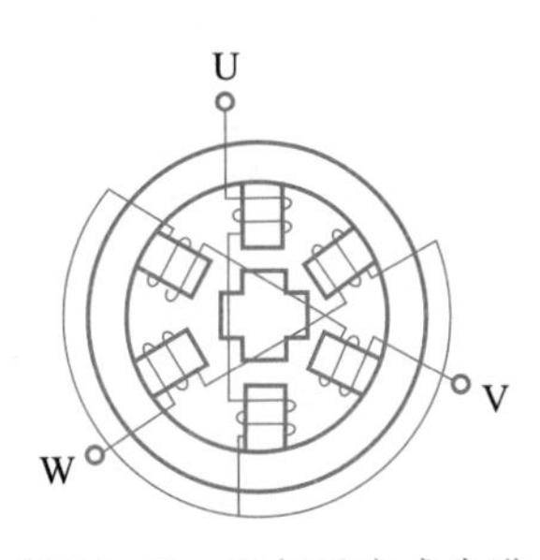

图 15-51　三相反应式步进电动机的结构示意图

图 15-52 是这种电动机的工作原理示意图。图 15-53 为输入步进电动机的三相脉冲电压波形。在 T_1 期间 U 相励磁线圈通电产生磁场。由于磁通具有通过磁阻路径最小的特性,从而产生磁拉力,设使转子的 1、3 两个齿极与定子的 U 相磁极对齐,如图 15-52(a)所示。

在 T_2 期间 V 相绕组产生磁场,由图 15-52(b)可看出,这时转子的 2、4 两个齿极与 V 相磁极最近,于是转子便向顺时针方向转过 30°,使转子 2、4 两个齿极与定子 V 相磁极对齐。同理,在 T_3 期间 W 相线圈通电,转子又将顺时针转动 30°,如图 15-52(c)所示。图 15-53 的三相周期性脉冲信号将使步进电动机转子依顺时针方向一步步地转动,每步转动 30°,这个角度称为步距角。显然,步进电动机转动的角度取决于输入脉冲的个数,而转速的快慢由输入脉冲的频率决定。转子的转动方向则由通电的相序决定。

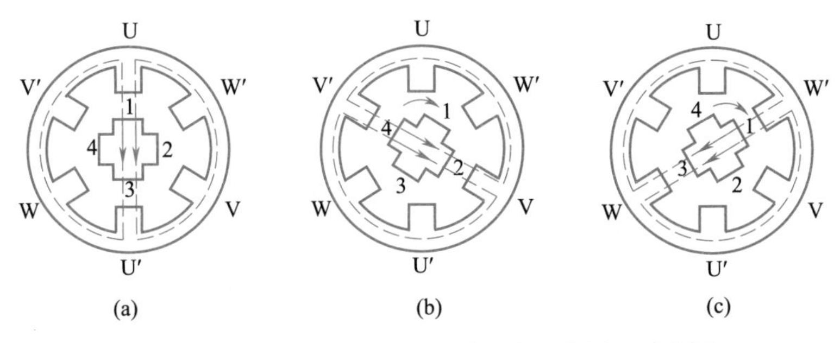

图 15-52　三相反应式步进电动机的工作原理示意图

从一相通电换接到另一相通电的过程称为一拍,显然每一拍电动机转子转动一个步距角,图 15-53 的脉冲波形表示三相励磁绕组依次单独通电运行,换接三次完成一个循环,称为三相单三拍通电方式。

步进电动机有多种通电方式,比较常用的还有三相双三拍和三相六拍等工作方式。图 15-54 为三相六拍工作方式的信号波形,其通电顺序为 U→UV→V→VW

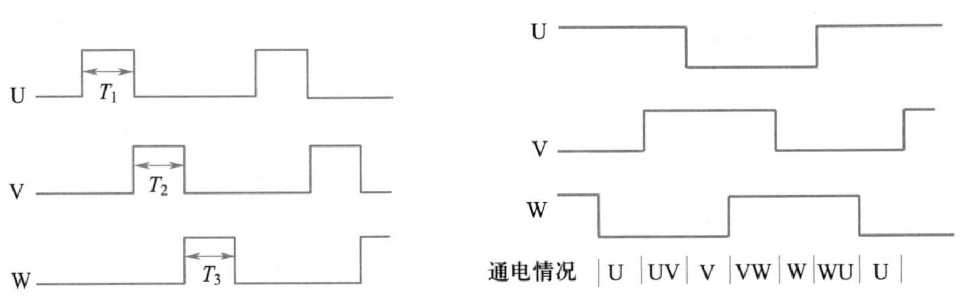

图 15-53　输入步进电动机的三相脉冲电压波形　图 15-54　三相六拍工作方式的信号波形

→W→WU→U……。可见,在六拍通电方式中,除了有单相绕组单独通电的状态外,还有两相绕组同时通电的状态,这时转子齿的位置将位于通电的两相磁极的中间位置。因此,在三相六拍工作方式下,转子每一步转过的角度只是三相单三拍的一半,转子为 4 齿时,步距角为 15°。

在双三拍工作方式下,每种状态都是两相绕组同时通电,通电顺序是 UV→VW→WU→UV……,双三拍工作时,步距角也是 30°。步进电动机的步距角 θ 的计算公式为

$$\theta=\frac{360^{\circ}}{N \cdot Z} \tag{15-36}$$

式中 N 是运行拍数,Z 是转子的齿数。

为了提高步进电动机的控制精度,通常采用较小的步距角,例如 3°、1.5°、0.75°等。此时需将转子圆周做成有分布小齿的形状,并在定子磁极上制作出与转子相应的小齿。若要改变步进电动机的转动方向,只需改变三相绕组的通电相序即可。

2. 步进电动机的驱动电路

步进电动机使用时必须配备专用的驱动电路,它由脉冲分配器和功率放大电路组成。图 15-55 是一种三相六拍式步进电动机的驱动电路原理图。图中的脉冲分配器的输入脉冲来自控制装置(控制装置根据工作机械的动作要求产生相应的控制脉冲输出),输出端 A、B、C 经功率放大电路与步进电动机的三相绕组相连。若某一输出端为高电平,对应的功率管导通,电动机绕组通电。若一个输出端为高电平,对应的一相绕组通电;若两个输出端为高电平,则对应的两相绕组同时通电。电路中接入的二极管 D_1、D_2 和 D_3,是为了防止绕组断电时瞬时高压冲击功率三极管而设置。

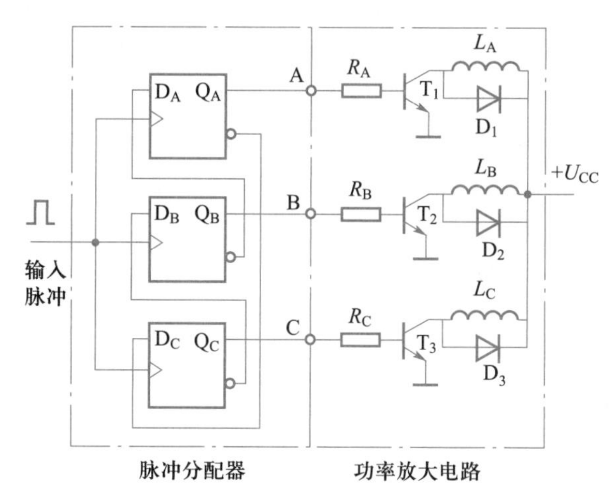

图 15-55 三相六拍式步进电动机的驱动原理电路

脉冲分配器根据步进电动机的通电方式产生所需要的信号波形。图 15-55 中的脉冲分配器由三个 D 触发器组成。由图可知,各个触发器的状态方程为

$$Q_{A}^{n+1}=D_{A}=\overline{Q}_{B}^{n}$$

$$Q_{B}^{n+1}=D_{B}=\overline{Q}_{C}^{n}$$

$$Q_{C}^{n+1}=D_{C}=\overline{Q}_{A}^{n}$$

因此,只要在开始时利用 D 触发器的直接置 **1** 或置 **0** 端,将三个 D 触发器的初始状态预置成六种通电状态中的一种,输入控制脉冲后,该分配器的输出波形就将按照图 15-54 所示的规律变化,步进电动机也将按照控制装置输出的控制脉冲工作。

3. 步进电动机的应用

86BYG450 型步进电动机属于混合了永磁式和反应式的优点的二相混合式步进电动机,最大静转矩为 2.0 N · m。图 15-56 为其引出线图。

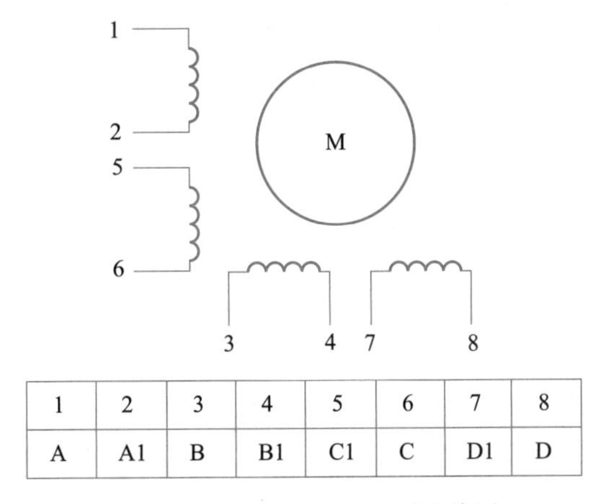

1	2	3	4	5	6	7	8
A	A1	B	B1	C1	C	D1	D

图 15-56　步进电动机的引出线图

(1) BQ1-2H04 型步进电动机驱动器的特点及功能

① 特点:驱动方式为恒流斩波控制;输出电流为最大 5A/相,额定电流为 4A/相;自动半电流锁定功能;输入、输出信号光电隔离,输入信号兼容 TTL 电平;过压、过流保护;单/双脉冲控制方式任选;整/半步运行方式任选。

② 功能:单脉冲控制方式指由 CP 端输入控制脉冲,由 U/D 端输入电动机方向信号;双脉冲方式指由 CP 端输入电动机正转脉冲,由 U/D 端输入电动机反转脉冲;半步运行方式下的步距角为整步运行方式的一半,并且步进电动机运行较为平稳;自动半电流锁定指电动机停止运行约 1 s 后,驱动器自动将相电流降为额定值的 1/3,减少了电动机与驱动器的发热;过流保护指当电动机绕组电流出现异常增大时,驱动器停止工作,一直到驱动器断电;过压保护指外部直流电源电压(正常值为 DC40~60V)异常增大时,控制电源失电,驱动器停止工作。

(2) 输入输出接口电路

① 86BYG450 型步进电动机接线说明

系统设计按照相电流不变原则,所以接线方式为两相串联运行。接线方式如下:

A　1—2—5—6 A1

B　3—4—7—8 B1

当然也可以按照两相并联运行连接,此时相电流增加$\sqrt{2}$倍。接线方式如下:

A 1—3　　A1 2—4　　B 5—7　　B1 6—8

② 驱动器接线示意图

图 15-57 所示驱动器控制步进电动机是通过方向、脉冲、脱机三个信号来实现的。其中脉冲信号要求为高速脉冲,方向与脱机信号为普通电平信号。

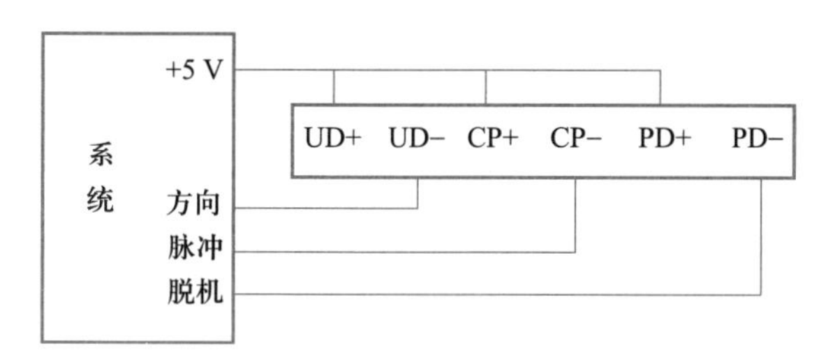

图 15-57　驱动器接线示意图

15.5.3　测速发电机

测速发电机又称为速度传感器,其功能是将转速转变为电压信号,其输出电压与转速成正比,在自动控制系统中用来测量和调节转速。测速发电机也有直流和交流两种,这里只介绍应用较多的交流测速发电机。

交流测速发电机的结构与直流伺服电动机相似,定子上有相互垂直的两个绕组,一个为励磁绕组,另一个为输出绕组,交流测速发电机的转子为杯形的。

交流测速发电机的原理电路如图 15-58 所示。励磁绕组由单相恒定交流电源 U_f 供电,励磁电流 I_f 产生空间脉动磁通 Φ_f,由于磁路设计得不饱和,Φ_f 与 U_f 成正比。由于 Φ_f 与输出绕组轴线垂直,因此输出绕组中不产生感应电动势,原来静止状态的转子不会起动旋转,输出电压 U_0 为零。当转子被拖动旋转时,切割磁通 Φ_f 产生感应电动势 E_τ 和感应电流 I_τ,I_τ 产生磁通 Φ_τ,其方向与输出绕组的轴线一致,因而 Φ_τ 环链输出绕组,产生感应电压 U_0 输出,且 U_0 与转速 n 成正比。

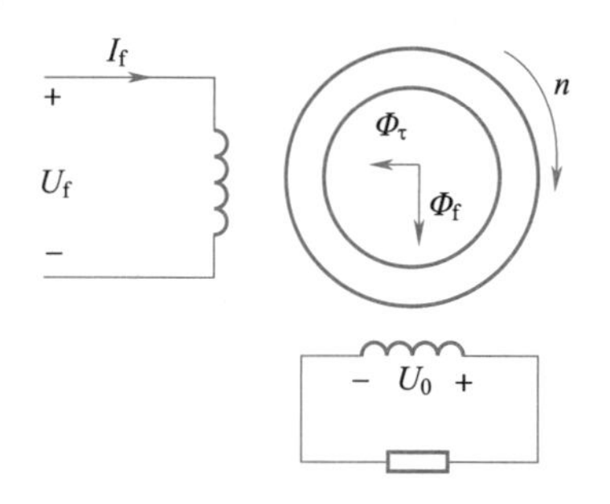

图 15-58　交流测速发电机的原理电路

当转子的旋转方向改变时,转子感应电动势的相位改变 180°,因此输出电压也反相。所以,U_0 的相位反映旋转的方向,U_0 的大小(有效值)反映旋转的转速。U_0 的频率与励磁电压 U_f 的频率相同。

习题

15.1.1　某三相异步电动机，$p=1$，$f_1=50$ Hz，$s=0.02$，$P_N=30$ kW，空载转矩 $T_0=0.51$ N·m。求：(1) 同步转速；(2) 转子转速；(3) 输出转矩；(4) 电磁转矩。

15.1.2　已知 Y160L-4 型三相异步电动机的有关技术数据如下：$P_N=15$ kW，$f=50$ Hz，$U_N=380$ V，$I_N=30.3$ A，$n_N=1440$ r/min，$\cos\varphi_N=0.85$。(1) 求电动机的额定转矩 T_N；(2) 求额定转差率，输入功率与效率。

15.1.3　已知 Y100L-2 型三相异步电动机的技术数据如表 15-6 所示：

表 15-6　Y100L-2 型三相异步电动机的技术数据

P_N/kW	n_N/(r/min)	U_N/V	I_N/A	η_N	$\cos\varphi_N$	I_{st}/I_N	T_{st}/T_N	T_{max}/T_N
3.0	2880	380	6.4	82%	0.87	7.0	2.2	2.2

当电源电压为 220 V 时：

(1) 这台电动机的定子绕组应如何连接？这时电动机的额定功率和额定转速各为多少？

(2) 这时起动电流和起动转矩各为多少？

(3) 若定子绕组作 Y 形联结，起动电流和起动转矩又各变为多少？

15.1.4　一台三相异步电动机 $P_N=10$ kW，$f=50$ Hz，$U_N=380$ V，$I_N=20$ A，$n_N=1450$ r/min，△形联结，问：

(1) 这台电动机的磁极对数 p 为多少？同步转速 n_1 为多少？

(2) 这台电动机能采用 Y-△起动法起动吗？若 $I_{st}/I_N=6.5$，采用 Y-△起动时，起动电流 I_{st} 为多少？

(3) 如果该电动机的 $\cos\varphi_N=0.87$，额定输出时，输入的电功率 P_1 是多少千瓦，效率 η_N 为多少？

15.1.5　有一台短时运行的三相异步电动机，轴上的转矩为 150 N·m，转速为 750 r/min，取过载系数 $\lambda=2$。试求电动机的功率。

*15.3.1　试对三相笼型电动机与直流电动机在运行以及适用场所进行比较。

*15.3.2　一直流他励电动机，额定参数为：$P_2=1.8$ kW，电枢电压和励磁电压 $U_a=U_f=120$ V，$n=1300$ r/min，效率 $\eta=0.85$，并已知电枢电阻 $R_a=0.4\ \Omega$，励磁绕组电阻 $R_f=82\ \Omega$。试求：(1) 额定电枢电流；(2) 额定励磁电流；(3) 励磁功率；(4) 额定转矩；(5) 额定电流时的反电动势。

扫描二维码，购买第 15 章习题解答电子版

*15.3.3　有一台直流并励电动机，$P_2=2.2$ kW，$U=220$ V，$I=13$ A，$n=750$ r/min，$R_a=0.2\ \Omega$，$R_f=220\ \Omega$。空载转矩 T_0 可以忽略不计。求：(1) 输入功率 P_1；(2) 电枢电流 I_a；(3) 电动势 E；(4) 电磁转矩 T。

*15.4.1　某工厂负载为 850 kW，功率因数为 0.6(电感性)，由 160 kV·A 变压器供电。现需要另加 400 kW 功率，如果多加的负载是由同步电动机拖动，功率因数为 0.8(电容性)，问是否需要加大变压器容量？这时工厂的新功率因数是多少？

注：扫描本书封面后勒口处二维码，可优惠购买全书习题解答促销包。

*15.4.2　一台 2 极三相同步电动机，频率为 50Hz，$U_N=380$ V，$P_N=100$ kW，$\lambda=0.8$，$\eta=0.85$。求：(1) 转子转速；(2) 定子线电流；(3) 输出转矩。

*15.5.1　直流伺服电动机的励磁电压 U_1 和控制电压 U_2 不变时，如果将负载转矩减小，试问这时的电枢电流 I_2、电磁转矩 T 和转速 n 如何变化？

第 16 章　继电接触器控制系统

继电接触器控制系统是指由接触器、继电器、主令电器及保护电器等控制电器按一定的逻辑关系连接而成，实现电动机的起动、正反转、调速、制动等运行方式和必要保护等功能的系统。它具有控制简单、方便实用、价格低廉、易于维护等优点，至今仍然是许多机械设备广泛采用的电气控制形式，同时也是学习更为先进的电气控制系统的基础。本章首先介绍继电接触器控制系统中常用的低压控制电器，其次以三相异步电动机为控制对象介绍基本的继电接触器控制电路，最后以工程实例进行系统的综合分析。

16.1　工厂常用低压电器

讲义：常用低压控制电器

低压电器通常是指工作在交流 1200V 或直流 1500V 以下，用来切换、控制、调节和保护用电设备的电器。低压电器的品种规格繁多，构造及工作原理各异，就其用途或所控制的对象可概括为

（1）控制电器：主要用于电力传动系统，要求寿命长、体积小、重量轻且动作迅速、准确、可靠。常用的控制电器有接触器、继电器、起动器、主令电器等。

（2）保护电器：用来保护电路以及用电设备，使其不受损坏，保障其安全运行的电器，如熔断器、电流继电器、热继电器等。

（3）执行电器：用于完成某种动作或传动功能的电器，如电磁铁、电磁离合器等 。

（4）配电电器：主要用于低压供电系统，主要包括闸刀开关、转换开关、熔断器、断路器等。对配电电器的主要技术要求是分断能力强、限流效果及保护性能好、有良好的动稳定性和热稳定性。

16.1.1　主令电器

1. 组合开关

组合开关又称转换开关，其特点是体积小，触头对数多，接线方式灵活，操作方便，常用的产品有 HZ5、HZ10 和 HZ15 系列，图 16-1 所示为组合开关的内部结构示意图、图形符号及外形图。组合开关的三对静触点分别装在三层绝缘垫板上，并附有接线柱，用于与电源及电气设备相接。动触点和绝缘垫板套装在附有手柄的绝缘转轴上，手柄和转轴能在平行于安装面的平面内顺时针或逆时针转动 90°，带动三个动触点分别与三对静触点同时接触或分离，实现接通或分断电路的目的。转换开关中的弹簧可使动、静触点快速断开，利于熄灭电弧，但触点通断能力有限，因此转换开关适用于交流 380 V、直流 220 V 及以下的电气线路中，作为电源引入开关,或直接用于控制非频繁起停的小容量异步电动机。额定电流为组合开关的主要选型参数,一般有 10 A、20 A、40 A 及 60 A 等多种。

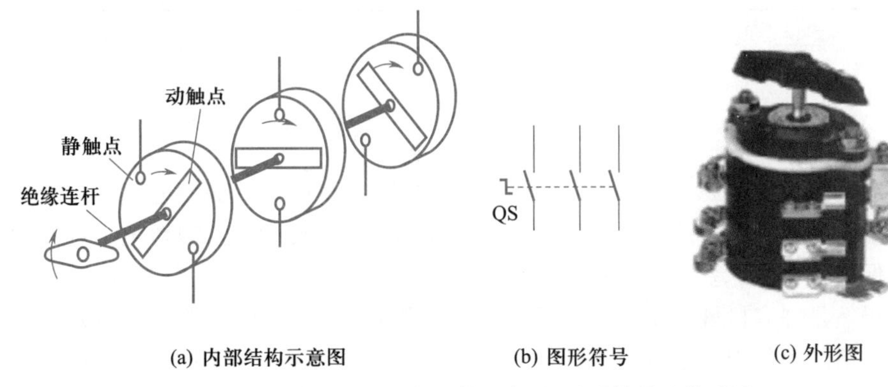

图 16-1　组合开关的内部结构示意图、图形符号及外形图

2. 按钮

按钮是一种结构简单、操作方便的手动开关,分为:旋钮式、指示灯式、紧急式(装有蘑菇形钮帽,以示紧急操作)。由于其额定电流较小,不直接控制主电路,只是在控制电路中发出手动控制信号,如图 16-2 所示为按钮结构示意图、图形符号及外形图。按动按钮帽时,支柱连杆下移,动断静触点 1、2 断开,之后桥式动触点与下面的动合静触点 3、4 接触使其闭合。因此,动合触点又称作常开触点,动断触点又称作常闭触点。松手后复位弹簧使动触点桥恢复原位,动合触点断开后,动断触点闭合。在控制电路中,一般动合触点用作起动按钮,动断触点用作停止按钮。

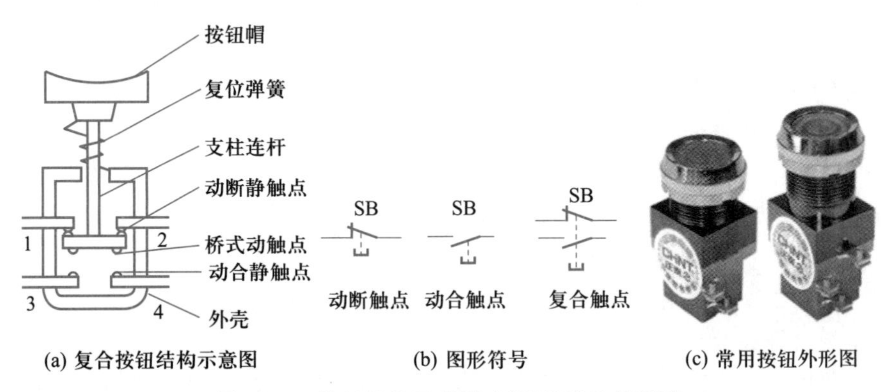

图 16-2　按钮结构示意图、图形符号及外形图

3. 行程开关(SQ)

依照生产机械的行程发出命令以控制其运行方向或行程长短的电器,称为行程开关。行程开关广泛应用于各类机床和起重机械的行程控制。根据其作用原理可分为接触式行程开关和非接触式行程开关。

(1) 接触式行程开关通过机械可动部分的动作,将机械信号转换为电信号,以实现对机械的控制。按照结构分为微动式、直动式、滚轮式,分别依靠碰触推杆、顶杆及滚轮工作,它们的外形图如图 16-3 所示,在此主要介绍微动式行程开关。

图 16-4(a)为微动开关的结构原理,图 16-4(b)是它在电路中的图形符号。当推杆向下压动到一定距离时,弯形片弹簧形变,使动触点桥瞬间动作,将动断触点断开,动合触点闭合。外力撤去后,推杆在恢复弹簧的作用下迅速复位,触点立即恢复常态。采用这种瞬时动作机构,可以使开关触点换接速度不受推杆压下速度的影响,这不仅可减轻电弧对触点的烧蚀,而且也能提高触点动作的准确性。

(a) 微动式行程开关

(b) 直动式行程开关

(c) 滚轮式行程开关

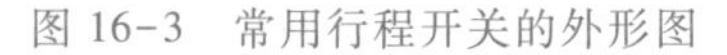

图 16-3　常用行程开关的外形图

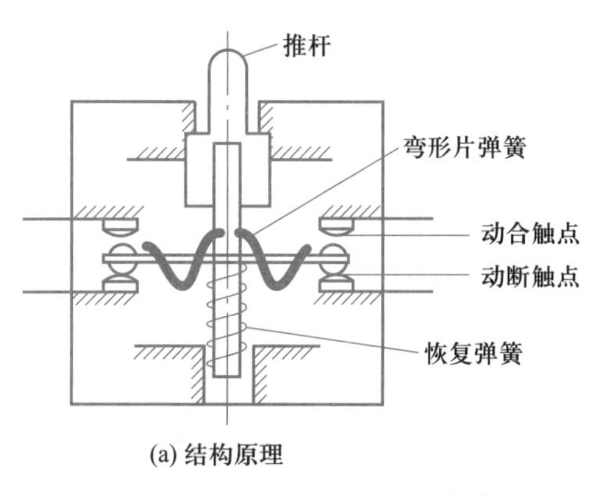

(a) 结构原理

(b) 图形符号

图 16-4　微动开关

(2) 由于半导体元件的出现,产生了非接触式的行程开关,如接近开关、光电开关等。

① 接近开关

当生产机械接近它到一定距离范围之内时,它就能发出信号,而不像接触式行程开关那样需要施加机械力。它一般用来控制生产机械的位置或进行计数。

从原理上看,接近开关有高频振荡型、感应电桥型、霍尔效应型、电容型及超声波型等多种形式,其中以高频振荡型最为常用,占全部接近开关产量的 80%以上,因此在此主要介绍高频振荡型接近开关。高频振荡型接近开关信号发生机构实际上是一个 LC 振荡器,其中 L 是电感式感辨头。当金属检测体接近感辨头时,在金属检测体中将产生涡流,由于涡流的去磁作用使感辨头的等效参数发生变化,改变振荡回路的谐振阻抗和谐振频率,使振荡停止,并以此发出接近信号。如图 16-5 所示,图 16-5(a)为高频振荡型接近开关电路原理框图,图 16-5(b)、16-5(c)为接近开关输出电路。其主要技术参数有,工作电压 U:6~36 V DC;输出驱动电流 I:300 mA;输出类型:PNP(也有 NPN 型的)常闭;检测距离:8 mm。该传感器在没有金属体接近时,输出为常闭型,因此负载有电流流过;当金属物体接近至 8 mm 之内时,负载不再有电流流过。高频振荡型接近开关只能用于检测金属物,特别是能很好地检测出来铁金属,并且性能稳定可靠,背后有工作指示灯,当检测到物体时,红色 LED 点亮,平时处于熄灭状态,非常直观。

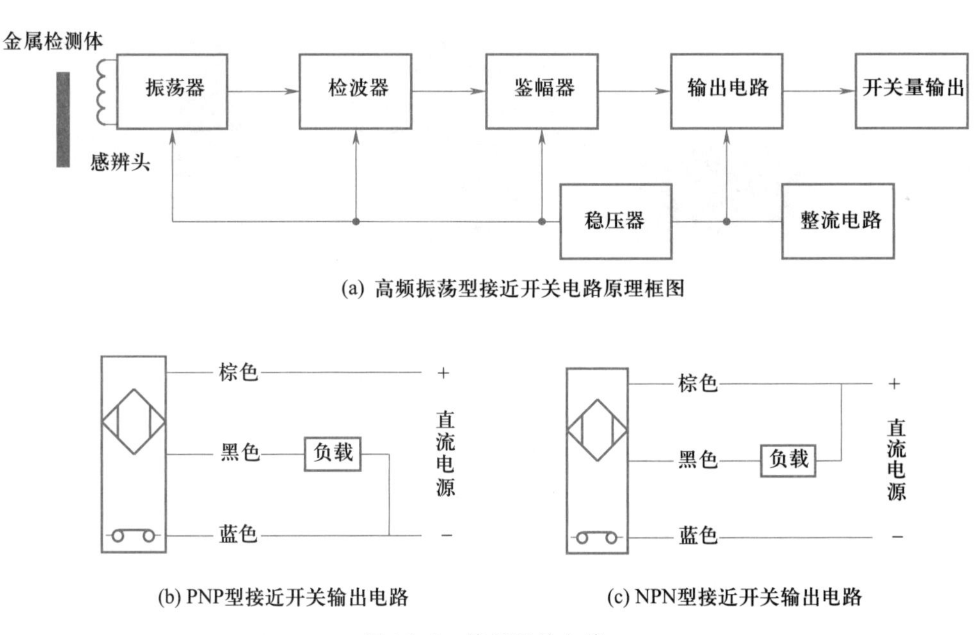

图 16-5　接近开关电路

② 光电开关

光电开关(光电传感器)是光电接近开关的简称,它是利用被检测物对光束的遮挡或反射来检测物体的有无的,物体不限于金属,所有能反射光线的物体均可被检测。光电开关将输入电流在发射器上转换为光信号射出,接收器再根据接收到的光线的强弱或有无对目标物体进行探测。多数光电开关选用的是波长接近可见光的红外线光波型,目前使用最多的是对射式光电开关和漫反射式光电开关。

16.1.2　接触器

(1) 接触器的结构及工作原理

接触器是一种利用电磁力使其触点动作的自动开关,可用来频繁地接通或切断控制电路和主电路。其主要控制对象是电动机,也可用于控制其他电力负载,如电热器、照明、电焊机、电容器组等。接触器按被控电流的种类可分为交流接触器和直流接触器。

接触器主要由电磁机构、触头系统和灭弧装置等部分构成,图 16-6 为交流接触器的结构示意图、图形符号及外形图。在图 16-6(a)中,线圈、动铁心(称为衔铁)、静铁心、反力弹簧组成接触器的电磁机构。当线圈通电后,衔铁被吸合,带动与其相连的可动触点桥向下移动，使动断触点先断开，继后动合触点闭合；线圈断电后，在反力弹簧的作用下，衔铁恢复原位，各对动合触点断开后动断触点闭合，恢复到图 16-6(a)所示状态。主触点用于通断大电流主电路，一般有 3 对或 4 对动合触点；辅助触点用于控制线路，起电气联锁或控制作用。当触点切断电路的瞬间，如果电路的电流（电压）超过某一数值，则在动、静触点间将产生高电压，出现电弧，电弧的存在，使需要断开的电路实际上并未真正断开，降低接触器工作的可靠性；电弧的高温还可能灼伤、氧化触点，增大触点间的接触电阻，降低导电性；严重时造成触点黏结，损坏接触器；电弧向周围喷射，会损坏电器及周围物质，严重时会造成短路，引起火灾。因此容量在 10 A 以上的接触器都装有灭弧罩，灭弧罩的外壳由绝缘材料制成，并使三对主触点相互隔开，隔开的空间其作用是将触点间产生的电弧分割成小段而使之迅速熄灭。小容量接触器，通过主触点的电流较小，可不用灭弧装置。

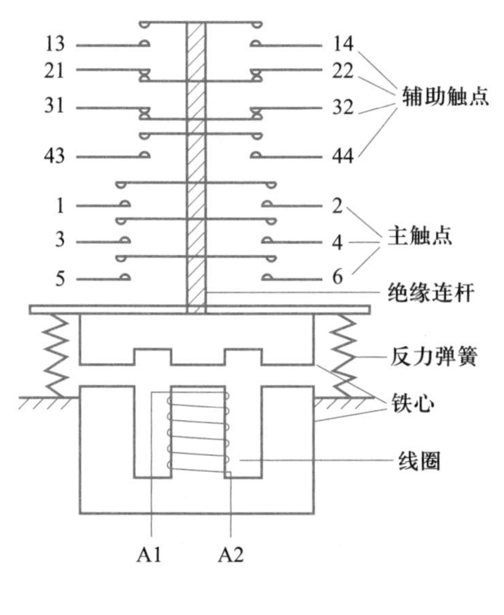

(a) 结构示意图

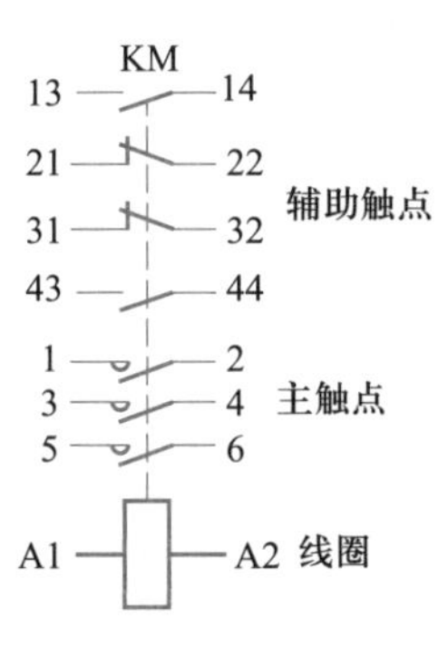

(b) 图形符号

(c) 外形图

图 16-6 交流接触器的结构示意图、图形符号及外形图

(2) 接触器的主要技术参数

① 额定电压：接触器铭牌上的额定电压是指主触点能承受的额定电压。常用的电压等级：直流接触器有 110 V、220 V 和 440 V；交流接触器有 110 V、220 V、380 V、500 V 等等级。

② 额定电流：接触器铭牌上的额定电流是指主触点的额定电流，即允许长期通过的最大电流。有 5 A、10 A、20 A、40 A、60 A、100 A、150 A、250 A、400 A 和 600 A 等几个等级。

③ 吸引线圈的额定电压：交流有 36 V、110 V、220 V 和 380 V；直流有 24 V、48 V、220 V 和 440 V。

交流接触器的种类很多，常用的有 CJ0、CJ10 及 CJ20 等系列，有国外引进的 B 系列、3TB 系列，另外，还有比较先进的 CJK1 系列真空接触器及 CJW1-200A/N 型晶闸管接触器。

(3) 接触器的选择与使用

① 接触器的类型选择：根据接触器所控制负载电流的类型来选择交流接触器或直流接触器。

② 额定电压的选择：接触器额定电压应大于负载回路的电压。

③ 额定电流的选择：接触器额定电流应大于被控回路的额定电流。

④ 吸引线圈额定电压的选择：对简单控制电路可以直接选用交流 380 V、220 V 电压，对电路复杂、使用电器较多的电路，应选用 110 V 或更低的控制电压。

⑤ 接触器触点数和种类应满足主电路和控制电路的要求。

16.1.3　保护电器

1. 熔断器

熔断器在结构上主要由熔断管(或盖、座)、熔体及导电部件等部分组成。其中熔体是主要部分，熔断器的熔体串联在被保护电路中，它既是感测元件又是执行元件，熔断管的作用是安装熔体及熔体熔断时熄灭电弧。当电路发生短路或严重过载故障时，熔体自动熔断，从而分断故障电路，起到保护作用。因为电流通过熔体时产生的热量与电流的二次方和电流通过的时间成正比，因此电流越大，熔体熔断时间越短。当电路正常工作时，熔体允许通过一定大小的电流而长期不熔断；当电路严重过载时，熔体能在较短时间内熔断；而当电路发生短路故障时，熔体能在瞬间熔断。熔断器文字符号用 FU 来表示，图 16-7 是其电路符号。

图 16-7　熔断器的电路符号

熔断器的类型选择及使用：

(1) 熔断器的类型选择

应根据使用场合、线路要求来选择熔断器的类型。电网配电一般用封闭管式熔断器;有振动的场合,如对电动机保护的主电路一般用螺旋式熔断器;静止场合如控制电路及照明电路一般用玻璃管式熔断器;保护晶闸管则应选择快速熔断器。

（2）熔断器的规格选择及使用

熔断器额定电压应大于等于线路的工作电压。熔体额定电流的选择是选择熔断器的核心,可分下列几种情况选择:

① 对于保护照明或电热设备的熔断器,因为负载电流比较稳定,熔体额定电流应略大于或等于负载电流。即 $I_{re} \geqslant I_e$。式中,I_{re} 为熔体的额定电流;I_e 为负载的额定电流。

② 用于保护单台长期工作电动机的熔断器,考虑电动机起动时不应熔断,即 $I_{re} \geqslant (1.5 \sim 2.5) I_e$。式中 I_{re} 为熔体的额定电流,I_e 为电动机的额定电流。轻载起动或起动时间比较短时,系数可取近 1.5,带载起动或起动时间比较长时,系数可取近 2.5。

③ 用于保护频繁起动电动机的熔断器,考虑电动机频繁起动时不应熔断,即 $I_{re} \geqslant (3 \sim 3.5) I_e$。式中 I_{re} 为熔体的额定电流,I_e 为电动机的额定电流。

④ 用于保护多台电动机的熔断器,在出现尖峰电流时不应熔断。通常,将其中容量最大的一台电动机起动,而其余电动机正常运行时出现的电流作为尖峰电流,为此,熔体的额定电流应满足下述关系:$I_{re} \geqslant (1.5 \sim 2.5) I_{emax} + \sum I_e$,式中,$I_{emax}$ 为多台电动机中容量最大的一台电动机的额定电流,$\sum I_e$ 为其余电动机额定电流之和。

⑤ 为防止发生越级熔断,上下级熔断器间应有良好的协调配合,为此,应使上一级熔断器的熔断额定电流比下一级大 1~2 个级差。

⑥ 熔断器一般做成标准熔体。更换熔片或熔丝时应切断电源,并换上相同额定电流的熔体,不得随意加大、加粗熔体或用粗铜线代替。

2. 热继电器(FR)

在电力拖动系统中,当三相交流电动机出现长期带负荷欠电压运行、长期过载运行以及长期单相运行等不正常的情况时,会导致电动机绕组严重过热乃至烧坏。为了充分发挥电动机的过载能力,保证电动机的正常起动和运转,同时当电动机一旦出现长时间过载时又能自动切断电路,出现了能随过载程度而改变动作时间的电器,这就是热继电器。热继电器在电路中用做交流电动机的过载保护。但由于热继电器中发热元件具有热惯性,在电路中不能做瞬时过载保护,更不能做短路保护。

图 16-8 为热继电器的结构原理图、图形符号及外形图。图 16-8(a)中热元件 3 串接在电动机定子绕组中,电动机绕组电流即为流过热元件的电流。当电动机正常运行时,热元件产生的热量虽能使双金属片 2 弯曲,但还不足以使继电器动作;当电动机过载时,热元件产生的热量增大,使双金属片弯曲位移增大,经过一定时间后,双金属片弯曲到导板 4,并通过补偿双金属片 5 与推杆 14 将触点 9 和 6 分开,触点 9 和 6 为热继电器串联于接触器线圈回路的动断触点,断开后使接触器线圈失电,接触器的动合主触点断开以保护电动机。调节旋钮 11 是一个偏心轮,它

与支撑件 12 构成一个杠杆,13 是压簧,转动偏心轮,改变它的半径即可改变补偿双金属片 5 与导板 4 的接触距离,因而达到调节整定动作电流的目的。此外,靠调节复位螺钉 8 来改变动合触点 7 的位置使热继电器能工作在手动复位和自动复位两种工作状态。调试手动复位时,在故障排除后要按下复位按钮 10 才能使动触点恢复与静触点 6 相接触的位置。

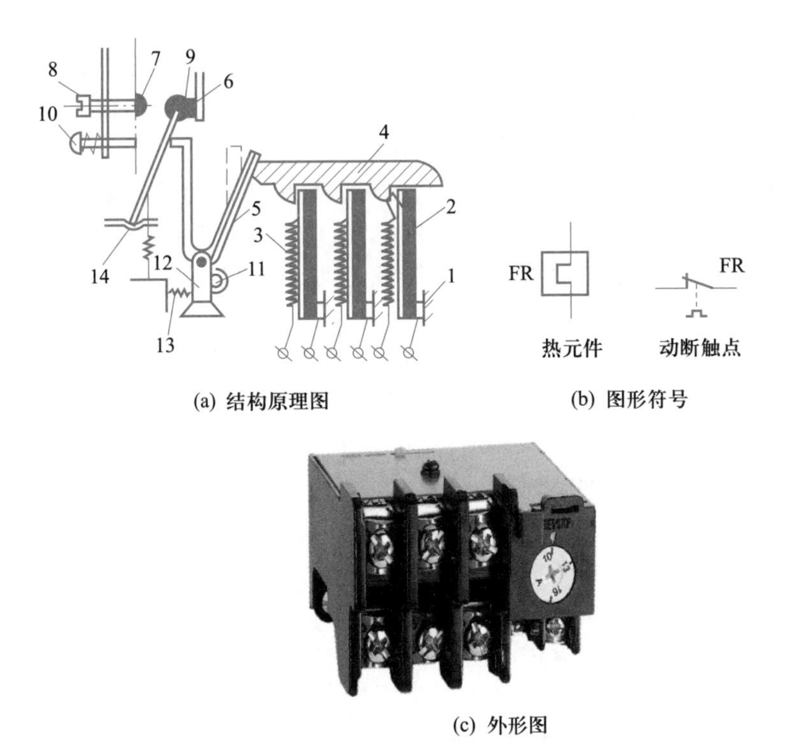

(a) 结构原理图　(b) 图形符号

(c) 外形图

1—支架;2—双金属片;3—热元件;4—导板;5—补偿双金属片;6—触点;7—动合触点;8—复位螺钉;9—触点;10—复位按钮;11—调节旋钮;12—支撑件;13—压簧;14—推杆。

图 16-8　热继电器的结构原理图、图形符号及外形图

热继电器通常与接触器一起使用,以实现电动机的过载保护。选用时,必须了解被保护电动机的工作环境、起动情况、负载性质、工作制式以及电动机的过载能力。

一般选用时应根据被控设备的额定电流(或正常运行电流)来选择相应的发热元件规格,不能过大或过小。在不频繁起动场合,要保证热继电器在电动机起动过程中不产生误动作。当电动机重复短时工作时,要注意确定热继电器的允许操作频率,因为其操作频率是有限的。

3. 低压断路器

低压断路器是低压配电网中一种重要的保护电器,可实现短路、过载和欠压保护,用来接通和分断负载电路,也可用来控制不频繁起动的电动机。它的功能相当于闸刀开关、过电流继电器、失压继电器及热继电器等电器部分或全部的功能

总和。

低压断路器的主触点是靠手动操作或电动合闸的,图 16-9 为其结构原理图、图形符号及外形图,低压断路器主触点 1 闭合后,自由脱扣机构将主触点锁在合闸位置上。过电流脱扣器 3 的线圈和热脱扣器 5 的热元件与主电路串联,欠压脱扣器 6 的线圈和电源并联。当电路发生短路或严重过载时,过电流脱扣器 3 的衔铁吸合,使自由脱扣机构动作,主触点 1 断开主电路;当电路过载时,热脱扣器 5 的热元件发热使双金属片向上弯曲,推动自由脱扣机构动作断开主触点;当电路欠电压时,欠压脱扣器 6 的衔铁释放,也使自由脱扣机构动作。分励脱扣器 4 用于远距离控制,在正常工作时,其线圈是断电的,在需要远距离控制时,按下起动按钮,使线圈通电,衔铁带动自由脱扣机构动作,使主触点断开。

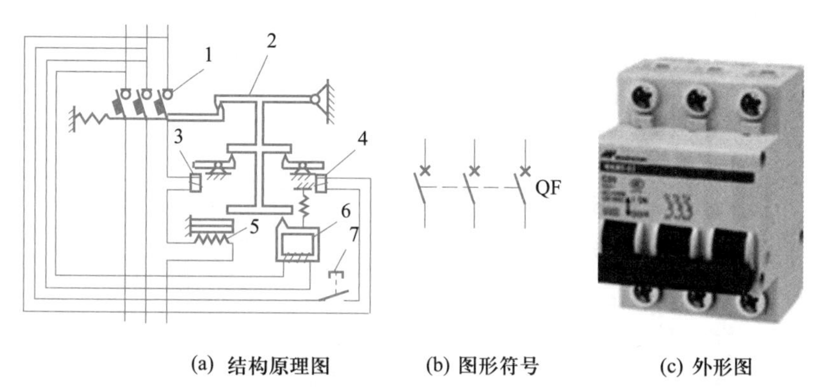

(a) 结构原理图　　(b) 图形符号　　(c) 外形图

1—主触点;2—自由脱扣器转子;3—过电流脱扣器;4—分励脱扣器;5—热脱扣器;6—欠压脱扣器;7—按钮。

图 16-9　低压断路器的结构原理图、图形符号及外形图

16.1.4　继电器

继电器是一种把特定形式的输入信号转变为其触点开合状态的电器元件,在电路中起着自动调节、安全保护、信号转换和传递的作用。继电器由承受机构、中间机构和执行机构三部分组成,工作原理与接触器基本相同,主要区别在于接触器的主触点可以通过大电流,而继电器的触点只能通过小电流。所以,继电器只能用于控制电路中。继电器种类繁多,下面介绍几种常用的继电器。

1. 时间继电器

时间继电器是电气控制系统中一个非常重要的元器件,时间继电器的延时方式有通电延时和断电延时两种类型。通电延时继电器在接收输入信号后延迟一定的时间,输出信号才发生变化;当输入信号消失后,输出瞬时复原。断电延时继电器接收输入信号时,瞬时产生相应的输出信号;当输入信号消失后,延迟一定的时间,输出才复原。时间继电器的图形符号如图 16-10 所示。

时间继电器常用于按时间原则进行控制的场合,其种类很多,按工作原理划分,时间继电器可分为空气阻尼式、电磁式、晶体管式和数字式等。

图 16-10　时间继电器的图形符号

(1) 空气阻尼式时间继电器

空气阻尼式时间继电器是利用空气阻尼作用达到延时的目的，由电磁机构、延时机构和触点组成。空气阻尼式时间继电器的电磁机构有交流、直流两种。延时方式有通电延时型和断电延时型，当动铁心（衔铁）位于静铁心和延时机构之间的位置时为通电延时型；当静铁心位于动铁心和延时机构之间的位置时为断电延时型。图 16-11 为 JS-7A 空气阻尼式时间继电器，现以通电延时型为例说明其工作原理。当线圈 1 通电后衔铁（动铁心）3 吸合，活塞杆 6 在塔形弹簧 8 的作用下带

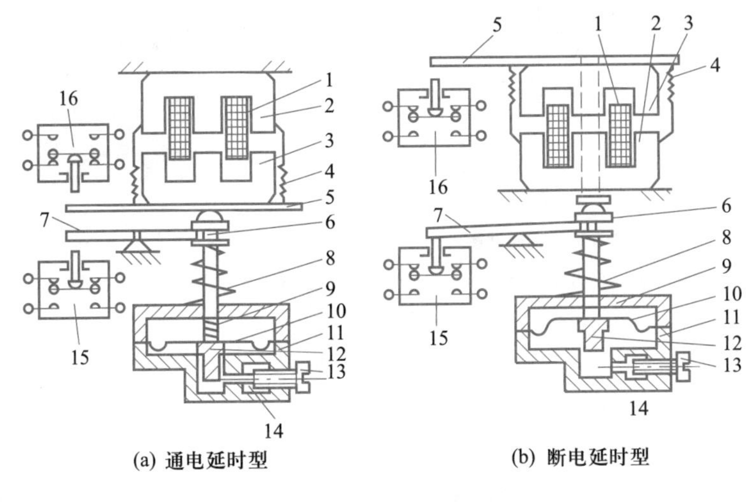

(c) 空气阻尼式时间继电器外形图

1—线圈；2—铁心；3—衔铁；4—反力弹簧；5—推板；6—活塞杆；7—杠杆；8—塔形弹簧；9—弱弹簧；10—橡皮膜；11—空气室壁；12—活塞；13—调节螺钉；14—进气孔；15、16 —微动开关。

图 16-11　JS-7A 空气阻尼式时间继电器

动活塞12及橡皮膜10向上移动,橡皮膜下方空气室的空气变得稀薄,形成负压,活塞杆只能缓慢移动,其移动速度由进气孔气隙大小来决定。经一段延时后,活塞杆通过杠杆7压动微动开关15,使其触点动作,起到通电延时作用。当线圈断电时,衔铁释放,橡皮膜下方空气室内的空气通过活塞肩部所形成的单向阀迅速地排出,使活塞杆、杠杆、微动开关等迅速复位。由线圈通电到触点动作的一段时间即为时间继电器的延时时间,其大小可以通过调节螺钉13调节进气孔气隙大小来改变。

断电延时型的结构、工作原理与通电延时型相似,只是电磁铁安装方向翻转180°,即当衔铁吸合时推动活塞复位,排出空气。当衔铁释放时活塞杆在弹簧作用下使活塞向下移动,实现断电延时。在线圈通电和断电时,微动开关16在推板5的作用下都能瞬时动作,其触点即为时间继电器的瞬动触点。

(2) 电磁式时间继电器

电磁式时间继电器的结构由铁心、线圈、衔铁和触点等构成,如图16-12所示。在铁心上增加了一个阻尼铜套,在线圈通、断电过程中,阻尼铜套内将感应出涡流,感应的磁通总是阻止原来磁通的变化,从而导致衔铁延时吸合或释放,带动触头延时动作。

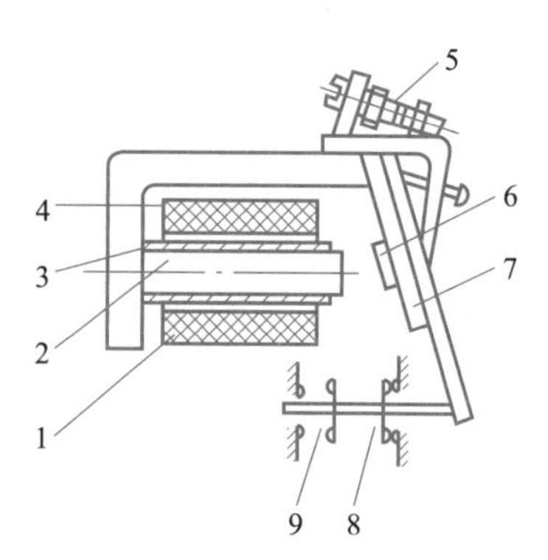

1—绝缘层;2—铁心;3—阻尼铜套;4—线圈;5—释放弹簧;
6—非磁性垫片;7—衔铁;8—动断触点;9—动合触点。

图16-12 电磁式时间继电器的结构示意图

(3) 晶体管式时间继电器

晶体管式时间继电器又称半导体式时间继电器,利用 *RC* 电路充电时,电容电压不能突变,只能按指数规律逐渐变化的原理来获得延时。因此,只要改变 *RC* 充电回路的时间常数(改变电阻值),即可改变延时时间。继电器的输出形式分有触点式和无触点式,有触点式是用晶体管驱动小型电磁式继电器,而无触点式是采用晶体管或晶闸管输出。晶体管式时间继电器精度较高、体积小、耐冲击和耐振动、调节方便、寿命长,因此应用很广泛,但晶体管式时间继电器的延时易受电源电压波动的影响,抗干扰性差。

时间继电器的选用首先应考虑满足控制系统所提出的工艺要求和控制要求,

并根据对延时方式的要求选用通电延时型或断电延时型。对于延时要求不高和延时时间较短的,可选用价格相对较低的空气阻尼式;当要求延时精度较高、延时时间较长时,可选用晶体管式;在电源电压波动大的场合,采用空气阻尼式比用晶体管式的好,而在温度变化较大处,则不宜采用空气阻尼式时间继电器。总之,选用时除了考虑延时范围、准确度等条件外,还要考虑控制系统对可靠性、经济性、工艺安装尺寸等方面的要求。

2. 中间继电器

中间继电器体积小,动作灵敏度高,工作原理与接触器相同,但触点系统中没有主、辅触点之分,触点容量相同,触点对数比较多,一般不用于直接控制电路的负荷,但当电路的负荷电流在 10 A 以下时,也可代替接触器起控制负荷的作用,常用型号有 JZ7、JZ14 等。中间继电器常用于各种保护和自动控制线路中,以增加保护和控制回路的触点数量和触点容量,还被用来传递信号和同时控制多个电路。中间继电器的图形符号及外形图如图 16-13 所示,中间继电器的主要技术参数有额定电压、额定电流、触点对数以及线圈电压种类和规格等。选用时要注意线圈的电压种类、规格应与控制电路一致。

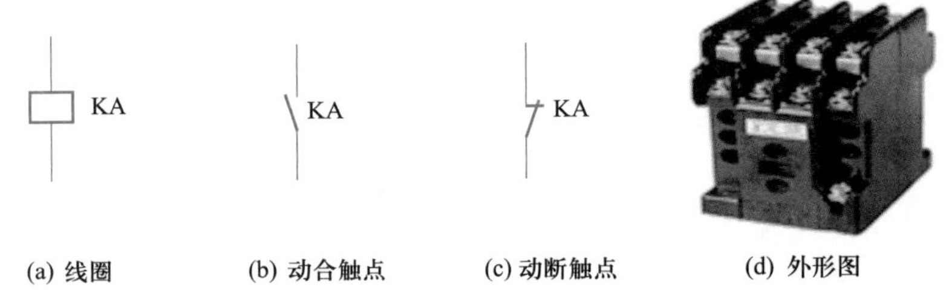

(a) 线圈　(b) 动合触点　(c) 动断触点　(d) 外形图

图 16-13　中间继电器的图形符号及外形图

3. 速度继电器

速度继电器又称反接制动继电器,主要与接触器配合使用,实现异步电动机的反接制动控制。如图 16-14(a)所示为速度继电器的结构原理图:其转子是一个圆柱形永久磁铁,与电动机同轴相连,其定子是一个笼型空心圆环,装有笼形绕组,当转子随电动机转动时,笼型绕组切割转子磁场产生感应电动势,形成环内电流,此电流与转子磁场相互作用,产生电磁转矩,使定子向转子转动方向偏转,当偏转到一定角度时,定子柄触动弹簧片,使摆杆左右的其中一组动断触点断开、动合触点闭合。当电动机旋转方向改变时,继电器的转子与定子的转向也改变,这时定子就可以触动另外一组触点,使之分断与闭合。当电动机停止时,继电器的触点即恢复原来的静止状态。正转和反转切换触点的动作,反映电动机转向和速度的变化。速度继电器的文字符号为 KS,图形符号如图 16-14(b)所示。

速度继电器的选用主要根据所需控制的转速大小、触点数量和电压、电流来选用。动作转速一般不低于 120 r/min,复位转速在 100 r/min 以下。工作时,允许的转速高达 1000~3600 r/min。

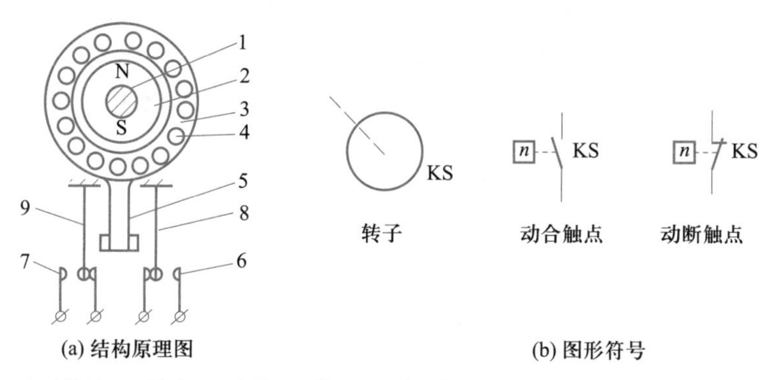

1—电动机轴;2—转子;3—定子;4—绕组;5—定子柄;6—静触点;7—动触点;8、9—簧片。

图 16-14 速度继电器

【练习与思考】

16-1-1 接近开关有何作用?它是如何检测到有金属体接近的?

16-1-2 交流接触器能否串联使用,为什么?

16-1-3 既然在电动机的主电路中装有熔断器,为什么还要装热继电器?两者能否相互代替?

16-1-4 如何理解时间继电器的通电延时方式与断电延时方式?

16.2 继电接触器控制的常用基本电路

无论是简单还是复杂的电气控制系统,总是由一些基本的控制环节按照一定的规律组成,因此,掌握这些基本的控制环节是分析和设计复杂电气控制系统的基础。本节以三相异步电动机为对象,介绍其直接起动单向运行控制、正/反转控制、多机顺序联锁控制、多处控制、行程自动往返控制、降压起动控制、制动控制等典型的继电接触器基本控制电路。

16.2.1 继电接触器控制电气原理图

电工技术中所绘制的继电接触器控制电路图为电气原理图。电气原理图不考虑电器的结构和实际位置,突出的是电路各电器元件的连接关系和电路的工作原理。

1. 电气原理图的绘制原则

① 电气原理图根据电路通过的电流的大小可分为主电路和控制电路。主电路是从电源到电动机的电路,是强电流通过的部分,用粗线条画在原理图的左边。控制电路是通过弱电流的电路,一般由按钮、电器元件的线圈、接触器的辅助触点、继电器的触点等组成,用细线条画在原理图的右边。各电器元件一般按动作顺序从上到下,从左到右依次排列,可水平布置,也可垂直布置。

② 原理图使用国家标准规定的图形符号和文字符号绘制,采用电器元器件展

开形式来绘制，不表现电器元件的外形、机械结构及大小，同一电器元件的不同组件可按工作原理需要分开绘制，但应标注相同的文字符号。

③ 原理图中的所有触点都按未动作时的通断情况绘制，有电气连接的交叉导线应在交叉点画上圆点。

2. 分析和设计控制电路时应注意以下几点

① 控制电路简单，电器元件少，而且工作要准确可靠；

② 尽可能避免多个电器元件依次动作才能接通另一个电器的控制电路；

③ 控制电路和主电路要清楚地分开设计和阅读；

④ 控制电路中，根据控制要求按自上而下、自左而右的顺序进行设计或阅读；

⑤ 必须保证每个继电器、接触器线圈的额定电压，两个继电器或接触器线圈只能并联不能串联。

16.2.2　三相异步电动机的直接起动单向运行控制

讲义：三相异步电动机的直接起动单向运行控制

1. 电动机的点动控制电路

许多生产机械在调整试车或运行时要求电动机能瞬时动作一下，这就叫作点动控制。如龙门刨床横梁的上、下移动，摇臂钻床立柱的夹紧与放松，桥式起重机吊钩、大车运行的操作控制等都需要点动控制。

用按钮、接触器组成的电动机的点动控制电路如图 16-15 所示。合上电源开关 QS，按下 SB_1 按钮，接触器线圈 KM 通电，动合主触点 KM 闭合，电动机 M 通电运行。放开按钮，KM 释放，电动机断电停转。

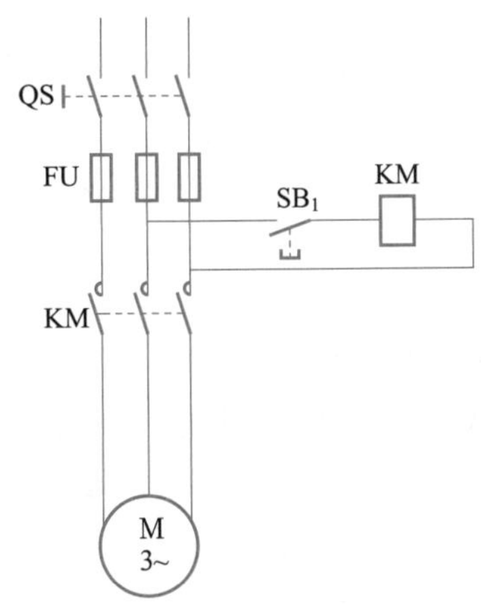

图 16-15　用按钮、接触器组成的电动机的点动控制电路

视频：三相异步电动机的直接起动单向连续运转控制

2. 电动机的直接起动单向连续运转控制

（1）控制电路

在上述点动控制电路中，按钮 SB_1 两端并联接触器的一个辅助动合触点 KM 便可实现电动机的连续运转，完整的单向连续运行控制电路如图 16-16 所示，当接触器线圈 KM 通电后，其辅助动合触点 KM 也闭合，这时放开 SB_1，通过辅助触

点线圈仍继续保持通电，使电动机保持连续运行状态。辅助动合触点的这个作用称为自锁。要使电动机停止运转，可在控制电路中串联另一按钮的动断触点SB_2，这样按下SB_2时，线圈KM断电，电动机停转，故该按钮称为停止按钮，而SB_1则称为起动按钮。

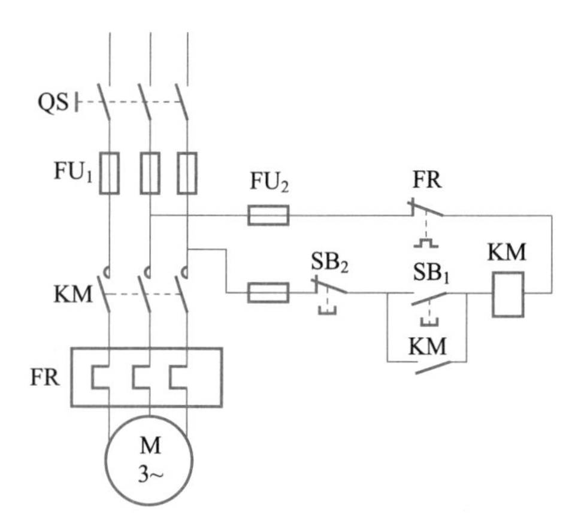

图 16-16 完整的单向连续运行控制电路

（2）控制电路基本保护环节

要确保生产安全必须在电动机的主电路和控制电路中设置保护装置，一般中小型电动机有以下常用的三种基本保护环节：

① 短路保护

由熔断电器实现短路保护。它应能确保在电路发生短路事故时，可靠地切断电源，使被保护设备免受短路电流的影响。

② 过载保护

由热继电器实现过载保护。它应能保护电动机绕组不因超过允许温升而损坏。

③ 失压保护（零压保护）和欠压保护

继电接触器控制电路本身具有失压保护作用。因为当断电或电压过低时，接触器就释放，从而使电动机自动脱离电源；当线路重新恢复供电时，由于接触器的自锁触点已断开，电动机是不能自行起动的，这种保护可避免电动机自启动引起意外的人身伤亡事故和设备损坏事故。

3. 电动机的直接起动单向点动与连续运转控制

在生产实践过程中，某些生产机械常要求既能正常连续运行，又能实现点动工作，在上述直接起动单向连续运转控制电路中增加了一个复合按钮SB_3来实现点动控制，控制电路如图16-17所示，需要点动运行时，按下SB_3点动按钮，其动断触点先断开自锁电路，动合触点后闭合使KM接触器线圈得电，主触点闭合，电动机接通三相电源起动运转。当松开点动按钮SB_3时，其动合触点先断开使KM线圈失电，KM辅助触点主触点断开，其后SB_3动断触点闭合，电动机停止运转。

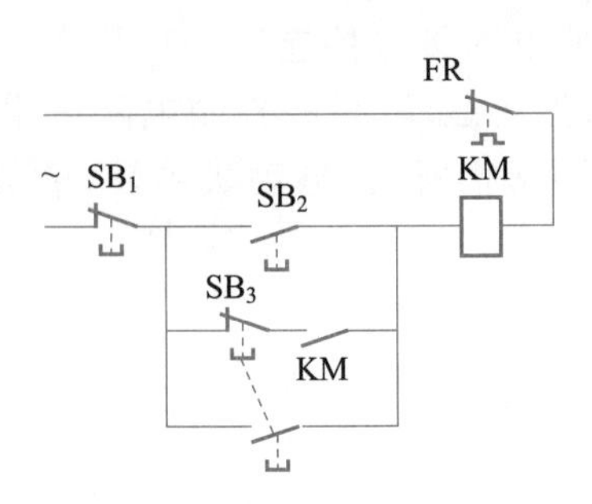

图 16-17　异步电动机的单向点动与连续控制电路

16.2.3　三相异步电动机的正/反转控制

讲义：三相异步电动机的正/反转控制

视频：三相异步电动机的正/反转控制

很多生产机械都要求有正/反两个方向的运动，如起重机的升降，机床工作台的进退，主轴的正/反转等，这可由电动机的正/反转控制电路来实现。

要使三相异步电动机反转，只要将电动机接三相电源线中的任意两相对调连接即可。若在电动机单向运转控制电路的基础上再增加一个接触器及相应的控制线路就可实现正/反转控制，如图 16-18 所示。

由主电路 16-18(a)可以看出，若两个接触器同时吸合工作，则将造成电源短路的严重事故，所以我们在图 16-18(b)中，将两个接触器的动断辅助触点分别串联到另一接触器的线圈支路上，达到两个接触器不能同时工作的控制作用，称为互锁。这两个动断辅助触点因而称为互锁触点，这种互锁叫电气互锁。但这种控制电路有个缺点，就是要反转时，必须先按停止按钮后，再按另一转向的起动按钮。

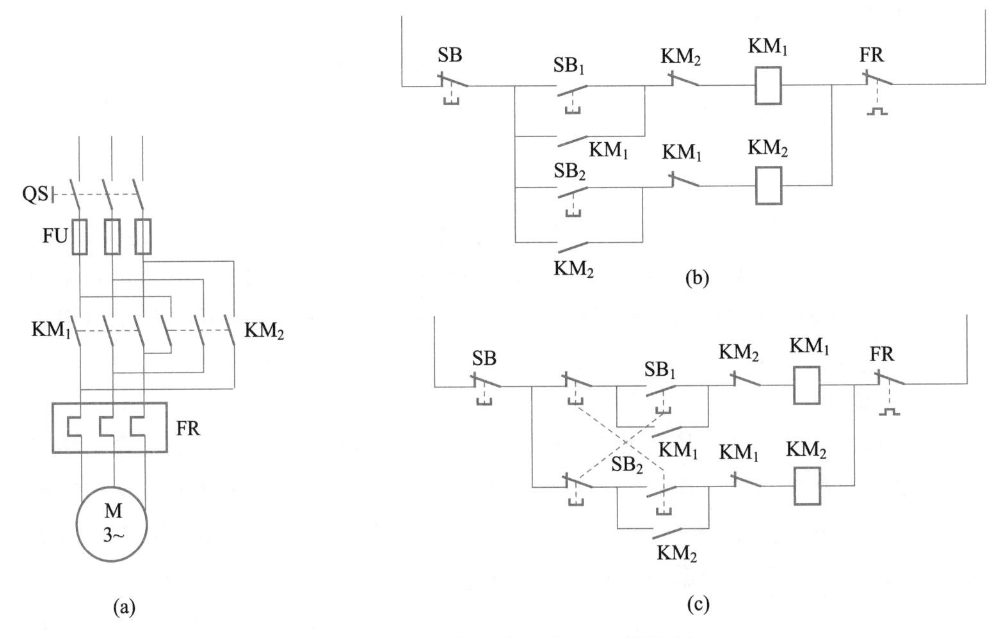

图 16-18　异步电动机的正/反转控制

图 16-18(c)采用了复合按钮互锁，即将两个起动按钮的动断触点分别串联到另一接触器线圈的控制支路上。这样，若正转时要反转，直接按反转按钮 SB_2，其动断触点断开，正转接触器 KM_1 线圈断电，主触点断开。接着串联于反转接触器线圈支路中的动断触点 KM_1 恢复闭合，SB_2 动合触点闭合，KM_2 线圈通电自锁，电动机反转，这种电路叫双重互锁控制电路。

16.2.4　行程自动往返控制

根据运动部件的位置变化，即以行程为信号对电路进行控制称为行程控制电路。它是通过行程开关配合挡铁来实现的。

图 16-19 为工作台自动往返控制电路，实现自动往返的行程开关 SQ_1 和 SQ_2 实际上与按钮组成的多处控制相似。

当按下 SB_1 时，KM_1 线圈通电，电动机正转，带动工作台前进，运动到预定位置时，装于工作台侧的左挡铁 L 压下安装于床身上的行程开关 SQ_2，KM_1 线圈断电；接着 SQ_2 的动合触点闭合，KM_2 线圈通电，电动机电源换相反转，使工作台后退，SQ_2 复位，为下一循环作准备。当工作台后退到预定位置时，右挡铁 R 压下 SQ_1，KM_2 线圈断电，接着 KM_1 通电，电动机又正转，如此自动往返。加工结束，按下停止按钮 SB_3，电动机就断电停转。若要改变工作台行程，可调整挡铁 L 和 R 之间的距离。图中 SQ_3 和 SQ_4 是作为限位保护而设置的，目的是防止当 SQ_1 和 SQ_2 失灵时造成工作台超越极限位置出轨的严重事故。车间里的桥式起重机，大车的左右运行，小车的前后运行和吊钩的提升都必须有限位保护。

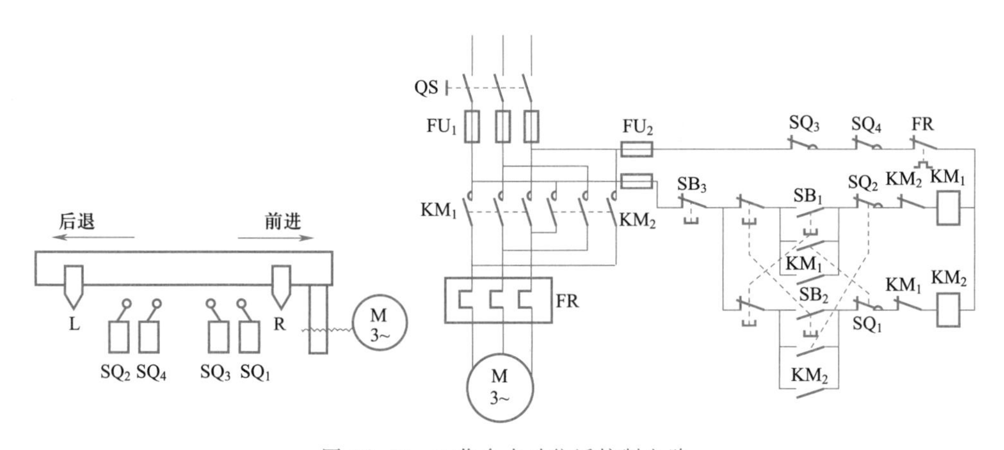

图 16-19　工作台自动往返控制电路

16.2.5　多机顺序联锁控制

装有多台电动机的生产机构，有时要求按一定的顺序起动电动机，有的还要求按顺序停机，这就要采用顺序联锁控制。

讲义：多机顺序联锁控制

（1）手动多机顺序联锁控制电路

图 16-20 为车床油泵和主轴电动机的联锁控制电路。要求油泵电动机 M_1 先起动，使润滑系统有足够的润滑油以后，方能起动主轴电动机 M_2。按下 SB_1，KM_1 线圈通电自锁，KM_1 主触点闭合，油泵电动机 M_1 起动。这时通过 KM_1 的自锁触点闭合，为 KM_2 的线圈通电作准备，这样，按下 SB_2，主轴电动机 M_2 方能起动，如果 M_1 未起动时，按下 SB_2，主轴电动机 M_2 也不能起动。

电路中的熔断器 FU_1、FU_2 起短路保护作用；而过载保护由热继电器 FR_1 和 FR_2 担任，因为两个热继电器的动断触点是串联的，所以任何一台电动机发生过载而引起热继电器动作，都会使 M_1、M_2 停止运转。

（2）自动多机顺序联锁控制电路

主电路同前，控制电路如图 16-21 所示，KM_1 线圈通电后自锁，KM_1 主触点闭合，油泵电动机 M_1 起动，时间继电器 KT 线圈通电，经延时后，KT 通电延时，动合触点闭合，KM_2 线圈得电，主轴电动机 M_2 起动，与此同时 KM_2 动断辅助触点断开，使 KT 线圈失电，KT 的通电延时动合触点断开，KM_2 线圈靠自锁保持通电，使电动机 M_2 继续运行。

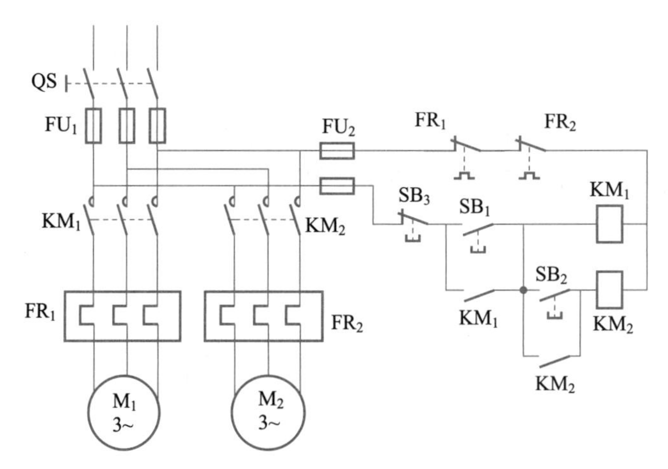

图 16-20　车床油泵和主轴电动机的联锁控制电路

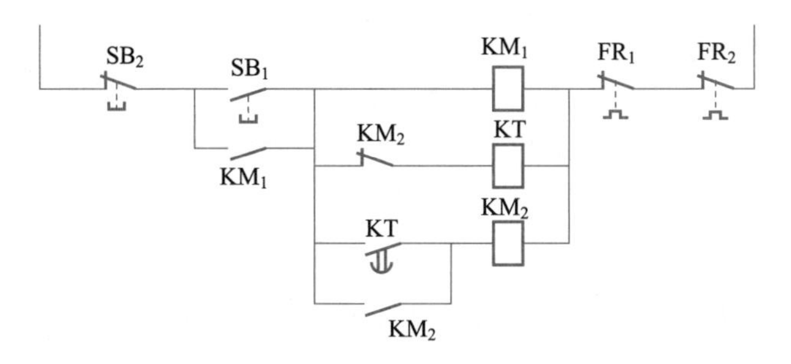

图 16-21　自动多机顺序联锁控制电路

16.2.6　多处控制

在万能铣床、龙门刨床上为了便于调整操作和加工，要求在不同地点都能实现电动机的起停控制，这时只要把起动按钮动合触点并联，停止按钮动断触点串联，便可实现多处控制。

如图 16-22 所示，按下 SB_3 或 SB_4，由于它们并联，接触器 KM 均能吸合，其辅助动合触点闭合，实现自锁，起动电动机；按下 SB_1 或 SB_2，由于它们串联，接触器 KM 均能断开，停止电动机。

将起动和停止按钮线连到远端，该电路也可以作为远程起动与远程停止控制电路使用。

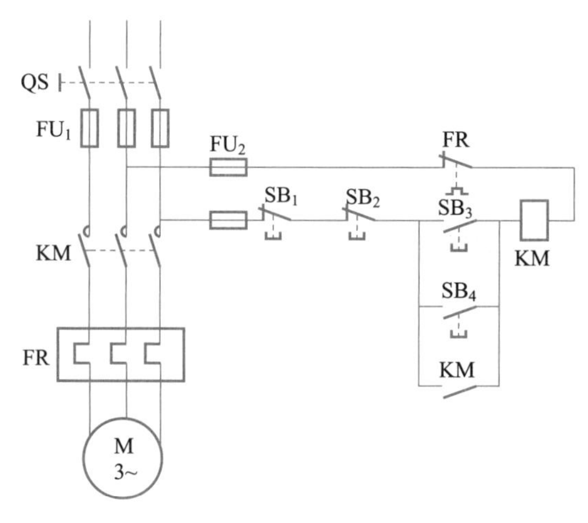

图 16-22　异步电动机多处控制电路

16.2.7　三相异步电动机的降压起动控制

1. 三相异步电动机 Y-△降压起动控制

讲义：三相异步电动机 Y-△降压起动控制

视频：三相异步电动机 Y-△降压起动控制

三相笼型异步电动机 Y-△换接降压起动的控制电路如图 16-23 所示。接触器 KM_2 用于三角形△全压运行，接触器 KM_3 用于星形 Y 降压起动，时间继电器 KT 用来控制 Y 形降压起动时间及完成 Y-△运行切换。动断按钮 SB_1 为停止按钮，动合按钮 SB_2 为起动按钮 ，熔断器 FU 用于主电路的短路保护，热继电器 FR 用于电动机过载保护。

其工作过程如下：合上电源开关 QS，按下起动按钮 SB_2，接触器 KM_1 线圈及时间继电器 KT 线圈通电，KM_1 动合触点闭合自锁，KM_1 动断触点断开，接触器 KM_2 线圈失电，KM_2 动断触点闭合，KM_3 线圈得电，电动机定子绕组作星形 Y 连接降压起动。

当 KT 动断触点延时断开时，由于与之并联的 KM_3 动断辅助触点也处于断开状态，KM_1 线圈断电，KM_1 动合触点断开，KM_1 动断触点闭合，接触器 KM_2 通电，KM_2 动合触点闭合自锁，同时 KM_2 动断触点断开使接触器 KM_3 线圈失电，电动机星形 Y 断开，KM_3 动断触点闭合又使 KM_1 线圈重新通电，电动机三角形△全压正常运行。

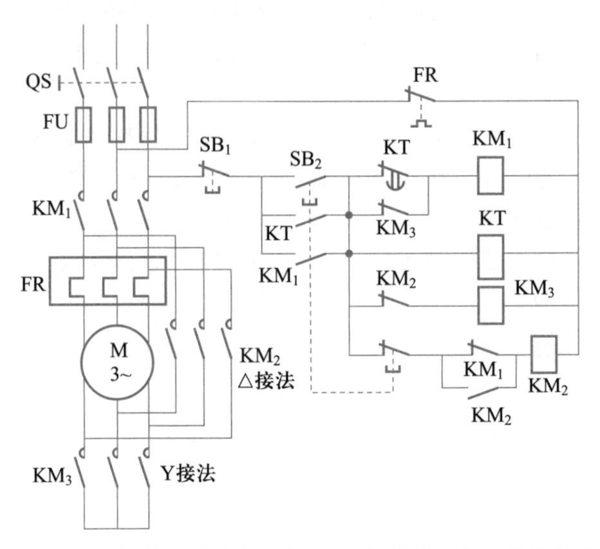

图 16-23　三相笼型异步电动机 Y-△换接降压起动的控制电路

2. 定子绕组串电阻降压起动控制电路

如图 16-24 所示为定子绕阻串电阻降压起动的控制电路，合上电源开关 QS，按下起动按钮 SB_1，KM_1 通电并自锁，电动机定子串电阻 R 进行降压起动，同时，时间继电器 KT 通电，经延时后，其动合延时触点闭合，KM_2 通电，将起动电阻短接，电动机进入全电压正常运行。

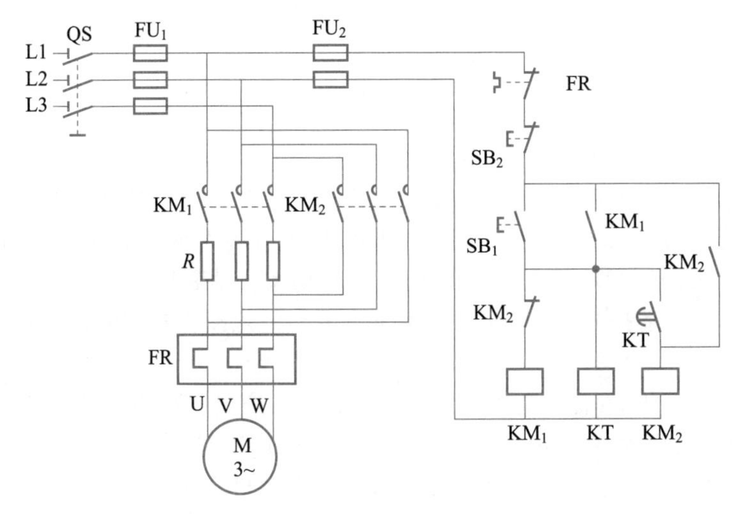

图 16-24　定子绕阻串电阻降压起动的控制电路

16.2.8 三相异步电动机的制动控制

1. 反接制动控制

图 16-25 是异步电动机反接制动控制电路。在停车时，把电动机反接，则其定子旋转磁场反向旋转，在转子上产生的电磁转矩随之变为反向，成为制动转矩。在转速接近零速时，再将反相序电源切除。

电路工作过程如下：按下 SB_1，KM_1 线圈得电，KM_1 动合触点闭合自锁，KM_1 主触头闭合，电动机起动，运行的转速高于 130 r/min 时，速度继电器 KS 的动合触点闭合。在停车时，按下 SB_2，KM_1 线圈断电；KM_1 主触点断开，电动机的电源断开；KM_1 动合触点断开，切除自锁；KM_1 动断触点闭合，为反接制动作准备。此时电动机的电源虽然断开，但在机械惯性的作用下，电动机的转速仍然很高，速度继电器 KS 的动合触点仍处于闭合状态。KM_2 线圈得电，KM_2 主触头闭合，电动机串联电阻反接，反接制动 KM_2 自锁触点闭合，松开 SB_2 继续反接制动，当转速降低到一定值时，KS 动合触点断开，KM_2 线圈失电，各触点复位。

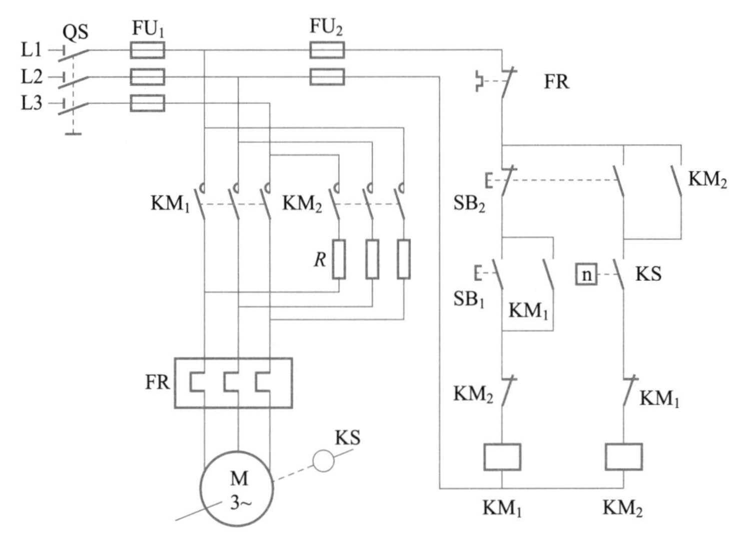

图 16-25　异步电动机反接制动控制电路

2. 能耗制动控制

图 16-26 是有变压器全波整流的能耗制动控制电路，制动所用的直流电源由桥式全波整流器 VC 供给，用可调电阻 R_P 调节制动电流的大小。

工作原理如下：先合上电源开关 QS，按下起动按钮 SB_1，接触器 KM_1 线圈得电并自锁，主触点闭合，电动机 M 起动运转。停车时，按下 SB_2，KM_1 线圈失电，断开电动机三相交流，同时 KM_2 和时间继电器 KT 线圈得电，通过接触器 KM_2 的主触点向电动机定子绕组通入直流电，进行能耗制动。经过预先调好的时间（假定为3 s），KT 的通电延时动断触点断开，KM_2 线圈失电，切断直流电源，制动结束。

讲义：三相异步电动机的能耗制动控制

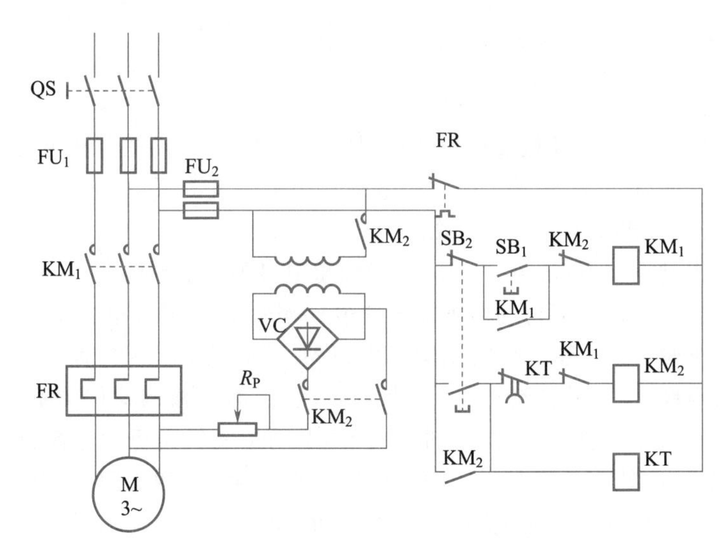

图 16-26　有变压器全波整流的能耗制动控制电路

视频：三相异步电动机的能耗制动控制

【练习与思考】

16-2-1　电气线路的主电路与控制电路如何区分？

16-2-2　试理解电动机控制电路中自锁的作用。

16-2-3　在电动机的继电接触器控制电路中，零压保护的作用是什么？

16-2-4　试理解电动机正/反转控制电气互锁与机械互锁的作用。

16.3　继电接触器控制系统的工程应用

分析电气原理图的步骤一般是先看主电路，再看控制电路。先看主电路有几台电动机，各有什么特点，例如是否有正/反转，采用什么方法起动，有无调速和制动等；看控制电路时，一般从主电路的接触器入手，按动作的先后次序逐个分析，搞清楚它们的动作条件和作用。控制电路一般都由一些基本环节组成，阅读时可把它们分解出来，先进行局部分析，再完成整体分析。此外，还要看电路中有哪些保护环节。

16.3.1　运料小车自动往返电气控制系统

某自动生产线上的运料小车自动往返运动示意图如图 16-27 所示，运料小车由一台三相异步电动机拖动，电动机正转，小车向右行到 A 地后停 2 min 等待装料；然后电动机反转，小车向左行至 B，到 B 地后停 2 min 等待卸料，如此往复。小车可停在任意位置，系统有过载和短路保护。

图 16-28 为小车自动往复运行电气控制系统原理图，图 16-28(a) 为主电路，图 16-28(b) 为控制电路，ST_a、ST_b 为 A、B 两端的限位开关，KT_a、KT_b 为两个时间继电器。KA 为中间继电器。动作过程：SB_F 按下，KM_F 得电，小车前进向 A 地运行，至 A 端撞 ST_a，小车在 A 处停 2 min 等待装料，之后小车反向运行至 B 端，撞 ST_b，小

图 16-27 某自动生产线的运料小车自动往返运动示意图

车停在 B 处卸料,经 KT_b 延时 2 min,小车向 A 端正向运行,如此往复运行。中间继电器 KA 可以使运料小车在两极端位置也能任意停车。

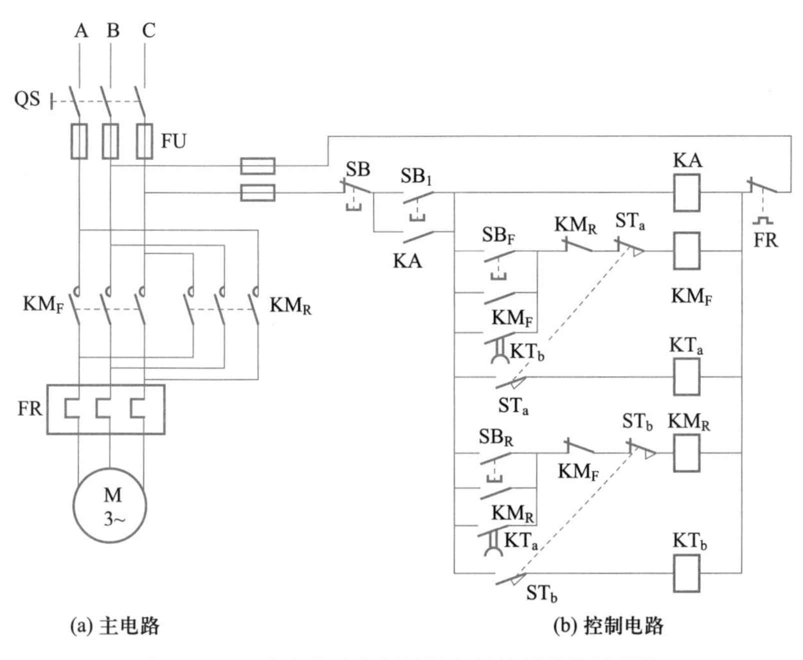

图 16-28 小车自动往复运行电气控制系统原理图

16.3.2 C650 型卧式车床电气控制电路

C650 型卧式车床是机械加工中常用的一种机床,其进行车削加工的运动是通过异步电动机拖动完成,图 16-29 为 C650 型卧式车床电气控制原理图。

1. C650 车床主电路分析

(1) M_1(主电动机)。

① KM_1、KM_2 接触器实现 M_1 正/反转;

② KT 与电流表 A 用于检测运行电流;

③ KM_3 用于点动和反接制动时串入电阻 R 限流,正/反转电动运行时 R 旁路。

④ 速度继电器 KS 用于反接制动时,转速的过零检测。

(2) M_2(冷却泵电动机):KM_4 用于 M_2 起停控制。

(3) M_3(快移电动机):KM_5 用于 M_3 起停(点动)控制。

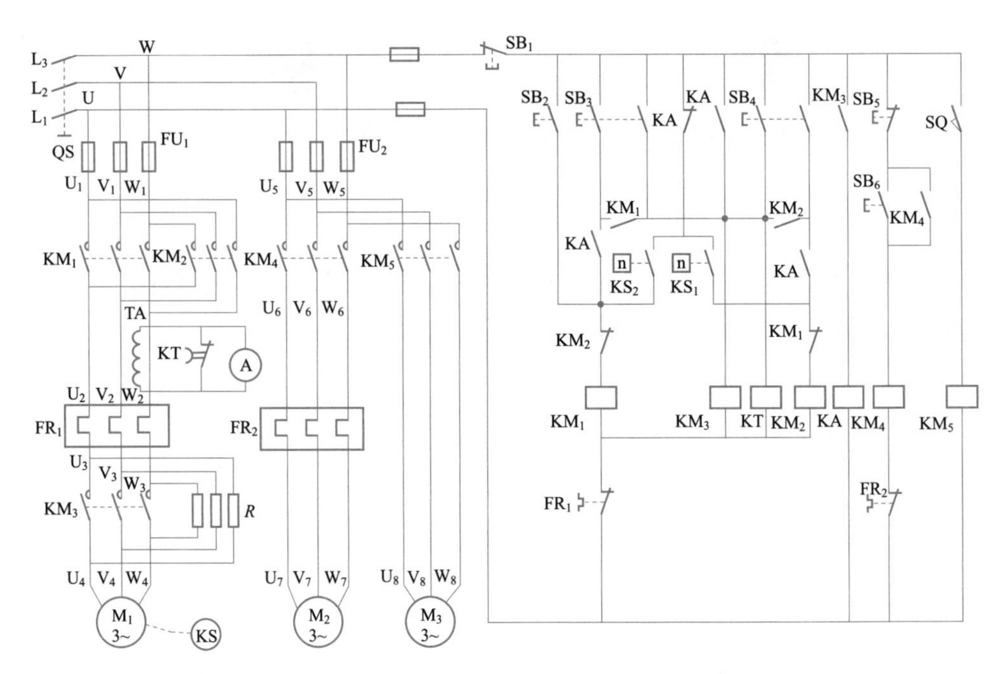

图 16-29　C650 型卧式车床电气控制原理路

2. C650 车床控制电路分析

（1）主电动机 M_1 的控制

① 点动（正向）：按下点动按钮 SB_2→KM_1 线圈通电（无自锁）→M_1 串 R 全压正向点动，电流表 A 不投入。松开点动按钮 SB_2→KM_1 线圈断电，点动停止。

② 正反转控制（SB_3、SB_4）：按下正转按钮 SB_3→ KT 线圈通电延时、KM_3 线圈通电→主回路 R 被旁路→KA 线圈通电→ KM_1 线圈通电自锁→M_1 正向起动，当电动机 M_1 正常运行时，速度继电器 KS_1 的动合触点闭合。启动完毕，时间继电器 KT 延时时间到，其通电延时动断触点断开→电流表 A 接入，用于主电动机运行电流监测。

③ 反接制动（正转时 $n>0$ 触点闭合）：按下停车按钮 SB_1→KM_1、KT、KM_3、KA 线圈断电，松开 SB_1→KM_2 线圈通电→M_1 串 R 反接→$n<100$ r/min 时，速度继电器 KS_1 的动合触点断开→KM_2 线圈断电，切除反接电源，M_1 停止转动。

反转及反转的反接制动请自行分析。

（2）刀架的快速移动和冷却泵的控制

转动刀架手柄，行程开关 QS 将被压下而闭合，KM_5 线圈通电。主电路中 KM_5 主触点闭合，电动机 M_3 起动，驱动刀架快速移动。反向转动刀架手柄复位，QS 行程开关断开，则电动机 M_3 断电停转。按下 SB_6，KM_4 线圈通电，并通过 KM_4 动合辅助触点对 SB_6 自锁，主电路中 KM_4 主触点闭合，冷却泵电动机 M_2 转动并保持。按下 SB_5，KM_4 线圈断电，冷却泵电动机 M_2 停转。

习题

16.1.1　低压断路器具有哪些脱扣装置？各有何保护功能？

16.1.2　空气阻尼式时间继电器由哪几部分组成？简述其工作原理。

16.2.1　为什么电动机应具有零电压、欠电压保护？

16.2.2　在如题 16.2.2 图所示电路中，哪些能实现点动控制，哪些不能，为什么？

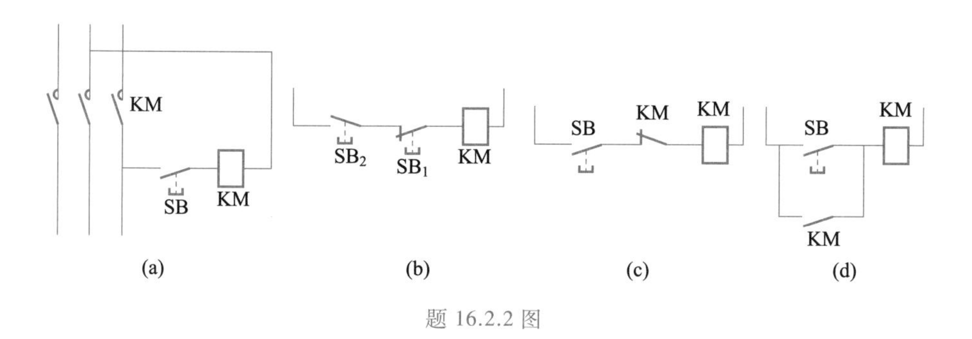

题 16.2.2 图

16.2.3　判断如题 16.2.3 图所示的各控制电路是否正常工作。为什么？

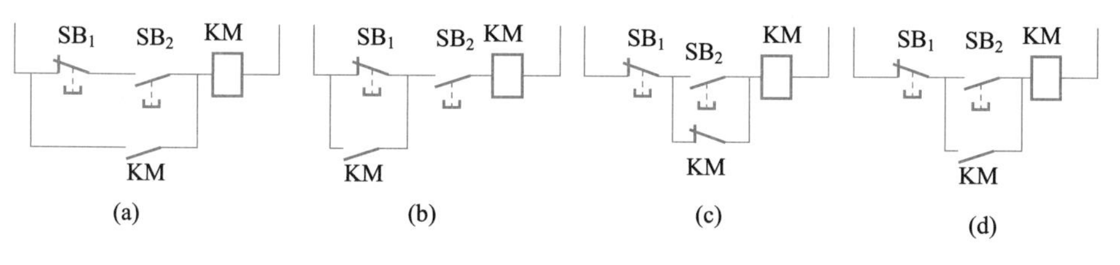

题 16.2.3 图

16.2.4　请分析题 16.2.4 图所示电路的控制功能，并说明电路的工作过程。

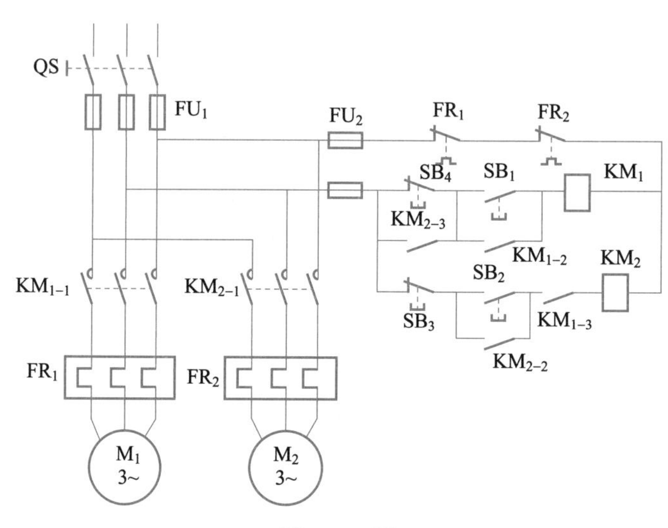

题 16.2.4 图

16.2.5　某机床主轴和润滑油泵各由一台电动机带动，试设计其控制线路，要求主轴必须在

扫描二维码，购买第 16 章习题解答电子版

注：

扫描本书封面后勒口处二维码，可优惠购买全书习题解答促销包。

油泵开动后才能开动，主轴能正/反转并可单独停车，有短路、失压和过载保护。

16.3.1　某水泵由笼型电动机拖动，采用 Y-△降压起动，要求三处都能控制启、停，试设计主电路与控制电路。

16.3.2　试设计由速度原则控制的单向能耗制动主电路和控制线路，并说明其工作过程。若在试车时，能耗制动已经结束，但电动机仍未停转，应如何调整电路？

第 17 章　可编程序控制器

可编程序控制器(programmable logical controller,PLC),是微机技术与传统的继电接触器控制技术相结合的产物。与继电接触器控制系统比较,PLC 控制系统具有体积小、功耗小、可靠性高和可扩展性强等优点。1985 年,国际电工委员会(IEC)对可编程序控制器作了如下的定义:它是一个以微处理器为核心的数字运算操作的电子系统装置,专为在工业现场应用而设计,它采用可编程序的存储器,在其内部存储执行逻辑运算、顺序控制、定时/计数和算术运算等操作指令,并通过数字式或模拟式的输入、输出接口,控制各种类型的生产过程。随着计算机技术的发展,可编程逻辑控制的功能不断扩展和完善,其功能远远超出了最初的逻辑控制的范围,具有了 PID、A/D、D/A、算术运算、数字量智能控制、监控、通信联网等多方面的功能,已成为实际意义上的一种工业控制计算机而被广泛应用于自动化控制的各个领域。

工业自动控制中使用的可编程序控制器生产厂家众多,生产的产品种类很多,不同类型的产品各具特色,但可编程序控制器在组成、工作原理及编程方法等诸多方面是基本相同的。本章旨在为初学者奠定学习 PLC 的基础,首先介绍 PLC 的基本结构与工作原理,然后简要介绍西门子 S7-1200 系列 PLC 及其常用基本指令,最后通过 PLC 在生产中的实际应用了解 PLC 简单程序设计方法。

17.1　PLC 的基本结构与工作原理

讲义:PLC 的基本结构与工作原理

17.1.1　PLC 的基本结构

可编程序控制器及其有关外部设备,都按易于与工业控制系统连成一个整体、易于扩充功能的原则设计。其硬件组成与微型计算机相似,基本单元主要由 CPU 模块、输入模块、输出模块和编程装置组成,如图 17-1 所示为 PLC 的基本结构图。

1. CPU 模块

CPU 模块主要由中央处理器(CPU)和存储器组成,CPU 作为 PLC 的核心用以运行用户程序、监控输入/输出接口状态、做出逻辑判断和进行数据处理。PLC 的内部存储器有两类,一类是系统程序存储器 ROM,主要存放系统管理、监控及对用户程序作编译处理的程序,系统程序已由厂家固定,用户不能更改;另一类是用户程序及数据存储器 RAM,主要存放用户编制的应用程序及各种暂存数据和中间结果。

2. 输入/输出模块

输入/输出模块是 PLC 与外部设备相互联系的窗口。输入单元接收现场设备

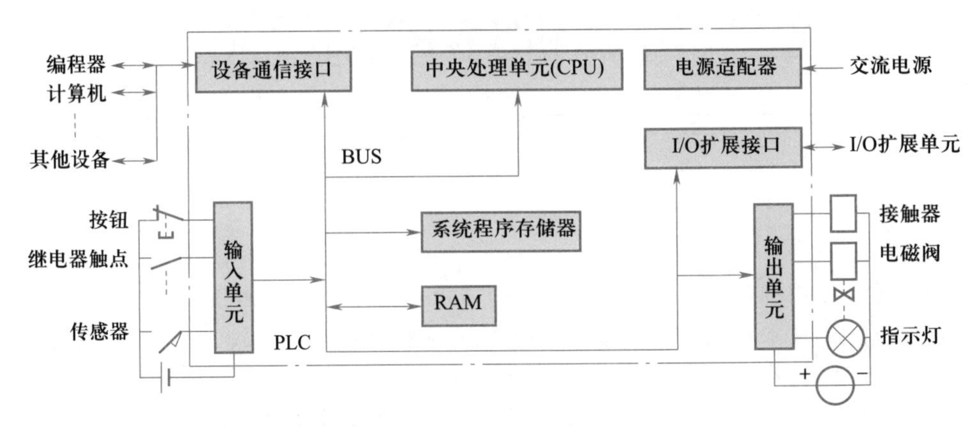

图 17-1　PLC 的基本结构图

向 PLC 提供的信号,例如由按钮、操作开关、限位开关、继电器触点、接近开关、拨码器等器件提供的开关量信号。这些信号经过输入电路的滤波、光电隔离、电平转换等处理,变成 CPU 能够接收和处理的信号。输出单元将经过 CPU 处理的信号通过光电隔离、功率放大等处理,转换成外部设备所需要的驱动信号,以驱动各种执行元件,如接触器、电磁阀、电磁铁、调节阀、调速装置等。各路输入/输出均有电气隔离措施和 LED 显示。只要有驱动信号,输出指示 LED 灯亮,为观察 PLC 的工作状况或故障分析提供标志。下面介绍开关量输入/输出模块的工作原理。

(1) PLC 基本单元输入电路

通常 PLC 的输入类型可以是直流、交流和交直流。输入电路的电源可由外部供给,有的也可由 PLC 内部提供。图 17-2(a)、17-2(b)分别为某种型号的 PLC 的直流和交流输入接口的电路图,采用的是外接电源。图 17-2(a)、17-2(b)描述了一个输入点的接口电路,其输入电路的一次电路与二次电路用光电耦合器相连,当行程开关闭合时,输入电路和一次电路接通,上面的发光二极管用于对外显示,同时光电耦合器中的发光二极管使晶体管导通,信号进入内部电路,此输入点的对应位由 **0** 变为 **1**,即输入映像寄存器的对应位由 **0** 变为 **1**。

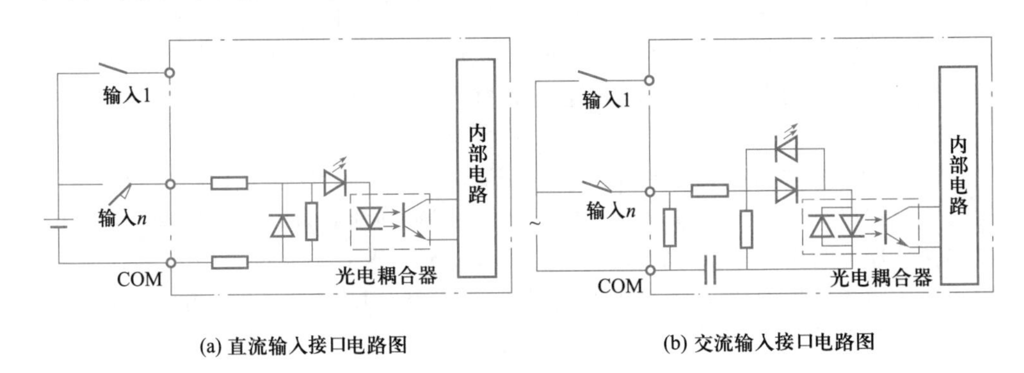

(a) 直流输入接口电路图　　(b) 交流输入接口电路图

图 17-2　PLC 输入电路

(2) PLC 基本单元输出电路

按输出的开关器件的种类可分为三类:晶体管输出方式(场效应晶体管或大功率晶体管)—直流输出模块,响应速度最快,可带高速直流负载;可控硅输出方式—交流输出模块,可带高速交流负载;继电器输出方式—交直流输出模块,响应速度较慢,但工作最可靠,可带低速交、直流负载。

图 17-3(a)图是继电器输出电路。内部电路使继电器的线圈通电,它的动合触点闭合,使外部负载得电工作。继电器同时起隔离和功率放大的作用,每一路只给用户提供一对动合触点。与触点并联的 *RC* 电路和压敏电阻用来消除触点断开时产生的电弧,以减轻它对 CPU 的干扰。继电器型输出电路的滞后时间一般在 10 ms 左右。

图 17-3(b)是晶体管集电极输出电路,各组的公共点 COM0 接外接直流电源的负极。输出信号送给内部电路中的输出锁存器,再经光电耦合器送给输出晶体管,后者的饱和导通状态和截止状态相当于触点的接通和断开。图中的稳压管用来抑制关断过电压和外部的浪涌电压,以保护晶体管,晶体管输出电路的延迟时间小于 1 ms。场效应晶体管输出电路的结构与晶体管输出电路基本上相同。

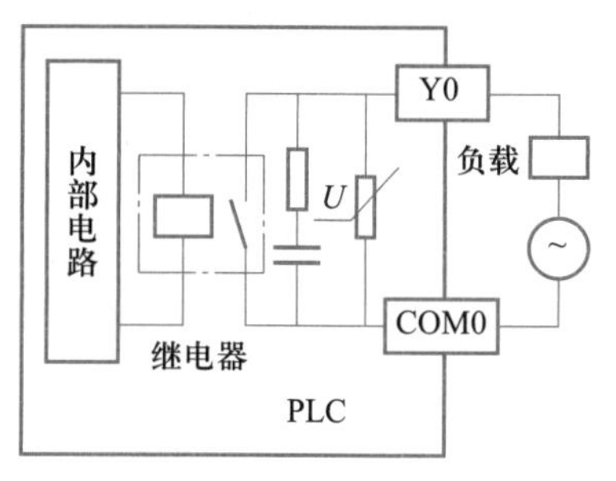

(a) 继电器输出电路

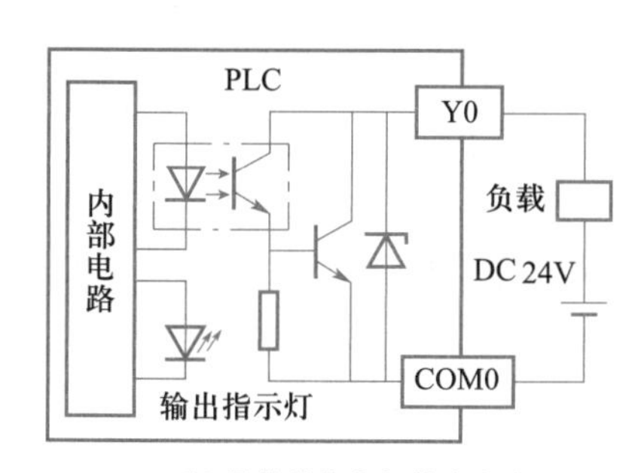

(b) 晶体管集电极输出电路

图 17-3　PLC 输出电路

3. 电源

可编程序控制器一般使用 220V 交流电源或直流 24V 电源。可编程序控制器内部的直流稳压电源为各模块内的元件提供直流电压,小型 PLC 可以为输入电路和外部的电子传感器(例如接近开关、光电开关)提供 DC24V 电源。

4. 编程装置

(1) 编程器是 PLC 的外部编程设备,用户可通过编程器输入、检查、修改、调试程序或监视 PLC 的工作情况。

(2) 目前,运行在计算机上基于 Windows 的编程软件已经取代了编程器,使用编程软件可以在计算机上直接编程,程序被编译后下载到 PLC 中,也可以将 PLC 中的程序上传到计算机。程序可以保存和打印,通过网络,还可以实现远程传送。更方便的是编程软件的实时调试功能非常强大,不仅能监视 PLC 运行过程中的各种参数和程序执行情况,还能进行智能化的故障诊断。

5. 扩展单元

扩展接口用于扩充外部输入、输出端子数。也可扩展其他特殊单元,如模拟量输入/输出模块、显示模块及通信接口模块。

6. 通信接口

PLC 通过通信接口可以实现“人—机”或“机—机”之间的对话,例如与触摸屏、打印机相连,提供方便的人机交互途径,也可以与其他的 PLC、计算机以及现场总线网络相连,组成多机系统或工业网络控制系统。

17.1.2　PLC 的工作原理

1. PLC 的工作方式

可编程序控制器有两种基本的工作状态,即运行(RUN)状态与停止(STOP)状态。在运行状态,可编程序控制器通过执行反映控制要求的用户程序来实现控制功能。为了使可编程序控制器的输出及时地响应随时可能变化的输入信号,用户程序不是只执行一次,而是按集中输入、集中输出,周期性循环扫描的方式,反复不断地被重复执行,直至可编程序控制器停机或切换到 STOP 工作状态。PLC 执行一次扫描过程所需的时间称为扫描周期,扫描周期是 PLC 的一个很重要的技术指标,PLC 的扫描时间取决于扫描速度和用户程序的长短,小型 PLC 的扫描周期一般为几毫秒到几十毫秒,典型值为 1~100ms。PLC 工作时大多数时间与外部输入/输出设备隔离,这种工作方式的优点是提高了系统的抗干扰能力,增强了系统的可靠性;缺点为当 PLC 输入端输入信号发生变化到 PLC 输出端对该输入变化做出反应需要一段时间,对一般的工业控制,这种滞后是完全允许的。

2. PLC 的工作过程

PLC 在每次循环过程中,除了执行用户程序之外,还要完成内部处理、通信处理等工作,一次循环可分为以下 5 个阶段,PLC 扫描过程如图 17-4 所示。

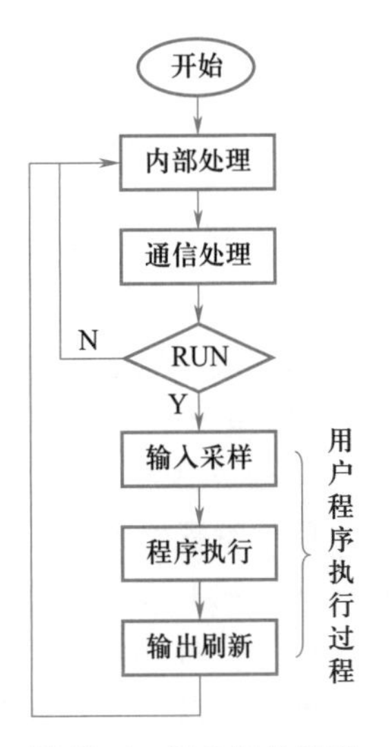

图 17-4　PLC 扫描过程

(1) 内部处理阶段

可编程序控制器检查 CPU 模块内部的硬件是否正常,将监控定时器复位,以及完成一些其他的内部工作。

(2) 通信处理阶段

可编程序控制器与其他具有微处理器的智能装置通信,响应编程器键入的命令,更新编程器的显示内容。

(3) 输入采样阶段

可编程序控制器把所有外部输入电路的接通/断开(ON/OFF)状态读入输入映像寄存器。PLC 中所有输入端子经过输入电路后先进入输入缓冲器等待采样。当 CPU 采样时,输入信号便进入输入映像存储器刷新,在此期间,输入映像存储器将现场与 CPU 隔离,无论输入信号如何变化,输入映像存储器中的内容保持到下一个扫描周期的输入采样阶段,才重新采样新的信号,即:输入映像存储器每周期刷新一次。PLC 扫描周期一般仅几十毫秒,两次采样之间的间隔时间很短,对一般的开关量而言,可以认为采样是连续的。

(4) 程序执行阶段

在没有跳转指令时,CPU 从第一条指令开始,逐条顺序地执行用户程序。每扫描一条指令,所需要的输入信号状态均从输入映像寄存器中读取。在执行用户程序过程中,根据指令做的相应的运算或处理的结果写入输出映像寄存器中,输出映像寄存器中的值可以被后面的指令使用。

(5) 输出刷新阶段

当扫描用户程序结束后,PLC 就进入输出刷新阶段。CPU 将输出映像存储器的通/断状态传送到输出锁存器。同理,CPU 不能直接驱动负载,处理的结果存放在输出映像存储器中,直至所有程序执行完毕,才将输出映像存储器中的内容经输出锁存器(称为输出状态刷新)送到输出端子上驱动外部负载。

17.1.3 PLC 的编程语言

现代的可编程序控制器一般备有多种编程语言,供用户使用。IEC 61131-3 中有 5 种编程语言:① 梯形图(ladder diagram,LAD);② 语句表(statement list,STL);③ 顺序功能图(sequential function chart, SFC);④ 功能块图(function block diagram, FBD);⑤ 结构文本(structured text,ST)。

1. 梯形图

梯形图(ladder diagram ,LAD)是一种图形语言,比较形象直观,容易掌握,用得最多,堪称用户第一编程语言。梯形图与继电器控制电路图的表达方式极为相似,适合于熟悉继电器控制电路的用户使用,特别适用于数字量逻辑控制,其主要特点如下:

(1) 可编程序控制器梯形图中的某些编程元件沿用了继电器这一名称,如输入继电器、输出继电器、内部辅助继电器等,但是它们不是真实的物理继电器(即硬件继电器),而是在软件中使用的编程元件(软继电器)。每一编程元件与可编程序控制器存储器中元件映像寄存器的一个存储单元相对应。梯形图中各编程元件的动合触点和动断触点均可以无限多次地使用。

(2) 梯形图两侧的垂直公共线称为公共母线(BUS bar)。在分析梯形图的逻辑关系时,为了借用继电器电路的分析方法,可以想象左右两侧母线之间有一个左正右负的直流电源电压,当图中的触点接通时,有一个假想的“概念电流”或“能流(power flow)”从左到右流动(如图 17-5 所示),这一方向与执行用户程序时的逻辑运算的顺序是一致的。

(3) 根据梯形图中各触点的状态和逻辑关系,求出与图中各线圈对应的编程元件的状态,称为梯形图的逻辑解算。逻辑解算是按梯形图中从上到下、从左到右的顺序进行的。

(4) 梯形图中的线圈和其他输出指令应放在最右边。

(5) 在一个程序中,同一编号的线圈如果使用两次,称为双线圈输出,它很容

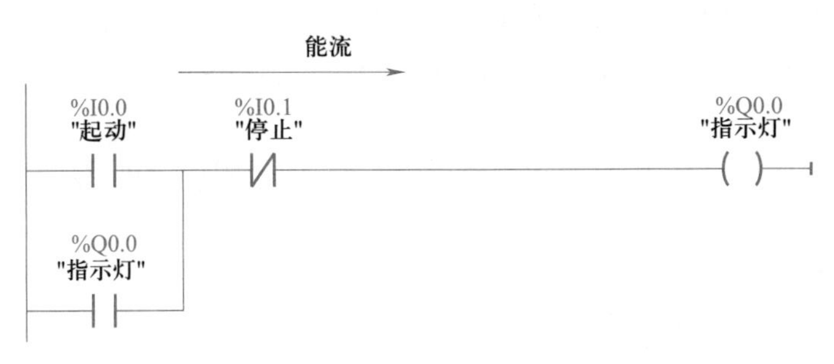

图 17-5　梯形图(LAD)

易引起误操作,应尽量避免。

2. 语句表

语句表(statement list,STL)是一种类似于计算机汇编语言的一种文本编程语言,由多条语句组成一个程序段。语句表可供习惯汇编语言的用户使用,在运行时间和要求的存储空间方面最优。在设计通信、数学运算等高级应用程序时建议使用语句表。

3. 顺序功能图

顺序功能图(sequential function chart,SFC)一种较新的编程方法,采用 IEC 标准的语言,用于编制复杂的顺控程序。利用这种先进的编程方法,初学者也很容易编出复杂的顺控程序,大大提高了工作效率,也为调试、试运行带来许多方便。

4. 功能块图

与梯形图(LAD)一样,功能块图(function block diagram,FBD)也是一种图形编程语言(如图 17-6 所示)。功能块图(FBD)使用类似于布尔代数的图形逻辑符号来表示控制逻辑,一些复杂的功能用指令框表示,FBD 比较适合于有数字电路基础的编程人员使用。

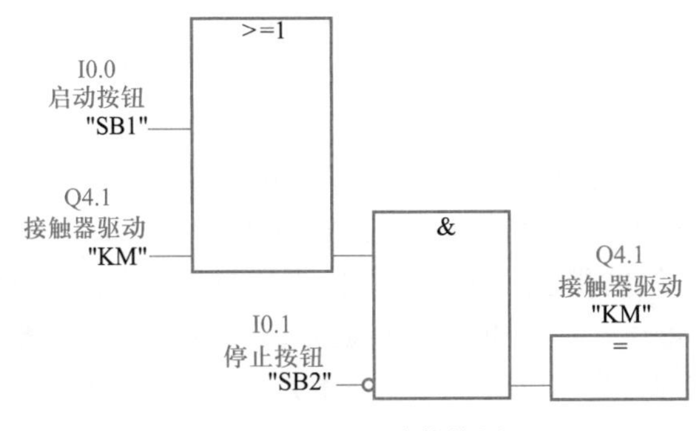

图 17-6　FBD(功能块图)

5. 结构文本

结构文本(structured text, ST)也称为 ST 语言,是为可编程序逻辑控制器(PLC)设计的基于 PASCAL 的高级编程语言,与梯形图相比,它能实现复杂的数学运算,编写的程序更加简洁紧凑。特别适用于数据管理、过程优化、配方管理和数学计算、统计等任务。

【练习与思考】

17-1-1 如何理解 PLC 的扫描工作方式?

17-1-2 PLC 的编程语言有哪些,最常用的是哪种?

17.2 S7-1200 PLC 概述

SIMATIC S7-1200 系列 PLC 是西门子公司在 S7-200 的基础上发展起来的模块化小型 PLC,该 PLC 结构紧凑、组态灵活且具有功能强大的指令集,可完成简单与高级逻辑控制、触摸屏(HMI)、网络通信等任务,具有支持小型运动控制系统、过程控制系统等高级应用功能。

17.2.1 S7-1200 PLC 硬件组成

S7-1200 PLC 的硬件系统组成如图 17-7 所示,主要由 CPU 模块、插入式扩展板(信号板 SB、通信板 CB、电池板 BB)、信号模块、通信模块组成。

讲义:西门子 S7-1200 的系统特性及硬件介绍

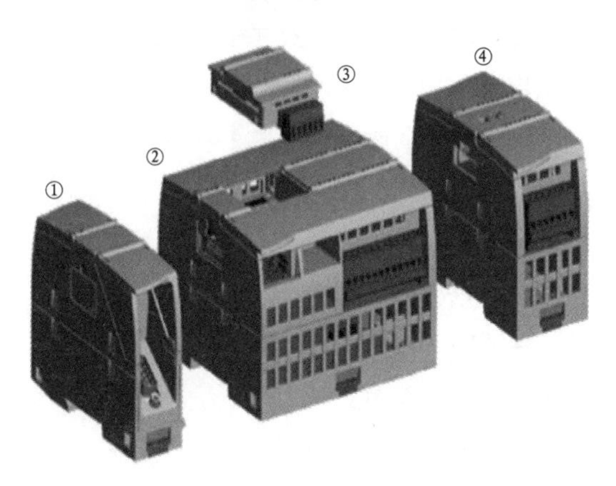

图 17-7 S7-1200 PLC 的硬件系统组成

1. CPU 模块

S7-1200 PLC 的 CPU 模块是整个系统的核心部分,S7-1200 PLC 的 CPU 模块将微处理器、集成电源、输入和输出电路、内置 PROFINET 以太网通信端口、高速运动 I/O 控制以及板载模拟量输入组合到一个设计紧凑的外壳中,使其成为一款使用灵活、功能强大的控制器。

(1) CPU 模块性能

① S7-1200 PLC 集成了最大 150KB 的工作存储器、最大 4MB 的装载存储器和 10KB 的保持性存储器;可选用 SIMATIC 存储卡方便地将程序传输至多个 CPU,还可以用来存储各种文件或更新控制器系统的固件。

② S7-1200 PLC 集成了 2 点模拟量输入/输出。

③ 使用任意内置或内插信号板 SB 最多可组态 6 个输入的高速计数器，最高计数频率为 200 kHz，用于对来自增量式编码器和其他设备的频率信号计数，或对过程事件进行高速计数。

④ 使用任意内置或内插信号板 SB 最多可组态 4 个脉冲输出，其中 2 点输出的最高频率可达 100 kHz，可用作脉冲列输出(PTO)或脉宽调制输出(PWM)，用于步进电动机或伺服电动机的速度和位置控制。

⑤ 支持最多 16 个用于闭环过程控制的 PID 控制回路，支持 PID 参数自调整功能。

⑥ 集成的 24V 传感器/负载电源可供传感器和编码器使用，也可以用做输入回路的电源。

⑦ 利用集成的 PROFINET 接口，S7-1200 PLC 可使用标准 TCP 通信协议与其他 CPU、编程设备、HMI 设备和非 Siemens 设备通信，该接口带一个具有自动交叉网线(auto-cross-over)功能的 RJ-45 连接器，提供 10/100 Mbit/s 的数据传输速率，支持最多 16 个以太网连接，支持 TCP/IP、ISO-on-TCP、UDP 和 S7 通信协议。

(2) CPU 模块型号

S7-1200 PLC 目前有 CPU 1211C、CPU 1212C、CPU 1214C、CPU 1215C、CPU 1217C 五种型号，各型号 CPU 的比较见附录 2。对于每个型号，西门子提供 DC(24V)和 AC(120~220V)两种供电的 CPU 类型，五种 CPU 均有晶体管输出和继电器输出两种类型，S7-1200 CPU 模块型号说明如图 17-8 所示。

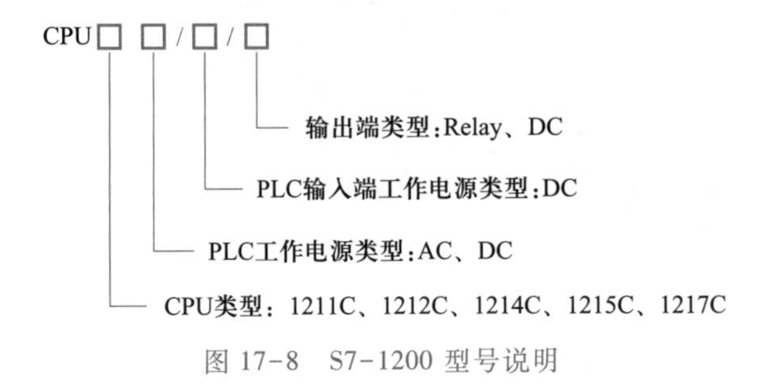

图 17-8　S7-1200 型号说明

2. S7-1200 PLC 的扩展功能

S7-1200 PLC 提供了各种模块(包括数字量 I/O 模块、模拟量 I/O 模块、通信模块)和插入式扩展板，用于扩展 CPU 的 I/O 或其他通信功能。

(1) 插入式扩展板

CPU 支持一个插入式扩展板，安装以后不会改变 CPU 模块的尺寸且可以扩展 CPU 的以下功能：

① 信号板 (SB)可以很方便地扩展 S7-1200 CPU I/O 点数，信号板 (SB)连接在 CPU 的前端。

② 通信板 (CB) 可以为 CPU 增加其他通信端口。

③ 电池板 (BB) 可提供长期的实时时钟备份。

（2）信号模块（SM）

信号模块（SM）连接在 CPU 模块右侧，如图 17-7 所示，S7-1200PLC 最多可扩展 8 个信号模块，以支持更多的数字和模拟量输入/输出信号。数字量信号模块，包括数字量输入模块、数字量输出模块和数字量输入输出模块；模拟量信号模块，包括模拟量输入模块、模拟量输出模块和模拟量输入输出模块。

（3）通信模块（CM）

CPU 最多支持 3 个通信模块（communication module，CM），各 CM 连接在 CPU 的左侧，支持以下通信协议：通过 RS-232 和 RS-485 进行点对点通信、ASCII 通信协议（基于字符的串行通信）、USS 驱动通信协议及 Modbus 通信协议。

3. S7-1200 PLC 的工作模式

CPU 有以下三种工作模式：STOP 模式、STARTUP 模式和 RUN 模式。

（1）在 STOP 模式下，CPU 处理所有通信请求并执行自诊断，CPU 不执行用户程序，过程映像也不会自动更新。

（2）在 STARTUP 模式下，执行一次起动组织块（OB）。在 STARTUP 模式下，CPU 不会处理中断事件。

（3）在 RUN 模式，处理扫描周期。在每个扫描周期中，CPU 都会写入输出、读取输入、执行用户程序、更新通信模块以及响应用户中断事件和通信请求。

17.2.2 S7-1200 PLC 的程序设计基础

1. S7-1200 PLC 的程序结构

S7-1200 PLC 编程采用块（BLOCK）的概念，即将程序分解为独立的、自成体系的各个部件，块类似子程序的功能，但类型更多、功能更强大。在工业控制中，程序往往是非常庞大和复杂的，采用块的概念可以设计标准化的块程序进行重复调用，使整个程序结构清晰明了，修改方便，调试简单。大规模程序设计采用块结构显著地增加了 PLC 程序的组织透明性、可理解性及易维护性。S7-1200 PLC 用户程序通常包括组织块（OB）、函数块（FB）、函数（FC）及数据块（DB），各程序块说明见表 17-1。

表 17-1 用户程序块说明

BLOCK	简要描述
组织块（OB）	操作系统与用户程序的接口，决定用户程序的结构
函数块（FB）	用户编写的包含经常使用的功能的子程序，有存储区
函数（FC）	用户编写的包含经常使用的功能的子程序，无存储区
数据块（DB）	存储用户数据的数据区域

2. S7-1200 PLC 的编程软件

STEP 7 是 S7-1200 系列 PLC 应用设计软件包，为用户提供了开发、编辑和监视控制应用所需的工具，其中包括用于管理和组态项目中的所有设备（例如控制器和 HMI 等设备)。STEP 7 支持 S7-1200 系列 PLC 使用 LAD(梯形图)、FBD(功能块图)及 SCL(结构化控制语言),并且在 STEP 7 中可以相互转换。关于 STEP 7 软件的学习,读者可以参阅西门子 S7-1200 手册。

17.2.3　S7-1200 PLC 的基本数据类型

数据类型用来描述数据的长度(即二进制的位数)和属性,表 17-2 列出了 S7-1200 PLC 每一种基本数据类型的符号、位数及数值范围。在 S7-1200 PLC 中,除了基本数据类型外还包括复杂数据类型、参数类型,读者可以参考 S7-1200 中文手册进行学习。

表 17-2　S7-1200 PLC 的基本数据类型

变量类型	符号	位数	取值范围	常数举例
位	Bool	1	1,0	TRUE,FALSE 或 1,0
字节	Byte	8	16#00~16#FF	16#12,16#AB
字	Word	16	16#0000~16#FFFF	16#ABCD,16#0001
双字	DWord	32	16#00000000~16#FFFFFFFF	16#02468ACE
字符	Char	8	16#00~16#FF	'A','t','@'
有符号字节	SInt	8	-128~127	123, -123
整数	Int	16	-32768~32767	123, -123
双整数	DInt	32	-2147483648~2147483647	123, -123
无符号字节	USInt	8	0~255	123
无符号整数	UInt	16	0~65535	123
无符号双整数	UDInt	32	0~4294967295	123
浮点数(实数)	Real	32	$\pm1.175495\times10^{-38}\sim\pm3.402823\times10^{38}$	12.45, -3.4, -1.2E+3
双精度浮点数	LReal	64	$\pm2.2250738585072020\times10^{-308}$ $\sim\pm1.7976931348623157\times10^{308}$	12345.12345 -1.2E+40
时间	Time	32	T#-24d_20h_31m_23s_648ms~ T#24d_20h_31m_23s_648ms	T#1d_2h_15m_30s_45ms

17.2.4　S7-1200 系统存储器及其寻址

1. S7-1200 系统存储器

系统存储器是 CPU 为用户程序提供的存储器组件,用于存放用户程序的操作数据,被划分为:过程映像输入区(I)、过程映像输出区(Q)、外设输入/输出、位存储区(M)、临时局部存储区(L)及数据块存储区(DB)。使用指令可以在相应的地址区内对数据直接进行寻址,各个区域的作用及功能如表 17-3。

表 17-3　系统存储器各个区域的作用及功能

地址区	说明
过程映像输入区 I	过程映像输入区每一位对应一个数字量输入点，在每个扫描周期的开始，CPU 对输入点进行采样，并将采样值存于输入映像寄存器中。CPU 在接下来的本周期各阶段不再改变输入过程映像寄存器中的值，直到下一个扫描周期的输入处理阶段进行更新
物理输入（I_:P）	通过该区域立即读取物理输入且不会影响过程映像输入区中的对应值
过程映像输出区 Q	过程映像输出区的每一位对应一个数字量输出点，在扫描周期的末尾，CPU 将输出映像寄存器的数据传送给输出模块，再由后者驱动外部负载
物理输出（ Q_:P）	立即写外设输出点且同时写给过程映像输出，Q_:P 访问是只写的
位存储区 M	用来保存控制继电器的中间操作状态或其他控制信息
临时局部存储器 L	用于存储代码块被处理时使用的临时数据，只能在生成它们的代码块内使用，不能与其他代码块共享。只能通过符号地址访问临时存储器
数据块存储器 DB	在程序执行的过程中存放中间结果，或用来保存与工序或任务有关的其他数据

2. 数据寻址

二进制数的 1 位（bit）只有 0 和 1 两种不同的取值，可用来表示开关量（或称数字量）的两种不同的状态，如触点的断开和接通，线圈的通电和断电等。如果该位为 1，则表示梯形图中对应的编程元件的线圈“通电”，其动合触点接通，动断触点断开，反之相反。位数据的数据类型为 BOOL（布尔）型。8 位二进制数组成 1 个字节（Byte），其中的第 0 位为最低位（LSB）、第 7 位为最高位（MSB）；两个字节组成 1 个字（Word）；两个字组成 1 个双字（D Word） 。图 17-9（a）、17-9（b）、17-9（c）分别为字节、字、双字存储示意图。

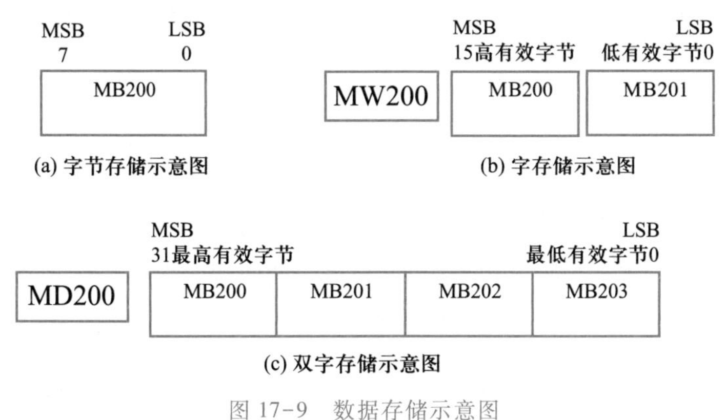

图 17-9　数据存储示意图

每个字节为一个存储单元,每个存储单元都有唯一的地址。SIMATIC S7-1200CPU 中可以按照位、字节、字和双字对存储单元进行寻址。用户程序利用这些绝对地址访问存储单元中的信息,绝对地址由以下元素组成:

(1) 存储区标识符(如 I、Q 或 M)

(2) 要访问的数据的大小("B"表示 Byte、"W"表示 Word 或"D"表示 DWord)

(3) 数据的起始地址(如字节 3 或字 3)

例如,如图 17-10 所示,其中的区域标识符"I"表示输入(input),字节地址为 3,位地址为 2,这种存取方式称为"字节.位"寻址方式。

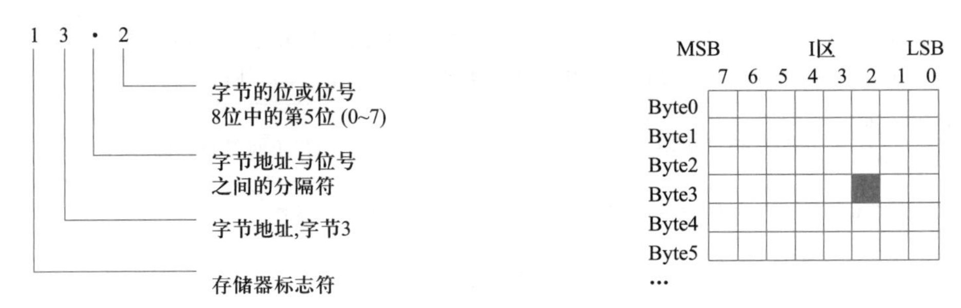

图 17-10　"字节.位"寻址方式

注意:当涉及多字节组合寻址时,S7-1200 遵循"高地址、低字节"规律。

【练习与思考】

17-2-1　S7-1200 的硬件主要由哪些部件组成?

17-2-2　说明 S7-1200PLC CPU 1214C AC/DC/RLY 型号的含义。

17-2-3　S7-1200 可以使用哪些编程语言?

17-2-4　S7-1200 的代码块包括哪些块?各代码块有什么特点?

17.3　S7-1200 的常用基本指令

S7-1200 的指令从功能上大致可分为三类:基本指令、扩展指令和全局库指令。本节我们以梯形图编程语言介绍 S7-1200 位逻辑指令、定时器、计数器等常用的基本指令的功能和使用方法。

讲义:S7-1200 的指令系统

17.3.1　位逻辑指令

位逻辑指令是 PLC 编程中最基本、使用最频繁的指令,处理的对象为二进制位信号。位逻辑指令扫描信号状态 **1** 或 **0**,并根据布尔逻辑对它们进行组合,所产生的结果(**1** 或 **0**)称为逻辑运算结果(RLO),按不同的功能用途可以分为触点指令与线圈指令、置位/复位指令、边沿触点指令。

1. 触点指令与线圈指令

在 LAD(梯形图)程序中,通常使用类似继电器控制电路中的触点符号及线圈符号来表示 PLC 的位元件,表 17-4 列出了触点与线圈指令的梯形图及功能。

表 17-4　触点与线圈指令的梯形图及功能

类型	梯形图	功能说明
动合触点	"IN" ─┤ ├─	动合触点指定的存储器地址位为 **1** 时触点状态闭合（ON）；为 **0** 时断开（OFF）
动断触点	"IN" ─┤/├─	动断触点指定的存储器地址位为 **1** 时触点状态断开（OFF）；为 **0** 时闭合（ON）
取反逻辑运算结果（RLO）	─┤NOT├─	将执行该指令之前的 RLO 取反，RLO 为 **0** 将它变为 **1**，RLO 为 **1** 则变为 **0**
线圈	"OUT" ─( )─	如果有能流通过输出线圈，则输出位设置为 **1**
取反线圈	"OUT" ─(/)─	如果没有能流通过输出线圈则输出位设置为 **1**

指令使用说明：以串联方式连接的触点创建 AND 逻辑；以并联方式连接的触点创建 OR 逻辑。

例 17-1　图 17-11 为电动机起、停指示的 PLC 梯形图。

%I0.0 "起动"　%I0.1 "停止"　%Q0.0 "指示灯"

%Q0.0 "指示灯"

图 17-11　电动机起、停指示的 PLC 梯形图

例 17-2　设备运行有手动及自动运行方式，运行方式指示的 PLC 梯形图如图 17-12 所示。

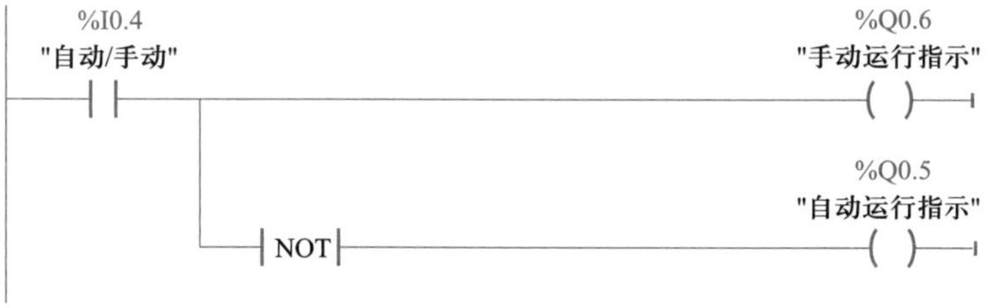

%I0.4 "自动/手动"　%Q0.6 "手动运行指示"

NOT　%Q0.5 "自动运行指示"

图 17-12　手动及自动运行方式指示的 PLC 梯形图

2. 复位/置位指令

复位/置位指令格式及功能如表 17-5。

表 17-5　复位/置位指令格式及功能

类型	梯形图	功能说明
复位输出	"OUT" —(R)—	RLO 为 **1** 时,变量“ OUT” 地址处的数据值设置为 **0**
置位输出	"OUT" —(S)—	RLO 为 **1** 时,变量“ OUT” 地址处的数据值设置为 **1**
复位位域	"OUT" —(RESET_BF)— "n"	RLO 为 **1** 时,将指定的地址开始的连续的若干个位地址复位
置位位域	"OUT" —(SET_BF)— "n"	RLO 为 **1** 时,将指定的地址开始的连续的若干个位地址置位
复位优先锁存器	"INOUT" SR: S, R1, Q	置位（S）和复位（R1）信号如果都为 **1**,复位优先,输出 Q 反映了位地址 INOUT 的状态
置位优先锁存器	"INOUT" RS: R, S1, Q	置位（S1）和复位（R）信号如果都为 **1**,置位优先,输出 Q 反映了位地址 INOUT 的状态

指令使用说明：

(1) 置位输出指令与复位输出指令最主要的特点是有记忆和保持功能。指定线圈一旦被置位/复位,则保持接通/断开状态,直到对其进行复位操作。

(2) 复位优先锁存器、置位优先锁存器的置位、复位输入均以高电平状态有效。

例 17-3　如图 17-13 所示分别为复位/置位输出指令、置位优先锁存器指令实现的电动机直接起动 PLC 控制程序。起动按钮按下,Q0.0 置位,电动机运行；按下停止按钮或者热继电器动作,输出 Q0.0 复位,接触器 KM 线圈失电,电动机停止。

(a) 复位/置位输出指令示例

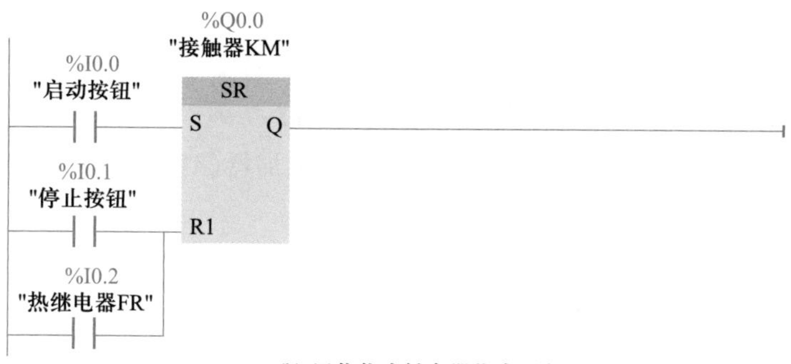

(b) 置位优先锁存器指令示例

图 17-13　电动机直接起动梯形图

3. 边沿触点指令

边沿触点指令格式及功能如表 17-6 所示。

表 17-6　边沿触点指令格式及功能

类型	梯形图	功能描述
上升沿检测触点	"IN" ──┤P├── "M_BIT"	指定位上检测到正跳变(断到通)时,该触点接通一个扫描周期
下降沿检测触点	"IN" ──┤N├── "M_BIT"	指定位上检测到负跳变(通到断)时,该触点接通一个扫描周期

指令使用说明:边沿触点指令采用存储位(M_BIT)保存被监控输入信号的先前状态。通过将输入的状态与前一状态进行比较来检测边沿。如果状态指示在关注的方向上有输入变化,则会在输出写入 TRUE;否则,输出会写入 FALSE。

例 17-4　如图 17-14 所示 PLC 控制程序实现了一个按钮控制一盏灯的亮与灭,奇数次按下按钮 I0.0 时灯亮,偶数次按下按钮灯灭。

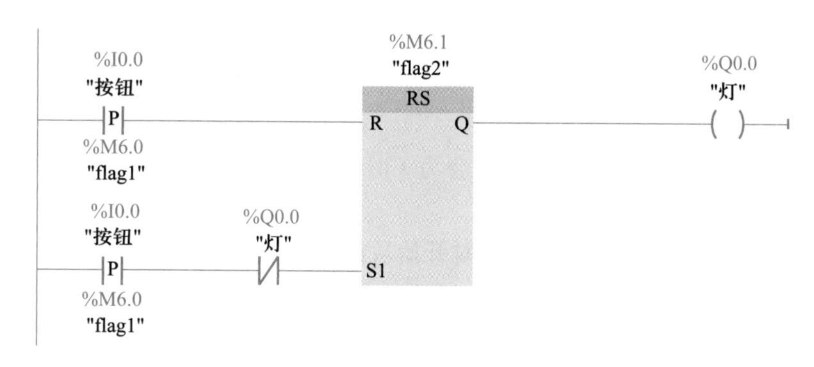

图 17-14　灯亮、灯灭控制梯形图

17.3.2　定时器

使用定时器指令可创建编程的时间延迟，表 17-7 列出了 S7-1200 PLC 接通延时定时器（TON）、关断延时定时器（TOF）及时间累加器（TONR）指令的梯形图格式及功能。

表 17-7　定时器指令的梯形图格式及功能

类型	梯形图	功能描述（定时器运行时序图）
接通延时定时器（TON）	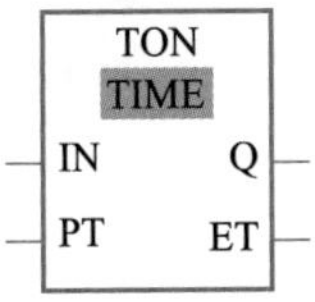 TON TIME IN　Q PT　ET	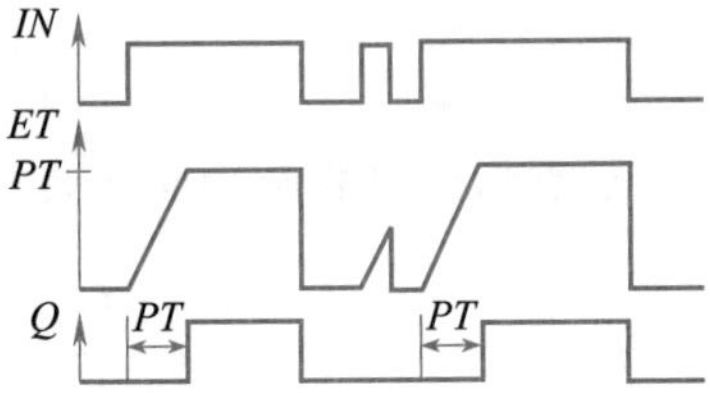 IN ET PT Q　PT　PT
关断延时定时器（TOF）	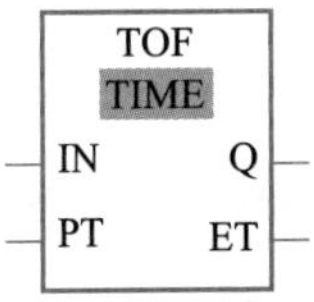 TOF TIME IN　Q PT　ET	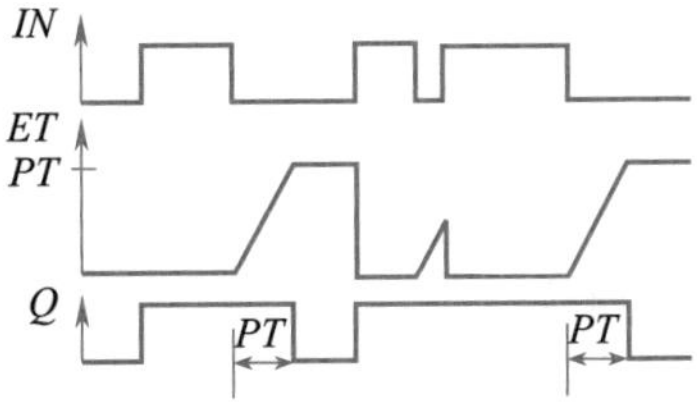 IN ET PT Q　PT　PT
时间累加器（TONR）	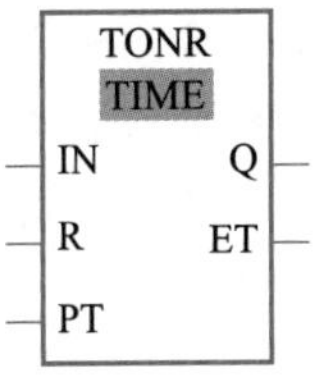 TONR TIME IN　Q R　ET PT	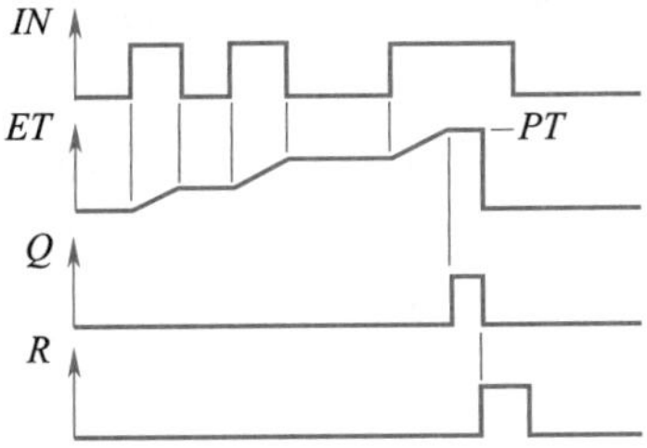 IN ET　PT Q R

指令说明：

（1）定时器的输入参数 *IN* 从 **0** 变为 **1** 时将起动 TON 和 TONR，从 **1** 变 **0** 时将启动 TOF。

（2）*PT* 为预设时间值，*ET* 为定时开始后经过的当前时间值，数据类型为 32 位的 Time，单位为 ms，最大定时时间为 24 天。*PT* 可以使用常量，定时器指令可以放在程序段的中间或结束处。

例 17-5　用接通延时定时器实现的周期和占空比可调的振荡器，PLC 梯形图如图 17-15（a）所示，振荡电路的高、低电平时间分别由两个定时器的 *PT* 值确定，时序电路如图 17-15（b）所示。

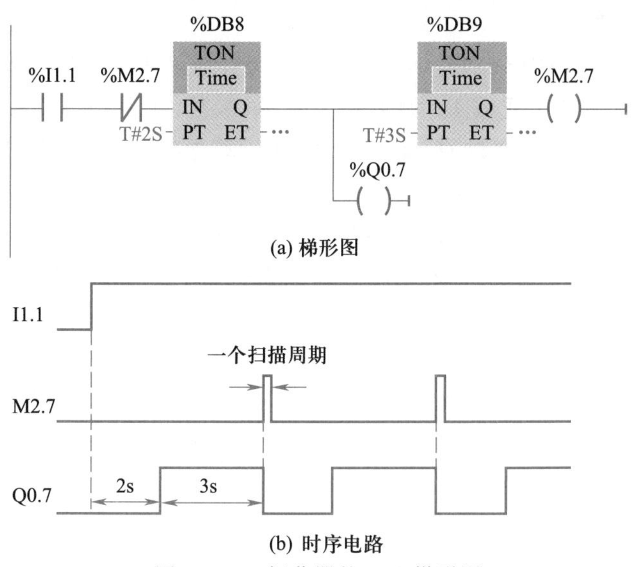

图 17-15 振荡器的 PLC 梯形图

17.3.3 计数器

定时器是对 PLC 内部的时钟脉冲进行计数,而计数器是对外部的或由程序产生的计数脉冲进行计数 。表 17-8 列出了 S7-1200 的 3 种计数器:加计数器(CTU)、减计数器(CTD)和加减计数器(CTUD)的指令格式及功能。

表 17-8 3 种计数器的指令格式及功能

类型	梯形图	定时器运行时序图
CTU 运算 (加计数器)	CTU INT CU Q R CV PV	CU R CV 0 1 2 3 4 0 Q
CTD 运算 (减计数器)	CTD INT CD Q LD CV PV	CD LD CV 0 3 2 1 0 3 2 Q
CTUD 运算 (加减计数器)	CTUD INT CU QU CD QD R CV LD PV	CU CD R LOAD CV 0 1 2 3 4 5 4 3 4 5 0 QU QD

指令使用说明：

（1）参数 *CU* 和 *CD* 分别是加计数输入和减计数输入，在 *CU* 或 *CD* 由 **0** 变为 **1** 时，实际计数值 *CV* 加 1 或减 1。如果 CTU 运算，参数 *CV* 的值等于或大于 *PV*（预设值），则计数器 CTU 输出参数 *Q*=**1**；如果 CTD 运算参数 *CV* 的值等于或小于零，则计数器 CTD 输出参数 *Q*=**1**。

（2）复位输入 *R* 为 **1** 时，计数器被复位，*CV* 被清 0，计数器的输入 *Q* 变为 **0**。如果参数 *LD* 的值从 **0** 变为 **1**，则参数 *PV*（预设值）的值将作为新的 *CV*（当前计数值）装载到计数器。

（3）CTUD 参数 *CV*（当前计数值）的值若大于或等于参数 *PV*（预设值）的值，则计数器输出参数 *QU*=**1**。若参数 *CV* 的值小于或等于零，则计数器输出参数 *QD*=**1**。

例 17-6　某停车场有 100 个停车位。展厅进口与出口各装一传感器，每有一车进出，传感器给出一个脉冲信号。如图 17-16 所示 PLC 梯形图实现了当停车场内不足 100 辆车时，绿灯亮，表示可以进入；当停车场满 100 辆车时，红灯亮，表示不准进入。

PLC 梯形图如图 17-16 所示：

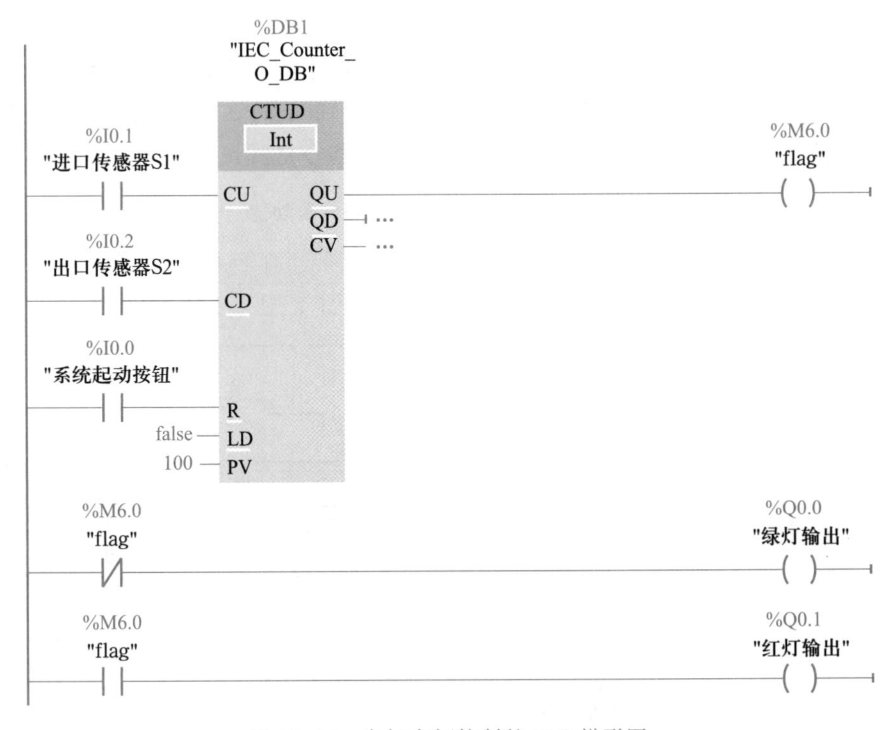

图 17-16　车场车辆控制的 PLC 梯形图

【练习与思考】

17-3-1　试比较普通触点运算指令与检测上升沿（下降沿）触点指令的异同。

17-3-2　试利用一个接通延时定时器实现控制灯点亮 10 s 后熄灭，画出梯形图。

17.4 S7-1200 系列 PLC 的应用

继电接触器控制电路图与 PLC 梯形图有很多相似之处，本节基于 S7-1200 PLC 对 16 章部分继电接触器控电路进行 PLC 改造，要求完成 PLC 主电路设计，并编写梯形图程序，改造后的系统功能与 16 章继电器—接触器控制电路所完成的功能相同。

讲义：S7-1200 系列 PLC 应用

17.4.1 S7-1200 系列 PLC 的基本应用

1. S7-1200 PLC 实现异步电动机的正/反转控制

（1）I/O 地址分配

变量表_1

	名称	数据类型	地址
1	正转SB_1	Bool	%I0.0
2	停止SB_2	Bool	%I0.1
3	反转SB_3	Bool	%I0.2
4	热继电器动断触点FR	Bool	%I0.3
5	正转接触器KM_1	Bool	%Q0.0
6	反转接触器KM_2	Bool	%Q0.2

（2）PLC 主电路设计

保持图 16-18 异步电动机的正/反转控制主回路不变，控制回路接入 PLC，如图 17-17 所示。注意线圈电压应选择 AC220V。

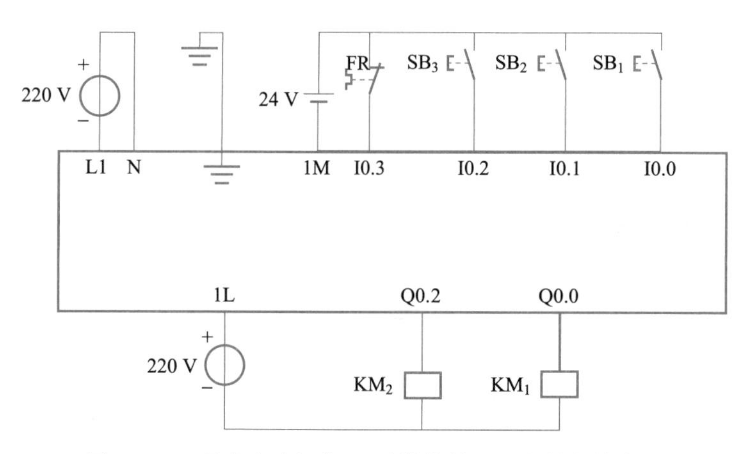

图 17-17　异步电动机的正/反转控制 PLC 的外部接线图

（3）PLC 程序设计

PLC 梯形图如图 17-18 所示：

▼ 程序段1：电动机正转起动控制

注释

%I0.0 "正转SB1"
%I0.1 "停止SB2"
%I0.2 "反转SB3"
%Q0.2 "反转接触器KM2"
%I0.3 "热继电器动断触点FR"
%Q0.0 "正转接触器KM1"
%Q0.0 "正转接触器KM1"

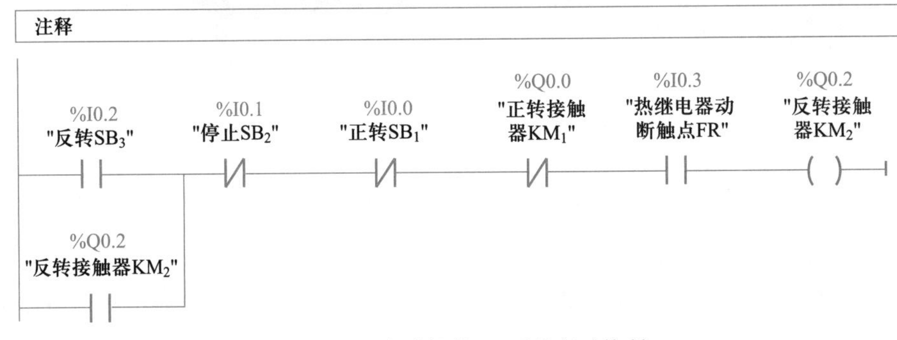

图 17-18 电动机的正/反转起动控制

2. S7-1200 PLC 实现异步电动机多机顺序控制

(1) I/O 地址分配表

		名称	数据类型	地址
1		油泵启动按钮SB_1	Bool	%I0.0
2		主轴电动机启动按钮SB_2	Bool	%I0.1
3		停止按钮SB	Bool	%I0.2
4		油泵电动机热继电器FR_1动断触点	Bool	%I0.3
5		主轴电动机热继电器FR_2动断触点	Bool	%I0.4
6		油泵电动机接触器线圈KM_1	Bool	%Q0.0
7		主轴电动机接触器线圈KM_2	Bool	%Q0.1

(2) PLC 的外部接线图

保持图 16-20 异步电动机多机顺序控制主回路不变，控制回路接入 PLC，PLC 的外部接线图如图 17-19 所示。

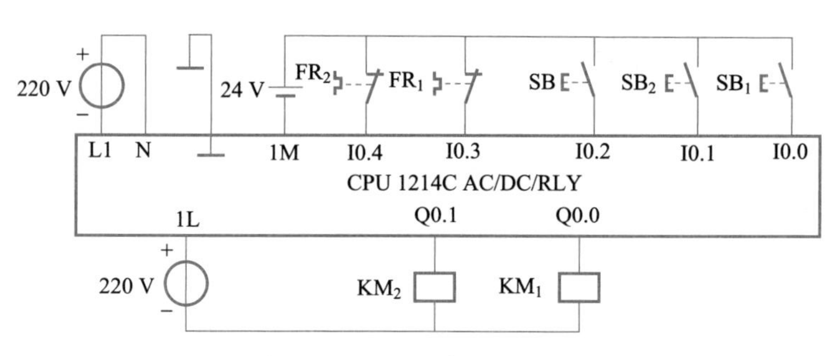

图 17-19　异步电动机多机顺序控制 PLC 的外部接线图

(3) PLC 程序设计

PLC 梯形图如图 17-20 所示：

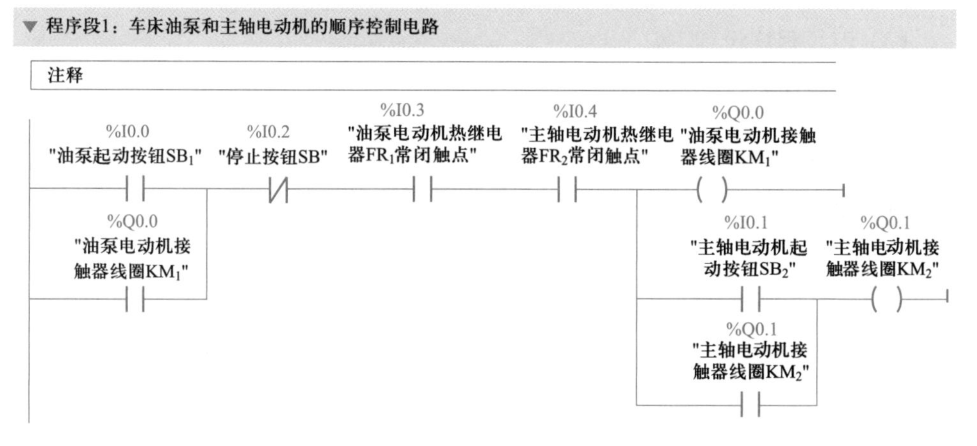

图 17-20　异步电动机多机顺序 PLC 控制梯形图

3. 三相笼型异步电动机 Y-△换接降压起动的时间控制电路

(1) I/O 地址分配表

变量表_1

		名称	数据类型	地址
1		起动按钮SB₁	Bool	%I0.0
2		停止按钮SB₂	Bool	%I0.1
3		主接触器KM₁	Bool	%Q0.0
4		Y接法接触器KM₃	Bool	%Q0.2
5		Δ接法接触器KM₂	Bool	%Q0.1
6		热继电器FR	Bool	%I0.2

(2) PLC 的外部接线图

保持图 16-23 异步电动机 Y-△换接降压起动主回路不变，控制回路接入 PLC，PLC 的外部接线图如图 17-21 所示。

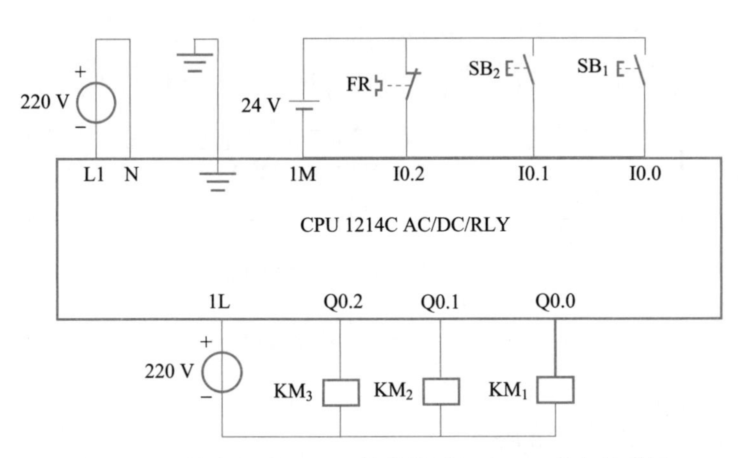

图 17-21　异步电动机 Y-△换接降压起动 PLC 外部接线图

(3) PLC 程序设计

PLC 梯形图如图 17-22 所示：

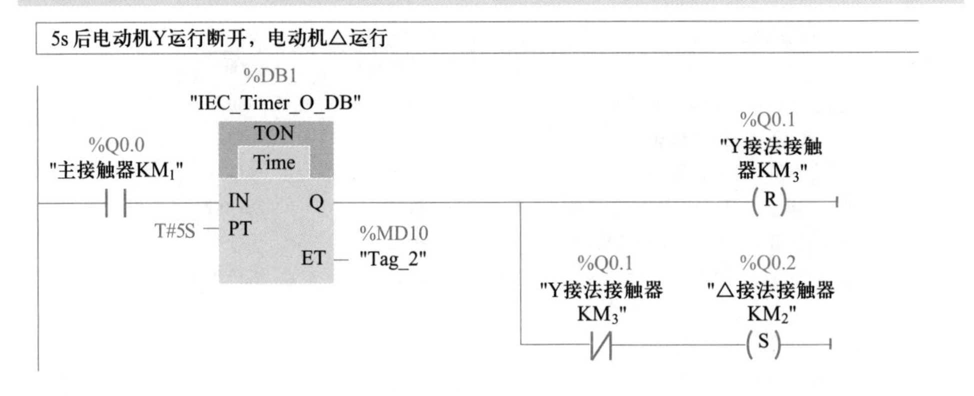

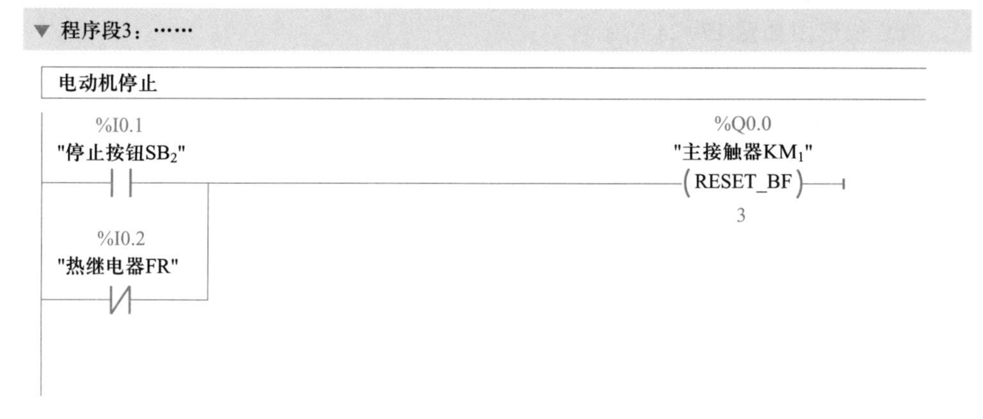

图 17-22 异步电动机 Y-△换接降压起动 PLC 梯形图

4. 能耗制动控制电路

(1) I/O 地址分配表

变量表_1

		名称	数据类型	地址
1		起动按钮SB_1	Bool	%I0.0
2		停止按钮 SB_2	Bool	%I0.1
3		接触器KM_1	Bool	%Q0.0
4		制动接触器KM_2	Bool	%Q0.1
5		热继电器动断触点FR	Bool	%I0.2
6		flag1	Bool	%M3.0

(2) PLC 的外部接线图

保持图 16-26 能耗制动控制电路主回路不变，控制回路接入 PLC，PLC 的外部接线图如图 17-23 所示。

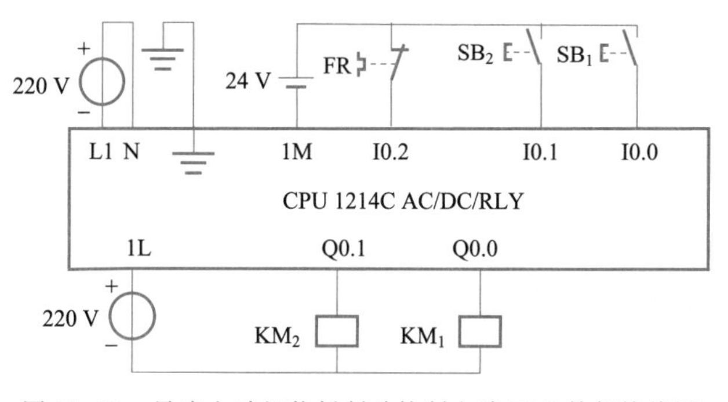

图 17-23 异步电动机能耗制动控制电路 PLC 外部接线图

（3）PLC 程序设计

PLC 梯形图如图 17-24 所示：

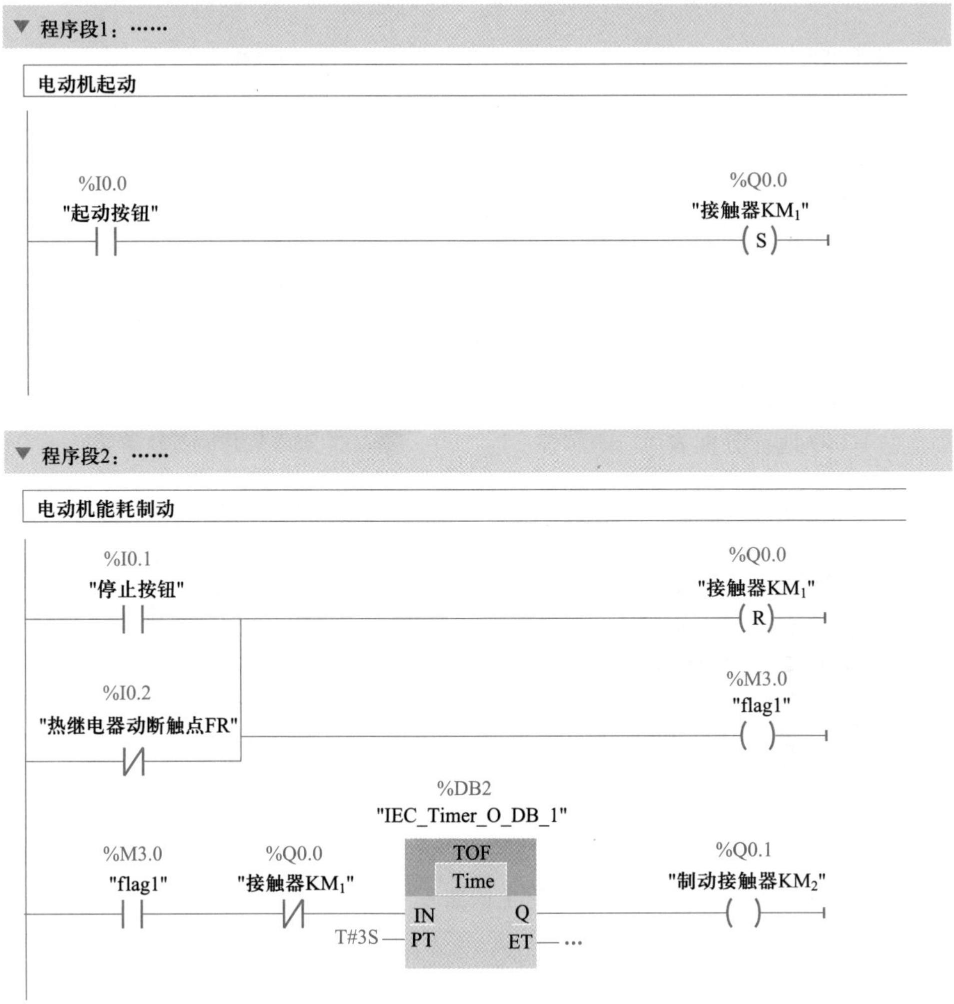

▼ 程序段1：……

电动机起动

%I0.0
"起动按钮"
%Q0.0
"接触器KM$_1$"
S

▼ 程序段2：……

电动机能耗制动

%I0.1
"停止按钮"
%Q0.0
"接触器KM$_1$"
R
%I0.2
"热继电器动断触点FR"
%M3.0
"flag1"
%DB2
"IEC_Timer_O_DB_1"
%M3.0
"flag1"
%Q0.0
"接触器KM$_1$"
TOF
Time
IN
Q
T#3S
PT
ET
…
%Q0.1
"制动接触器KM$_2$"

图 17-24　异步电动机能耗制动控制电路 PLC 梯形图

17.4.2　S7-1200 可编程序控制器的工程应用

1. 运料小车自动往返 PLC 控制系统

（1）I/O 地址分配表

变量表_1

		名称	数据类型	地址
1		小车停车按钮SB	Bool	%I0.0
2		小车总起动按钮SB_1	Bool	%I0.1
3		小车装料起动按钮SB_F	Bool	%I0.2
4		小车卸料起动按钮SB_R	Bool	%I0.3
5		A端行程开关ST_A	Bool	%I0.4
6		B端行程开关ST_B	Bool	%I0.5
7		flag	Bool	%M3.0
8		KM_F	Bool	%Q0.0
9		KM_R	Bool	%Q0.1
10		热继电器FR	Bool	%I0.6

（2）PLC 的外部接线图

保持图 16-28 小车自动往复运行电气控制系统主电路不变，控制回路接入 PLC，外部接线图如图 17-25 所示。

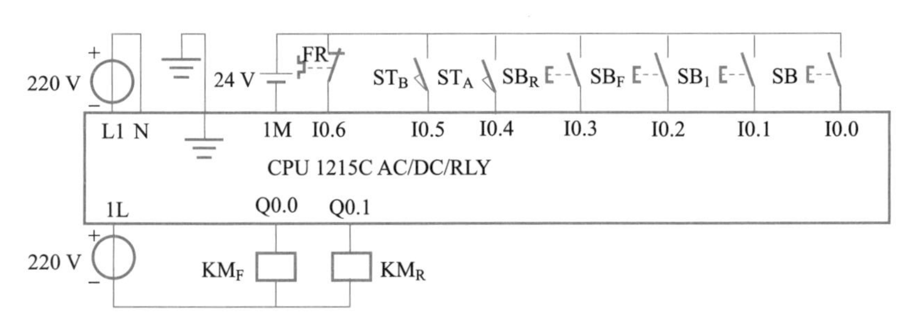

图 17-25　运料小车自动往返 PLC 控制系统的外部接线图

（3）PLC 程序设计

运料小车自动往返 PLC 控制梯形图如图 17-26 所示：

▼ 程序段1：……

注释

%I0.0 "小车停车按钮SB"
%I0.1 "小车总起动按钮SB1"
%I0.6 "热继电器FR"
%M3.0 "flag"
%M3.0 "flag"

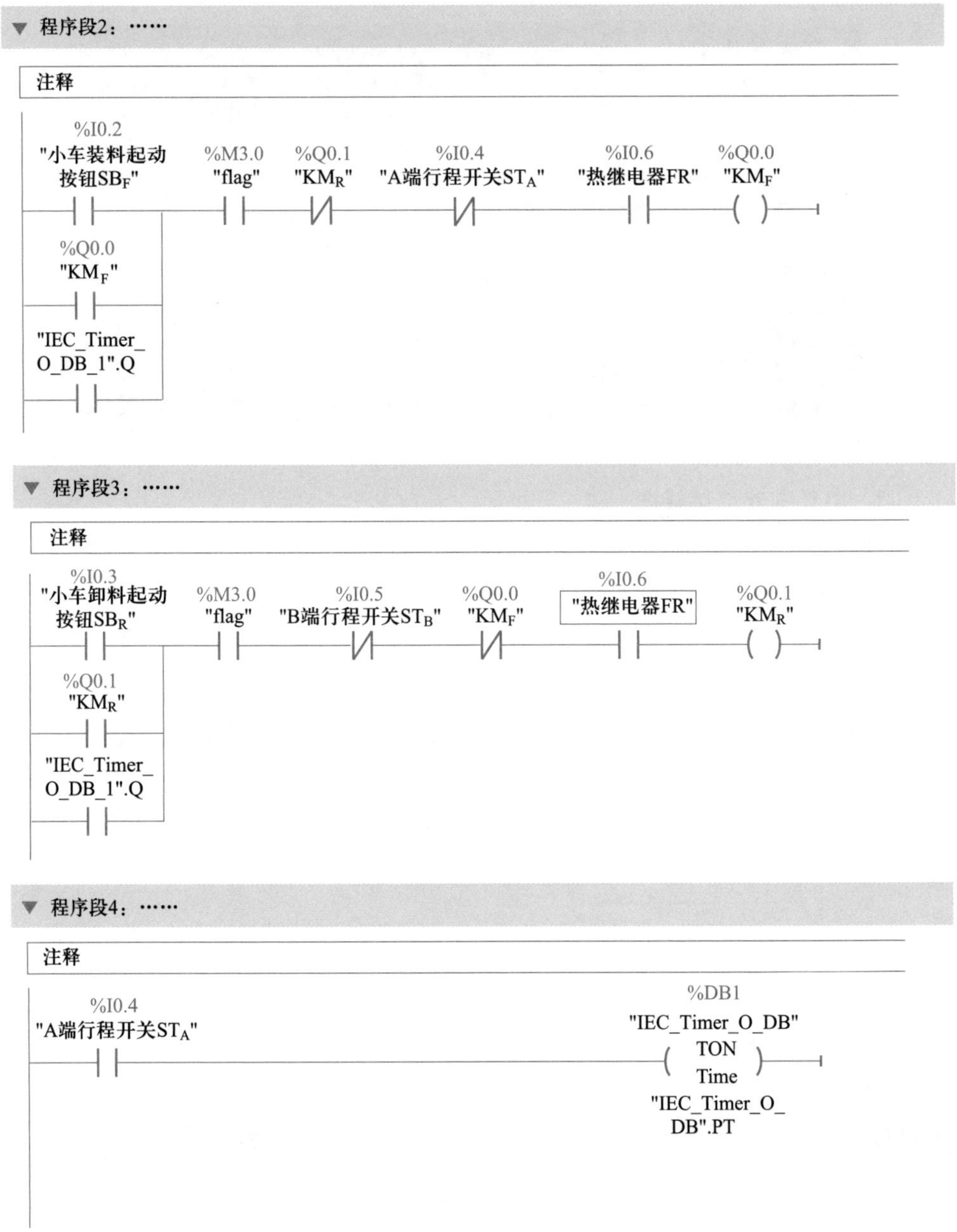

▼ 程序段2：……

注释

%I0.2
"小车装料起动按钮SB_F"
%M3.0 "flag"
%Q0.1 "KM_R"
%I0.4 "A端行程开关ST_A"
%I0.6 "热继电器FR"
%Q0.0 "KM_F"
%Q0.0 "KM_F"
"IEC_Timer_O_DB_1".Q

▼ 程序段3：……

注释

%I0.3
"小车卸料起动按钮SB_R"
%M3.0 "flag"
%I0.5 "B端行程开关ST_B"
%Q0.0 "KM_F"
%I0.6 "热继电器FR"
%Q0.1 "KM_R"
%Q0.1 "KM_R"
"IEC_Timer_O_DB_1".Q

▼ 程序段4：……

注释

%I0.4
"A端行程开关ST_A"
%DB1
"IEC_Timer_O_DB"
TON
Time
"IEC_Timer_O_DB".PT

图 17-26　运料小车自动往返 PLC 控制梯形图

2. C650 型卧式车床 PLC 控制电路

（1）I/O 地址分配表

		名称	数据类型	地址
1		主机点动按钮SB_2	Bool	%I0.1
2		主机正转按钮SB_3	Bool	%I0.2
3		主机反转按钮SB_4	Bool	%I0.3
4		冷却泵停止按钮SB_5	Bool	%I0.4
5		冷却泵起动按钮SB_6	Bool	%I0.5
6		刀架的快速移动行程开关SQ	Bool	%I0.6
7		主机正转速度继电器KS_1	Bool	%I0.7
8		主机反转速度继电器KS_2	Bool	%I1.0
9		主机正转接触器KM_1	Bool	%Q1.0
10		主机反转接触器KM_2	Bool	%Q1.1
11		主机短接电阻KM_3	Bool	%Q1.2
12		冷却泵接触器KM_4	Bool	%Q1.3
13		刀架的快速移动接触器KM_5	Bool	%Q1.4
14		停车按钮SB_1	Bool	%I0.0
15		正转中间继电器KA_1	Bool	%M3.1
16		反转中间继电器KA_2	Bool	%M3.2
17		正转反接制动中间继电器KA_3	Bool	%M3.3
18		反转反接制动中间继电器KA_4	Bool	%M3.4
19		电流表A延时接入继电器KA	Bool	%Q1.5

(2) PLC 的外部接线图

保持图 16-29 C650 型卧式车床电气控制系统主电路不变，控制回路接入 PLC，外部接线图如图 17-27 所示。

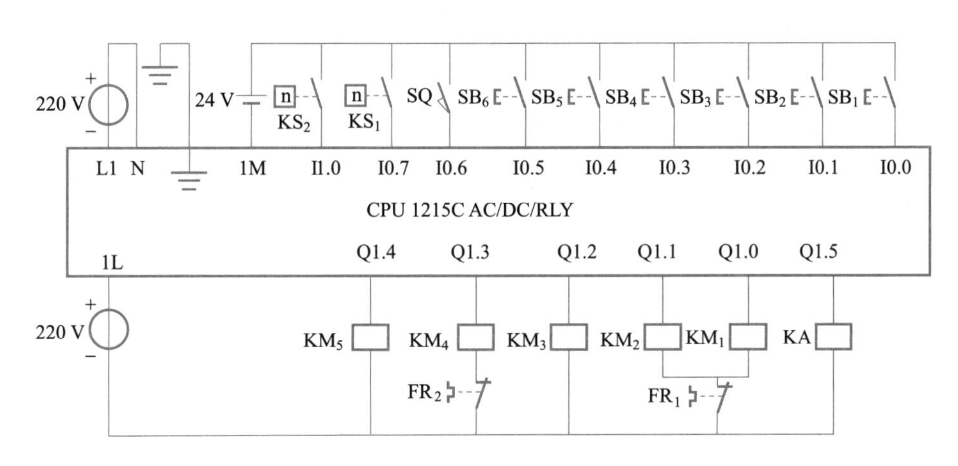

图 17-27　C650 型卧式车床 PLC 控制系统的外部接线

(3) PLC 程序设计

C650 型卧式车床 PLC 控制梯形图如图 17-28 所示：

▼ 程序段1：主电动机正转

注释

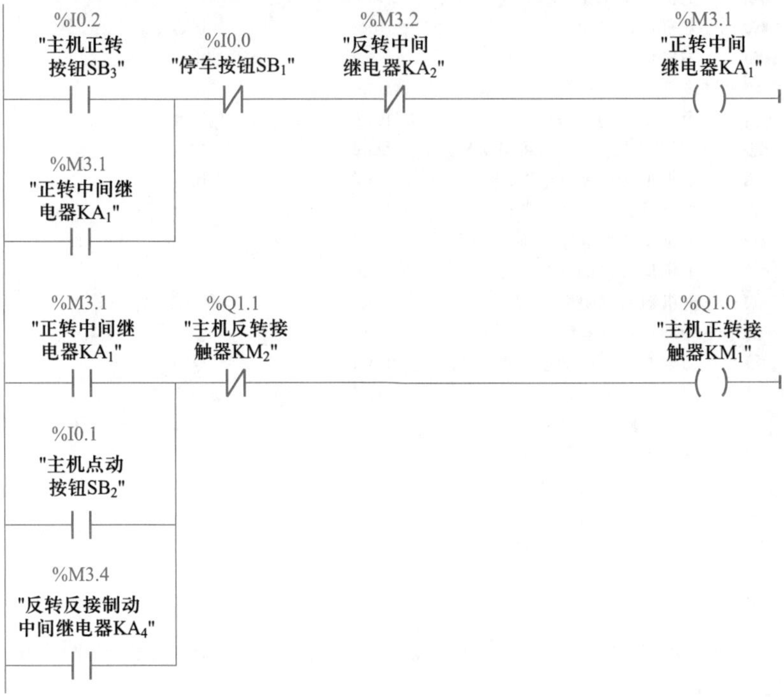

%I0.2
"主机正转按钮SB_3"

%I0.0
"停车按钮SB_1"

%M3.2
"反转中间继电器KA_2"

%M3.1
"正转中间继电器KA_1"

%M3.1
"正转中间继电器KA_1"

%M3.1
"正转中间继电器KA_1"

%Q1.1
"主机反转接触器KM_2"

%Q1.0
"主机正转接触器KM_1"

%I0.1
"主机点动按钮SB_2"

%M3.4
"反转反接制动中间继电器KA_4"

▼ 程序段2：主电动机反转

注释

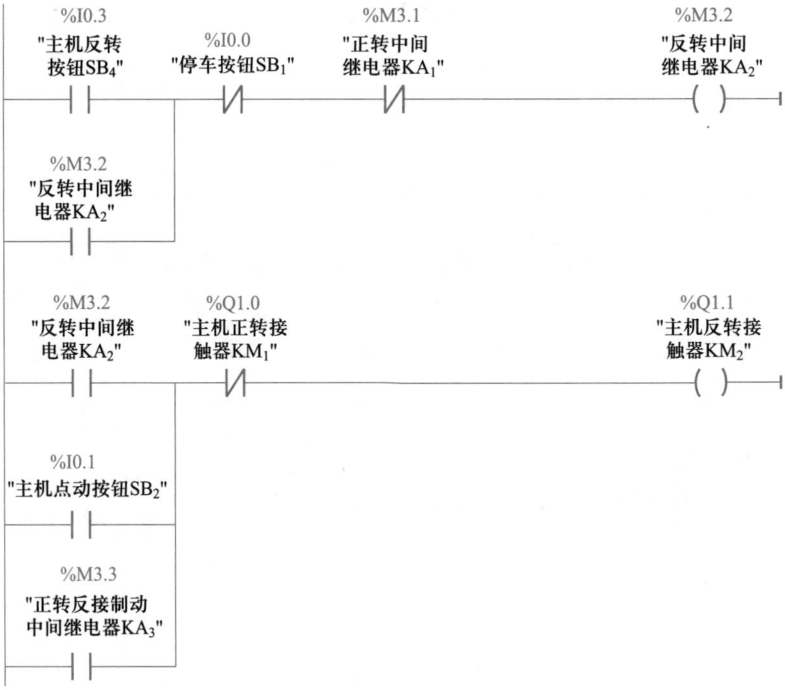

%I0.3
"主机反转按钮SB_4"

%I0.0
"停车按钮SB_1"

%M3.1
"正转中间继电器KA_1"

%M3.2
"反转中间继电器KA_2"

%M3.2
"反转中间继电器KA_2"

%M3.2
"反转中间继电器KA_2"

%Q1.0
"主机正转接触器KM_1"

%Q1.1
"主机反转接触器KM_2"

%I0.1
"主机点动按钮SB_2"

%M3.3
"正转反接制动中间继电器KA_3"

▼ 程序段3：主电动机反接制动

注释

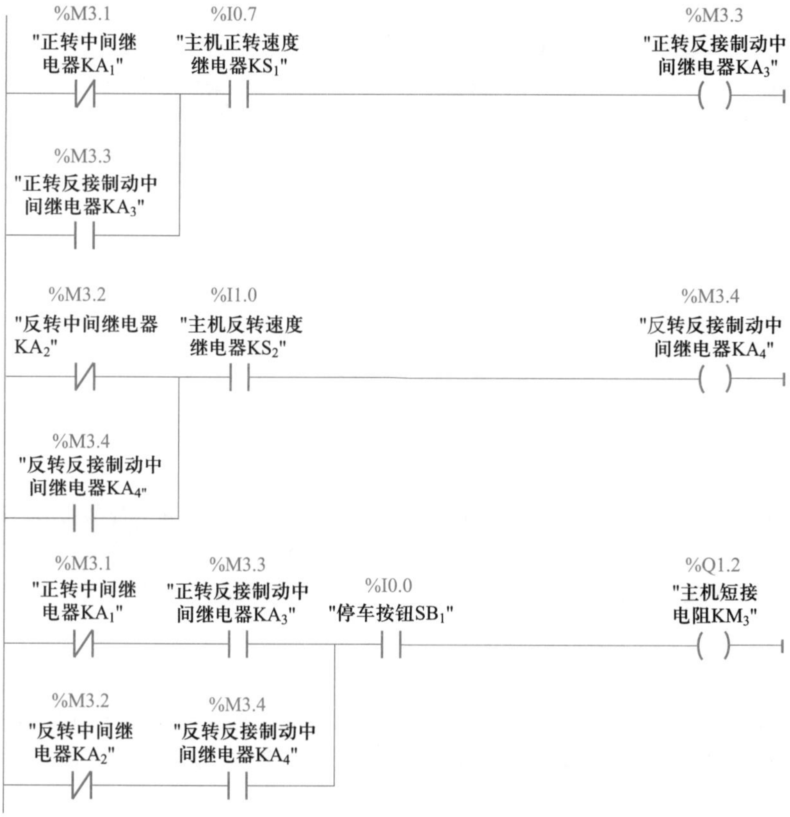

%M3.1 "正转中间继电器KA_1"　%I0.7 "主机正转速度继电器KS_1"　%M3.3 "正转反接制动中间继电器KA_3"

%M3.3 "正转反接制动中间继电器KA_3"

%M3.2 "反转中间继电器KA_2"　%I1.0 "主机反转速度继电器KS_2"　%M3.4 "反转反接制动中间继电器KA_4"

%M3.4 "反转反接制动中间继电器KA_4"

%M3.1 "正转中间继电器KA_1"　%M3.3 "正转反接制动中间继电器KA_3"　%I0.0 "停车按钮SB_1"　%Q1.2 "主机短接电阻KM_3"

%M3.2 "反转中间继电器KA_2"　%M3.4 "反转反接制动中间继电器KA_4"

▼ 程序段4：冷却泵控制电路

注释

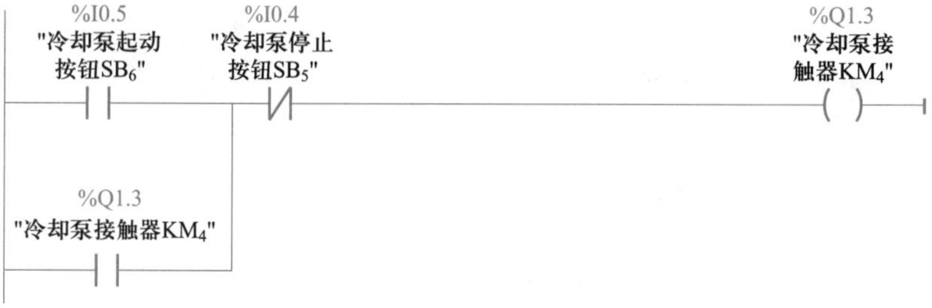

%I0.5 "冷却泵起动按钮SB_6"　%I0.4 "冷却泵停止按钮SB_5"　%Q1.3 "冷却泵接触器KM_4"

%Q1.3 "冷却泵接触器KM_4"

▼ 程序段5：

注释

%I0.6 "刀架的快速移动行程开关SQ"　%Q1.4 "刀架的快速移动接触器KM_5"

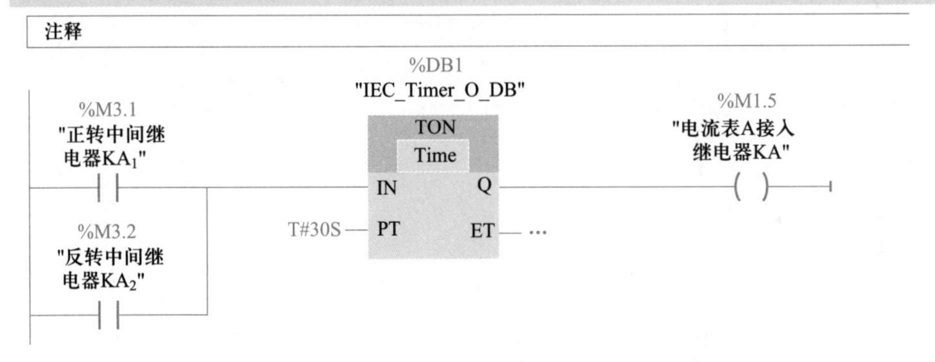

图 17-28　C650 型卧式车床 PLC 控制梯形图

【练习与思考】

17-4-1　在 PLC 控制中停止按钮一定接成动断触点吗？

17-4-2　试理解热继电器动断触点连接在 PLC 输入端保护与直接连接到外部线圈回路保护的差别。

17-4-3　用 PLC 输出去控制外部接触器时，应如何选择接触器线圈的电压等级与电流等级。

习题

17.2.1　某设备有三台风机，当设备处于运行状态时，如果风机至少有两台转动，则指示灯常亮；如果仅有一台风机转动，则指示灯以 0.5 Hz 的频率闪烁；如果没有任何风机转动，则指示灯不亮。写出其 PLC 梯形图。

17.2.2　某轧钢厂的成品库可存放钢卷 1000 个，因为不断有钢卷进库、出库，需要对库存的钢卷数进行统计，当库存数低于下限 100 时，指示灯 HL1 亮；当库存数大于 900 时，指示灯 HL2 亮；当达到库存上限 1000 时，报警器 HA 响，停止进库。写出 I/O 分配表和梯形图。

17.2.3　某十字路口，东西方向车流量较小，南北方向车流量较大。东西方向上绿灯亮 30 s，南北方向上绿灯亮 40 s，绿灯向红灯转换中间黄灯亮 5 s 且闪烁，红灯在最后 5 s 闪烁。十字路口红绿灯示意图如题 17.2.3 图所示。试利用 PLC 进行控制，并编写梯形图程序。

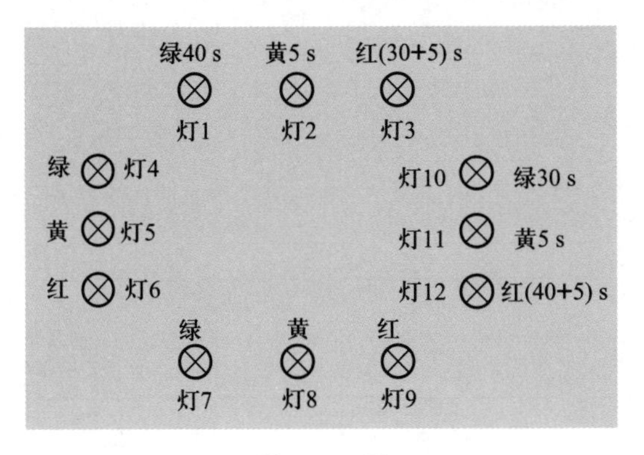

题 17.2.3 图

17.3.1 使用 S7-1200 PLC 实现搅拌电动机的控制。搅拌电动机的工作流程是正向运行一段时间后，停止一段时间，然后再反向运行一段时间后，再停止一段时间，如此循环。要求，搅拌电动机的正转和反转的时间均为 15s，间隔停止运行时间均为 5s，循环搅拌 10 次后搅拌工作结束。搅拌结束后要求有一指示灯以秒级周期闪烁。

17.3.2 如题 17.3.2 图所示，通过电动机带动传送带传送物品，通过产品检测器检测产品通过的数量，传送带每传送 24 个产品，机械手动作 1 次，进行包装，机械手动作后，延时 2 s，机械手的电磁铁切断。通过传送带起动按钮、传送带停机按钮控制传送带的起停运动。试使用 S7-1200 PLC 实现上述控制任务。

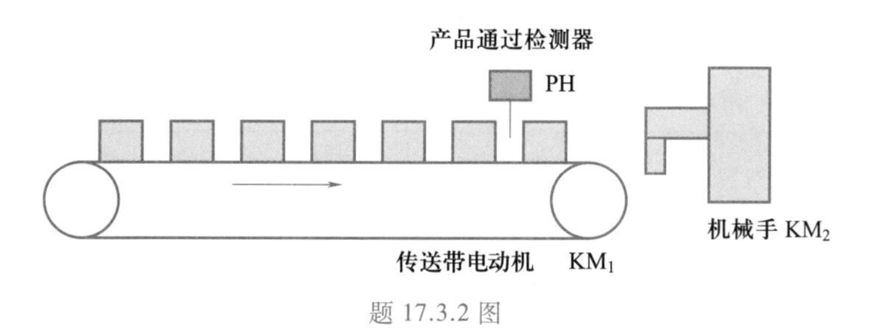

题 17.3.2 图

17.3.3 使用 S7-1200 PLC 实现剪板机系统的控制。题 17.3.3 图是某剪板机的工作示意图，具体控制要求如下：开始时压钳和剪刀都在上限位，限位开关 I0.0 和 I0.1 都为 ON。按下压钳下行按钮 I0.5 后，首先板料右行（Q0.0 为 ON）至限位开关 I0.3 动作，然后压钳下行（Q0.3 为 ON 并保持）压紧板料后，压力继电器 I0.4 为 ON，压钳保持压紧，剪刀开始下行（Q0.1 为 ON）。剪断板料后，剪刀限位开关 I0.2 变为 ON，Q0.1 和 Q0.3 为 OFF，延时 2s 后，剪刀和压钳同时上行（Q0.2 和 Q0.4 为 ON），它们分别碰到限位开关 I0.0 和 I0.1 后，分别停止上行，直至再次按下压钳下行按钮，方才进行下一个周期的工作。

扫描二维码，购买第 17 章习题解答电子版

注：

扫描本书封面后勒口处二维码，可优惠购买全书习题解答促销包。

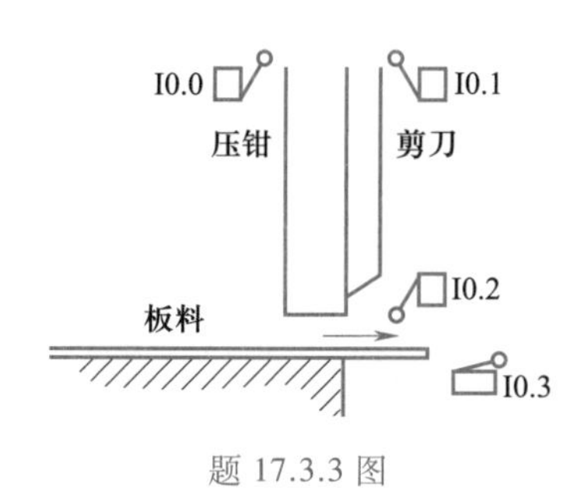

题 17.3.3 图

附录

附录1 部分 TTL 门电路、触发器及计数器型号

附表 1-1 部分 TTL 门电路、触发器及计数器的型号

类型	型号	名称
非门	74LS04(CT4004)	六反相器
	74LS05(CT4005)	六反相器(OC)[①]
	74LS14(CT4014)	六施密特反相器
与非门	74LS00(CT4000)	四 2 输入与非门
	74LS20(CT4020)	双 4 输入与非门
	74LS26(CT4026)	四 2 输入与非门(OC)
与门	74LS11(CT4011)	三 3 输入与门
	74LS15(CT4015)	三 3 输入与门(OC)
或非门	74LS02(CT4002)	四 2 输入或非门
	74LS27(CT4027)	三 3 输入或非门
异或门	74LS86(CT4086)	四 2 输入异或门
三态驱动器	74LS240(CT4240)	八反相三态输出缓冲器
	74LS244(CT4244)	八同相三态输出缓冲器
触发器	74LS74(CT4074)	双 *D* 上升沿触发器
	74LS112(CT4112)	双 *JK* 下降沿触发器
单稳	74LS221(CT4221)	双单稳态触发器
计数器	74LS163(CT4163)	同步二进制加法计数器
	74LS161(CT4161)	同步二进制加法计数器
	74LS290(CT4290)	异步二-五-十进制加法计数器
	74LS293(CT4293)	同步二进制加法计数器
	74LS190(CT4190)	可预置的 BCD 同步加/减计数器
	74LS160(CT4160)	同步十进制加法计数器
译码器	74LS139(CT4139)	2 线-4 线译码器
	74LS138(CT4138)	3 线-8 线译码器
	74LS154(CT4154)	4 线-16 线译码器
BCD 译码器	74HC42(CD4028)	二-十进制译码器

续表

类型	型号	名称
数码管译码器	74LS46 74LS47 74LS48	共阳极型 共阳极型 共阴极型
编码器	74LS147 74LS148	10 线-4 线优先编码器 8 线-3 线优先编码器
多路选择器	74LS151(CT4151) 74LS153(CT4153) 74LS157(CT4157)	八选一数据选择器 双四选一数据选择器 四二选一数据选择器
全加器	74LS183 74LS83	双一位全加器 先行进位加法器
锁存器	74LS75	四位 *D* 型锁存器
寄存器	74LS175	寄存器
移位寄存器	74LS164	8 位串入并出移位寄存器
定时器	NE555 5G555(TTL) CC7555(CMOS)	555 定时器

① "OC"表示这种器件的输出级为集电极开路形式,余同。

附表 1-2　TTL 和 CMOS 电路的输入、输出参数

参数名称	TTL		CMOS	高速 CMOS
	74H 系列	74LS 系列	CC4000 系列	54/74HC 系列
输出高电平 $U_{OH(min)}$/V	2.4	2.7	4.95	4.95
输出低电平 $U_{OL(max)}$/V	0.4	0.5	0.05	0.05
输出高电平电流 $I_{OH(max)}$/mA	0.4	0.4	0.51	4

附表 1-3　部分集成电路的图形符号

名　称	新　符　号	旧　符　号	国外常用符号
集成运算放大器	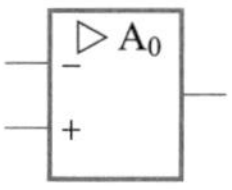 ▷ A_0 − +	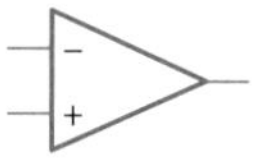 − +	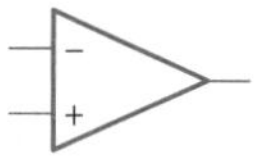 − +
与　门	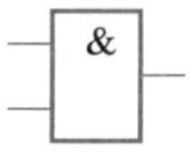 &	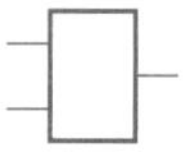	

续表

名　称	新　符　号	旧　符　号	国外常用符号
或　门	≥1	+	
非　门	1		
与　非　门	&		
或　非　门	≥1	+	
异　或　门	=1	⊕	

附录 2　S7-1200 PLC CPU 型号的比较

特征		CPU 1211C	CPU 1212C	CPU 1214C	CPU 1215C	CPU 1217C
物理尺寸/mm		90×100×75		110×100×75	130×100×75	150×100×75
用户存储器	工作	50 KB	75 KB	100 KB	125 KB	150 KB
	负载	1 MB	2 MB	4 MB		
	保持性	10 KB				
本地板载 I/O	数字量	6 个输入/4 个输出	8 个输入/6 个输出	14 个输入/10 个输出		
	模拟量	2 个输入			2 个输入/2 个输出	
过程映像大小	输入（I）	1024 个字节				
	输出（Q）	1024 个字节				
位存储器（M）		4096 个字节		8192 个字节		
信号模块(SM)扩展		无	2 个	8 个		
信号板(SB)、电池板(BB)或通信板(CB)		1 个				
通信模块(CM)（左侧扩展）		3 个				

续表

特 征		CPU 1211C	CPU 1212C	CPU 1214C	CPU 1215C	CPU 1217C
高速计数器	总计	最多可组态 6 个使用任意内置或 SB 输入的高速计数器				
	1 MHz					Ib.2 到 Ib.5
	100/80 kHz	Ia.0 到 Ila.5				
	30/20 kHz		Ia.6 到 la.7	Ia.6 到 lb.5		Ia.6 到 Ib.1
	200 kHz					
脉冲输出	总计	最多可组态 4 个使用任意内置或 SB 输出的脉冲输出				
	1 MHz					Qa.0 到 Qa.3
	100 kHz	Qa.0 到 Qa.3				Qa.4 到 Qb.1
	20 kHz		Qa.4 到 Qa.5	Qa.4 到 Qb.1		--
存储卡		SIMATIC 存储卡（选件）				
数据日志	数量	每次最多打开 8 个				
	大小	每个数据日志为 500 MB 或受最大可用装载存储器容量限制				
实时时钟保持时间		通常为 20 天，40 ℃时最少为 12 天（免维护超级电容）				
PROFINET 以太网通信端口		1 个			2 个	
实数数学运算执行速度		2.3 μs/指令				
布尔运算执行速度		0.08 μs/指令				

附录 3　中英文名词术语对照

一画、二画

二进制　binary
二进制编码　binary code
二进制计数器　binary counter
二进制译码器　binary decoder
十进制　decimal
十进制计数器　decimal counter
二-十进制　binary-coded decimal(BCD)
二-十进制译码器　binary-coded decimal decoder
十六进制　hexadecimal system
七段译码器　seven-segment decoder
七段字符显示器　seven-segment character display
JK 触发器　JK flip-flop
D 触发器　D flip-flop

三画

门电路	gate circuit
门阵列	gate array (GA)
三态门	three-state gate(TS)
上升时间	rising time
下降时间	falling time
上升沿	rise edge
下降沿	fall edge
RS 触发器	RS flip-flop
小规模集成	small scale integration
大规模集成	large scale integration
三相变压器	three-phase transformer
三相异步电动机	three-phase asynchronous motor

四画

无关项	irrelevant item
反相器	phase inverter
计数器	counter
互补 MOS	complementary metal oxide semiconductor(COMS)
与门	AND gate
与非门	NAND gate
与或非门	AND-OR-NOT gate
中规模集成	medium scale integration
双向移位寄存器	bidirectional shift register
分辨率	resolution ration
双稳态触发器	flip and flop generator
双极性 CMOS	bipolar-CMOS(Bi-CMOS)
双积分型 A/D 转换器	dual integrating A/D converter
中央处理器	center processing unit(CPU)
互感	mutual inductance
韦伯	Weber

五画

正逻辑	positive logic
布尔代数	Boolean algebra
半加器	half-adder
平均延迟时间	average delay time
主从触发器	master-slave flip-flop
只读存储器	read only memory

可编程逻辑器件	programmable logic device (PLD)
电场	electric field
电场强度	electric field intensity
电流密度	electric current density
主磁通	main flux
电流互感器	current transformer
电机	electric machine
电枢	armature
电枢绕组	armature winding
电磁转矩	electromagnetic torque
电角度	electrical angle
电工测量	electrical measurement
电动式仪表	electrodynamic instrument
电磁式仪	electromagnetic instrument
卡诺图	Karnaugh map
可编程序控制器	programmable logic controller (PLC)

六画

动合触点	normally open contact
动断触点	normally closed contact
负逻辑	negative logic
异或门	exclusive-or gate
异步二进制计数器	asynchronous binary counter
同步二进制计数器	synchronous binary counter
同或门	XNOR gate
传输门	transmission gate
全加器	full adder
多谐振荡器	multivibrator
安匝	ampere-turns
自耦变压器	autotransformer
交流电机	alternating current dynamo
并励电动机	shunt motor
并励绕组	shunt field winding
同步发电机	synchronous generator
同步转速	synchronous speed
机械特性	mechanical characteristic
自动控制	automatic control
自锁	self-locking
行程开关	travel switch

传感器	sensor
	七画
译码器	decoder
时钟脉冲	clock pulses
时序逻辑电路	sequential logic circuit
阻尼转矩	damping torque
时间继电器	time relay
励磁电流	field current
励磁绕阻	field winding
步进电动机	stepping motor
步距角	step angle
	八画
非门	NOT gate
或门	OR gate
或非门	NOR gate
组合逻辑电路	combinational logic circuit
定时器	timer
单稳态触发器	monostable flip-flop
参考电压	reference voltage
空气隙	air gap
变压器	transformer
变比	ratio of transformation
线圈	coil
直流电机	direct-current motor
定子	stator
转子	rotor
转子电流	rotor current
转差率	slip ratio
转速	speed
转矩	torque
制动	braking
单相异步电动机	single-phase asynchronous motor
采样	sampling
采样保持	sample and hold
采样率	sampling rate
采样定理	sampling theorem
	九画
脉冲	pulse

脉冲宽度	pulse width
脉冲幅度	pulse amplitude
脉冲周期	pulse period
脉冲前沿	pulse leading edge
脉冲后沿	pulse trailing edge
脉冲列输出	pulse train output (PTO)
脉宽调制输出	pulse width modulation output(PWM)
现场可编程门阵列	field programmable gate array (FPGA)
复杂可编程逻辑器件	complex programmable logic device(CPLD)
绕组	winding
绕线型转子	wound rotor
显极转子	salient pole rotor
起动	start
起动电流	starting current
起动转矩	starting torque
测速发电机	tachogenerator
起动按钮	start button
复位	reset

十画

铁心	core
铁损	core loss
笼型转子	squirrel-cage rotor
调速	speed regulation
调制	modulation
换向器	commutator
继电器	relay
热继电器	thermal overload relay(OLR)
继电接触器控制	relay-contactor control
通用接口总线	general purpose interface bus(GPIB)
通信模块	communication module
通用异步串行通信	universal asynchronous serial communication(UART)
涡流	eddy current
涡流损耗	eddy-current loss

十一画

累加器	accumulator
逻辑门	logic gate
逻辑电路	logic circuit
基本 *RS* 触发器	basic RS flip-flop

寄存器	register
移位寄存器	shift register
清零	zero dearing
随机存取存储器	random access memory (RAM)
副绕组	secondary winding
旋转电机	rotating motor
隐极转子	non-salient pole rotor
铜损	copper loss
停止	stop
停止按钮	stop button
接触器	contactor
控制电动机	control motor
控制电路	control circuit
梯形图	ladder diagram

十二画

晶体管-晶体管逻辑电路	transistor-transistor logic(TTL) circuit
编码	coding
编码器	encoder
最小项	miniterm
最大转矩	maximum torque
联锁	interlock

十三画

数字电路	digital circuit
数字集成电路	digital integrated circuit
数码显示	digital display
数/模转换器	digital-analog converter(DAC)
数据选择器	data selector
数据分配器	data distributor
触发器	flip-flop
楞次定则	Lenz's law
微机电系统	micro electron mechanical systems(MEMS)
解调	demodulation

十四画

模/数转换器	analog-digital converter(ADC)
模拟电路	analog circuit
磁场	magnetic field
磁场强度	magnetic field intensity
磁路	magnetic circuit

磁通	flux
磁感应强度	flux density
磁通势	magnetomotive force
磁阻	reluctance
磁导率	permeability
磁滞回线	hysteresis loop
磁滞损耗	hysteresis loss
磁极	pole
磁电式仪表	magnetoelectric instrument
漏磁通	leakage flux
磁化曲线	magnetization curve
磁滞	hysteresis
磁化	magnetization
漏磁电感	leakage inductance
漏磁电动势	leakage emf
碳刷	carbon brush
熔断器	fuse

十五画

额定转矩	rated torque
槽	slot

参考文献

[1] 秦曾煌.电工学[M].7 版.北京:高等教育出版社,2009.
[2] 唐介.电工学(少学时)[M]. 4 版. 北京:高等教育出版社,2014.
[3] 童诗白.模拟电子技术基础[M]. 5 版. 北京:高等教育出版社,2015.
[4] John M.Yarbrough.数字逻辑:应用与设计[M]. 北京:机械工业出版社,2000.
[5] 闫石.数字电子技术基础[M]. 6 版. 北京:高等教育出版社,2016.
[6] 姚福来. PLC、现场总线及工业网络实用技术速成[M].北京: 电子工业出版社,2011.
[7] 渠云田,田慕琴.电工电子技术第二分册[M].3 版. 北京:高等教育出版社 2012.
[8] 刘传玺,袁照平,程丽平. 传感与检测技术[M]. 2 版. 北京:机械工业出版社,2017.
[9] 赵艳华,温利,佟春明. 实例讲解基于 Quartus II 的 FPGA/CPLD 数字系统设计快速入门[M].北京:电子工业出版社,2017.
[10] 李莉,张磊,董秀则. Altera FPGA 系统设计实用教程[M].北京:清华大学出版社,2014.
[11] 汤蕴璆. 电机学[M]. 5 版. 北京:机械工业出版社,2014.
[12] Stephen D. Umans. 电机学[M]. 7 版. 刘新正,苏少平,高琳,译. 北京:电子工业出版社,2014.
[13] 戈宝军,梁艳萍,温嘉斌. 电机学[M]. 3 版. 北京:中国电力出版社,2016.
[14] 廖常初. S7-1200 PLC 编程及应用[M]. 3 版. 北京:机械工业出版社,2017.
[15] 向晓汉. 西门子 S7-1200 PLC 学习手册——基于 LAD 和 SCL 编程[M].3 版. 北京:化学工业出版社,2018.